普通高等教育工程造价类专业系列教材

通用安装工程计量与计价

主　编　冯羽生　林君晓
副主编　吴泽斌　王秀丽
参　编　董聚成　杨孟瑶　刘　慧　姚　倩
主　审　邹　坦

U0190835

机械工业出版社

本书依据国家现行的《建设工程工程量清单计价规范》《通用安装工程工程量计算规范》《全国统一安装工程预算定额》和现行的《江西省通用安装工程消耗量定额及统一基价表》《江西省建筑与装饰、通用安装、市政工程费用定额（试行）》等以及教学大纲要求编写而成。书中系统介绍了安装工程预算的基础知识以及安装工程预算定额的使用和清单编制，突出安装工程的预算工程量计算方法和技巧。

书中详细介绍了安装工程定额的制定方法和运用以及建设工程造价及费用组成，全面介绍了机械设备安装工程，建筑电气（强电、弱电）安装工程，工业管道工程，给排水、采暖、燃气工程，消防及安全防范工程，通风空调工程等工程量的计算方法和定额使用以及工程量清单的编制，并附有预算实例以及实用资料。书中还结合工程实例，采用现行的消耗量定额和单位估价表，详细介绍了工程量清单报价以及安装工程工程量清单的编制和投标报价的编制。

本书可作为高等院校工程造价、工程管理、建筑环境与能源应用工程、土木工程、房地产经营管理等专业的教材或教学参考书，也可作为函授和自考辅导用书，还可供工程造价从业人员以及参加相关职业资格考试的考生参考使用。

本书配有 PPT 电子课件，免费提供给选用本书作为教材的授课教师。需要者请登录机械工业出版社教育服务网（www.cmpedu.com）注册下载。

图书在版编目（CIP）数据

通用安装工程计量与计价 / 冯羽生，林君晓主编. — 北京：机械工业出版社，2022.7
普通高等教育工程造价类专业系列教材
ISBN 978-7-111-71037-0

Ⅰ. ①通…　Ⅱ. ①冯…②林…　Ⅲ. ①建筑安装工程 – 工程造价 – 高等学校 – 教材　Ⅳ. ①TU723.3

中国版本图书馆CIP数据核字（2022）第108615号

机械工业出版社（北京市百万庄大街22号　邮政编码100037）
策划编辑：刘　涛　　　　　　责任编辑：刘　涛　高凤春
责任校对：梁　静　刘雅娜　　封面设计：马精明
责任印制：邸　敏
三河市宏达印刷有限公司印刷
2022年9月第1版第1次印刷
184mm×260mm·26.25印张·647千字
标准书号：ISBN 978-7-111-71037-0
定价：78.00元

电话服务　　　　　　　　网络服务
客服电话：010-88361066　　机　工　官　网：www.cmpbook.com
　　　　　010-88379833　　机　工　官　博：weibo.com/cmp1952
　　　　　010-68326294　　金　书　网：www.golden-book.com
封底无防伪标均为盗版　　机工教育服务网：www.cmpedu.com

前　言

　　本书以《全国统一安装工程预算定额》《江西省通用安装工程消耗量定额及统一基价表》（2017年）、《建设工程工程量清单计价规范》（GB 50500—2013）、《通用安装工程工程量计算规范》（GB 50856—2013）为主要依据，力求理论联系实际，深入浅出、系统地介绍了安装工程预算的工程量计算方法、定额的使用与换算以及工程量清单的编制。

　　本书共8章，主要内容包括安装工程计价概论，机械设备安装工程计量与计价，电气设备及防雷接地工程施工图预算的编制，工业管道工程施工图预算的编制，室内给排水及采暖、燃气工程施工图预算的编制，消防及安全防范工程施工图预算的编制，通风空调工程施工图预算的编制，弱电系统工程施工图预算的编制。

　　本书由江西理工大学冯羽生、林君晓任主编，江西理工大学吴泽斌、王秀丽任副主编。第1章由林君晓、王秀丽编写；第2章、第3章主要由冯羽生、林君晓、吴泽斌编写；第4章～第8章主要由冯羽生编写。参与编写者还有董聚成、杨孟瑶、刘慧、姚倩，他们各自参与了相关章节的编写。

　　随着我国基本建设管理体制改革的不断深化，有些问题还有待进一步研究和探讨，加之编者水平有限，书中难免存在疏漏和谬误，恳请读者批评指正。

编　者

目　录

1

第 1 章
安装工程计价概论

1.1　安装工程计价依据与计价方法

1.1.1　安装工程计价依据的组成

所谓安装工程计价依据，是用以计算安装工程造价的基础资料的总称。安装工程计价依据非常广泛，不同建设阶段的计价依据不完全相同，不同形式的承发包方式计价依据也有差别。目前，我国招投标计价的主要依据是《全国统一安装工程预算定额》《通用安装工程工程量计算规范》（GB 50856—2013）、《建设工程工程量清单计价规范》（GB 50500—2013）等；江西省内一般采用《江西省通用安装工程消耗量定额及统一基价表》（2017 年）、《江西省建筑与装饰、通用安装、市政工程费用定额（试行）》（2017 年）等作为计价依据。下面介绍在编制施工图概预算和工程标底时的主要计价依据。

1. 经过批准和会审的全部施工图设计文件

在编制施工图预算之前，施工图必须经过建设主管机关批准，同时还要经过图纸会审，并签署"图纸会审纪要"；审批和会审后的施工图及技术资料表明了工程的具体内容、各部分的做法、结构尺寸、技术特征等，它是编制施工图预算、计算工程量的主要依据。

2. 经过批准的工程设计概算文件

设计单位编制的设计概算文件经过主管部门批准后，是国家控制工程投资最高限额和单位工程预算的主要依据。如果施工图预算所确定的投资总额超过设计概算，则应调整设计概算，并经原批准部门批准后，方可实施。施工企业编制的施工图预算或投标报价是由建设单位根据设计概算文件进行控制的。

3. 经过批准的项目管理实施规划或施工组织设计

项目管理实施规划或施工组织设计是确定单位工程的施工方法、施工进度计划、施工现场平面布置和主要技术措施等内容的文件。拟建工程项目管理实施规划或施工组织设计经有关部门批准后，就成为指导施工活动的重要技术经济文件。它所确定的施工方案和相应的技术组织措施就成为预算部门必须具备的依据之一，是计算分项工程量、选套预算单价和计取有关费用的重要依据。

4. 《全国统一安装工程预算定额》和《建设工程工程量清单计价规范》

国家颁发的现行建筑安装工程预算定额及计价规范，都详细地规定了分项工程项目划分及项目编码、分项工程名称及工作内容、工程量计算规则和项目使用说明等，因此它们是编制施工图预算和标底的主要依据。

5. 安装工程消耗量定额及单位估价表

安装工程消耗量定额及单位估价表是计价定额中的基础性定额，主要用于在编制施工图预算时计算工程造价和人工、材料、机械台班需要量，是计取各项费用的基础和换算定额单价的主要依据。

6. 建筑安装工程费用定额

建筑安装工程费用定额规定了建筑安装工程费用中各项目措施费、间接费、利润和税金的取费标准和取费方法，它是建筑安装工程人工费、材料费和机械台班使用费计算完毕后，计算其他各种费用的主要依据。工程费用随地区不同取费标准也有所不同。按照国家规定，各地区均制定了建筑工程费用定额，规定了各项费用取费标准，这些标准是确定工程造价的基础。

7. 人工工资标准、材料预算价格、施工机械台班单价

这些资料是计算人工费、材料费和机械台班使用费的主要依据，是编制工程综合单价的基础，是计取各项费用的重要依据，也是调整价差和确定市场价格的依据。

8. 工程承发包合同文件

施工企业和建设单位之间签订的工程承发包合同文件中的若干条款，如工程承包形式、材料设备供应方式、材料价差结算、工程款结算方式、费率系数或包干系数等，在编制施工图预算或工程标底时必须充分考虑，认真执行。

1.1.2　《全国统一安装工程预算定额》简介

《全国统一安装工程预算定额》是完成规定计量单位的分项工程所需的人工、材料、施工机械台班的消耗量标准，是统一全国安装工程预算工程量计算规则、项目划分、计量单位的依据，是编制安装工程施工图预算的依据，也是编制概算定额、投资估算指标的基础。对于招标承包的工程，则是编制标底的基础；对于投标单位，则是确定报价的基础。因而，预算定额的编制是一项严肃、科学的技术工作，应充分体现按社会平均必要劳动量来确定消耗的物化劳动和活劳动数量的原则。

1.《全国统一安装工程预算定额》分类

《全国统一安装工程预算定额》是由中华人民共和国建设部组织修订和批准执行的。《全国统一安装工程预算定额》共分十三册，包括：

第一册《机械设备安装工程》GYD-201—2000

第二册《电气设备安装工程》GYD-202—2000

第三册《热力设备安装工程》GYD-203—2000

第四册《炉窑砌筑工程》GYD-204—2000

第五册《静置设备与工艺金属结构制作安装工程》GYD-205—2000

第六册《工业管道工程》GYD-206—2000

第七册《消防及安全防范设备安装工程》GYD-207—2000

第八册《给排水、采暖、燃气工程》GYD-208—2000

第九册《通风空调工程》GYD-209—2000

第十册《自动化控制仪表安装工程》GYD-210—2000

第十一册《刷油、防腐蚀、绝热工程》GYD-211—2000

第十二册《通信设备及线路工程》GYD-212—2000

第十三册《建筑智能化系统设备安装工程》GYD-213—2000

《全国统一安装工程预算定额》是针对全国统一考虑的，定额消耗量对于全国来讲是通用的，但是具体的价目表价格因地域不同而各异，最终的工程造价因各地、各年度的人工工日、材料价格和机械台班费用不同而不同。

在《全国统一安装工程预算定额》的基础上，为了更方便地使用定额，各地市定额管理部门会根据当地条件编制地方定额。由于地方发展程度不同，需要编制补充的定额项目也不同，地方定额项目可以多于《全国统一安装工程预算定额》中的项目，但总的来说差距不大。

2. 《全国统一安装工程预算定额》的组成

《全国统一安装工程预算定额》共十三册，每册均包括总说明、册说明、目录、章说明、定额项目表、附录。

（1）总说明　总说明主要说明定额的内容、适用范围、编制依据、作用以及定额中人工、材料、机械台班消耗量的取定及其有关规定。

（2）册说明　册说明主要介绍该册定额的适用范围、编制依据、定额包括的工作内容和不包括的工作内容、有关费用（如脚手架搭拆费、高层建筑增加费）的规定以及定额的使用方法和使用中应注意的事项和有关问题。

（3）目录　目录列出了组成定额项目的名称和对应的页次，以方便查找相关内容。

（4）章说明　章说明主要说明定额每章中以下几方面的问题：

1）定额适用的范围。

2）界线的划分。

3）定额包括的内容和不包括的内容。

4）工程量计算规则和规定。

章说明是定额的重要部分，是执行定额和进行工程量计算的基准，必须全面掌握。

（5）定额项目表　定额项目表是预算定额的主要内容，一般由工作内容、定额计量单位、项目表和附注组成。工作内容有时也称为工程内容，是说明该分项中所包括的主要内容，一般列在定额项目表的表头左上方。定额计量单位一般列在表头右上方，一般为扩大单位，如 $10m^3$、$100m^2$、$10m$ 等。定额项目表中，竖向排列为定额编号、项目名称、人工综合工日、材料、机械以及人工、材料和施工机械的消耗量指标，供编制工程预算单价表及换算定额单价等使用；横向排列着定额的具体编号、子项工程名称等。表 1-1 为摘录的某安装工程消耗量定额项目表。

为了使编制预算项目和定额项目一致，便于查对，册、章、子目都有固定的编号，称为定额编号。如给排水、采暖、燃气工程"8-87"表示第八册、第 87 个子目：室内镀锌钢管（螺纹连接）安装。对于材料，定额内分主要材料和辅助材料两部分列出，凡定额中列有"（ ）"的均为主材，括号中数量为该主材的消耗量。

表 1-1 《全国统一安装工程预算定额》项目表

二、室内管道

1. 镀锌钢管（螺纹连接）

工作内容：打堵洞眼、切管、套丝、上零件、调直、栽钩卡及管件安装、水压试验 计量单位：10m

	定额编号			8-87	8-88	8-89	8-90	8-91	8-92
	项目			公称直径 /mm					
				≤ 15	≤ 20	≤ 25	≤ 32	≤ 40	≤ 50
	名 称	单位	单价（元）	数 量					
人工	综合工日	工日	23.22	1.830	1.830	2.200	2.200	2.620	2.680
材料	镀锌钢管 DN15	m	—	（10.200）	—	—	—	—	—
	镀锌钢管 DN20	m	—	—	（10.200）	—	—	—	—
	镀锌钢管 DN25	m	—	—	—	（10.200）	—	—	—
	镀锌钢管 DN32	m	—	—	—	—	（10.200）	—	—
	镀锌钢管 DN40	m	—	—	—	—	—	（10.200）	—
	镀锌钢管 DN50	m	—	—	—	—	—	—	（10.200）
	室内镀锌钢管接头零件 DN15	个	0.800	16.370	—	—	—	—	—
	室内镀锌钢管接头零件 DN20	个	1.140	—	11.520	—	—	—	—
	室内镀锌钢管接头零件 DN25	个	1.850	—	—	9.780	—	—	—
	室内镀锌钢管接头零件 DN32	个	2.740	—	—	—	8.030	—	—
	室内镀锌钢管接头零件 DN40	个	3.530	—	—	—	—	7.160	—
	室内镀锌钢管接头零件 DN50	个	5.870	—	—	—	—	—	6.510
	钢锯条	根	0.620	3.790	3.410	2.550	2.410	2.670	1.330
	砂轮片 φ400mm	片	23.800	—	—	0.050	0.050	0.050	0.150
	机油	kg	3.550	0.230	0.170	0.170	0.160	0.170	0.200
	铅油	kg	8.770	0.140	0.120	0.130	0.120	0.140	0.140
	线麻	kg	10.400	0.014	0.012	0.013	0.012	0.014	0.014
	管子托钩 DN15	个	0.480	1.460	—	—	—	—	—
	管子托钩 DN20	个	0.480	—	1.440	—	—	—	—
	管子托钩 DN25	个	0.530	—	—	1.160	1.160	—	—
	管卡子（单立管） DN25	个	1.340	1.640	1.290	2.060	—	—	—
	管卡子（单立管） DN50	个	1.640	—	—	—	2.060	—	—

（续）

名　称		单位	单价（元）	数　量					
材料	普通硅酸盐水泥425号	kg	0.340	1.340	3.710	4.200	4.500	0.690	0.390
	砂子	m³	44.230	0.010	0.010	0.010	0.010	0.002	0.001
	镀锌钢丝 8~12 号	kg	6.140	0.140	0.390	0.440	0.150	0.010	0.040
	破布	kg	5.830	0.100	0.100	0.100	0.100	0.220	0.250
	水	t	1.650	0.050	0.060	0.080	0.090	0.130	0.160
机械	管子切断机 φ60~φ150mm	台班	18.290	—	—	0.020	0.020	0.020	0.060
	管子切断套丝机 φ159mm	台班	22.030	—	—	0.030	0.030	0.030	0.080
基价（元）				65.45	66.72	83.51	86.16	93.85	111.93
其中	人工费（元）			42.49	42.49	51.08	51.08	60.84	62.23
	材料费（元）			22.96	24.23	31.40	34.05	31.98	46.84
	机械费（元）			—	—	1.03	1.03	1.03	2.86

（6）附录　附录放在每册定额项目表之后，为使用定额提供参考数据。主要内容包括以下几个方面：

1）工程量计算方法及有关规定。

2）材料、构件、元件等质量表，配合比表，损耗率。

3）选用的材料价格表。

4）施工机械台班单价表等。

3. 安装工程定额消耗量指标的确定

（1）人工工日消耗量指标的确定　安装工程预算定额中人工工日消耗量指标是以劳动定额为基础确定的完成单位分项工程所必须消耗的劳动量标准。定额中的人工工日不分列工种和技术等级，一律以综合工日表示。其综合人工工日消耗量包括基本用工、超运距用工和人工幅度差，公式如下：

$$综合人工工日消耗量 = 基本用工 + 超运距用工 + 人工幅度差$$
$$= \sum （基本用工 + 超运距用工）\times （1+ 人工幅度差率）$$

式中　基本用工——完成该分项工程的主要用工，包括材料加工、安装等用工；

超运距用工——在劳动定额规定的运输距离上增加的用工；

人工幅度差——劳动定额人工消耗只考虑了就地操作，人工幅度差指劳动定额人工消耗
未考虑的那些工作场地转移、工序交叉、机械转移、零星工程等用工。

安装工程定额中人工幅度差率，除另有说明外一般为 12% 左右。

（2）材料消耗量指标的确定　安装工程在施工过程中不但安装设备，而且还有材料的消耗，有的安装工程是由施工加工材料组装而成。定额中的材料消耗量包括直接消耗在安装工作内容中的主要材料、辅助材料和零星材料等，并计入了相应损耗，其内容和范围包括：

从工地仓库、现场集中堆放地点或现场加工地点到安装地点的运输损耗、施工操作损耗、施工现场堆放损耗。材料消耗量的表达式如下：

$$材料消耗量 = 材料净用量 + 工艺性损耗量 + 非工艺性损耗量$$
$$= 材料净用量 \times (1 + 材料损耗率)$$

式中　材料净用量——构成工程子目实体必需的材料量；

工艺性损耗量——施工操作损耗的材料量；

非工艺性损耗量——从工地仓库、现场集中堆放地点或现场加工地点到操作或安装地点运输损耗的材料量、施工现场堆放损耗的材料量。

凡定额内未注明单价的材料均为主材，基价中不包括其价格，应根据"（　）"内所列的用量，按各省、自治区、直辖市的材料预算价格计算。施工措施性消耗部分，周转性材料按不同施工方法、不同材质分别列出一次使用量和一次摊销量。用量很少，对基价影响很小的零星材料合并为其他材料费，并以占该定额项目的辅助材料的百分比表示。主要材料损耗率见各册附录。

（3）机械台班消耗量指标的确定　机械台班消耗量是按正常合理的机械配备和大多数施工企业的机械化装备程度综合取定的。机械台班消耗量的单位是台班，按现行规定，每台机械工作 8 个小时为一个台班。预算定额中的机械台班消耗量指标是按全国统一机械台班定额编制的，它表示在正常施工条件下，完成单位分项工程或构件所额定消耗的机械工作时间。其表达式如下：

$$机械台班消耗量 = 实际消耗量 + 影响消耗量$$
$$= 实际消耗量 \times (1 + 幅度差系数)$$

式中　实际消耗量——根据施工定额中机械产量定额的指标换算求出；

影响消耗量——考虑机械场内转移、质量检测、正常停歇等合理因素的影响所增加的台班耗量，一般采用机械幅度差系数计算，对于不同的施工机械，幅度差系数不相同。

凡单位价值在 2000 元以内，使用年限在 2 年以内的不构成固定资产的工具、用具等未计入定额，应在建筑安装工程费用定额中考虑。

4. 安装工程预算定额基价的确定

预算定额基价是指完成单位分项工程所必须投入货币量的标准数值，由人工费、材料费、机械费三部分组成，即

$$预算定额基价 = 人工费 + 材料费 + 机械费$$

（1）人工费　人工费的确定包括综合工日的确定与人工工日单价的确定两部分：

$$人工费 = \sum 定额人工工日消耗量指标（综合工日）\times 人工工日单价$$

综合工日包括基本用工和其他用工以及人工幅度差；人工工日单价指在预算中应计入的一个建筑安装工人一个工作日的全部人工费用，包括工人的基本工资、工资性津贴、流动施工津贴、房租补贴、劳动保护费和职工福利费。

（2）材料费　材料费的计算公式为

$$材料费 = \sum 材料消耗量指标 \times 材料预算单价$$

材料消耗量指标包括直接消耗在安装工作中的主要材料、辅助材料和零星材料等，并计入了相应损耗。《全国统一安装工程预算定额》中的材料费包括计价材料费（辅材费）和未

计价材料费（主材费）两部分。

1）计价材料费。计价材料由消耗材料、辅材（一些用量少、价值低的材料）以及周转性材料以摊销费计入，计价材料费计入基价中。

2）未计价材料费。在定额项目表下方的材料栏中，常看到有的数字是"（）"括起来的，括号内的材料数量是该子项目工程的消耗量，但其价值未计入基价。在编制安装工程预算时未计价材料费一定要计取，预算时应以括号内的数量按地区材料价格进行计算。

（3）机械费　机械费的计算公式为

$$机械费 = \sum 机械台班消耗量指标 \times 机械台班预算单价$$

1）机械台班消耗量指标。机械台班消耗量指标反映了合理、均衡地组织作业和使用机械时，该种型号施工机械在单位时间内的生产效率。

2）机械台班预算单价。机械台班预算单价是施工机械每个台班所必须消耗的人工、材料、燃料动力和应分摊的费用。施工机械台班的单价由七项费用组成：折旧费、大修理费、经常修理费、安拆费及场外运费、燃料动力费、人工费、养路费及车船使用税等。

1.1.3 《江西省通用安装工程消耗量定额及统一基价表》（2017年）简介

1. 《江西省通用安装工程消耗量定额及统一基价表》内容

根据安装工程的专业特征和全国统一安装工程预算定额的结构设置，结合江西省设计、施工、招投标的实际情况，根据现行国家产品标准、设计规范和施工验收规范、技术操作规程、质量评定标准、安装操作规程编制的《江西省通用安装工程消耗量定额及统一基价表》（2017年）（简称"本定额"），共分为十二册，适用于工业与民用安装工程的新建、扩建及改建项目的给排水、采暖、通风空调、电气照明、通信、智能化系统等设备、管线的安装工程和一般机械设备工程，具体包括：

第一册《机械设备安装工程》

第二册《热力设备安装工程》

第三册《静置设备与工艺金属结构制作安装工程》

第四册《电气设备安装工程》

第五册《建筑智能化工程》

第六册《自动化控制仪表安装工程》

第七册《通风空调工程》

第八册《工业管道工程》

第九册《消防工程》

第十册《给排水、采暖、燃气工程》

第十一册《通信设备及线路工程》（另行发布）

第十二册《刷油、防腐蚀、绝热工程》

2. 《江西省通用安装工程消耗量定额及统一基价表》结构形式

《江西省通用安装工程消耗量定额及统一基价表》由定额总说明、册说明、章说明、定额项目表和附录或附注组成。其中定额项目表是核心内容，包括分部分项工程的工作内容、计量单位、项目名称、其各类消耗的名称、规格、数量等以及基价。

（1）总说明　本定额中的总说明主要阐述了定额的编制原则、编制依据、适用范围、

使用方法及有关规定等。主要包括以下内容:

1)"本定额"是完成规定计量单位分部分项工程、单价措施项目所需的人工、材料、施工机械台班的消耗量标准,是统一安装工程工程量计算规则、项目划分、计量单位的依据,是编制建设工程投资估算、设计概算、招标控制价的依据,是确定合同价、结算价、调解工程价款争议的基础。

2)"本定额"适用于江西省工业与民用建筑的新建、扩建和改建通用安装工程。

3)"本定额"以国家和有关部门发布的国家现行设计规范、施工验收规范、技术操作规程、质量评定标准、产品标准和安全操作规程、现行工程量清单计价规范、计算规范和有关定额为依据编制,并参考了有关地区和行业标准、定额,以及典型工程设计、施工和其他资料。

4)"本定额"按正常施工条件,目前大多数施工企业采用的施工方法、机械化程度和合理的劳动组织及工期进行编制。

① 材料、设备、成品、半成品、构配件完整无损,符合质量标准和设计要求,附有合格证书和试验记录。

② 安装工程和土建工程之间的交叉作业正常。

③ 正常的气候、地理条件和施工环境。

④ 安装地点、建筑物、设备基础、预留孔洞等均符合安装要求。

⑤ 水、电供应均满足安装施工正常使用。

5)关于人工:

① "本定额"的人工工日不分工种和技术级别,一律以综合工日表示。

② "本定额"的人工包括基本用工、超运距用工、辅助用工和人工幅度差。

③ "本定额"的人工每工日按 8 小时工作制计算。

6)关于材料:

① "本定额"采用的材料(包括构配件、零件、半成品、成品)均为符合国家质量标准和相应设计要求的合格产品。

② "本定额"中的材料包括施工中消耗的主要材料、辅助材料、周转材料和其他材料。

③ 凡定额内未注明单价的材料均为主材,基价中不包括其价格,应根据"( )"内所列的用量,按有关建筑安装材料预算价格计算。

④ "本定额"中材料量包括净用量和损耗量。损耗量包括:从工地仓库、现场集中堆放点(或现场加工地点)至操作(或安装)地点的施工场内运输损耗、施工操作损耗、施工现场堆放损耗等,规范(设计文件)规定的预留量、搭接量不在损耗中考虑。

⑤ "本定额"所采用的材料、半成品、成品品种、规格型号与设计不符时,可按各章规定调整。

⑥ "本定额"中的周转性材料按不同施工方法、不同类别、材质,计算出一次摊销量计入消耗量定额。

⑦ 对于用量少、低值易耗的零星材料,列为其他材料。

⑧ 材料单价是指到工地的价格,包括材料供应价、运输费、运输损耗费、采保费等。实际使用时,定额中的计价材料价格可进行调整。材料预算价格中不包含增值税可抵扣进项税额的价格。

7) 关于机械:

① "本定额" 中的机械按常用机械、合理机械配备和施工企业的机械化装备程度，并结合工程实际综合确定。

② "本定额" 的机械台班消耗量按正常机械施工工效并考虑机械幅度差综合确定。

③ 凡单位价值 2000 元以内、使用年限在一年以内的不构成固定资产的施工机械，不列入机械台班消耗量，作为工具用具在建筑安装工程费中的企业管理费考虑，其消耗的燃料动力等列入材料内。

④ 机械台班价格中各项费用均不包含增值税可抵扣进项税额的价格。

8) 关于仪器仪表:

① "本定额" 的仪器仪表台班消耗量是按正常施工工效综合取定。

② 凡单位价值 2000 元以内、使用年限在一年以内的不构成固定资产的仪器仪表，不列入仪器仪表台班消耗量。

9) 关于水平和垂直运输:

① 设备: 包括自安装现场指定堆放地点运至安装地点的水平和垂直运输。

② 材料、成品、半成品: 包括自施工单位现场仓库或现场指定堆放地点运至安装地点的水平和垂直运输。

③ 垂直运输基准面: 室内以室内地平面为基准面，室外以安装现场地平面为基准面。

10) "本定额" 中的工作内容已说明了主要的施工工序，次要工序虽未说明，但均已包括在内。

11) "本定额" 未考虑施工与生产同时进行、在有害身体健康的环境中施工时增加费，发生时另行计算。

12) "本定额" 中遇有两个或两个以上系数时，按连乘法计算。

13) 工程计量时其准确度取值规定如下:

① "t" 取三位数。

② "m" "m²" "m³" "kg" 取两位数。

③ 台、套或件等其他取整数。

④ 两位或三位小数后的位数按四舍五入取舍。

14) "本定额" 适用于海拔 2000m 以下的地区。

15) "本定额" 注有 "×× 以内" 或 "×× 以下" 及 "小于" 均包括 ×× 本身; "×× 以外" 或 "×× 以上" 及 "大于" 者，则不包括 ×× 本身。

定额说明中未注明（或省略）尺寸单位的宽度、厚度、断面等，均以 "mm" 为单位。

16) 凡本说明未尽事宜，详见各册、章说明和附录。

(2) 册说明　说明本册适用范围、定额主要依据的标准和规范、定额各章节包括的内容、定额超高增加消耗量系数等以及定额不包括的内容。现以 "本定额" 第十册《给排水、采暖、燃气工程》的册说明为例简要说明如下:

1) 第十册《给排水、采暖、燃气工程》（简称 "本册定额"）适用于工业与民用建筑的生活用给水、排水、采暖、空调水，燃气系统中的管道、附件、器具及附属设备等安装工程。

2) 以下内容执行其他册相应定额: 工业管道、生产生活共用的管道，锅炉房、泵房、站类管道以及建筑物内加压泵房、空调制冷机房、消防泵房的管道，管道焊缝热处理、无损探伤，医疗气体管道执行第八册《工业管道工程》相应项目。

3）"本册定额"未包括的采暖、给排水设备安装应执行第一册《机械设备安装工程》、第三册《静置设备与工艺金属结构制作安装工程》等项目。

4）给排水、采暖设备、器具等电气检查、接线工作，执行第四册《电气设备安装工程》相应项目。

5）刷油、防腐蚀、绝热工程执行第十二册《刷油、防腐蚀、绝热工程》相应项目。

6）"本册定额"凡涉及管沟、工作坑及井类的土方开挖、回填、运输、垫层、基础、砌筑、地沟盖板预制安装、路面开挖及修复、管道混凝土支墩的项目，以及混凝土管道、水泥管道安装执行相关定额项目。

7）采暖工程系统调整费按采暖系统工程人工费的 10% 计算，其中人工工资占 35%。

8）空调水系统调整费按空调水系统工程（含冷凝水管）人工费的 10% 计算，其费用中人工费占 35%。

9）在洞库、暗室，在已封闭的管道间（井）、地沟、吊顶内安装的项目，人工、机械乘以系数 1.20。

10）关于下列各项技术措施项目费用的规定：①脚手架搭拆费按人工费的 5% 计算，其中人工工资占 35%；②高层建筑超高增加费（指高度在 6 层或 20m 以上的工业与民用建筑）按表中系数计算；③定额中操作高度均以 3.6m 为界限，如超过 3.6m 时，其超过部分（指由 3.6m 至操作物高度）的定额人工费乘以系数计算超高增加费。

11）"本册定额"与市政管网工程的界线划分：

① 给水、采暖管道以与市政管道碰头点或以计量表、阀门（井）为界。

② 室外排水管道以与市政管道碰头点为界。

③ 燃气管道以与市政管道碰头点为界。

12）"本册定额"项目中，均包括安装物的外观检查。

（3）章说明　主要介绍各章（分部工程）所包括的主要项目及工作内容，编制中有关问题的说明，执行中的一些规定，特殊情况的处理，各分项工程量计算规则等。它是定额的重要部分，是执行定额和进行工程量计算的基准。现以"本定额"第十册《给排水、采暖、燃气工程》的第一章"给排水管道安装"的章说明举例如下：

1）本章适用于室内外生活用给排水管道的安装，包括镀锌钢管、钢管、不锈钢管、铜管、铸铁管、塑料管、复合管等不同材质的管道安装及室外管道碰头等项目。

2）管道的界限划分：

① 室内外给水管道以建筑物外墙皮 1.5m 为界，建筑物入口处设阀门者以阀门为界。

② 室内外排水管道以出户第一个排水检查井为界。

③ 工业管道界线以与工业管道碰头点为界。

④ 设在建筑物内的水泵房（间）管道以泵房（间）外墙皮为界。

3）室外管道安装不分地上与地下，均执行同一子目。

4）管道的适用范围：

① 给水管道适用于生活饮用水、热水、中水及压力排水等管道的安装。

② 塑料管安装适用于 UPVC、PVC、PP-C、PP-R、PE、PB 管等塑料管安装。

③ 镀锌钢管（螺纹连接）项目适用于室内外焊接钢管的螺纹连接。

④ 钢塑复合管安装适用于内涂塑、内外涂塑、内衬塑、外覆塑内衬塑复合管道安装。

⑤ 钢管沟槽连接适用于镀锌钢管、焊接钢管及无缝钢管等沟槽连接的管道安装。不锈钢管、铜管、复合管的沟槽连接，可参照执行。

5）有关说明：

① 管道安装项目中，均包括相应管件安装、水压试验及水冲洗工作内容。各种管件数量系综合取定，执行定额时，成品管件数量可依据设计文件及施工方案或参照"本册定额"附录"管道管件数量取定表"计算，定额中其他消耗量均不做调整。"本册定额"管件含量中不含与螺纹阀门配套的活接对丝，其用量含在螺纹阀门安装项目中。

② 钢管焊接安装项目中均综合考虑了成品管件和现场煨制弯管、摔制大小头、挖眼三通。

③ 管道安装项目中，除室内直埋塑料给水管项目中已包括管卡安装外，均不包括管道支架、管卡、托钩等制作安装以及管道穿墙、楼板套管制作安装、预留孔洞、堵洞、打洞、凿槽等工作内容，发生时，应按"本册定额"第十一章相应项目另行计算。

④ 管道安装定额中，包括水压试验及水冲洗内容，管道的消毒冲洗应按"本册定额"第十一章相应项目另行计算。排（雨）水管道包括灌水（闭水）及通球试验工作内容；排水管道不包括止水环、透气帽本体材料，发生时按实际数量另计材料费。

⑤ 室内柔性铸铁排水管（机械接口）按带法兰承口的承插式管材考虑。

⑥ 雨水管系统中的雨水斗安装执行第六章相应项目。

⑦ 塑料管热熔连接公称外径 De125 及以上管径按热熔对接连接考虑。

⑧ 室内直埋塑料管道是指敷设于室内地坪下或墙内的塑料给水管段。包括充压隐蔽、水压试验、水冲洗以及地面划线标示等工作内容。

⑨ 安装带保温层的管道时，可执行相应材质及连接形式的管道安装项目，其人工乘以系数 1.10；管道接头保温执行第十二册《刷油、防腐蚀、绝热工程》，其人工、机械乘以系数 2.0。

⑩ 室外管道碰头项目适用于新建管道与已有水源管道的碰头连接，如已有水源管道已做预留接口则不执行相应安装项目。

（4）定额项目表　定额项目表是"本定额"的主要组成部分，一般由工作内容、定额计量单位、项目表和附注组成。

"本定额"项目表结构形式见表 1-2。

3. 消耗量定额应用中注意的主要问题

在使用消耗量定额时，除应认真学习理解各册定额的说明、规定以及配套的工程量计算规则外，还应注意以下几个主要问题：

（1）正确分列分部分项工程实体项目和措施性项目　使用量价分离的新定额，必须将分部分项工程实体项目和措施性项目区别开来，这是工程造价从业人员必须掌握的。实行工程量清单计价形式时，编制工程量清单或进行清单报价都应当明确区别、准确套用，并按照安装工程费用项目构成及计算规则计列。

分部分项工程实体项目一般指组成工程实体的定额项目，由于安装工程的专业特点，也包含部分非工程实体的项目，同样也是主要工程内容，如探伤、试压、冲洗等定额项目，又如高层建筑增加费，超高增加费，安装与生产同时施工增加费，在有害身体健康的环境中施工增加费，洞库工程增加费，采暖、通风空调系统调整费等项目。

表 1-2 定额项目表

水 嘴 安 装

工作内容：上水嘴、试水   计量单位：10 个

定 额 编 号			10-6-81	10-6-82	10-6-83
项 目			公称直径 /mm		
			≤ 15	≤ 20	≤ 25
基 价			22.97	24.03	29.35
其中	人工费（元）		22.10	22.95	28.05
	材料费（元）		0.87	1.08	1.30
	机械费（元）		—	—	—
名 称	单位	单价（元）	数 量		
人工	综合工日	工日	85.00	0.260	0.270	0.330
材料	水嘴	个	—	(10.10)	(10.10)	(10.10)
	聚四氟乙烯生胶带	m	0.21	4.000	5.000	6.000
	其他材料	元	1.00	0.03	0.03	0.04

措施性项目是指在《通用安装工程工程量计算规范》（GB 50856—2013）中措施项目中的技术措施项目（也称为定额措施项目），是指在特定施工条件下，经常采用的且列有项目或规定的施工措施项目，如金属桅杆、现场组装平台、焦炉施工大棚、焦炉热态试验、金属胎具等措施项目。

在实际工作中，会出现同一定额子目既用于分部分项工程实体项目，也用于措施性项目。例如配电箱安装、电缆敷设等。因此，当定额子目用于措施性项目时，计算书中的定额名称前加"（措施）"字样。有关措施项目费的计算在相关费用计算规则章节中做详细介绍。

（2）定额中各种系数的区别 安装定额中系数繁多，有换算系数、子目系数和综合系数。只有正确选套项目系数才能合理确定工程消耗量，这是工程造价专业人员业务水平的重要体现。

1）换算系数。换算系数大部分是由于安装工作物的材质、几何尺寸或施工方法与定额子目规定不一致，需进行调整而设定的系数，如安装前集中刷油，相应项目乘以系数 0.7，低碳不锈钢容器制作按不锈钢项目乘以系数 1.35，矩形容器按平底平盖容器乘以系数 1.1。换算系数一般都标注在各册的章节说明或工程量计算规则中。

2）子目系数。子目系数一般是对特殊的施工条件、工程结构等因素影响进行调整的系数，如洞库暗室施工增加、高层建筑增加、操作高度增加等。子目系数一般都标注在各册说明中。

3）综合系数。综合系数是针对专业工程特殊需要、施工环境等进行调整的系数，如脚手架搭拆、采暖系统调整费、通风空调系统调整费、小型站类工艺系统调整费、安装与生产同时施工增加费和在有害身体健康的环境中施工增加费等。综合系数一般标注在总说明和各

册说明中。

（3）主要系数的使用 各系数的计算，一般按照先计算换算系数，再计算子目系数，最后计算综合系数的顺序逐级计算，且前项计算结果作为后项的计算基础。子目系数、综合系数发生多项可多项计取，一般不可在同级系数间连乘，各系数的计算要根据具体情况，严格按定额的规定计取，切记不可重复或漏计。下面介绍部分主要系数的计算方法。

1）超高增加系数。超高增加系数是指安装物设计高度离操作地面的垂直距离。有楼层的按楼地面计，无楼层的按照设计地坪计。

《全国统一安装工程预算定额》对该系数规定不一致：第二册《电气设备安装工程》规定的操作高度为5m以上，20m以下计取一个系数；第七册《消防及安全防范设备安装工程》规定，5~8m、5~12m、5~16m、5~20m计取四个系数；第八册《给排水、采暖、燃气工程》规定，3.6~8m、3.6~12m、3.6~16m、3.6~20m计取四个系数；第九册《通风空调工程》规定6m以上计取一个系数。为了同一种系数统一口径，易于掌握，"本定额"将上述四册民用安装工程的超高增加系数，统一做如下调整：

① 分10m内、15m内、20m内、20m以上四个系数，但起算点高度仍按各册的规定计算。

② 计算该系数时，不再扣除起算点以下部分，按全部定额人工乘以规定系数，费率也做了相应测算调整。

各册章中已说明包括超高内容的项目不再计算该系数，其他册中的超高增加系数仍按各册规定执行。

2）高层建筑增加系数。高层建筑增加系数是指高层民用建筑物高度以室内设计地坪为准超过六层或室外设计地坪至檐口高度超过20m以上时，其安装工程应计取高层建筑增加系数。其费用内容应包括：人工降效、材料、工器具的垂直运输增加的机械台班费，操作工人所乘坐的升降设备中台班以及通信联络工具等费用。该系数仅限于给排水、采暖、燃气、电气、消防、安防、通风空调、电话、有线电视、广播等工程。但以下情况不可计取：

① 定额中已说明包括的不再计取，如电梯等。

② 高层建筑中地下室部分不能计算层数和高度。

③ 层高不超过2.2m时，不计层数。

④ 屋顶单独水箱间、电梯间不能计算层数，也不计高度。

⑤ 同一建筑物高度不同时，可按垂直投影以不同高度分别计算。

⑥ 高层建筑物坡形顶时可按平均高度计算。

⑦ 若层数不超过六层，但总高度超过20m，可按层高3.3m折算层数。

该系数的计算是按包括六层或20m以下全部工程（含其刷油保温）人工费乘以相应系数，其中70%为人工费，30%为机械费。

3）洞库暗室增加系数。洞库暗室施工时，其定额人工、机械消耗量各增加15%。

洞库工程费是指设置于没有自然采光、没有正常通风、没有正常运输行走通道的情况下施工而进行补偿的施工降效费。地下室无地上窗或地上洞口都可以取该系数。

4）系统调整系数。系统调整是由于工程专业特点，须对其安装系统进行调整测试后才能交工或使用，而定额没有设子项，只规定用系数计算，如采暖系统调整费，通风空调系统调整费，小型站类系统调整费。系统调整费的计算除定额另有规定外，均按系统全部工程人工费乘以相应系数计算。全部工程人工费包括附属的分部分项工程项目。

5）脚手架搭拆系数。《全国统一安装工程预算定额》中除第一册《机械设备安装工程》中第四章起重机设备安装、第五章起重机轨道安装，第二册《电气设备安装工程》中 10kV 以下架空线路等脚手架搭拆费用已列入定额外，其他册需要计列的均已规定了调整系数。该系数已考虑以下因素：

① 各专业工程交叉作业施工时可以互相利用的因素，测算中已扣除可以重复利用的脚手架。

② 安装工程大部分按简易脚手架考虑的，与土建工程脚手架不同。

③ 施工时如部分或全部使用土建脚手架时，按有偿使用处理。中脚手架费用的计算按定额人工费乘以相应系数。其中 25% 为人工费，其余 75% 为材料费。

6）安装与生产（或使用）同时施工增加费。该费用是指施工中因生产操作或生产条件限制（如不准动火）干扰了安装工作正常进行而增加的降效费用，不包括为保证安全生产和施工所采取的措施费用。如安装工作不受干扰的，不应计取此项费用。

该费用按定额人工费的 10% 计取，其中 100% 为人工费。

7）在有害身体健康的环境中施工增加费。该费用是指施工中由于有害气体粉尘或高分贝的噪声等，超过国家标准以至影响身体健康增加的降效费用，不包括劳保条例规定应享受的工种保健费。该费用按定额人工费的 10% 计取，其中 100% 为人工费。其他内容将在后面章节详细介绍。

1.1.4 《建设工程工程量清单计价规范》（GB 50500—2013）与《通用安装工程工程量计算规范》（GB 50856—2013）简介

20 世纪 90 年代国家提出了"控制量、指导价、竞争费"的改革措施，将工程预算定额中的人工、材料、机械消耗量和相应的单价分离，国家控制量以保证质量，价格逐步走向市场化，这一措施在我国实行市场经济初期起到了积极的作用。为了满足招投标竞争定价和合理低价中标的要求，2003 年，中华人民共和国建设部按照"市场形成价格，企业自主报价"的市场经济管理模式，按照我国工程造价管理改革的要求，本着国家宏观调控、市场竞争形成价格的原则，编制了《建设工程工程量清单计价规范》（GB 50500—2003）。该规范 2003 年 7 月 1 日起实施。2008 年对该规范进行了修订，发布了《建设工程工程量清单计价规范》（GB 50500—2008），简称"08 版规范"。2012 年 12 月，中华人民共和国住房和城乡建设部发布了"13 版规范"，即《建设工程工程量清单计价规范》（GB 50500—2013）及各专业的计算规范（各专业对应的规范统称"13 版计算规范"）。"13 版规范"针对"08 版规范"实行五年来存在的具体问题对其进行了修订，"13 版规范"的发布为进一步深化工程造价管理改革奠定了良好的基础。以下对《建设工程工程量清单计价规范》（GB 50500—2013）（简称《计价规范》）、《通用安装工程工程量计算规范》（GB 50856—2013）（简称《计算规范》）进行介绍。

1. 编制原则

"13 版规范"涵盖了建设工程计价的全过程，贯彻了政府宏观调控、企业自主报价、市场竞争形成价格的基本原则。对于全部使用国有资金投资或国有资金投资为主的工程建设项目，必须采用工程量清单计价；对于非国有资金投资的工程建设项目，宜采用工程量清单计价；不采用工程量清单的建设工程，应执行规范工程量清单等专门性规定外的其他规定。

2. 内容

"13 版规范"是在"03 版规范"和"08 版规范"的基础上发展而来的，"03 版规范"条文数量为 45 条，"08 版规范"增加到 137 条，而"13 版规范"又增加到 329 条，但清单的整体内容基本一样，分别是规范正文、工程计量、条文说明。

"13 版规范"规定了合同价款约定、合同价款调整、合同价款中期支付、竣工结算、合同解除的价款结算与支付、合同价款争议的解决方法，展现了加强市场监管的措施，强化了清单计价的执行力度，使其更具操作性与实用性。计价规范是各个专业的工程计量规范，"13 版计算规范"将"08 版规范"中的六个专业（建筑、装饰、安装、市政、园林、矿山）重新进行了精细化调整，将建筑、装饰专业合并为一个专业，将仿古从园林专业中分开，拆解为一个新专业，同时新增了构筑物、城市轨道交通、爆破工程三个专业，扩充为九个专业，分别为房屋建筑与装饰工程、仿古建筑工程、通用安装工程、市政工程、园林绿化工程、矿山工程、构筑物工程、城市轨道交通工程、爆破工程，对应规范 GB 50854~GB 50862。

（1）《建设工程工程量清单计价规范》由总则、术语、一般规定、工程量清单编制、招标控制价、投标报价、合同价款约定、工程计量、合同价款调整、合同价款中期支付、竣工结算与支付、合同解除的价款结算与支付、合同价款争议的解决、工程造价鉴定、工程计价资料与档案、计价表格组成。分别就规范的适应范围、遵循的原则、编制工程量清单及工程量清单计价活动的规则、计价表格做了明确规定。

1）采用工程量清单方式招标的，工程量清单必须作为招标文件的组成部分，其准确性和完整性由招标人负责。招标工程量清单是工程量清单计价的基础，应作为编制招标控制价、投标报价、计算工程量、支付工程款、调整合同价款、办理竣工结算以及工程索赔等的依据。

2）招标文件中的工程量清单标明的工程量是投标人投标报价的共同基础，竣工结算的工程量按发承包双方在合同中约定应予计量且实际完成的工程量确定。

3）采用工程量清单计价的工程，应在招标文件或合同中明确计价中的风险内容及其范围，不得采用无限风险、所有风险或类似语句规定计价中的风险内容及其范围。

4）建设工程施工发承包造价由分部分项工程费用、措施项目费、其他项目费、规费和税金组成。分部分项工程和措施项目清单应采用综合单价计价。

5）国有资金投资的工程建设项目应实行工程量清单招标，并应编制招标控制价。招标控制价超过批准的概算时，招标人应将其报原概算部门审核。投标人的投标报价高于招标控制价的，其投标应予以拒绝。招标控制价应在招标时公布，不应上调或下浮，招标人应将招标控制价及其有关资料报送工程所在地工程造价管理机构备案。投标人的投标报价高于招标控制价的应予废标。

6）投标人应按招标人提供的工程量清单填报价格。填写的项目编码、项目名称、项目特征、计量单位、工程量必须与招标人提供的一致。投标人应依据招标文件及其招标工程量清单自主报价，投标报价不得低于工程成本。

7）工程量清单应以单位（项）工程为单位编制，由分部分项工程量清单、措施项目清单、其他项目清单、规费项目清单、税金项目清单组成。措施项目清单中的安全文明施工费、规费和税金应按照国家或省级、行业建设主管部门的规定计价，不得作为竞争性费用。

8）分部分项工程量清单应根据相关工程现行国家计量规范规定的项目编码、项目名称、项目特征、计量单位和工程量计算规则进行编制。

9）措施项目清单必须根据计量规范的规定编制。由于影响措施项目设置的因素太多，计量规范不可能将施工中可能出现的措施项目一一列出。在编制措施项目清单时，因工程情况不同，出现计量规范中未列的措施项目，可根据拟建工程的实际情况列项。计价规范将措施项目划分为两类：一类是不能计算工程量的项目，如安全文明施工费、临时设施费等，以"项"计价，称为"总价项目"；另一类是可计量的措施项目，如脚手架、模板、降水工程等，以"量"计价，有利于措施费的确定和调整，称为"单价项目"。

10）其他项目清单应按照下列内容列项：暂列金额、暂估价（材料暂估单价、工程设备暂估价、专业工程暂估价）、计日工、总承包服务费。暂列金额应根据工程特点按有关计价规定估算。暂估价中的材料暂估价、工程设备暂估价应根据工程造价信息或参照市场价估算，并列出明细表；专业工程暂估价应分不同专业，按有关计价规定估算。计日工应列出项目和数量。总承包服务费应列出服务项目及其内容等。计价规范中只提供上述4项内容作为列项参考，不足部分可根据工程的具体情况进行补充。

11）规费项目清单应按照下列内容列项：工程排污费、社会保险费（包括养老保险费用、失业保险费、医疗保险费、工伤保险费、生育保险费）、住房公积金。

12）税金项目清单应包括下列内容：增值税、城市维护建设税、教育费附加、地方教育附加。

（2）"13版计算规范"中的《通用安装工程工程量计算规范》（GB 50856—2013）其由总则、术语、工程计量、工程量清单编制和附录组成。附录包括：附录A机械设备安装工程；附录B热力设备安装工程；附录C静置设备与工艺金属结构制作安装工程；附录D电气设备安装工程；附录E建筑智能化工程；附录F自动化控制仪表安装工程；附录G通风空调工程；附录H工业管道工程；附录J消防工程；附录K给排水、采暖、燃气工程；附录L通信设备及线路工程；附录M刷油、防腐蚀、绝热工程；附录N措施项目。共计13部分1144个项目，在"08版规范"附录C基础上新增320个项目，减少191个项目。其中附录M刷油、防腐蚀、绝热工程，附录N措施项目为新编内容。

3. 特点

（1）强制性 通过制定统一的建设工程工程量清单计价方法，达到规范计价行为的目的。规范中有强制性条文15条。

（2）实用性 计算规范附录中工程量清单项目及计算规则的项目名称表现的是工程实体项目，项目明确清晰，工程量计算规则简洁明了，易于编制工程量清单。

（3）竞争性 竞争性主要表现为：

1）规范中的措施项目，在工程量清单中只列"措施项目"一栏，具体采用什么措施项目，如模板、脚手架、临时设施、施工排水等详细内容由投标人根据企业的施工组织设计，视具体情况报价。措施项目是企业竞争项目，是留给企业竞争的空间。

2）规范中人工、材料、施工机械没有具体的消耗量，投标企业可以依据企业定额和市场价格信息报价，也可以参照建设行政主管部门发布的社会平均消耗量定额报价，规范将报价权交给了企业。

（4）通用性 采用工程量清单计价将与国际惯例接轨，符合工程量清单"计算方法标准化、工程量计算规则统一化、工程造价确定市场化"的要求。

1.1.5 工程造价的构成及计价方法

1. 建设工程总造价的概念

建设工程总造价就是建设工程从设想立项开始，经可行性研究、勘察设计、建设准备、工程施工、竣工投产这一全过程所耗费的费用之和。总造价是按国家规定的计算标准、定额、计算规则、计算方法和有关政策法规预先计算出来的价格，所以也称为"建设工程预算总造价"。这样计算出来的价格实际上是计划价格。如果对总造价形成的全过程进行控制和管理，即进行工程造价管理，就能准确地掌握和反映投入产出，控制投资，节约资金，提高投资效益，对国民经济建设发挥重大作用。

2. 建设工程总造价费用的构成

建设工程总造价即建设工程产品的价格，它的组成既要受到价值规律的制约，也要受到各类市场因素的影响。我国现行的建设工程总造价的构成包括建设投资、建设期利息和流动资金，建设投资和建设期利息之和对应于固定资产投资，固定资产投资与建设项目的工程造价在量上相等，一般可以按建设资金支出的性质、途径等方式来分解工程造价。工程造价基本构成中，包括用于购买工程项目所含各种设备的费用，用于建筑施工和安装施工所需支出的费用，用于委托工程勘察设计应支付的费用，用于购置土地所需的费用，也包括用于建设单位自身进行项目筹建和项目管理所花费的费用等。总之，工程造价是项目按照确定的建设内容、建设规模、建设标准、功能要求和使用要求等全部建成并验收合规交付使用所需的全部费用。

工程造价的主要构成部分是建设投资，根据《建设项目经济评价方法与参数》（第三版）的规定，建设投资包括工程费用、工程建设其他费用和预备费三部分。工程费用是指直接构成固定资产实体的各种费用，可以分为建筑安装工程费用和设备及工器具购置费用；工程建设其他费用是指根据国家有关规定应在投资中支付，并列入建设项目总造价或单项工程造价的费用；预备费是为了保证工程项目的顺利实施，避免在难以预料的情况下造成投资不足而预先安排的费用。具体构成内容如图1-1所示。

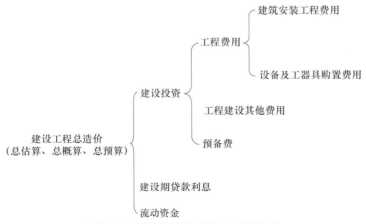

图1-1 建设工程总造价费用的构成

注：《建筑安装工程费用项目组成》（建标〔2013〕44号）中将工程设备费列入材料费。

（1）建筑安装工程费用　在工程建设中，建筑安装工程是一项主要的建设环节。建筑安装工程费用由建筑工程费用和安装工程费用两部分组成，在项目投资费用中占有相当大的比例，因此，国家制定了建筑安装工程的有关定额、标准、规则、方法来计算这部分费用。

建筑安装工程费用构成又包括直接费、间接费、利润、税金四大部分。

（2）设备及工器具购置费用　设备及工器具购置费用是由设备购置费用和工器具、生产家具购置费用组成的，它是固定资产投资中的积极部分。在生产性工程建设中，设备及工器具购置费用与资本的有机构成相联系。

设备购置费是指为工程建设项目购置或自制的达到固定资产标准的设备、工具、器具的费用。设备购置费的计算公式如下：

$$设备购置费 = 设备原价或进口设备抵岸价 + 设备运杂费$$

上式中，设备原价是指国产标准设备、非标准设备、引进设备的原价。设备运杂费是指设备供销部门手续费、设备原价中未包括的包装和包装材料费、运输费、装卸费、采购费及仓库保管费之和。如果设备是由公司成套供应的，成套设备供应公司的服务费也应计入设备运杂费之中。

工器具及生产家具购置费是指新建或扩建项目初步设计规定所必须购置的没有达到固定资产标准的设备、仪器、工卡模具、器具、生产家具和备品备件的费用，其一般计算公式为

$$工器具及生产家具购置费 = 设备购置费 \times 定额费率$$

（3）工程建设其他费用　工程建设其他费用是指从工程筹建起到工程竣工验收交付使用为止的整个建设期间，除建筑安装工程费用和设备及工器具购置费外的，为保证工程建设顺利完成和交付使用后能够正常发挥效用而发生的各项费用总和。对工程建设其他费用，各地征收的费用名称及计算方法差异较大。这部分费用按其不同性质和用途，可分为固定资产其他费用、无形资产费用和其他资产费用。固定资产其他费用是固定资产费用的一部分，是在工程建设其他费用中按规定将形成固定资产的费用，包括建设管理费、建设用地费、可行性研究费、研究试验费、勘察设计费、环境影响评价费、劳动安全卫生评价费、场地准备及临时设施费、引进技术和引进设备其他费、工程保险费、联合试运转费、特殊设备安全监督检验费、市政公用设施费等；无形资产费用是指直接形成无形资产的建设投资，主要指专利及专有技术使用费；其他资产费用是指建设投资中除形成固定资产和无形资产以外的部分，主要包括生产准备及开办费等。

（4）预备费　按我国现行规定，预备费包括基本预备费和工程造价调整预备费。

1）基本预备费。基本预备费是指在初步设计及概算内难以预料的工程和费用。费用内容包括：①在批准的初步设计范围内，技术设计、施工图设计及施工过程中所增加的工程和费用，设计变更、局部地基处理等增加的费用；②一般自然灾害造成损失和预防自然灾害所采取的措施费用，实行工程保险的工程项目费用应适当降低；③竣工验收时为鉴定工程质量对隐蔽工程进行必要的挖掘和修复费用。基本预备费的计算公式为

$$基本预备费 = （设备及工器具购置费 + 建筑安装工程费用 +$$
$$工程建设其他费用） \times 基本预备费费率$$

2）工程造价调整预备费。工程造价调整预备费是指建设项目在建设期间由于价格等变化引起工程造价变化的预测预留费用，也称为涨价预备费或价差预备费。涨价预备费的测算一般是根据国家规定的投资综合价格指数，按估算年份价格水平的投资额为基数，采用复利

方法计算。

（5）建设期贷款利息　建设期贷款利息包括向国内银行和其他非银行金融机构贷款、出口信贷、外国政府贷款、国际商业银行贷款以及在境内外发行的债券等在建设期内应偿还的贷款利息。

3. 建设工程总造价费用的计算

现行的建设工程总造价构成与各项费用的计算方法见表1-3。

表 1-3　建设工程总造价费用计算程序表

序　号	费 用 名 称	计 算 式
一	建筑安装工程费用	（1）+（2）+（3）+（4）
1	直接费	
2	间接费	计费基础 × 间接费费率
3	利润	计费基础 × 利润率
4	税金	不含税工程造价 × 税率
二	设备购置费	设备原价 ×（1+ 运杂费费率）
三	工器具及生产家具购置费	设备购置费 × 费率
四	工程建设其他费用	按规定计
五	预备费	按规定计
六	建设项目总费用	（一）+（二）+（三）+（四）+（五）
七	固定资产投资方向调节税	（六）× 规定税率
八	建设期贷款利息	按实际利率计算
九	建设项目总造价	（六）+（七）+（八）

4. 建设工程计价的基本方法

建设项目具有单件性与多样性组成的特点，每个项目都具有自身不同的自然、技术特征，都是单独设计、单独施工，因此只能就各个工程按照一定的计价程序和计价方法计算工程造价。通常是将项目进行分解，划分为若干个基本构造要素（即分部、分项工程），再将各基本构造要素的费用组合而成整个项目的造价。工程造价的计价的形式和方法有多种，各不相同，但计价的基本过程和原理是相同的。如果仅从工程费用计算的角度分析，工程造价计价的顺序是：分部分项工程单价—单位工程造价—单项工程造价—建设项目总造价。影响工程造价的主要因素有两个，即基本构造要素的单位价格和基本构造要素的实物工程量，可用下列基本计算式表达：

$$工程造价 = \sum （基本构造要素的工程量 × 相应单价）$$

在不同的计价模式下，式中的"基本构造要素""相应单价"均有不同的含义。定额计价时，"基本构造要素"是按工程建设定额划分的分项工程项目；"相应单价"是指定额基价，即包括人工费、材料费、施工机具使用费。清单计价时，"基本构造要素"是指清单项目;"相应单价"是指综合单价,除包括人工费、材料费、施工机具使用费以外,还包括企业管理费、利润和风险因素。由于各地实际情况的差异,目前我国建设工程造价实行"双轨制"计价,即在保留传统定额计价方式的基础上,参照国际惯例引入了工程量清单计价方式。

(1)定额计价方法　定额计价方法是我国采用的一种与计划经济相适应的工程造价管理制度,是我国长期以来采用的计价模式。定额计价实际上是国家通过颁布统一的估价指标、概算指标、概算定额、预算定额和相应的费用定额,对建筑产品价格进行有计划管理的一种方式。在计价中以定额为依据,按定额规定的分部分项子目,逐项计算工程量,套用预算定额单价(或单位估价表)确定直接工程费,然后按规定的取费标准确定措施费、间接费、利润和税金,加上材料调差系数和适当的不可预见费,经汇总后即为工程预算。

如果分部分项工程单位价格仅仅考虑人工、材料、机械资源要素的消耗量和价格形成,即单位价格 = $\sum$(分部分项工程的资源要素消耗量 × 资源要素的价格),则该单位价格是直接费单价。

直接费单价形成的定额计价方法中,直接费单价只包括人工费、材料费和施工机具使用费,它是分部分项工程的不完全价格。我国现行有两种计价方式:一种是单位估价法,它是运用定额单价计算的,即首先计算工程量,然后查定额单价(基价),与相应的分项工程量相乘,得出各分项工程的人工费、材料费、施工机具使用费,再将各分项工程的上述费用相加,得出分部分项工程的直接费;另一种是实物估价法,首先计算工程量,然后套基础定额,计算人工、材料和机械台班消耗量,将所有分部分项工程资源消耗量进行归类汇总,再根据当时、当地的人工、材料、机械单价,计算并汇总人工费、材料费、机械使用费,得出分部分项工程直接费。在此基础上再计算措施费、间接费、利润和税金,将直接费与上述费用相加,即可得出单位工程造价。

(2)工程量清单计价方法　工程量清单计价方法是一种区别于定额计价方法的新计价模式,是一种主要由市场定价的计价模式。就我国目前的实践而言,工程量清单计价作为一种市场价格的形成机制,其使用主要在工程施工招投标阶段。它是由建设产品的买方和卖方在建设市场上根据供求状况、信息状况进行自由竞价,从而最终签订工程合同价格的方法。工程量清单计价方法是在建设市场建立、发展和完善过程中的必然产物。工程量清单计价是在建设工程招投标中按照国家统一的工程量清单计价规范,招标人或由其委托的具有资质的中介机构编制反映工程实体消耗和措施消耗的工程量清单,并作为招标文件的一部分提供给投标人,由投标人依据工程量清单,根据各种渠道所获得的工程造价信息和经验数据,结合企业定额自主报价的计价方式。我国建设行政主管部门发布的现行工程预算定额消耗量和有关费用及相应价格是按照社会平均水平编制的,以此为依据形成的工程造价基本上属于社会平均价格。这种平均价格可作为市场竞争的参考价格,但不能充分反映参与竞争企业的实际消耗和技术管理水平,在一定程度上限制了企业的公平竞争。采用工程量清单计价能够反映出工程个别成本,有利于企业自主报价和公平竞争;同时,实行工程量清单计价,工程量清单作为招标文件和合同文件的重要组成部分,对于规范招标人计价行为,在技术上避免招标中弄虚作假和暗箱操作及保证工程款的支付结算都会起到重要作用。

所谓综合单价,是指完成一个规定计量单位的分部分项工程量清单项目或措施清单项目所需的人工费、材料费、施工机具使用费和企业管理费与利润,以及一定范围内的风险费用，它是一种完全价格形式。

定额计价是计划经济的产物，产生在新中国成立之初，一直沿用至今；清单计价是市场经济的产物，产生于 2003 年，是以国家标准推行的新的计价模式。两者的区别，可从多方面进行比较。例如，定额计价是政府定价，依据政府建设行政主管部门发布的消耗量定额和单位估价表进行计价；而清单计价是企业自主报价，竞争形成价格，依据工程量清单计价规范以及企业定额进行计价。除此以外，两种计价方式下的费用内容、单价形式、工程量计算、表格形式等都有所不同，详见本书 1.2 节与 1.3 节的内容。但清单计价是在学习借鉴国外通行做法并与我国实际相结合的产物，是在定额计价基础上衍生出来的计价模式。

1.2 安装工程定额计价

1.2.1 定额概述

1. 定额的概念

所谓定额，是指在正常的施工条件和合理劳动组织、合理使用材料和机械的条件下，完成单位合格产品所必须消耗资源的数量标准。它反映了一定时期社会生产力水平的高低。安装工程定额所消耗的资源的数量标准是指消耗在组成安装工程基本构造要素上的劳动力、材料和机械台班数量的标准。

2. 定额的作用

（1）定额是基本建设计划管理的依据　建设工程中编制各种计划都直接或间接地以定额为尺度，计算和确定计划期内的劳动生产率、所需人工和材料物资数量等一系列重要指标。在企业施工过程中，定额还直接作为班组下达具体施工和计划组织施工任务的基本依据。为了检查计划落实情况，也要借助于定额资料，以衡量计划的完成程度。计划管理离不开定额，定额是计划管理的依据。

（2）定额是科学组织施工的必要手段　建设工程是一种多工种、多行业且协作关系密切的施工活动。在施工活动中，必须要把施工现场的各种劳力、设备、材料、施工机械等科学、合理地组织起来，使之运作有序，有条不紊。这就需要施工企业中的各个职能部门之间、部门与基层之间密切配合，形成统一指挥、互相协调、各负其责的整体。在这种统一协调的全部工作过程中，定额起着十分重要的作用。例如：为了按期、保质、保量地完成施工任务和承担经济责任，计划部门要根据施工任务，按照定额计算人工、材料和机械设备的需要量和需要的时间；供应部门要根据计划适时地、保质保量地供应材料和机械设备；作业班组则按照规定领取施工所需的材料和机械设备。因此施工是离不开定额的，它是科学组织施工的工具和手段。

（3）定额是评价的依据　定额是进行按劳分配、经济核算、厉行节约、提高经济效益的有效工具，是确定工程造价和最终进行技术经济评价的依据。

3. 定额的分类

定额的种类很多，通常的分类方法如图 1-2 所示。

（1）按生产要素划分　可分为劳动定额、材料消耗定额、机械台班使用定额。

1）劳动定额：表示在正常施工条件下劳动生产率的合理指标。劳动定额因表现形式不同，分为时间定额和产量定额两种。

时间定额是安装单位工程项目所需消耗的工作时间，以单位工程的时间计量单位表示。定额时间包括工人的有效时间、必需的休息和生理需要时间、不可避免的中断时间。例如 DN25 镀锌钢管（螺纹连接）的时间定额为 2.2 工日 /10m。

产量定额是在单位时间内应安装合格的单位工程项目的数量，以单位时间的单位工程计量单位表示。例如 DN25 镀锌钢管（螺纹连接）的产量定额为 4.55 m/ 工日。

时间定额与产量定额互成倒数。

2）材料消耗定额：指在合理与节约使用材料的条件下，安装合格的单位工程所需消耗的材料数量，以单位工程的材料计量单位表示。

材料消耗定额规定的材料消耗量包括材料净用量和合理损耗量两部分，即

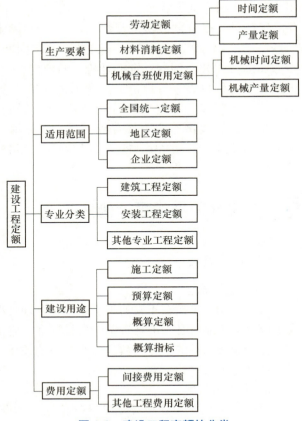

图 1-2　建设工程定额的分类

$$材料消耗量 = 材料净用量 + 材料损耗量$$

3）机械台班使用定额：指在先进合理组织施工的条件下，由熟悉机械设备的性能，具有熟练技术的操作人员管理和操作设备时，机械在单位时间内所应达到的生产率。即一个台班应完成质量合格的单位产品的数量标准，或完成单位合格产品所需台班数量标准。

（2）按定额的用途划分　可分为施工定额、预算定额、概算定额和概算指标。

1）施工定额：是用来组织施工的。施工定额是以同一性质的施工过程来规定完成单位安装工程耗用的人工、材料和机械台班的数量。实际上，它是劳动定额、材料消耗定额和机械台班使用定额的综合。

2）预算定额：是编制施工图预算的依据，是确定一定计量单位的分项工程的人工、材料和机械台班消耗量的标准。预算定额以各分项工程为对象，在施工定额的基础上，综合人工、材料、机械台班等各种因素，合理取定人工、材料、机械台班的消耗数量，并结合人工、材料、机械台班预算单价，得出各分项工程的预算价格，即定额基本价格（基价）。由此可知，预算定额由两大部分组成，即数量部分和价值部分。

3）概算定额和概算指标：概算定额是确定一定的计量单位扩大分项工程的人工、材料、机械台班消耗量数量的标准，是编制设计概算的依据。概算指标的内容和作用与概算定额基本相似。

（3）按定额的编制部门和适用范围划分　可分为全国统一定额、地区定额和企业定额。

1）全国统一定额：是由国家主管部门制定颁发的定额，《全国统一安装工程预算定额》是全国统一定额，全国统一定额不分地区，全国适用。

2）地区定额：由各省、市、自治区组织编制颁发，只适用于本地区。各地区的消耗量定额及单位估价表属于地区定额。

单位估价表是以《全国统一安装工程预算定额》规定的人工、材料及施工机械消耗量指标为依据，以货币形式表示预算定额中每一分项工程单位预算价值的计算表格。它是根据国家现行的建筑安装工程预算定额，结合各地区工资标准、材料预算价格、机械台班预算价格编制的，所以又称为某时期某地区单位估价表。单位估价表具有地区性和时间性，是地区编制施工图预算确定工程直接费的基础资料。

3）企业定额：由企业内部根据自己的实际情况自行编制，只限于在本企业内部使用的定额。在工程造价工程量清单计价过程中，各企业就是根据自己企业所制定的企业定额来综合报价的。在目前工程造价计价逐步由定额计价向工程量清单计价转变的情况下，企业定额的地位越来越重要。

1.2.2　安装工程定额计价的方法与程序

安装工程费用内容主要包括以下两个方面：其一是生产、动力、起重、运输、传动和医疗、实施等各种需要安装的机械设备的装配费用，与设备相连的工作台、梯子、栏杆等设施的工程费用，附属于被安装设备的管线敷设工程费用，以及被安装设备的绝缘、防腐、保温、油漆等工作的材料费和安装费；其二是为测定安装工程质量，对单台设备进行单机试运转、对系统设备进行系统联动无负荷试运转工作的调试费。

1. 安装工程定额计价的费用构成

住房和城乡建设部与财政部于 2013 年印发了《建筑安装工程费用项目组成》（建标〔2013〕44 号）（简称《费用组成》），原《关于印发〈建筑安装工程费用项目组成〉的通知》（建标〔2003〕206 号）同时废止。

《费用组成》调整的主要内容包括：

1）按照国家统计局《关于工资总额组成的规定》，合理调整了人工费构成及内容。

2）依据国家发展改革委、财政部等 9 部委发布的《标准施工招标文件》的有关规定，将工程设备费列入材料费；原材料费中的检验试验费列入企业管理费。

3）将仪器仪表使用费列入施工机具使用费；大型机械进出场及安拆费列入措施项目费。

4）按照《社会保险法》的规定，将原企业管理费中劳动保险费中的职工死亡丧葬补助费、抚恤费列入规费中的养老保险费；在企业管理费中的财务费和其他中增加担保费用、投标费、保险费。

5）按照《社会保险法》《建筑法》的规定，取消原规费中危险作业意外伤害保险费，增加工伤保险费、生育保险费。

6）按照财政部的有关规定，在税金中增加地方教育附加。

调整后，按费用构成要素划分，建筑安装工程费由人工费、材料（包含工程设备，下同）费、施工机具使用费、企业管理费、利润、规费和税金组成。其中人工费、材料费、施工机具使用费、企业管理费和利润包含在分部分项工程费、措施项目费、其他项目费中。具体如图 1-3 所示。

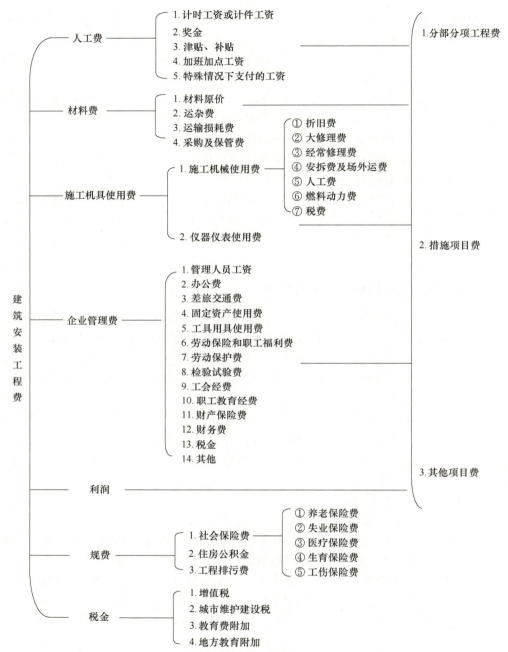

图 1-3　建筑安装工程费用项目组成（按费用构成要素划分）

　　按照造价形成划分，建筑安装工程费由分部分项工程费、措施项目费、其他项目费、规费、税金组成。分部分项工程费、措施项目费、其他项目费包含人工费、材料费、施工机具使用费、企业管理费和利润。具体如图 1-4 所示。该部分内容将在本书 1.3 节中详述。

　　（1）人工费　人工费是指按工资总额构成规定，支付给从事建筑安装工程施工的生产工人和附属生产单位工人的各项费用。内容包括：

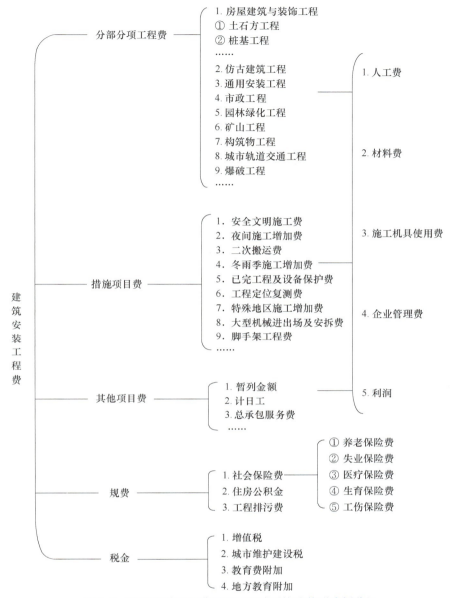

图 1-4 建筑安装工程费用项目组成（按造价形成划分）

1）计时工资或计件工资：是指按计时工资标准和工作时间或对已做工作按计件单价支付给个人的劳动报酬。

2）奖金：是指对超额劳动和增收节支支付给个人的劳动报酬，如节约奖、劳动竞赛奖等。

3）津贴、补贴：是指为了补偿职工特殊或额外的劳动消耗和因其他特殊原因支付给个人的津贴，以及为了保证职工工资水平不受物价影响支付给个人的物价补贴，如流动施工津贴、特殊地区施工津贴、高温（寒）作业临时津贴、高空津贴等。

4）加班加点工资：是指按规定支付的在法定节假日工作的加班工资和在法定日工作时

间外延时工作的加点工资。

5）特殊情况下支付的工资：是指根据国家法律、法规和政策规定，因病、工伤、产假、计划生育假、婚丧假、事假、探亲假、定期休假、停工学习、执行国家或社会义务等原因按计时工资标准或计时工资标准的一定比例支付的工资。

人工费的计算公式如下：

公式 1：

$$人工费 = \sum（工日消耗量 \times 日工资单价）$$

公式 1 适用于施工企业投标报价时自主确定人工费，也是工程造价管理机构编制计价定额确定定额人工单价或发布人工成本信息的参考依据。

公式 2：

$$人工费 = \sum（工程工日消耗量 \times 日工资单价）$$

公式 2 适用于工程造价管理机构编制计价定额时确定定额人工费，是施工企业投标报价的参考依据。

公式 2 中的日工资单价是指施工企业平均技术熟练程度的生产工人在每工作日（国家法定工作时间内）按规定从事施工作业应得的日工资总额。工程造价管理机构确定日工资单价应通过市场调查、根据工程项目的技术要求，参考实物工程量人工单价综合分析确定，最低日工资单价不得低于工程所在地人力资源和社会保障部门所发布的最低工资标准的：普工 1.3 倍、一般技工 2 倍、高级技工 3 倍。工程计价定额不可只列一个综合工日单价，应根据工程项目技术要求和工种差别适当划分多种日人工单价，确保各分部工程人工费的合理构成。

（2）材料费 材料费是指施工过程中耗费的原材料、辅助材料、构配件、零件、半成品或成品、工程设备的费用。内容包括：

1）材料原价：是指材料、工程设备的出厂价格或商家供应价格。

2）运杂费：是指材料、工程设备自来源地运至工地仓库指定堆放地点所发生的全部费用。

3）运输损耗费：是指材料在运输装卸过程中不可避免的损耗。

4）采购及保管：是指为组织采购、供应和保管材料、工程设备的过程中所需要的各项费用，包括采购费、仓储费、工地保管费、仓储损耗。

工程设备是指构成或计划构成永久工程一部分的机电设备、金属结构设备、仪器装置及其他类似的设备和装置。

$$计价材料费 = \sum（工程量 \times 计价材料消耗量指标 \times 材料预算单价）$$
$$未计价材料费 = \sum（工程量 \times 未计价材料消耗量指标 \times 材料市场单价）$$
$$材料费 = 计价材料费 + 未计价材料费$$

（3）施工机具使用费 施工机具使用费是指施工作业所发生的施工机械、仪器仪表使用费或其租赁费。

1）施工机械使用费：以施工机械台班耗用量乘以施工机械台班单价表示，施工机械台班单价应由下列七项费用组成：

① 折旧费：指施工机械在规定的使用年限内陆续收回其原值的费用。

② 大修理费：指施工机械按规定的大修理间隔台班进行必要的大修理，以恢复其正常

功能所需的费用。

③ 经常修理费：指施工机械除大修理以外的各级保养和临时故障排除所需的费用，包括为保障机械正常运转所需替换设备与随机配备工具附具的摊销和维护费用、机械运转中日常保养所需润滑与擦拭的材料费用及机械停滞期间的维护和保养费用等。

④ 安拆费及场外运费：安拆费指施工机械（大型机械除外）在现场进行安装与拆卸所需的人工、材料、机械和试运转费用以及机械辅助设施的折旧、搭设、拆除等费用；场外运费指施工机械整体或分体自停放地点运至施工现场或由一施工地点运至另一施工地点的运输、装卸、辅助材料及架线等费用。

⑤ 人工费：指机上司机（司炉）和其他操作人员的人工费。

⑥ 燃料动力费：指施工机械在运转作业中所消耗的各种燃料及水、电等费用。

⑦ 税费：指施工机械按照国家规定应缴纳的车船使用税、保险费及年检费等。

$$施工机械使用费 = \sum（工程量 × 机械台班消耗量指标机械台班综合单价）$$

2）仪器仪表使用费：是指工程施工所需使用的仪器仪表的摊销及维修费用。

$$仪器仪表使用费 = 工程使用的仪器仪表摊销费 + 维修费$$

需要注意的是，当采用定额计价时，需要计取按系数计取的费用。系数有子目系数和综合系数两种。子目系数是费用计算最基本的系数，定额中有些项目不便列子目进行计算，就在定额各章节规定了各种调整系数，即子目系数。子目系数一般是对特殊的施工条件、工程结构等因素影响进行调整的系数，如高层建筑增加（注："13版计算规范"将"超高施工增加费"调整计入措施项目费中）、操作高度增加等。综合系数是以单位工程全部人工费（包括以子目系数所计算费用中的人工费部分）作为计算基础计算费用的一种系数，一般是针对专业工程特殊需要、施工环境等进行调整的系数，如脚手架搭拆、采暖系统调整费、安装与生产同时施工增加费和在有害身体健康的环境中施工增加费等。子目系数计取的费用和综合系数计取的费用都是分部分项工程费的构成部分。

计算时，一般按照先计算子目系数，再计算综合系数的顺序逐级计算，且前项计算结果作为后项的计算基础。各系数的计算，要根据具体情况，严格按定额的规定计取。

子目系数计取的费用主要包括操作超高增加费和高层建筑增加费。

操作超高增加费：当操作物高度（有楼层的按楼地面计，无楼层的按设计地坪计）大于定额高度时，为了补偿人工降效等而收取的费用称为操作超高增加费。这项费用一般用系数计取，系数称为操作超高增加系数。专业不同，定额所规定计取增加费的高度也不一样，因此系数也不相同。《全国统一安装工程预算定额》对安装工程中的操作超高增加系数的规定详见表1-4。

虽然各专业计取该项费用的系数不同，但计取此项费用的方法是完全一样的，计算公式为

$$操作超高增加费 = 操作超高部分工程的人工费 × 操作超高增加系数$$

高层建筑增加费：指高层民用建筑物高度以室内设计地坪为准超过六层或室外设计地坪至檐口高度超过20m以上时，其安装工程应计取高层建筑增加系数，用于补偿人工降效，以及材料垂直运输增加的费用。

各专业高层建筑增加系数见表1-5，其计算公式为

$$高层建筑增加费 = 人工费 × 高层建筑增加系数$$

表 1-4 安装工程操作超高增加系数

工程名称	定额高度 /m	取费基数	系数
给排水、采暖、燃气工程	3.6	操作超高部分人工费	1.10（3.6~8m）、1.15（3.6~12m）、1.20（3.6~16m）、1.25（3.6~20m）
通风空调工程	6		15%（6m 以上）
电气设备安装工程	5		33%（20m 以下）
消防及安全防范设备安装工程	5		1.10（5~8m）、1.15（5~12m）、1.20（5~16m）、1.25（5~20m）

表 1-5 安装工程高层建筑增加系数

工程名称	计算基数	建筑物层数 / 层（高度 /m）					
		≤9（30）	≤12（40）	≤15（50）	≤18（60）	≤21（70）	≤24（80）
给排水、采暖、燃气工程	工程人工费	2	3	4	6	8	10
通风空调工程		1	2	3	4	5	6
电气设备安装工程		1	2	4	6	8	10

工程名称	计算基数	建筑物层数 / 层（高度 /m）					
		≤27（90）	≤30（100）	≤33（110）	≤36（120）	≤39（130）	≤42（140）
给排水、采暖、燃气工程	工程人工费	13	16	19	22	25	28
通风空调工程		8	10	13	16	19	22
电气设备安装工程		13	16	19	22	25	28

工程名称	计算基数	建筑物层数 / 层（高度 /m）					
		≤45（150）	≤48（160）	≤51（170）	≤54（180）	≤57（190）	≤60（200）
给排水、采暖、燃气工程	工程人工费	31	34	37	40	43	46
通风空调工程		25	28	31	34	37	40
电气设备安装工程		31	34	37	40	43	46

综合系数计取的费用主要包括脚手架搭拆费、安装与生产同时进行的施工增加费、在有害身体健康的环境中施工增加费、系统调整费等。各系数见表 1-6。

脚手架搭拆费：按定额规定，脚手架搭拆费不受操作物高度限制均可收取。在测算脚手架搭拆系数时，考虑如下因素：各专业工程交叉作业施工时可以互相利用脚手架的因素，测算时已扣除可以重复利用的脚手架费用；安装工程脚手架与土建所用的脚手架不尽相同，测算搭拆费用时大部分是按简易架考虑的；施工时如部分或全部使用土建的脚手架时，进行有偿使用处理。计算公式为

脚手架搭拆费＝人工费 × 脚手架搭拆系数

安装与生产同时进行的施工增加费：该项费用的计取是指改扩建工程在生产车间或装置内施工，因生产操作或生产条件限制干扰了安装工程正常进行而增加的降效费用。这其中不包括为保证安全生产和施工所采取的措施费用。安装工作不受干扰的，不应计取此项费用。计算公式为

安装与生产同时进行的施工增加费＝人工费 × 安装与生产同时进行的施工增加系数

表 1-6　安装工程定额综合系数

工 程 名 称	取费基数	综合系数（%）					
		脚手架搭拆费		系统调试费		安装与生产同时进行	在有害身体健康的环境中施工
		系数	人工工资占百分比	系数	人工工资占百分比		
给排水、采暖、燃气工程	全部人工费	5	25	15（采暖）	20	—	—
通风空调工程		3	25	13	25	10	10
电气设备安装工程		4	25	按各章规定		10（全为人工）	10

在有害身体健康的环境中施工增加费：该项费用指在民法规则有关规定允许的前提下，改扩建工程中由于车间有害气体或高分贝的噪声超过国家标准以致影响身体健康而增加的降效费用，不包括劳保条例规定的应享受的工种保健费。计算方法：

在有害身体健康的环境中施工增加费＝人工费 × 在有害身体健康的环境中施工增加系数

系统调试费：由于工程专业特点，须对其安装系统进行综合调试后才能交工或使用而收取的费用。该费用定额没有设子项，只规定用系数计算，如采暖系统调试费、通风空调系统调试费、小型站类系统调试费。计算公式为

系统调试费＝人工费 × 系统调试系数

（4）企业管理费　企业管理费是指建筑安装企业组织施工生产和经营管理所需的费用。内容包括：

1）管理人员工资：是指按规定支付给管理人员的计时工资、奖金、津贴补贴、加班加点工资及特殊情况下支付的工资等。

2）办公费：是指企业管理办公用的文具、纸张、账表、印刷、邮电、书报、办公软件、现场监控、会议、水电、烧水和集体取暖降温（包括现场临时宿舍取暖降温）等费用。

3）差旅交通费：是指职工因公出差、调动工作的差旅费、住勤补助费，市内交通费和误餐补助费，职工探亲路费，劳动力招募费，职工退休、退职一次性路费，工伤人员就医路费，工地转移费以及管理部门使用的交通工具的油料、燃料等费用。

4）固定资产使用费：是指管理和试验部门及附属生产单位使用的属于固定资产的房屋、设备、仪器等的折旧、大修、维修或租赁费。

5）工具用具使用费：是指企业施工生产和管理使用的不属于固定资产的工具、器具家具、交通工具和检验、试验、测绘、消防用具等的购置、维修和摊销费。

6）劳动保险和职工福利费：是指由企业支付的职工退职金，按规定支付给离休干部的经费，集体福利费，夏季防暑降温、冬季取暖补贴，上下班交通补贴等。

7）劳动保护费：是企业按规定发放的劳动保护用品的支出，如工作服、手套、防暑降温饮料以及在有碍身体健康的环境中施工的保健费用等。

8）检验试验费：是指施工企业按照有关标准规定，对建筑以及材料、构件和建筑安装物进行一般鉴定、检查所发生的费用，包括自设试验室进行试验所耗用的材料等费用。不包括新结构、新材料的试验费，对构件做破坏性试验及其他特殊要求检验试验的费用和建设单位委托检测机构进行检测的费用，对此类检测发生的费用，由建设单位在工程建设其他费用中列支。但对施工企业提供的具有合格证明的材料进行检测不合格的，该检测费用由施工企业支付。

9）工会经费：是指企业按《工会法》规定的全部职工工资总额比例计提的工会经费。

10）职工教育经费：是指按职工工资总额的规定比例计提，企业为职工进行专业技术和职业技能培训，专业技术人员继续教育、职工职业技能鉴定、职业资格认定以及根据需要对职工进行各类文化教育所发生的费用。

11）财产保险费：是指施工管理用财产、车辆等的保险费用。

12）财务费：是指企业为施工生产筹集资金或提供预付款担保、履约担保、职工工资支付担保等所发生的各种费用。

13）税金：是指企业按规定缴纳的房产税、车船使用税、土地使用税、印花税等。

14）其他：包括技术转让费、技术开发费、投标费、业务招待费、绿化费、广告费、公证费、法律顾问费、审计费、咨询费、保险费等。

（5）利润　利润是指施工企业完成所承包工程获得的盈利。

$$利润 = 人工费合计 \times 利润率$$

（6）规费　规费是指按国家法律、法规规定，由省级政府和省级有关权力部门规定必须缴纳或计取的费用，包括社会保险费、住房公积金和工程排污费。

1）社会保险费包括以下五项：

① 养老保险费：指企业按照规定标准为职工缴纳的基本养老保险费。

② 失业保险费：指企业按照规定标准为职工缴纳的失业保险费。

③ 医疗保险费：指企业按照规定标准为职工缴纳的基本医疗保险费。

④ 生育保险费：指企业按照规定标准为职工缴纳的生育保险费。

⑤ 工伤保险费：指企业按照规定标准为职工缴纳的工伤保险费。

2）住房公积金是指企业按规定标准为职工缴纳的住房公积金。

3）工程排污费是指按规定缴纳的施工现场工程排污费。

（7）税金　税金是指国家税法规定的应计入建筑安装工程造价内的营业税（现为增值税）、城市维护建设税、教育费附加以及地方教育附加。计算公式为

$$税金 = 税前造价 \times 综合税率$$

2. 安装工程定额计价的程序

（1）计价程序说明　临时设施费、企业管理费、利润等分别按工程类别所对应的费率计取费用。安全文明施工措施费用（包括环境保护费、文明施工费和安全施工费）作为非竞争性费用，在编制工程预算、标底、投标报价时单列设立，按现行费用定额规定的费率、计

费基数和计费程序全额计算计入总价，但不参与商务标价格竞争。

2017 版《江西省建设工程定额》中的建筑、安装、市政工程定额综合工日单价调整为 100 元 / 工日，装饰工程定额综合工日单价调整为 117 元 / 工日。此次调整的综合工日单价自 2020 年 12 月 20 日起执行。

根据《江西省财政厅 江西省发展和改革委员会关于公布取消 20 项涉及企业行政事业性收费的通知》（赣财综〔2012〕5 号）关于取消建筑行业上级管理费的规定，江西省取消了建设工程现行费用定额中的上级（行业）管理费。自 2012 年 2 月 1 日起，工程建设项目在编制招标控制价、投标报价、概预算、结算时不再计取上级（行业）管理费。

（2）定额计价的计算程序 下面以《江西省通用安装工程消耗量定额及统一基价表》（2017 年）为例，介绍安装工程定额计价费用计算程序，见表 1-7。其中，套用消耗量定额项目计算的措施费，作为技术措施费列项；以费率形式计算的措施费，作为组织措施费列项。

表 1-7 安装工程定额计价费用计算程序表（以人工费为计费基础）

序号	费用名称	计算式
		安装工程部分
一	直接工程费	$\sum$ 定额基价 × 相应工程量（其中人工费为 A）
二	单价措施费	$\sum$ 定额基价 × 相应工程量（其中人工费为 B）
三	总价措施费	（1）+（2）（其中人工费为 $C = C_1 + C_2$）
1	安全防护、文明施工措施费	① + ②
①	临时设施费	$(A+B)$ × 费率（其中 15% 为人工费 C_1）
②	环保、文明、安全施工费	［（一）+（二）+①+（2）+（六）+（七）+（八）］× 费率
2	检验试验等六项费用	$(A+B)$ × 费率（其中 15% 为人工费 C_2）
四	价差	价差 × 相应数量
五	估价	不含税
六	企业管理费	$(A+B+C)$ × 费率
七	利润	$(A+B+C)$ × 费率
八	规费	$(A+B+C)$ × 费率
九	其他费（不含税）	按规定计算
十	增值税（进项税额）	（3）+（4）+（5）+（6）
3	其中：材料费的进项税额	分类材料费 × 平均税率 ÷（1+ 平均税率）
4	机械费的进项税额	根据机械费组成计算进项税额
5	总价措施费的进项税额	总价措施费 × 平均税率 ÷（1+ 平均税率）
6	企业管理费的进项税额	企业管理费 × 平均税率 ÷（1+ 平均税率）
十一	增值税（销项税额）	［（一）+（二）+（三）+（四）+（五）+（六）+（七）+（八）+（九）–（十）］× 11%
十二	总造价	（一）+（二）+（三）+（四）+（五）+（六）+（七）+（八）+（九）–（十）+（十一）

依据江西省的计价程序进行定额计价时需注意以下几点：

1）技术措施项目若未详列人工、材料、机械耗用量，而以每项"××元"表示的，或无工日耗用量的，以人工费为基础计取有关费用时，人工费按 15% 比例计算；组织措施费人工系数按 15% 比例计算。

2）安全文明施工措施费以已扣除税金后的工程费用为计费基数，除计取税金外，不作为其他各项费用的计费基数。

3）价差除计取税金外，不计取其他费用。

1.2.3　安装工程施工图预算的编制

1. 安装工程施工图预算的概念

设备安装工程预算是建筑安装工程施工图预算的组成部分，施工图预算是工程建设施工阶段核定工程施工造价的重要经济文件。在基本建设的各个阶段中，分别都有深度不同的预算书，其中施工图预算涉及建设单位和施工企业双方的切身利益，也直接影响到工程建设实际投资的多少。因此，施工图预算的编制是一项政策性和技术性很强的经济工作。

施工图预算是指当施工图设计完成后，在建设工程开工前，以施工图为依据，根据国家颁发的预算定额（或根据预算定额编制的地区单位估价表）、费用定额、施工组织设计以及地区人工、材料、施工机械台班等预算价格，所编制的一种确定工程建设施工造价的经济文件。它是以单位工程为编制单元，以分项工程划分项目，按相关专业定额及其项目为计价单位的综合性预算。

2. 施工图预算的作用

1）施工图预算是设计阶段控制施工图设计不突破设计概预算的重要措施，也是编制或调整固定资产投资计划的依据。

2）施工图预算是建设单位编制与确定标底、拨付工程价款，承包商投标报价决策，承发包双方建立工程承包合同价格，进行工程索赔、结算与决算的重要依据。

3）施工图预算是实行建筑工程预算包干，发承包双方协商由承包商一次包死的依据。

4）施工图预算是进行工程建设造价管理，强化企业经营管理，搞好经济核算的预算基础。

5）由预算确定的人工、材料和施工机械台班等消耗量指标，可以作为编制施工组织计划和劳动力、材料、施工机械使用需用量与调度计划，以及统计完成工程数量、考核施工成本的基本依据。

3. 施工图预算的编制依据

由于施工图预算所处的重要地位，受到各方面的重视，对其审核也比较严格。施工图预算的编制，要本着实事求是的态度，认真、仔细地逐项计算，各种计算列式必须符合当地现行规定，要查有所据。施工图预算的编制依据包括：

1）经过会审的全部施工图设计文件，包括设计说明书、标准图、图纸会审纪要、设计变更通知单及经建设主管部门批准的设计概算文件。

2）经企业主管部门批准并报业主及监理认可的施工组织设计文件，包括施工方案、施工进度计划，施工现场平面布置及工法、技术措施等。

3）预算定额（或单位估价表）、地区材料市场与预算价格等相关信息以及颁布的材料预算价格、工程造价信息、材料调价通知、取费调整通知等。

4）招标文件、工程合同或协议书。

5）施工现场勘察地质、水文、地貌、交通、环境及标高测量资料等。

6）预算工作手册、常用的各种数据、计算公式、材料换算表、常用标准图集及各种必备的工具书。

4. 施工图预算编制的原则

施工图预算是施工企业与建设单位结算工程价款等经济活动的主要依据，是一项工作量大，政策性、技术性和时效性强的工作。编制时必须遵循以下原则：

1）法规性原则。

2）市场性原则。

3）创新性原则。

4）面向工程实际的原则。

5）互利双赢原则。

5. 安装工程施工图预算编制的步骤和方法

施工图预算的编制方法由于取用定额的视角或计算路径不同，分两种不同的计算方式，即单价法和实物法。

其计算工程造价的结果并无本质上的差别，单价法是先计算相关定额分项工程，并以定额基价为计价依据来计算工程造价；实物法是先分别计算人工、材料、机械台班的消耗量，再以其各自单价为计价依据求得工程造价。单价法是更常用的方法，本节仅介绍用单价法编制施工图预算的步骤和方法。

（1）做好编制前的准备工作　编制准备工作是预算编制的重要阶段，做好组织准备和技术条件准备，全面收集编制依据相关信息资料，认真踏勘施工现场和掌握施工实地情况，是编制好工程造价、提高准确度与可靠度的基本保证。准备工作主要包括：

1）收集、熟悉编制预算的基础文件和资料。

2）熟悉和掌握预算定额及有关规定。

3）熟悉设计图、设计说明书、标准图等。

4）充分了解和掌握施工组织设计的有关内容。

（2）划分定额预算分项　施工图预算分项划分是编制工程预算的关键环节，也是具体编制预算的起点。划分分项必须同预算定额单价的计量计价口径取得一致。即与预算定额单价所包含和规定的作业内容、计量计价单位必须取得一致；同时预算计价表的分项排列顺序，一般应与预算定额单位估价表的分部工程划分排序尽可能取得一致。

（3）计算工程量　工程量计算工作往往要占整个预算编制工作 70% 以上的时间。由于工程量是工程预算重要的基础数据，计算的准确程度会直接影响预算的准确性，同时还直接关系到预算编制效率。计算工程量按下列步骤进行：

1）根据工程内容和定额项目，核审列出计算表项目划分是否合理，内容是否齐全，有无差错遗漏。

2）按照科学的计算顺序，遵循全国统一计算规则，按图样尺寸及有关数据，列出详尽的工程量计算算式，便于复算、复核。

3）调整计量单位，与定额相应的分项的计量单位保持一致。

（4）套用定额项目与计算并汇总直接费　本阶段是计算分项直接费与进行分项直接费汇总的编制过程。经反复核对工程量计算后，套用预算定额，计算定额直接费。然后，按规定计算其他直接费，最后汇总单位工程直接费。具体步骤如下：

1）套用定额，计算分项工程定额直接费。如下式：

$$某分项工程定额直接费 = 某分项定额基价 \times 某分项工程量$$

2）单位工程定额直接费。

$$某项预算分部定额直接费 = \sum 对应分部某分项工程定额直接费$$

$$单位工程定额直接费 = \sum 某项预算分部定额直接费$$

3）计算单位工程直接费。单位工程定额直接费计算出来后，以此作为取费基础，再根据建设工程费用定额有关规定与费率，计算单位工程的施工图预算包干费、施工配合费、主要材料价差、辅助材料价差、人工费调差、机械费调差等，按费用定额的取费程序表汇总，即得单位工程直接费。

（5）编制工料分析表　施工图预算除编制施工图预算总价外，还必须深化到编制人工、材料、机械消耗量为依据的，各分项与分部工程的人工、材料、机械需用量分析表，和单位工程人工、材料、机械汇总表及其相关的文字说明。

（6）计算其他费用、利税并汇总单位工程造价　确定单位工程直接费之后，根据本地区建设工程费用定额的取费程序与规定费率，分别计算间接费、利润和税金，即

$$间接费 = 定额直接费（或人工费）\times 间接费费率$$

$$利润 = 直接费与间接费之和（或人工费）\times 利润率$$

$$税金 = （直接费 + 间接费 + 利润）\times 综合税率$$

按照建设工程费用定额的取费程序表所列取费顺序，将以上费用进行汇总就是建设工程造价，即

$$单位工程造价 = 直接费 + 间接费 + 利润 + 税金$$

（7）编制说明并填写封面　编制说明是编制方向审核方（包括使用者）交代的编制依据，应做到思路清晰、态度明朗、文字简练、重点突出。封面应写明工程编号、工程名称、工程量（建筑面积）、预算总造价和单方造价、编制单位名称、负责人和编制日期，以及审核单位的名称、负责人和审核日期等。最后，按顺序装订成册。需要上级部门审批时，应及时送审。

6. 安装工程施工图预算书内容

安装工程施工图预算书的具体格式可参见各章定额计价实例。施工图预算书一般包括封面、目录、编制说明、工程费用及造价计算程序表、分部分项工程预算表、工程量计算表、材料价差表、主材（设备）价格表等。下面以江西省建设行政主管部门规定的统一格式为例介绍工料单价法计价文书的主要内容。

（1）封面　预算书的封面格式根据其用途不同，可以包括不同的项目。通常必须包括工程编号、工程名称、工程造价、编制单位、编制人及证号、编制时间等。封1是工程预算书，封2是工程预（结）算造价审核书。封1的格式如图1-5所示。

对于内容较多的预算书，一般会将其内容按顺序排列，并给出页码编号，以方便查找。编制说明是将编制过程的依据及其他要说明的问题罗列出来，主要包括：

工 程 预 算 书

工程名称＿＿＿＿＿＿＿＿＿＿＿＿＿＿＿＿＿＿＿＿＿＿＿＿＿＿＿

预算造价（大写）＿＿＿＿＿＿＿＿＿＿＿＿＿＿＿＿＿＿

　　　　　（小写）＿＿＿＿＿＿＿＿＿＿＿＿＿＿＿＿＿＿

施工单位：＿＿＿＿＿＿＿＿＿＿＿＿＿＿＿＿＿＿＿＿＿＿

　　　　　　　　　　　　　　　　　　（单位盖章）

法定代表人
或其授权人：＿＿＿＿＿＿＿＿＿＿＿＿＿＿＿＿＿＿＿＿

　　　　　　　　　　　　　　　　　　（签字或盖章）

编制人：＿＿＿＿＿＿＿＿＿　　复核人：＿＿＿＿＿＿＿＿＿

　　（造价人员签字盖执业章）　　　　　　（造价人员签字盖执业章）

编制时间：　　　年　　月　　日

封-1

图 1-5　工程预算书封面（封 1 ）

1）工程名称及建设所在地。

2）根据 × 设计院 × 年度 × 号图纸编制。

3）采用 × 年度 × 地 × 种定额。

4）采用 × 年度 × 地 × 取费标准（或文号）。

5）根据 × 地 × 年 × 号文件调整价差。

6）根据 × 号合同规定的工程范围编制的预算，某部分未计算的原因及遗留量是多少。

7）定额换算原因、依据、方法。

8）未解决的遗留问题。

（2）汇总表　汇总表部分包括安装工程预（结）算表、价差汇总表，以及工程造价取费表，分别见表 1-8~ 表 1-10。

表 1-8 安装工程预（结）算表

工程名称：

第 页 共 页

| 序号 | 定额编号 | 项目名称及规格 | 单位 | 数量 | 单价 | | 总价 | | 主材设备 | | | | 主材 |
					基价	其中工资	基价	其中工资	名称	单位	数量	单价	设备费
1													
2													
3													
4													
5													
6													
7													
8													
9													
10													
11													
12													
13													
合计													

编制日期： 年 月 日

表1-9　价差汇总表

工程名称：　　　　　　　　　　　　　　建筑面积：　　　　　　　　　　　　　第　　页　共　　页

序号	定额编号	名　　称	单位	数量	定额价	市场价	价格差	合价
		合计						

编制日期：　　　年　　月　　日

表1-10　工程造价取费表

工程名称：　　　　　　　　　　　　　　建筑面积：　　　　　　　　　　　　　第　　页　共　　页

序号	费用名称	计　算　式	费率（%）	金额

编制日期：　　　年　　月　　日

1.3　安装工程工程量清单计价

1.3.1　安装工程工程量清单计价概述

1. 工程量清单与工程量清单计价

（1）工程量清单　工程量清单是表示建设工程的分部分项工程项目、措施项目、其他项目、规费项目和税金项目的名称和相应数量等的明细清单，它是将设计图和业主对项目的建设要求以及要求承建人完成的工作转换成许多条明细分项和数量的表单格式，每条分项描述称为一个清单项目或清单分项，它也反映了承包人完成建设项目需要实施的具体的分项目标。

工程量清单是按照招标要求和施工设计图要求规定将拟建招标工程的全部项目和内容，依据统一的工程量计算规则、统一的工程量清单项目编制规则要求，计算拟建招标工程的分部分项工程数量的表格。它体现了招标人要求投标人完成的工程以及相应的工程数量，全面反映了投标报价的要求，是投标人进行投标报价的依据。

工程量清单由分部分项工程量清单、措施项目清单、其他项目清单、规费项目清单和税金项目清单组成。分部分项工程量清单表明了拟建工程的全部分项实体工程的名称和相应的工程数量；措施项目清单表明了为完成全部分项实体工程而必须采取的措施性项目及相应的费用；其他项目清单表明了招标人提出的与项目有关的特殊要求所发生的费用。

合理的清单项目设置和准确的工程数量是清单计价的前提和基础。对于招标人来讲，工程量清单是进行投资控制的前提和基础，工程量清单编制的质量直接关系和影响到工程建设的最终结果。

工程量清单是招标文件的组成部分，由具有编制能力的招标人或受其委托，具有相应资质的工程造价咨询人员编制，其准确性和完整性由招标人负责。由此可见，工程量清单是由招标人发出的一套注有拟建工程各实物工程名称、性质、特征、单位、数量及开办项目、税费等相关表格组成的文件。在理解工程量清单的概念时，首先应注意到，工程量清单是一份由招标人提供的文件，编制人是招标人或其委托的工程造价咨询单位。其次，工程量清单是招标文件的组成部分，一经中标且签订合同，即成为合同的组成部分，是标准招标控制价、投标报价、计算工程量、支付工程款、调整合同价款、办理竣工结算以及工程索赔等的依据。因此，无论招标人还是投标人都应该慎重对待。最后，工程量清单的描述对象是拟建工程，其内容涉及清单项目的性质、数量等，并以表格为主要表现形式。

（2）工程量清单计价　工程量清单计价是建设工程招投标中，招标人或招标人委托具有资质的中介机构按照国家统一的工程量清单计价规范，由招标人列出工程数量作为招标文件的一部分提供给投标人，投标人自主报价经评审后确定中标的一种工程造价计价模式。对于全部使用国有资金投资或国有资金投资为主的工程建设项目，必须采用工程量清单计价。

工程量清单计价按造价的形成过程分为两个阶段：第一阶段是招标人编制工程量清单，作为招标文件的组成部分；第二阶段是由标底编制人或投标人根据工程量清单进行计价或报价。工程量清单计价基本过程如图 1-6 所示。

2. 工程量清单计价与定额计价的对比

工程量清单计价是改革和完善工程价格管理体制的一个重要组成部分。工程量清单计价方法对于传统的定额计价方法是一种新的计价模式，或者说是一种市场定价模式，是由建设产品的买方和卖方在建设市场上根据供求情况、信息状况进行自由竞价，从而最终能够签订工程合同价格的方法。在工程量清单计价的过程中，工程量清单为建设市场的交易双方提供了一个平等的平台，其内容和编制原则的确定是整个计价方式改革中的重要工作。

工程量清单计价真实反映了工程实际，为把定价自主权交给市场参与方提供了可能。在工程招投标过程中，投标企业在投标报价时必须考虑工程本身的内容、范围、技术特点和要求以及招标文件的有关规定、工程现场情况等因素；同时还必须充分考虑许多其他方面的因素，如投标单位自己制订的工程总进度计划、施工方案、分包计划、资源安排计划等。这些因素对投标报价有着直接且重大的影响，而且对每一项招标工程都具有其特殊性的一面，所以应该允许投标单位针对这些方面灵活机动地调整报价，以使报价能够比较准确地与工程实际相吻合。只有这样才能把投标定价自主权真正交给招标和投标单位，投标单位才会对自己的报价承担相应的风险和责任，从而建立真正的风险制约和竞争机制，避免合同实施过程中的推诿和扯皮现象的发生，为工程管理提供方便。

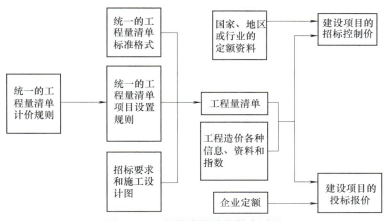

图 1-6　工程量清单计价基本过程

与在招投标过程中采用定额计价方法相比，采用工程量清单计价方法具有如下特点：

（1）满足竞争的需要　招投标过程本身就是一个竞争的过程，招标人给出工程量清单，投标人去填单价（此单价中一般包括成本、利润），填高了中不了标，填低了又要赔本，这时候就体现出了企业技术、管理水平的重要性，形成了企业整体实力的竞争。

（2）提供了一个平等的竞争条件　采用定额计价方法投标报价，由于设计图的缺陷，不同投标企业的人员理解不一，计算出的工程量也不同，报价相距甚远，容易产生纠纷。而工程量清单报价为投标者提供了一个平等竞争的条件，相同的工程量，由企业根据自身的实力来填不同的单价，符合商品交换的一般性原则。

（3）有利于工程款的拨付和工程造价的最终确定　中标后，业主要与中标施工企业签订施工合同，工程量清单报价基础上的中标价就成了合同价的基础。投标清单中的单价也就成了拨付工程款的依据。业主根据施工企业完成的工程量，可以很容易地确定进度款的拨付额。工程竣工后，再根据设计变更、工程量的增减乘以相应单价，业主也很容易确定工程的最终造价。

（4）有利于实现风险的合理分担　采用工程量清单报价方式，投标单位只对自己所报的成本、单价等负责，而对工程量的变更或计算错误等不负责任；相应地，对于这一部分风险应由业主承担，这种格局符合风险合理分担与责权利关系对等的一般原则。

（5）有利于业主对投资的控制　采用定额计价方式，业主对因设计变更、工程量的增减所引起的工程造价的变化不敏感，往往在竣工结算时才知道这些对项目投资的影响有多大，但此时常常是为时已晚，而采用工程量清单计价的方式则一目了然，在要进行设计变更时，能马上知道它对工程造价的影响，这样业主就能根据投资情况来决定是否变更或进行方案比较，以决定最恰当的处理方法。

1.3.2 工程量清单的编制

工程量清单是招标文件的组成部分，主要由分部分项工程量清单、措施项目清单、其他项目清单、规费项目清单、税金项目清单组成，是编制标底和投标报价的依据，是签订工程合同、调整工程量和办理竣工结算的基础。工程量清单由具有编制招标文件能力的招标人或受其委托具有相应资质的工程造价咨询机构、招标代理机构依据有关计价办法、招标文件的有关要求、设计文件和施工现场实际情况进行编制。

1. 工程量清单的编制依据

1）《建设工程工程量清单计价规范》（GB 50500—2013）；通用安装工程计价必须按照《通用安装工程工程量计算规范》（GB 50856—2013）规定的计算规则进行工程量计算。

2）国家或省级、行业建设主管部门颁发的计价依据和办法。

3）建设工程设计文件。

4）与建设工程项目有关的标准规范、技术资料。

5）拟定的招标文件。

6）施工现场情况、工程特点及常规施工方案。

7）其他相关资料。

2. 工程量清单的组成及编制

（1）分部分项工程量清单编制　分部分项工程量清单又称为实体分项工程量清单，它是根据设计图和应完工的建筑产品进行划分确定的。这部分项目是完整的建筑产品形体的组成部分。

分部分项工程量清单的项目设置规则是为了统一工程量清单项目名称、项目编码、项目特征、计量单位和工程量计算而制定的，是编制分部分项工程量清单的依据。安装工程分部分项工程量清单项目及计算规则属于《通用安装工程工程量计算规范》的内容，在该规范中，对工程量清单项目的设置做了明确的规定，安装工程一共有 1144 个清单项目，基本满足一般工业设备安装工程和工业民用建筑（含公共建筑）配套工程（电气、消防、给排水、采暖、燃气、通风等）工程量清单的编制和计价的需要。

分部分项工程量清单是由招标人按照《通用安装工程工程量计算规范》中统一的编码、统一的项目名称、统一的计量单位和统一的工程量计算规则进行编制的。招标人必须按照规范规定执行，不得因情况不同而变动。在设置清单项目时，以《通用安装工程工程量计算规范》中项目名称为主体，考虑该项目的规格、型号、材质等特征要求，结合拟建工程的实际情况，在清单中详细地反映出影响工程造价的主要因素。表 1-11 是工程量清单的项目设置格式。

表 1-11　工程量清单的项目设置格式

项 目 编 码	项 目 名 称	项 目 特 征	计 量 单 位	工程量计算规则	工 程 内 容

1）项目编码。《通用安装工程工程量计算规范》中对每一个分部分项工程量清单项目均给定一个编码。项目编码采用 12 位阿拉伯数字表示，以五级编码设置。一至四级共 9 位

编码，为全国统一编码，即《通用安装工程工程量计算规范》中已经给定。编制工程量清单时，应按该规范中的相应编码设置，不得变动。第五级编码共3位，由工程量清单编制人根据拟建工程的工程量清单项目名称设置，同一招标工程的项目编码不得有重码。例如，同一规格、同一材质的项目，具有不同的项目特征时，应分别列项，此时项目编码的前9位相同，后3位不同。

① 一级表示专业工程分类代码（第1、2位）。编码01代表房屋建筑与装饰工程；编码02代表仿古建筑工程；编码03代表通用安装工程；编码04代表市政工程；编码05代表园林绿化工程；编码06代表矿山工程；编码07代表构筑物工程；编码08代表城市轨道交通工程；编码09代表爆破工程。

② 第二级表示各附录的章顺序码（第3、4位），即专业工程顺序码。通用安装工程共设置12个实体附录：0301为机械设备安装工程；0302为热力设备安装工程；0303为静置设备与工艺金属结构制作安装工程；0304为电气设备安装工程；0305为建筑智能化工程；0306为自动化控制仪表安装工程；0307为通风空调工程；0308为工业管道工程；0309为消防工程；0310为给排水、采暖、燃气工程；0311通信设备及线路工程；0312为刷油、防腐蚀、绝热工程。

③ 第三级表示各章的节顺序码，即分部工程顺序码（第5、6位）。以给排水、采暖、燃气工程为例，编码031001表示K.1给排水、采暖、燃气管道；编码031002表示K.2支架及其他。

④ 第四级表示分项工程项目名称顺序码（第7、8、9位）。以给排水、采暖、燃气工程为例，编码031001001为K.1给排水、采暖、燃气管道安装中"镀锌钢管"安装项目；编码031001002为K.1给排水、采暖、燃气管道安装中"钢管"安装项目。

⑤ 第五级表示清单项目名称顺序码（第10、11、12位）。在编制工程量清单时应特别注意对项目编码十至十二位的设置不得重码。例如，某给排水工程，根据设计要求，镀锌钢管安装有不同的安装部位（室外、室内）以及不同的公称直径（DN15~DN50），则清单编制人可以从001开始依次编码：编码031001001001代表"室外镀锌钢管螺纹连接DN15"；编码031001001002代表"室外镀锌钢管螺纹连接DN20"，其他的安装部位不同的安装公称直径可以继续依次往下编码。还须注意的是，当同一标段（或合同段）的一份工程量清单中含有多个单位工程且工程量清单是以单位工程为编制对象时，十至十二位的设置也不得重码。例如，一个标段的工程量清单中含有三个单位工程，每个单位工程中都有项目特征相同的电梯，在工程量清单中又需反映三个不同单位工程的电梯工程量时，第一个单位工程的电梯的项目编码应为030107001，第二个单位工程的电梯的项目编码应为030107002，第三个单位工程的电梯的项目编码应为030107003，并分别列出各单位工程电梯的工程量。

在编制工程量清单时，对于《通用安装工程工程量计算规范》中的缺项，编制人可作补充。补充项目应填写在工程量清单相应分部工程之后，并报省级或行业工程造价管理机构备案。补充项目的编码由附录的顺序码与B和三位阿拉伯数字组成，例如，安装工程应从03B001起顺序编制，同一招标工程的项目不得重码。工程量清单中还需附有补充项目的名称、项目特征、计量单位、工程量计算规则和工作内容。

2）项目名称。清单项目的设置和划分以形成工程实体为原则，结合拟建工程的实际确定项目名称。例如，管道安装、卫生器具安装、配管、配线等均是构成安装工程实体的分项名称。清单实体分项工程是一个综合实体，它一般包含一个或几个单一实体（即若干个子项）。清单分项名称常以其中的主要实体子项名称命名。如清单项目"线槽"，该分项中包含了"线槽安装"和"油漆"两个单一的子项。

清单项目名称根据设计要求按《通用安装工程工程量计算规范》中附录表的统一规定进行设置，各编制人不能各行其是，这也是计价规范强制要求的第二个统一。随着新材料、新技术、新工艺的产生，会有附录中未包括的项目（名称）出现，编制人可按相应的原则进行补充。

3）项目特征。项目特征是对项目的准确描述，是影响价格的因素，是设置具体清单项目的依据，例如如果"镀锌钢管"清单项目中没有说明安装部位、管道的公称直径、连接方式等项目特征，根据工程量清单投标人将很难报出镀锌钢管准确的工程单价。因此，详细的项目特征是确定工程单价的重要因素。在描述工程量清单项目特征时应按以下两个原则进行：一是项目特征描述的内容应按附录中的规定，结合拟建工程的实际；二是若采用标准图集或施工图能够全部或部分满足项目特征描述的要求，项目特征描述可直接采用详见 ×× 图集或 ×× 图号的方式。对不能满足项目特征描述要求的部分，仍应用文字描述。一般而言，项目特征按不同的工作部位、施工工艺或材料品种、规格等分别列项。安装工程项目的特征主要体现在以下几个方面：

① 项目的本体特征：属于这些特征的主要有项目的材质、型号、规格、品牌等，这些特征对工程造价影响较大，若不加以区分，必然造成计价混乱。

② 安装工艺方面的特征：对于项目的安装工艺，在清单编制时，有必要进行详细说明。例如，DN ≤ 100 的镀锌钢管采用螺纹连接，DN>100 的管道连接可采用法兰连接或卡套式专用管件连接，在清单项目设置时，必须描述其连接方法。

③ 对工艺或施工方法有影响的特征：有些特征将直接影响施工方法，从而影响工程造价。例如设备的安装高度、室外埋地管道工程地下水的有关情况等。

安装工程项目的项目特征是清单项目设置的重要内容，在设置清单项目时，应对项目的特征做全面的描述。即使是统一规格同一材质的项目，如果安装工艺或安装位置不一样，应考虑分别设置清单项目，原则上具有不同特征的项目都应分别列项。表 1-12 说明了项目特征对比。

表 1-12　项目特征对比

序号	项目编码	项目名称	项目特征	计量单位	工程量
1	030404017001	成套配电箱安装 M0	名称、型号：悬挂嵌入式 规格：500mm × 800mm	台	1
2	030404017002	成套配电箱安装 M1	名称、型号：悬挂嵌入式 规格：300mm × 500mm	台	3

只有做到清单项目清晰、准确，才能使投标人全面、准确地理解招标人的工程内容和要求，做到有效计价。招标人编制工程量清单时，对项目特征的描述是非常关键的内容，必须予以足够的重视。

4）工程量计算规则。分部分项工程量清单中所列工程量应按附录中规定的工程量计算规则计算，其计算原则是以实体安装就位的净尺寸（或净重）来计算，这与预算定额工程量计算规则有着明显的差异。预算定额工程量的计算是在净值的基础上,考虑施工操作(或定额)规定的预留量,这个量随施工方法、措施的不同也在变化。《通用安装工程工程量计算规范》与国际通用做法是一致的,规范中每一个清单项目均对应有一个相应的工程量计算规则。

由于所有清单项目的工程量是以实体工程量为准,并以建成后的净值计算,因此投标人投标报价时,应在单价中考虑施工中的各种损耗和需要增加的工程量。

5)计量单位。清单项目的工程量计量单位采用基本单位,不使用扩大单位(100kg、10m²、10m 等),它与消耗量定额的计量单位不一定相同。工程量的有效位数应遵守下列规定:

① 长度计量以"m"为单位,应保留两位小数,第三位小数四舍五入。

② 面积计量以"m²"为单位,应保留两位小数,第三位小数四舍五入。

③ 体积或容积以"m³"为单位,应保留两位小数,第三位小数四舍五入。

④ 质量以"t"为单位,应保留三位小数,第四位小数四舍五入。

⑤ 自然计量单位有"台""套""个""组"等,取整数。

6)工程内容。工程内容是指完成该清单项目可能发生的具体工程,可供招标人确定清单项目,供投标人投标报价参考。

由于清单项目是按实体设置的,而实体是由多个工程综合而成的,因此,清单项目从表现形式上看是由主体项目和辅助项目(或称组合项目、子项)构成,主体项目即《通用安装工程工程量计算规范》中的项目名称,组合项目即《通用安装工程工程量计算规范》中的工作内容。《通用安装工程工程量计算规范》对各清单项目可能发生的组合项目均做了提示并列在"工作内容"一栏内,供清单编制人根据工程具体情况有选择地参考,见表 1-13。

表 1-13 清单项目工程内容

项目编码	项目名称	项 目 特 征	计量单位	工程量计算规则	工 作 内 容
031004013	大、小便槽自动冲洗水箱	1. 材质、类型 2. 规格 3. 水箱配件 4. 支架形式及做法 5. 器具及支架除锈、刷油设计要求	套	按设计图示数量计算	1. 制作 2. 安装 3. 支架制作、安装 4. 除锈、刷油
031004014	给、排水附(配)件	1. 材质 2. 型号、规格 3. 安装方式	(个)组		安装

注:对于表中有两个计量单位的项目,在工程计量时,应结合工程实际情况,选择其中一个作为计量单位。

(2)措施项目清单编制 措施项目是指为完成工程项目施工,发生在该工程施工准备和施工过程中技术、生活、安全、组织、环境保护等方面的非工程实体项目。措施项目清单应根据拟建工程的具体情况列项。《通用安装工程工程量计算规范》将措施项目划分为两类:一类是不能计算工程量的项目,如文明施工和安全防护、临时设施等,以"项"计价,称为"总价项目";另一类是可以计算工程量的项目,如脚手架、降水工程等,以"量"计价,更有利于措施费的确定和调整,称为"单价项目"。对于《通用安装工程工程量计算规范》中已列出项目编码、项目名称的措施项目，编制工程量清单时，必须按其规定的项目编码、项目名称确定清单项目；由于影响措施项目设置的因素太多，《通用安装工程工程量计算规范》不可能将施工中可能出现的措施项目一一列出，在编制措施项目清单时，因工程情况不同，出现规范未列的措施项目，可根据工程实际情况补充。通用措施项目可按表 1-14 选择列项。

表 1-14　通用措施项目一览表

序号	项目编码	项目名称	工作内容及包含范围
安全文明施工及其他措施项目（031302）			
1	031302001	安全文明施工	1. 环境保护：现场施工机械设备降低噪声、防扰民措施；水泥和其他易飞扬细颗粒建筑材料密闭存放或采取覆盖措施等；工程防扬尘洒水；土石方、建筑渣土外运车辆保护措施等；现场污染源的控制、生活垃圾清理外运、场地排水 2. 文明施工："五牌一图"；现场围挡的墙面美化（包括内外粉刷、刷白、排污措施；其他环境保护措施标语等）、压顶装饰；现场厕所便槽刷白、贴面砖；水泥砂浆地面或地砖；建筑物内临时便溺设施；其他施工现场临时设施的装饰装修、美化措施；现场生活卫生设施；符合卫生要求的饮水设备、沐浴、消毒等设施；生活用洁净燃料；防煤气中毒、防蚊虫叮咬等设施；施工现场操作场地的硬化；现场绿化、治安综合治理；现场配备医药保健器材、物品费用和急救人员培训；用于现场工人的防暑降温、电风扇、空调等设备及用电；其他文明施工措施 3. 安全施工：安全资料、特殊作业专项方案的编制，安全施工标志的购置及安全宣传；"三宝"（安全帽、安全带、安全网）、"四口"（楼梯口、电梯井口、通道口、预留洞口）、"五临边"（阳台围边、楼板围边、屋面围边、槽坑围边、卸料平台两侧）、水平防护架、垂直防护架、外架封闭等防护措施；施工安全用电，包括配电箱三级配电、两级保护装置要求、外电防护措施；起重机、塔吊（也称为塔式起重机）等起重设备（含井架、门架）及外用电梯的安全防护措施（含警示标志）及卸料平台的临边防护、层间安全门、防护棚等设施；建筑工地起重机械的检验检测；施工机具防护棚及其围栏的安全保护设施；施工安全防护通道；工人的安全防护用品、用具购置；消防设施与消防器材的配置；电气保护、安全照明设施；其他安全防护措施 4. 临时设施：施工现场采用彩色、定型钢板，砖、混凝土砌块等围挡的安砌、维修、拆除；施工现场临时建筑物、构筑物的搭设、维修、拆除，如临时宿舍、办公室、食堂、厨房、厕所、诊疗所、临时文化福利用房、临时仓库、加工场、搅拌台、临时简易水塔、水池等；施工现场临时设施的搭设、维修、拆除，如临时供水管道、临时供电管线、小型临时设施等；施工现场规定范围内临时简易道路铺设，临时排水沟、排水设施安砌、维修、拆除；其他临时设施的搭设、维修、拆除
2	031302002	夜间施工增加	1. 夜间固定照明灯具和临时可移动照明灯具的设置、拆除 2. 夜间施工时，施工现场交通标志、安全标牌警示灯等的设置、移动、拆除 3. 夜间照明设备及照明用电、施工人员夜班补助、夜间施工劳动效率降低等

（续）

序号	项目编码	项目名称	工作内容及包含范围
3	031302003	非夜间施工增加	为保证工程施工正常进行，在地下（暗）室设备及大口径管道内等特殊施工部位施工时所采用的照明设备的安拆、维护及照明用电、通风等；在地下（暗）室等施工引起的人工工效降低以及由于人工工效降低引起的机械降效
4	031302004	二次搬运	由于施工场地条件限制而发生的材料、成品、半成品等一次运输不能到达堆放地点，必须进行二次或多次搬运
5	031302005	冬雨季施工增加	1. 冬雨（风）季施工时增加的临时设施（防寒保温、防雨、防风设施）的搭设、拆除 2. 冬雨（风）季施工时，对砌体、混凝土等采用的特殊加温、保温和养护措施 3. 冬雨（风）季施工时，施工现场的防滑处理、对影响施工的雨雪的清除 4. 冬雨（风）季施工时增加的临时设施、施工人员的劳动保护用品、冬雨（风）季施工劳动效率降低等
6	031302006	已完工程及设备保护	对已完工程及设备采取的覆盖、包裹、封闭、隔离等必要保护措施
7	031302007	高层施工增加	1. 高层施工引起的人工工效降低以及由于人工工效降低引起的机械降效 2. 通信联络设备的使用
		专业措施项目（031301）	
8	031301001	吊装加固	1. 行车梁加固 2. 桥式起重机加固及负荷试验 3. 整体吊装临时加固件，加固设施拆除、清理
9	031301002	金属抱杆安装、拆除、移位	1. 安装、拆除 2. 位移 3. 吊耳制作安装 4. 拖拉坑挖埋
10	031301003	平台铺设、拆除	1. 场地平整 2. 基础及支墩砌筑 3. 支架型钢搭设 4. 铺设 5. 拆除、清理
11	031301004	顶升、提升装置	安装、拆除
12	031301005	大型设备专用机具	
13	031301006	焊接工艺评定	焊接、试验及结果评价
14	031301007	胎（模）具制作、安装、拆除	制作、安装、拆除
15	031301008	防护棚制作安装拆除	防护棚制作、安装、拆除
16	031301009	特殊地区施工增加	1. 高原、高寒施工防护 2. 地震防护
17	031301010	安装与生产同时进行施工增加	1. 火灾防护 2. 噪声防护

（续）

序号	项目编码	项目名称	工作内容及包含范围
18	031301011	在有害身体健康环境中施工增加	1. 有害化合物防护 2. 粉尘防护 3. 有害气体防护 4. 高浓度氧气防护
19	031301012	工程系统检测、检验	1. 起重机、锅炉、高压容器等特种设备安装质量监督检验检测 2. 由国家或地方检测部门进行的各类检测
20	031301013	设备、管道施工的安全、防冻和焊接保护	保证工程施工正常进行的防冻和焊接保护
21	031301014	焦炉烘炉、热态工程	1. 烘炉安装、拆除、外运 2. 热态作业劳保消耗
22	031301015	管道安拆后的充气保护	充气管道安装、拆除
23	031301016	隧道内施工的通风、供水、供气、供电、照明及通信设施	通风、供水、供气、供电、照明及通信设施安装、拆除
24	031301017	脚手架搭拆	1. 场内、场外材料搬运 2. 搭拆脚手架 3. 拆除脚手架后材料的堆放
25	031301018	其他措施	为保证工程施工正常进行所发生的费用

措施项目中可以计算工程量的项目清单宜采用分部分项工程量清单的方式编制，列出项目编码、项目名称、项目特征、计量单位和工程量计算规则；不能计算工程量的项目清单，以"项"为计量单位，相应数量为"1"，即要求投标人对每一个措施费项目进行报价。措施项目的编号可根据具体工程情况按序从 1 开始编号。

编制人提供的措施项目是依据项目的具体情况，考虑常用的、一般情况下可能发生的措施费用确定的。原则上投标人报价时可以根据招标文件的要求，以及自己企业和采用施工方案的具体情况调整措施项目及其内容。

（3）其他项目清单编制　工程建设标准的高低、工程的复杂程度、工程的工期长短、工程的组成内容、发包人对工程管理要求等都直接影响其他项目清单的具体内容。下列内容作为列项参考，不足部分，可根据工程的具体情况进行补充：

1）暂列金额。

2）暂估价，包括材料暂估价、专业工程暂估价。

3）计日工。

4）总承包服务费。

当施工实际中出现上述中未列出的其他清单项目时，可根据工程实际情况进行补充。

暂列金额是招标人在工程量清单中暂定并包括在合同价款中的一笔款项，用于施工合同签订时尚未确定或者不可预见的所需材料、设备、服务的采购，施工中可能发生的工程变更，合同约定调整因素出现时的工程价款调整以及发生的索赔、现场签证确认等的费用。暂列金额应根据工程特点，按有关计价规定估算。

　　暂估价是招标人在工程量清单中提供的用于支付必然发生但暂时不能确定价格的材料、工程设备的单价以及专业工程的金额。暂估价中的材料、工程设备暂估价应根据工程造价信息或参照市场价格估算；专业工程暂估价应分不同专业按有关计价规定估算。

　　计日工是在施工过程中，完成发包人提出的施工图以外的零星项目或工作，按合同中约定的综合单价计价。计日工应列出项目和数量。

　　总承包服务费是总承包人为配合协调发包人进行的工程分包自行采购的设备、材料等进行管理、服务以及施工现场管理、竣工资料汇总整理等服务所需的费用。

　　（4）规费项目清单编制　规费项目清单应按照下列内容列项：

　　1）工程排污费。

　　2）社会保险费：包括养老保险费、失业保险费、医疗保险费、工伤保险费、生育保险费。

　　3）住房公积金。

　　（5）税金项目清单编制　税金项目清单应按照下列内容列项：

　　1）增值税。

　　2）城市维护建设税。

　　3）教育费附加。

　　4）地方教育附加。

1.3.3　工程量清单计价表格

　　工程量清单计价表格的格式及其填写方法应按《建设工程工程量清单计价规范》（GB 50500—2013）规定的统一格式和填写方法填写。

1. 计价表格组成

　　（1）封面

　　1）招标工程量清单封面，如图 1-7 所示。

　　2）招标控制价封面，如图 1-8 所示。

　　3）投标总价封面，如图 1-9 所示。

　　4）竣工结算书封面，如图 1-10 所示。

　　（2）扉页

　　1）招标工程量清单扉页，如图 1-11 所示。

　　2）招标控制价扉页，如图 1-12 所示。

　　3）投标总价扉页，如图 1-13 所示。

　　4）竣工结算总价扉页，如图 1-14 所示。

　　（3）工程计价总说明　工程计价总说明如图 1-15 所示。

　　编制招标控制价时，总说明的内容应包括如下内容：①采用的计价依据；②采用的施工组织设计；③采用的材料价格来源；④综合单价中风险因素、风险范围（幅度）；⑤其他。

　　编制投标报价时，总说明的内容应包括如下内容：①采用的计价依据；②采用的施工组织设计；③综合单价中包含的风险因素、风险范围（幅度）；④措施项目的依据；⑤其他。

_____工程

招 标 工 程 量 清 单

招　标　人：_____
　　　　　　　　　（单位盖章）

造　　价
咨　询　人：_____
　　　　　　　　　（单位盖章）

年　　月　　日

封-1

图 1-7　招标工程量清单封面

_____工程

招 标 控 制 价

招 标 人： _____
（单位盖章）

造 价
咨 询 人： _____
（单位盖章）

年 月 日

封 -2

图 1-8 招标控制价封面

_____工程

投 标 总 价

投 标 人：_____

（单位盖章）

年　　月　　日

封-3

图 1-9　投标总价封面

_____工程

竣 工 结 算 书

发 包 人：_____

（单位盖章）

承 包 人：_____

（单位盖章）

造   价
咨 询 人：_____

（单位盖章）

年   月   日

封 -4

图 1-10 竣工结算书封面

_____工程

招 标 工 结 量 清 单

招　标　人：_____　　　造价咨询人：_____
　　　　　（单位盖章）　　　　　　　　　　　（单位资质专用章）

法定代表人　　　　　　　　　　　法定代表人
或其授权人：_____　　或其授权人：_____
　　　　　（签字或盖章）　　　　　　　　　　（签字或盖章）

编　制　人：_____　　　复　核　人：_____
　　（造价人员签字盖专用章）　　　　　（造价工程师签字盖专用章）

编制时间：　年　月　日　　　　　复核时间：　年　月　日

扉-1

图 1-11　招标工程量清单扉页

_____工程

招 标 控 制 价

招标控制价（小写）：_____

（大写）：_____

招 标 人：_____   造价咨询人：_____

（单位盖章）   （单位盖章）

法定代表人   法定代表人

或其授权人：_____   或其授权人：_____

（签字或盖章）   （签字或盖章）

编 制 人：_____   复 核 人：_____

（造价人员签字盖专用章）   （造价工程师签字盖专用章）

编制时间： 年 月 日   复核时间： 年 月 日

扉-2

图 1-12 招标控制价扉页

投 标 总 价

招 标 人：＿＿＿＿＿＿＿＿＿＿＿＿＿＿＿＿＿＿＿＿＿＿

工程名称：＿＿＿＿＿＿＿＿＿＿＿＿＿＿＿＿＿＿＿＿＿＿

投标总价（小写）：＿＿＿＿＿＿＿＿＿＿＿＿＿＿＿＿＿＿

（大写）：＿＿＿＿＿＿＿＿＿＿＿＿＿＿＿＿＿＿

投 标 人：＿＿＿＿＿＿＿＿＿＿＿＿＿＿＿＿＿＿＿＿＿＿

（单位盖章）

法定代表人

或其授权人：＿＿＿＿＿＿＿＿＿＿＿＿＿＿＿＿＿＿＿＿

（签字或盖章）

编 制 人：＿＿＿＿＿＿＿＿＿＿＿＿＿＿＿＿＿＿＿＿＿＿

（造价人员签字盖专用章）

时间： 年 月 日

扉-3

图 1-13 投标总价扉页

_____工程

竣工结算总价

签约合同价（小写）：_____　　　　（大写）：_____

竣工结算价（小写）：_____　　　　（大写）：_____

发包人：_____　　　承包人：_____　　　造价咨询人：_____
　　　（单位盖章）　　　　　　（单位盖章）　　　　　　（单位资质专用章）

法定代表人　　　　　　　法定代表人　　　　　　　法定代表人
或其授权人：_____　　或其授权人：_____　　或其授权人：_____
　　（签字或盖章）　　　　　（签字或盖章）　　　　　（签字或盖章）

编　制　人：_____　　核　对　人：_____
　　（造价人员签字盖专用章）　　　　（造价工程师签字盖专用章）

编制时间：　年　月　日　　　　核对时间：　年　月　日

扉-4

图 1-14　竣工结算总价扉页

总 说 明

工程名称：　　　　　　　　　　　　　　　　　　　　　　　　第　页　共　页

图 1-15　工程计价总说明

（4）工程计价汇总表

1）建设项目招标控制价 / 投标报价汇总表，见表 1-15。

表 1-15　建设项目招标控制价 / 投标报价汇总表

工程名称：　　　　　　　　　　　　　　　　　　　　　　　　　　　　　　　　　第　页　共　页

序　号	单项工程名称	金额（元）	其中：（元）		
			暂估价	安全文明施工费	规费
合计					

注：本表适用于建设项目招标控制价或投标报价的汇总。

2）单项工程招标控制价 / 投标报价汇总表，见表 1-16。

表 1-16　单项工程招标控制价 / 投标报价汇总表

工程名称：　　　　　　　　　　　　　　　　　　　　　　　　　　　　　　　　　第　页　共　页

序　号	单项工程名称	金额（元）	其中：（元）		
			暂　估　价	安全文明施工费	规　费
合计					

注：本表适用于单项工程招标控制价或投标报价的汇总。暂估价包括分部分项工程中的暂估价和专业工程暂估价。

3）单位工程招标控制价／投标报价汇总表，见表 1-17。

表 1-17　单位工程招标控制价／投标报价汇总表

工程名称：　　　　　　　　　标段：　　　　　　　　　　第　页　共　页

序号	汇 总 内 容	金额（元）	其中：暂估价（元）
1	分部分项工程		
1.1			
1.2			
1.3			
1.4			
1.5			
2	措施项目		
2.1	其中：文明安全施工费		
3	其他项目		
3.1	其中：暂列金额		
3.2	其中：专业工程暂估价		
3.3	其中：计日工		
3.4	其中：总承包服务费		
4	规费		
5	税金		
	招标控制价合计 =1+2+3+4+5		

注：本表适用于单位工程招标控制价或投标报价的汇总。如无单位工程划分，单项工程也使用本表汇总。

4）建设项目竣工结算汇总表，见表 1-18。

5）单项工程竣工结算汇总表，见表 1-19。

6）单位工程竣工结算汇总表，见表 1-20。

表 1-18 建设项目竣工结算汇总表

工程名称：　　　　　　　　　　　　　　　　　　　　　　　　　　　第　页　共　页

序　号	单项工程名称	金额（元）	其中：（元）	
			安全文明施工费	规　费
合计				

表 1-19 单项工程竣工结算汇总表

工程名称：　　　　　　　　　　　　　　　　　　　　　　　　　　　第　页　共　页

序　号	单位工程名称	金额（元）	其中：（元）	
			安全文明施工费	规　费
合计				

表 1-20　单位工程竣工结算汇总表

工程名称：　　　　　　　　　　标段：　　　　　　　　　　第　页　共　页

序　号	汇 总 内 容	金额（元）
1	分部分项工程	
1.1		
1.2		
1.3		
1.4		
1.5		
2	措施项目	
2.1	其中：文明安全施工费	
3	其他项目	
3.1	其中：专业工程暂估价	
3.2	其中：计日工	
3.3	其中：总承包服务费	
3.4	其中：索赔与现场签证	
4	规费	
5	税金	
竣工结算总价合计 =1+2+3+4+5		

注：如无单位工程划分，单项工程也使用本表汇总。

（5）分部分项工程和措施项目计价表

1）分部分项工程和单价措施项目清单与计价表，见表 1-21。

2）综合单价分析表，见表 1-22。

表1-21　分部分项工程和单价措施项目清单与计价表

工程名称：　　　　　　　　　　　标段：　　　　　　　　　　第　页　共　页

序　号	项目编码	项目名称	项目特征描述	计量单位	工程量	金额（元）		
						综合单价	合价	其中：暂估价
本页小计								
合计								

注：为计取规费等的使用，可在表中增设其中："定额人工费"。

工程量清单综合单价分析表是评标委员会评审和差别综合单价组成和价格完整性、合理性的主要基础，对因工程变更而调整的综合单价也是必不可少的基础价格数据来源。采用经评审的最低投标价法评标时，该分析表的重要性更加突出。

综合单价分析表集中反映了构成每一个清单项目综合单价的各个价格要素的价格及主要的"工、料、机"消耗量。投标人在投标报价时，需要对每一个清单项目进行组价，为了使组价工作具有可追溯性（回复评标质疑时尤其需要），需要表明每一个数据的来源。

单价分析表一般随投标文件一同提交，作为竞标价的工程量清单的组成部分，以便中标后作为合同文件的附属文件。

3）综合单价调整表，见表1-23。

表1-22 综合单价分析表

工程名称：　　　　　　　　标段：　　　　　　　　　　　　　　　　　　　　　　第　页　共　页

项目编码：	项目名称：							计量单位：			工程量：

清单综合单价组成明细

定额编号	定额项目名称	定额单位	数量	单价				合价			
				人工费	材料费	机械费	管理费利润	人工费	材料费	机械费	管理费利润
人工单价			小计								
元/工日			未计价材料费								
清单项目综合单价											

材料费明细	主要材料名称、规格、型号	单位	数量	单价（元）	合价（元）	暂估单价（元）	暂估合价（元）
	其他材料费						
	材料费小计						

注：1. 如不使用省级或行业建设主管部门发布的计价依据，可不填定额编号、名称等。
2. 招标文件提供了暂估单价的材料，按暂估的单价填入表内"暂估单价"栏及"暂估合价"栏。

表 1-23　综合单价调整表

工程名称：　　　　　　　　　　　标段：　　　　　　　　　　第　页　共　页

序号	项目编码	项目名称	已标价清单综合单价（元）					调整后综合单价（元）				
			综合单价	其　中				综合单价	其　中			
				人工费	材料费	机械费	管理费和利润		人工费	材料费	机械费	管理费和利润

造价工程师（签章）：　　　　　发包人代表（签章）：　　　　　造价人员（签章）：　　　承包人代表（签章）：

　　　　　　　　　　　　　　　日期：　　　　　　　　　　　　　　　　　　　　　　日期：

注：综合单价调整应附调整依据。

4）总价措施项目清单与计价表，见表 1-24。

表 1-24　总价措施项目清单与计价表

工程名称：　　　　　　　　　　　标段：　　　　　　　　　　第　页　共　页

序号	项目编码	项目名称	计算基础	费率（%）	金额（元）	调整费率（%）	调整后金额（元）	备注
		安全文明施工费						
		夜间施工增加费						
		二次搬运费						
		冬雨季施工增加费						
		已完工程及设备保护						
		合计						

编制人（造价人员）：　　　　　　　　　　　　　　复核人（造价工程师）：

注：1. "计算基础"中安全文明施工费可为"定额基价""定额人工费"或"定额人工费＋定额机械费"，其他项目可为"定额人工费"或"定额人工费＋定额机械费"。

　　2. 按施工方案计算的措施费，若无"计算基础"和"费率"的数值，也可只填"金额"数值，但应在备注栏说明施工方案出处或计算方法。

（6）其他项目计价表

1）其他项目清单与计价汇总表，见表 1-25。

2）暂列金额明细表，见表 1-26。

3）材料（工程设备）暂估单价及调整表，见表 1-27。

4）专业工程暂估价及结算价表，见表 1-28。

5）计日工表，见表 1-29。

6）总承包服务费计价表，见表 1-30。

7）索赔与现场签证计价汇总表，见表 1-31。

8）费用索赔申请（核准）表，见表 1-32。

9）现场签证表，见表 1-33。

（7）规费、税金项目计价表　规费、税金项目计价表见表 1-34。

（8）进度款支付申请（核准）表　进度款支付申请（核准）表见表 1-35。

表 1-25 其他项目清单与计价汇总表

工程名称：　　　　　　　　　　　标段：　　　　　　　　　　　第　页 共　页

序号	项 目 名 称	计量单位	金额（元）	结算金额（元）	备　注
1	暂列金额				明细详见表 1-26
2	暂估价				
2.1	材料（工程设备）暂估价/结算价				明细详见表 1-27
2.2	专业工程暂估价/结算价				明细详见表 1-28
3	计日工				明细详见表 1-29
4	总承包服务费				明细详见表 1-30
5	索赔与现场签证				明细详见表 1-31
	合计				

注：材料（工程设备）暂估单价计入清单项目综合单价，此处不汇总。

表 1-26 暂列金额明细表

工程名称：　　　　　　　　　　　标段：　　　　　　　　　　　第　页 共　页

序号	项 目 名 称	计量单位	暂定金额（元）	备　注
1				例：此项目设计图有待完善
2				
3				
4				
5				
6				
7				
8				
9				
10				
11				
12				
	合计			

注：此表由招标人填写，如不能详列，也可只列暂定金额总额，投标人应将上述暂列金额计入投标总价中。

表 1-27　材料（工程设备）暂估单价及调整表

工程名称：　　　　　　　　　　　标段：　　　　　　　　　　　第　页　共　页

序号	材料（工程设备）名称、规格、型号	计量单位	数量		暂估（元）		确认（元）		差额 ±（元）		备　注
			暂估	确认	单价	合价	单价	合价	单价	合价	
1											
2											
3											
4											
5											
6											
7											
8											
9											
10											
合计											

注：此表由招标人填写"暂估单价"，并在备注栏说明暂估价的材料、工程设备拟用在哪些清单项目上，投标人应将上述材料、工程设备暂估单价计入工程量清单综合单价报价中。

表 1-28　专业工程暂估价及结算价表

工程名称：　　　　　　　　　　　标段：　　　　　　　　　　　第　页　共　页

序号	工 程 名 称	工 程 内 容	暂估金额（元）	结算金额（元）	差额 ±（元）	备　注
合计						

注：此表"暂估金额"由招标人填写，投标人应将"暂估金额"计入投标总价中。结算时按合同约定结算金额填写。

表 1-29　计日工表

工程名称：　　　　　　　　　　标段：　　　　　　　　　　第　页　共　页

序号	项 目 名 称	单　　位	暂定数量	实际数量	综合单价（元）	合价（元）	
						暂　定	实　际
一	人工						
1							
2							
人工小计							
二	材料						
1							
2							
材料小计							
三	施工机械						
1							
2							
施工机械小计							
四	企业管理费和利润						
总计							

注：此表项目名称、暂定数量由招标人填写，编制招标控制价，单价由招标人按有关计价规定确定；投标时，单价由投标人自主报价，按暂定数量计算合价计入投标总价中。结算时，按发承包双方确认的实际数量计算合价。

表 1-30　总承包服务费计价表

工程名称：　　　　　　　　　　　标段：　　　　　　　　　　第　页　共　页

序号	项 目 名 称	项目价值（元）	服务内容	计算基础	费率（%）	金额（元）
1	发包人发包专业工程					
2	发包人提供材料					
	合计					

注：此表项目名称、服务内容由招标人填写，编制招标控制价，费率及金额由招标人按有关计价规定确定；投标时，费率及金额由投标人自主报价，计入投标总价中。

表 1-31　索赔与现场签证计价汇总表

工程名称：　　　　　　　　　　　标段：　　　　　　　　　　第　页　共　页

序号	索赔及签证名称	单位	数量	单价（元）	合价（元）	索赔及签证依据
	本页小计					
	合计					

注：签证及索赔依据是指经双方认可的签证单和索赔依据的编号。

表 1-32 费用索赔申请（核准）表

工程名称： 标段： 第 页 共 页

致： （发包人全称）

根据施工合同条款_____条的约定，由于_____原因，我方要求索赔金额（大写）_____元，（小写）_____元，请予核准。

附：1. 费用索赔的详细理由和依据：

2. 索赔金额的计算：

3. 证明材料：

造价人员_____

承包人（章）
承包人代表_____
日 期_____

复核意见：

根据施工合同条款_____条的约定，你方提出的费用索赔申请经复核：

□ 不同意此项索赔，具体意见见附件。

□ 同意此项索赔，索赔金额的计算，由造价工程师复核。

监理工程师_____
日 期_____

复核意见：

根据施工合同条款_____条的约定，你方提出的费用索赔申请经复核，索赔金额为（大写）_____元（小写）_____元。

造价工程师_____
日 期_____

审核意见：

□ 不同意此项索赔。

□ 同意此项索赔，与本期进度款同期支付。

发包人（章）
发包人代表_____
日 期_____

注：1. 在选择栏中的"□"内作标识"√"。

2. 本表一式四份，由承包人填报，发包人、监理人、造价咨询人、承包人各存一份。

表 1-33 现场签证表

工程名称：_____ 标段：_____ 第 页 共 页

致：_____（发包人全称）

根据_____（指令人姓名），_____年___月___日的口头指令或你方_____（或监理人）_____年___月___日的书面通知，我方要求完成此项功能工作应支付价款金额为（大写）_____元，（小写）_____元，请予核准。

附：1. 签证事由及原因：

2. 附图及计算式：

造价人员_____

承包人（章）
承包人代表_____
日　　期_____

复核意见： 你方提出的费用索赔申请经复核： □ 不同意此项签证，具体意见见附件。 □ 同意此项签证，签证金额的计算，由造价工程师复核。 监理工程师_____ 日　　期_____	复核意见： 　　□ 此项签证按承包人中标的计日工单价计算，金额为（大写）_____元（小写）_____元。 　　□ 此项签证因无计日工单价，金额为（大写）_____元（小写）_____元。 造价工程师_____ 日　　期_____

审核意见：

□ 不同意此项索赔。

□ 同意此项索赔，价款与本期进度款同期支付。

发包人（章）
发包人代表_____
日　　期_____

注：1. 在选择栏中的"□"内作标识"√"。

2. 本表一式四份，由承包人收到发包人（监理人）的口头或书面通知后填写，发包人、监理人、造价咨询人、承包人各存一份。

表 1-34 规费、税金项目计价表

工程名称： 标段： 第 页 共 页

序 号	项 目 名 称	计 算 基 础	计 算 基 数	费率（%）	金额（元）
1	规费	定额人工费			
1.1	社会保险费	定额人工费			
（1）	养老保险费	定额人工费			
（2）	失业保险费	定额人工费			
（3）	医疗保险费	定额人工费			
（4）	工伤保险费	定额人工费			
（5）	生育保险费	定额人工费			
1.2	住房公积金	定额人工费			
1.3	工程排污费	按工程所在地环境保护部门收取标准，按实计入			
1.4	危险作业意外伤害保险				
1.5	工程定额测定费				
2	税金	分部分项工程费＋措施项目费＋其他项目费＋规费－按规定不计税的工程设备金额			
		合计			

编制人（造价人员）： 复核人（造价工程师）：

表 1-35　进度款支付申请（核准）表

工程名称：　　　　　　　　　　　　　标段：　　　　　　　　　　　第　页　共　页

致：_____（发包人全称）

我方于_____至_____期间已完成了_____工作，根据施工合同的约定，现申请支付本期的工程款为（大写）_____元，（小写）_____元，请予核准。

序号	名　称	金额（元）	备　注
1	累计已完成的工程价款		
2	累计已实际支付的合同价款		
3	本周期合计完成的合同价款		
3.1	本周期已完成单价项目的金额		
3.2	本周期应支付的总价项目的金额		
3.3	本周期已完成计日工价款		
3.4	本周期应支付的安全文明施工费		
3.5	本周期应增加的合同价款		
4	本周期合计应扣减的金额		
4.1	本周期应抵扣的预付款		
4.2	本周期应扣减的金额		
5	本周期应支付的合同价款		

附：上述 3、4 详见附件清单

造价人员：_____　　承包人代表_____

承包人（章）
日　期_____

复核意见： □ 与实际施工情况不相符，修改意见见附件。 □ 与实际施工情况相符，具体金额由造价工程师复核。 　　　　监理工程师_____ 　　　　日　期_____	复核意见： 你方提出的支付申请经复核，本周期已完成工程款额为（大写）_____元，（小写）_____元，本周期应支付金额为（大写）_____元，（小写）_____元。 　　　　造价工程师_____ 　　　　日　期_____

审核意见：
□ 不同意。
□ 同意，支付时间为本表签发后的 15 天内。

发包人（章）
发包人代表_____
日　期_____

2. 计价表格使用规定

（1）工程量清单与计价宜采用统一格式 各地建设行政主管部门和行业建设主管部门可根据本地区、本行业的实际情况，在《建设工程工程量清单计价规范》（GB 50500—2013）计价表格的基础上补充完善。

（2）工程量清单编制的要求 工程量清单的编制应符合下列规定：

1）工程量清单编制使用表格包括图1-7、图1-11、表1-21、表1-24～表1-30、表1-34。

2）封面应按规定的内容填写、签字、盖章，造价员编制的工程量清单应由负责审核的造价工程师签字、盖章。

3）总说明应按下列内容填写：

① 工程概况：建设规模、工程特征、计划工期、施工现场实际情况、交通运输情况、自然地理条件、环境保护要求等。

② 工程招标和分包范围。

③ 工程量清单编制依据。

④ 工程质量、材料、施工等的特殊要求。

⑤ 其他需要说明的问题。

（3）招标控制价、投标报价、竣工结算的编制规定 总说明应填写工程概况与编制依据等，其他要求参考上述（2）中相关内容。

（4）单价和合价的规定 工程量清单与计价表中列明的所有需要填写的单价和合价，投标人均应填写，未填写的单价和合价，视为此项费用已包含在工程量清单的其他单价和合价中。

1.3.4 安装工程工程量清单计价的费用构成

工程量清单计价是指投标人根据招标人公开提供的工程量清单进行自主报价或招标人编制招标控制价以及发承包双方确定合同价款、调整工程竣工结算等活动。

工程量清单计价的价款应包括招标文件规定完成工程量清单所列项目的全部费用，包括分部分项工程费、措施项目费、其他项目费和规费、税金。

工程量清单计价采用综合单价计价。综合单价应包括完成规定计量单位的合格产品所需的全部费用，考虑我国的实际情况，综合单价包括人工费、材料费、施工机具使用费和企业管理费与利润，以及一定范围内的风险。综合单价不但适用于分部分项工程量清单，也适用于措施项目清单和其他项目清单。

单位工程报价 = 分部分项工程费 + 措施项目费 + 其他项目费 + 税金

1. 分部分项工程费

分部分项工程费 = ∑（各分部分项工程清单工程量 × 综合单价）

计算式中的各分部分项工程清单工程量由招标人提供的工程量清单提供，而安装工程分部分项工程工程量清单的综合单价应按设计文件或参照《通用安装工程工程量计算规范》确定。

分部分项工程工程量清单综合单价计算程序见表1-36。

安装工程综合单价计算是以人工费为基础。在进行分部分项工程综合单价的分析计算时，工程量应按实际的施工量计算。进行单价分析时，工程量应按定额工程量计算规则计算。因此，计价的工程数量就与清单的工程数量不同，但在报价时，将其价值按清单工程量分摊，计入综合单价中。这种现象主要发生在以物理计量单位计算的工程项目中，以自然计量单位计算的工程项目不会发生这种情况。

表 1-36　分部分项工程工程量清单综合单价计算程序

序号	费用项目		计费基础	
			工料机费	人工费
一	分部分项工程费		分部分项工程 ∑（人工费＋材料费＋机械费）	分部分项工程 ∑（人工费＋材料费＋机械费）
	其中	1. 人工费 2. 材料费 3. 机械费	∑工日耗用量 × 人工单价 ∑材料耗用量 × 材料单价 ∑机械耗用量 × 机械单价	∑工日耗用量 × 人工单价 ∑材料耗用量 × 材料单价 ∑机械耗用量 × 机械单价
二	企业管理费		（一）× 相应费率	（1）× 相应费率
三	利润		[（一）+（二）]× 相应费率	（1）× 相应费率
四	综合单价		[（一）+（二）+（三）]÷ 工程数量	[（一）+（二）+（三）]÷ 工程数量

2. 措施项目费

措施项目费属于竞争性费用，投标报价时由编制人根据企业的情况自行计算，可高可低。投标人没有计算或少计算的费用，视为此费用已包括在其他项目费内，额外的费用除招标文件和合同约定外，一般不予支付。招标人提出的措施项目清单是根据一般情况提出的，没有考虑不同投标人的"个性"，可以根据本企业的实际情况，增加措施项目内容报价。不能计算工程量的措施项目称为"总价项目"，以"项"计价；可以计算工程量的措施项目称为"单价项目"，以"量"计价，利于措施项目费的确定和调整。

措施项目费应根据招标文件中的措施项目清单及投标时拟定的施工方案参照表 1-14 列项自主确定。

1）国家计量规范规定应予计量的措施项目，其计算公式为

$$措施项目费 = \sum（措施项目工程量 × 综合单价）$$

2）国家计量规范规定不宜计量的措施项目的计算方法如下：

① 安全文明施工费：

$$安全文明施工费 = 计算基数 × 安全文明施工费费率（\%）$$

计算基数为定额基价（定额分部分项工程费定额中可以计量的措施项目费）、定额人工费或（定额人工费＋定额机械费）。

② 夜间施工增加费：

$$夜间施工增加费 = 计算基数 × 夜间施工增加费费率（\%）$$

③ 二次搬运费：

$$二次搬运费 = 计算基数 × 二次搬运费费率（\%）$$

④ 冬雨季施工增加费：

$$冬雨季施工增加费 = 计算基数 × 冬雨季施工增加费费率（\%）$$

⑤ 已完工程及设备保护费：

$$已完工程及设备保护费 = 计算基数 × 已完工程及设备保护费费率（\%）$$

上述②～⑤项措施项目的计费基数应为定额人工费或（定额人工费＋定额机械费）。

3. 其他项目费

工程建设标准的高低、工程的复杂程度、工程的工期长短、发包人对工程管理的要求等都直接影响其他项目清单的具体内容，《建设工程工程量清单计价规范》(GB 50500—2013)仅列出暂列金额、暂估价、计日工和总承包服务费四项作为列项参考，不足部分可根据工程的具体情况进行补充。

（1）暂列金额　暂列金额是招标人暂定并掌握使用的一笔款项，它包括在合同价款中，由招标人用于合同协议签订时尚未确定或不可预见的所需材料、设备、服务的采购以及施工过程中可能发生的工程变更、合同约定调整因素出现时的工程价款调整以及发生的索赔、现场签证确认等的费用。暂列金额由招标人根据工程特点，按有关计价规定进行估算确定，施工过程中由建设单位掌握使用、扣除合同价款调整后如有余额，归建设单位。一般以分部分项工程费的 10%~15% 为参考。

（2）暂估价　暂估价是招标人在工程量清单中提供的用于支付必然发生但暂时不能确定价格的材料单价及专业工程的金额，包括材料暂估单价和专业工程暂估价。为方便合同管理，需要纳入分部分项工程量清单项目综合单价中的暂估价应只是材料费，以方便投标人组价。暂估价中的材料单价应按照工程造价管理机构发布的工程造价信息或参考市场价格确定。专业工程暂估价应分不同专业，按有关计价规定估算。

（3）计日工　计日工是在施工过程中完成发包人提出的施工图以外的零星项目或工作，按合同约定的综合单价计价。招标人应根据工程特点，按照列出的计日工和有关计价规定估算。

（4）总承包服务费　总承包服务费是为了解决招标人在法律、法规允许的条件下进行专业工程发包，以及自行供应材料、设备，并需要总承包人对发包的专业提供协调和配合服务，对供应的材料、设备提供收发和保管服务以及进行现场管理时发生、并向总承包人支付的费用。总承包服务费由建设单位在招标控制价中根据总承包服务范围和有关计价规定编制，施工企业投标时自主报价，施工过程中按签约合同价执行。

总承包服务费可参照下列标准计算：招标人仅要求对分包的专业工程进行总承包管理和协调时，按分包的专业工程估算造价的 1.5% 计算；招标人要求对分包的专业工程进行总承包管理和协调并同时要求提供配合服务时，根据招标文件中列出的配合服务内容和提出的要求按分包的专业工程估算造价的 3%~5% 计算。招标人自行供应材料的，按招标人供应材料价值的 1% 计算。

4. 规费和税金

建设单位编制招标控制价时，以及施工企业投标报价时均应按照省、自治区、直辖市或行业建设主管部门发布标准计算规费和税金，不得作为竞争性费用。

1.3.5　安装工程工程量清单计价程序

为适应国家税制改革要求，满足建筑业营业税改征增值税（简称"营改增"）后江西省建设工程计价工作需要，根据国家财政部、国家税务总局《关于全面推开营业税改征增值税试点的通知》（财税〔2016〕36 号）以及住房和城乡建设部办公厅《关于做好建筑业营改增建设工程计价依据调整准备工作的通知》（建办标〔2016〕4 号）等文件要求，江西省住房和城乡建设厅结合江西省现行建设工程计价依据体系的实际情况，按照"价税分离"的原则，在测算的基础上形成了《江西省建筑业营改增后现行建设工程计价规则和依据调整办法》（试行）（简称《办法》），自 2016 年 5 月 1 日起在全省范围内试行。其调整后对应的安装工程量清单计价计费程序见表 1-37。

表 1-37　工程量清单计价计费程序（以人工费为计费基础）

序号	费用项目	计算方法
一	含税分部分项工程项目	$\sum$ [（6）× 清单工程量]，其中人工费为 A
I	不含税分部分项工程项目	$\sum$ [（8）× 清单工程量]
1	工料机费（直接工程费）	$\sum$（人工费 + 材料费 + 机械费），其中人工费为 a
2	企业管理费	a × 费率
3	利润	a × 费率
4	价差	价差 × 相应数量
5	风险	根据市场情况自行确定
6	含税综合单价	[（1）+（2）+（3）+（4）+（5）]/清单工程量
7	增值税（进项税额）	$\sum$（材料费进项税额 + 机械费进项税额 + 企业管理费进项税额）/清单工程量
8	不含税综合单价	（6）-（7）
二	含税单价措施项目费	$\sum$ [（14）× 清单工程量]，其中人工费为 B
II	不含税单价措施项目费	$\sum$ [（16）× 清单工程量]
9	工料机费	$\sum$（人工费 + 材料费 + 机械费），其中人工费为 b
10	企业管理费	b × 费率
11	利润	b × 费率
12	价差	价差 × 相应数量
13	风险	根据市场情况自行确定
14	含税综合单价	[（9）+（10）+（11）+（12）+（13）]/清单工程量
15	增值税（进项税额）	$\sum$（材料费进项税额 + 机械费进项税额 + 企业管理费进项税额）/清单工程量
16	不含税综合单价	（14）-（15）
三	含税总价措施费	（17）+（18）（其中人工费为 $C = C_1 + C_2$）
III	不含税总价措施费	（17）+（18）-（19）
17	安全防护、文明施工措施费	①+②
①	临时设施费	[（$A+B$）× 费率]+[（$A+B$）× 费率 × 15%]×（企业管理费费率+利润率）（其中人工费为 C_1）
②	环保、文明、安全施工费	{[（一）+（二）+①+（18）+（四）+（五）]-$\sum$ [（4）+（5）+（12）+（13）]}× 费率
18	检验试验等六项费	[（$A+B$）× 费率]+[（$A+B$）× 费率 × 15%]×（企业管理费费率+利润率）（其中人工费为 C_2）
19	增值税（进项税额）	$\sum$总价措施费进项税额

（续）

序号	费 用 项 目	计 算 方 法
四	其他项目费（不含税）	（20）+（21）+（22）+（23）
20	暂列金额	按规定计算
21	专业工程暂估价	按规定计算
22	计日工	按规定计算
23	总承包服务费	按不含税的分包工程 × 费率
五	规费	$(A+B+C)$ × 费率
六	增值税（销项税额）	$[（Ⅰ）+（Ⅱ）+（Ⅲ）+（四）+（五）] × 11\%$
七	总造价	（Ⅰ）+（Ⅱ）+（Ⅲ）+（四）+（五）+（六）

1.4　安装工程类别划分及费用费率

1.4.1　安装工程类别划分标准

1. 工程类别划分说明

安装工程类别划分标准是工程建设各方作为评定工程类别等级、确定有关费用的依据，是根据各专业安装工程的功能、规模大小、繁简、施工技术难易程度，结合工程实际情况制定的。本安装工程类别以《江西省建筑与装饰、通用安装、市政工程费用定额》中规定的标准划分。

工程类别等级均以单位工程划分，如果一个单位工程中有多个不同的工程类别标准，则依据主体设备或主要部分的标准确定。

2. 工程类别划分标准

工程类别划分标准见表1-38。

表 1-38　工程类别划分标准

工程类别	工程类别标准
Ⅰ类	1. 台重50t及其以上的各类机械设备、非标设备（不分整体或解体）以及精密、自动、半自动或程控机床、引进设备 2. 自动、半自动电梯，输送设备以及起重35t及其以上的起重设备及相应的轨道安装 3. 净化、超净、恒温和集中空调设备及其空调系统 4. 自动化控制装置、通信交换设备和仪表安装工程 5. 工业炉窑设备 6. 热力设备（蒸发量10t/h台以上的锅炉），单台容量3000kW及其以上发电机组及其附属设备 7. 800kV·A及其以上的变电装置 8. 各种压力容器、油罐、球形罐、气柜的制作和安装 9. 煤气发生炉、制氧设备、制冷量20万kcal/h（1kcal/h=1.163W）及以上的制冷设备、高中压空气压缩机、污水处理设备及其配套的储罐、冷却塔等 10. 焊口有探伤要求的厂区（室外）工艺管道、热力管网、煤气管网、供水（含循环水）管网工程 11. 附属于本工程各种设备的配管、电气安装、通风、工艺金属结构及刷油、绝热、防腐蚀工程 12. 一类建筑工程的附属设备、照明、通风、采暖、给排水、煤气、消防、安全防范、电话电视及共用天线等工程

（续）

工程类别	工程类别标准
Ⅱ类	1. 台重 50t 以下的各类机械设备、非标设备（不分整体或解体） 2. 小型杂物电梯，起重 35t 以下的起重设备及其相应的轨道安装 3. 蒸发量 10t/h 台及以下的锅炉安装 4. 800kV·A 以下的变配电设备 5. 工艺金属结构，一般容器的制作和安装 6. 焊口无探伤要求的厂区（室外）工艺管道、热力管网、煤气管网、供水（含循环水）管网工程 7. 电缆敷设、10kV 以下架空配电线路、有线电视线路工程 8. 低压空气压缩机、乙炔发生设备，各类泵、供热（换热）装置以及制冷量 20 万 kcal/h 以下的制冷设备 9. 附属于本工程各种设备的配管、电气安装、通风、工艺金属结构及刷油、绝热、防腐蚀工程 10. 二类建筑工程的附属设备、照明、通风、采暖、给排水、煤气、消防、安全防范、电话电视及共用天线等工程
Ⅲ类	1. 除Ⅰ、Ⅱ类工程以外均为Ⅲ类工程 2. 三、四类建筑工程的附属设备、照明、通风、采暖、给排水、煤气、消防、安全防范、电话电视及共用天线等工程

1.4.2　安装工程费用费率

1. 安装工程各项费用费率

安装工程费用费率见表 1-39。

表 1-39　安装工程费用费率　　　　　　　　　　　　　　　　（%）

费 用 名 称		设 备 安 装			
		Ⅰ	Ⅱ	Ⅲ	计费基础
总价措施项目费	安全文明施工措施费	8.62	8.62	8.62	定额人工费
	临时设施费	3.69	3.69	3.69	定额人工费
其他总价措施项目费		3.02	3.02	3.02	定额人工费
企业管理费		13.12	13.12	13.12	定额人工费
利　润		11.13	11.13	11.13	定额人工费
附加税	市区	1.85			定额人工费
	县城、镇	1.54			定额人工费
	市、县城、镇外	0.93			定额人工费
规费	社会保险费	12.50			定额人工费 + 机械费
	住房公积金	3.16			定额人工费 + 机械费
	工程排污费	0.16			定额人工费 + 机械费
增值税	一般计税方法	11			不含进项税税前工程总造价
	简易计税方法	税金征收率	附加税		含进项税税前工程总造价
			市区	县城、镇	不在市区、县城、镇
		3	0.36	0.3	0.18

2. 有关说明

（1）说明　总价措施项目费包含安全文明施工措施费［安全文明环保费（环境保护、文明施工、安全施工）］和临时设施费。

（2）税金计取标准　税金计取方法有两种：一种为一般计税方法，另一种为简易计税方法。

思 考 题

1. 安装与生产同时施工增加费的概念是什么？如何计取？
2. 如何理解垂直运输基准面？
3. 脚手架搭拆系数考虑了哪些因素？实际不发生是否计算？
4. 在有害身体健康的环境中施工增加费的概念是什么？如何计算？
5. 安装定额中试验、试运转费用是如何考虑的？
6. 安装工程费用包括哪些内容？
7. 未计价材料费的概念是什么？如何计取？
8. 超高增加费高度如何界定？
9. 高层建筑增加费的内容是什么？
10. 安装工程类别的划分标准是什么？

第 2 章
机械设备安装工程计量与计价

2.1　机械设备安装工程施工常识

　　工业与民用机械设备品种繁多，结构和功能各异，形状不一。工程预算人员在建筑安装工程施工中，主要应熟悉机械设备安装中所进行的每道主要工序的内容，以及施工过程所需要的机具（材料）性能，才能更好地掌握施工实际情况，编制好施工图预算与施工预算。

2.1.1　设备安装工序

　　机械设备的安装工序包括施工准备、安装、清洗、试运转。

1. 施工准备

　　1）施工前后的现场清理，工具、材料的准备。

　　2）临时脚手架（梯子、高凳、跳板等）的搭拆。

　　3）设备及其附件的地面运输和移位以及施工机具在设备安装范围内的移动。

　　4）设备开箱检查、清洗、润滑，施工全过程的保养维护，专用工具、备品、备件施工完后的清点归还。

　　5）基础验收、划线定位、垫铁组配放、铲麻面、地脚螺栓的除锈或脱脂。

　　设备底座安放垫铁，通过对垫铁厚度的调整，使设备安装达到安装要求，同时便于二次灌浆，使设备的全部质量和运转过程中产生的力通过垫铁均匀地传递到基础上。

　　常用的垫铁有钩头成对斜垫铁、平垫铁、斜垫铁，它们成对组合使用，开口垫铁与开孔垫铁等配合使用。

2. 安装

　　1）吊装。使用起重设备将被安装设备就位，初平、找正，找平部位的清洗和保护。

　　2）精平组装。精平、找平、找正、对中、附件装配、垫铁焊固。

　　3）本体管路、附件和传动部分的安装。

3. 清洗

　　在试运转之前，应对设备传动系统、导轨面、液压系统、油润滑系统密封、活塞、罐体、进排气阀、调节系统等构件及零件等进行物理清洗和化学清洗；对各有关零部件检查调整，加注润滑油脂。清洗程度必须达到试运转要求标准。

清洗是设备安装工作中一项重要内容，是一项不可忽视的技术性很强的工作，因为清洗工作搞不好，直接影响设备安装质量和正常运行。

4. 试运转

试运转就是要综合检验前阶段及各工序的施工质量，发现缺陷，及时修理和调整，使设备的运行特性能够达到设计指标的要求。

各类设备的试运转应执行《机械设备安装工程施工及验收通用规范》（GB 50231—2009）中的规定，同时要结合设备安装说明书中的要求，做好试运转前的准备工作，以及试运转完毕后的收尾工作、验收工作。

机械设备的试运转步骤为：先无负荷、后负荷，先单机、后系统，最后联动。试运转先从部件开始，由部件至组件，再由组件至单台设备，不同设备的试运转要求不一样。

1）属于无负荷试运转的各类设备有：金属切削机床、机械压力机、液压机、弯曲校正机、活塞式气体压缩机、活塞式氨制冷压缩机、通风机等。

2）需要进行无负荷、静负荷、超负荷试运转的设备有：电动桥式起重机、龙门式起重机。

3）需进行额定负荷试运转的设备有各类泵。

4）中、小型锅炉安装试运转包括临时加药装置的准备、配管、投药、排气管的敷设和拆除、烘炉、煮炉、停炉、检查、试运转等全部工作。

2.1.2　安装中常用的起重设备

安装工程中，管道或设备的搬运、移动或安装，都要借助一些工具和运用起重吊装方法，了解常用的起重吊装机具及简易起重吊装方法是非常必要的。由于机械设备的安装特点，施工作业中半机械化还占有很大的比重。

1. 常用的索具

吊装用的索具与起重设备包括：绳索（白棕绳、钢丝绳）、吊具（撬杠、吊钩、卡环）、滑车、千斤顶、绞磨和卷扬机等。

（1）白棕绳　在吊装作业时，白棕绳是起吊较轻的设备及零部件用的绳索和作为溜绳等用。

（2）钢丝绳　钢丝绳是吊装中的主要绳索。它具有强度高，韧性好，耐磨性好等优点；当磨损后外部产生许多毛刺，容易检查，便于预防事故。

（3）吊具　常用的吊具有撬杠、滚杠、吊钩、卡环和吊索。

（4）滑车　滑车（滑轮）可以省力，也可以改变用力的方向，是起重机和土拨杆中的主要组成部分。

（5）千斤顶　在安装中，常用千斤顶校正安装偏差和矫正构件的变形，也可以顶升设备等。

（6）绞磨　绞磨由推杆（绞杠）、磨头、卷筒、磨架和制动器等部件组成。目前只在偏僻地区没有电源的情况下使用。

（7）卷扬机　卷扬机又称为绞车，有手摇和电动两种。

2. 起重设备

（1）半机械化吊装设备　半机械化吊装设备主要有独脚桅杆、人字桅杆、三脚架及四脚架及桅杆式起重机。

1) 独脚桅杆，简称"拔杆""抱杆"。按制作材料的不同，可分为木独脚桅杆、钢管独脚桅杆和用型钢制作的格构式独脚桅杆等。木独脚桅杆的起重高度在 15m 以内，起重量在 20t 以下；钢管独脚桅杆的起重高度一般在 25m 以内，起重量在 30t 以下；格构式独脚桅杆的起重高度可达 70 余米，起重量可达 100 余吨。独脚桅杆一般有 6~12 根缆风绳，不得少于 5 根。

2) 人字桅杆，用两根钢管、圆木或格构式钢架组成人字形架，架顶可以采用绑扎或铰接并悬挂滑轮组。

3) 三脚架及四脚架，对于直径较大的管子下地沟，可采用挂有滑车的三脚架或四脚架。

4) 桅杆式起重机，用圆木制作的桅杆式起重机起重量为 5t，可吊装小型构件；用钢管制作的桅杆式起重机起重量达 10t 左右，可吊装较大型设备；钢格构式桅杆式起重机可吊装 15t 以上的大型设备。

大型桅杆式起重机，起重量可达 60t，桅杆设计可达 80m，用于重型工厂构件的吊装。桅杆式起重机的缆风绳至少 6 根，并根据缆风绳最大接力选择钢丝绳和地锚。

(2) 机械化吊装设备 机械化吊装设备主要指各类起重机。

1) 汽车起重机，是将起重机构安装在通用或专用汽车底盘上的起重机械。它具有汽车的行驶通过性能，机动性强，行驶速度高，可以快速转移，是一种用途广泛、适用性强的通用型起重机。

2) 轮胎起重机，是一种装在专用轮胎式行走底盘上的起重机，其底盘为专门设计、制造，轮距配合适当，横向尺寸较大，故横向稳定性好，能全回转作业，能在允许载荷下负荷行驶。

3) 履带起重机，是在行走的履带底盘上装有起重装置的起重机械，是自行式、全回转的一种起重机械。它具有操作灵活，使用方便，在一般平整坚实的场地上可以载荷行驶作业的特点。

4) 塔式起重机，是一种具有竖直塔身的全回转臂式起重机，按有无行走机构可分为固定式和移动式两种，前者是固定在地面或建筑物上，后者则按其行走装置可分为履带式、汽车式、轮胎式和轨道式四种；按其回转形式可分为上回转和下回转两种；按其变幅方式可分为水平臂架小车变幅和动臂变幅两种；按其安装形式可分为自升式、整体快速拆装和拼装式三种。

5) 桥式起重机，包括电动双梁桥式起重机和桥式锻造起重机。

(3) 水平搬运设备 水平搬运设备主要有载重汽车、牵引车、挂车等。我国目前生产的载重汽车主要以往复式发动机为动力，以后轮或中后轮为驱动，前轮为转向。

2.2 机械设备安装工程定额的内容与应用

本章以《江西省通用安装工程消耗量定额及统一基价表》（2017 年）第一册《机械设备安装工程》为例，说明通用机械设备安装工程定额的内容与应用。

2.2.1 《机械设备安装工程》定额说明

1. 定额适用范围

第一册《机械设备安装工程》（简称"本册定额"）适用于机械设备安装工程。

2. 本册定额编制的主要技术依据

1）《通用安装工程工程量计算规范》（GB 50856—2013）。

2）《输送设备安装工程施工及验收规范》（GB 50270—2010）。

3）《金属切削机床安装工程施工及验收规范》（GB 50271—2009）。

4）《锻压设备安装工程施工及验收规范》（GB 50272—2009）。

5）《制冷设备、空气分离设备安装工程施工及验收规范》（GB 50274—2010）。

6）《风机、压缩机、泵安装工程施工及验收规范》（GB 50275—2010）。

7）《铸造设备安装工程施工及验收规范》（GB 50277—2010）。

8）《起重设备安装工程施工及验收规范》（GB 50278—2010）。

9）《机械设备安装工程施工及验收通用规范》（GB 50231—2009）。

10）《全国统一安装工程预算定额》第一册《机械设备安装工程》（GYD-201—2000）。

11）《全国统一安装工程基础定额》（GJD 201~GJD 209—2006）。

12）《建设工程劳动定额》（LD/T 72.1~LD/T 72.11—2008）。

13）《建设工程施工机械台班费用编制规则》（2015 年）。

14）相关标准图集和技术手册。

3. "本册定额"除各章另有说明外，还包括的工作内容

1）安装主要工序。

整体安装：施工准备，设备、材料及工具、机具水平搬运，设备开箱检验、点件、外观检查、配合基础验收、垫铁设置，地脚螺栓安放，设备吊装就位安装、连接，设备调平找正，垫铁点焊，配合基础灌浆，设备精平对中找正，与机械本体连接的附属设备、冷却系统、润滑系统及支架防护罩等附件部件的安装，机组油、水系统管线的清洗，配合检查验收。

解体安装：施工准备，设备、材料及工具、机具水平搬运，设备开箱检验、配合基础验收、垫铁设置，地脚螺栓安放，设备吊装就位、组对安装，各部间隙的测量、检查、刮研和调整，设备调平找正，垫铁点焊，配合基础灌浆，设备精平对中找正，与机械本体连接的附属设备、冷却系统、润滑系统及支架防护罩等附件部件的安装，机组油、水系统管线的清洗，配合检查验收。

解体检查：施工准备，设备本体、部件及第一个阀门以内管道的拆卸，清洗检查，换油，组装复原，间隙调整，找平找正，记录，配合检查验收。

2）施工及验收规范中规定的调整、试验及空负荷试运转。

3）与设备本体联体的平台、梯子、栏杆、支架、屏盘、电动机、安全罩以及设备本体第一个法兰以内的管道等安装。

4）工种间交叉配合的停歇时间，临时移动水、电源时间，以及配合质量检查、交工验收等工作。

5）配合检查验收。

4. "本册定额"不包括的内容

1）设备场外运输。

2）因场地狭小，有障碍物（沟、坑）等所引起的设备、材料、机具等增加的二次搬运、装拆工作。

3）设备基础的铲磨，地脚螺栓孔的修整、预压，以及在木砖地层上安装设备所需增加的费用。

4）地脚螺栓孔和基础灌浆。

5）设备、构件、零部件、附件、管道、阀门、基础、基础盖板等的制作、加工、修理、保温、刷漆及测量、检测、试验等工作。

6）设备试运转所用的水、电、气、油、燃料等。

7）联合试运转、生产准备试运转。

8）专用垫铁、特殊垫铁（如螺栓调整垫铁、球形垫铁、钩头垫铁等）、地脚螺栓和设备基础的灌浆。

9）脚手架搭设与拆除。

10）电气系统、仪表系统、通风系统、设备本体第一个法兰以外的管道系统等的安装、调试工作；非与设备本体联体的附属设备或附件（如平台、梯子、栏杆、支架、容器、屏盘等）的制作、安装、刷油、防腐、保温等工作。

5. 下列费用可按系数分别计取

1）"本册定额"第四章"起重设备安装"、第五章"起重机轨道安装"脚手架搭拆费按定额人工费的 8% 计算，其费用中人工费占 35%。脚手架措施项目费用见表 2-1。

表 2-1　脚手架措施项目费用

起重机主钩起重量 /t	5~30	50~100	150~400
应增脚手架费用（元）	716.23	1340.18	1611.48

2）操作高度增加费，设备底座的安装标高，如超过地平面 ±10m 时，超过部分工程量按定额人工费、定额机械费乘以表 2-2 的系数。

表 2-2　安装标高超过 ±10m 时的调整系数

设备底座标高 /m	≤ 20	≤ 30	≤ 40	≤ 50
调整系数	1.15	1.20	1.30	1.50

3）定额中设备地脚螺栓和连接设备各部件的螺栓、销钉、垫片及传动部分的润滑油料等按照随设备配套供货考虑。

4）制冷站（库）、空气压缩站、乙炔发生站、水压机蓄势站、制氧站、煤气站等工程的系统调整费，按各站工艺系统内全部安装工程人工费的 15% 算，其费用中人工费占 35%。在计算系统调整费时，必须遵守下列规定：

① 上述系统调整费仅限于全部采用《江西省通用安装工程消耗量定额及统一基价表》（2017 年）中第一册《机械设备安装工程》、第三册《静置设备与工艺金属结构制作安装工程》、第八册《工业管道工程》、第十二册《刷油、防腐蚀、绝热工程》四册内有关定额的站

内工艺系统安装工程。

② 各站内工艺系统安装工程的人工费，必须全部由上述四册中有关定额的人工费组成，如上述四册定额有缺项，则缺项部分的人工费在计算系统调整费时应予扣除，不参加系统工程调整费的计算。

③ 系统调试费必须是由施工单位为主来实施时，方可计取系统调试费。若施工单位仅配合建设单位（或制造厂）进行系统调试，则应按实际发生的配合人工费计算。

2.2.2　《机械设备安装工程》工程量计算规则

依据《机械设备安装工程》进行工程量计算时，除另有说明者外，均以"台"为计量单位，以设备质量"t"划分定额项目。设备质量均以设备的铭牌质量为准；如无铭牌质量的，则以产品目录、样本、说明书所注的设备净质量为准。计算设备质量时，除另有规定者外，应按设备本体及联体的平台、梯子、栏杆、支架、屏盘、电动机、安全罩和设备本体第一个法兰以内的管道等全部质量计算。

《机械设备安装工程》中按以下设备分章进行工程量计算。

1. 切削设备安装工程及工程量计算[⊖]

（1）本章定额适用范围　本章定额适用范围包括：台式及仪表机床，车床，钻床，镗床，磨床，铣床，齿轮及螺纹加工机床，刨、插、拉床，超声波及电加工机床，其他机床等安装。

1）台式及仪表机床，包括台式车床、台式刨床、台式铣床、台式磨床、台式砂轮机、台式抛光机、台式钻床、台式排钻、多轴可调台式钻床、钻孔攻丝两用台钻、钻铣机床、钻铣磨床、台式冲床、台式压力机、台式剪切机、台式攻丝机、台式刻线机、仪表车床、精密盘类半自动车床、仪表磨床、仪表抛光机、硬质合金轮修磨床、单轴纵切自动车床、仪表铣床、仪表齿轮加工机床、刨模机、宝石轴承加工机床、凸轮轴加工机床、透镜磨床、电表轴类加工机床。

2）车床，包括单轴自动车床，多轴自动和半自动车床，六角车床，曲轴及凸轮轴车床，落地车床，普通车床，精密普通机床，仿型普通车床，马鞍车床，重型普通车床，仿型及多刀车床，联合车床，无心粗车床，轮齿、轴齿、锭齿、辊齿及铲齿车床。

3）立式车床，包括单柱和双柱立式车床。

4）钻床，包括深孔钻床、摇臂钻床、立式钻床、中心孔钻床、钢轨及梢轮钻床、卧式钻床。

5）镗床，包括深孔镗床、坐标镗床、立式及卧式镗床、金刚镗床、落地镗床、镗铣床、钻镗床、镗缸机。

6）磨床，包括外圆磨床，内圆磨床，砂轮机，珩磨机及研磨机，导轨磨床，2M 系列磨床，3M 系列磨床，专用磨床，抛光机，工具磨床，平面及端面磨床，刀具刃磨床，曲轴、凸轮轴、花键轴、轧辊及轴承磨床。

7）铣床、齿轮及螺纹加工机床，包括单臂及单柱铣床、龙门及双柱铣床、平面及单面铣床、仿型铣床、立式及卧式铣床、工具铣床、其他铣床、直（锥）齿轮加工机床、滚齿机、剃齿机、珩齿机、插齿机、单（双）轴花键轴铣床、齿轮磨齿机、齿轮倒角机、齿轮滚

⊖　相关内容以《机械设备安装工程》为准。

动检查机、套丝机、攻丝机、螺纹铣床、螺纹磨床、螺纹车床、丝杠加工机床。

8）刨、插、拉床，包括单臂刨、龙门刨、牛头刨、龙门铣刨床、插床、拉床、刨边机、刨模机。

9）超声波及电加工机床，包括电解电加工机床、电火花加工机床、电脉冲电加工机床、刻线机、超声波电加工机床、阳极机械加工机床。

10）其他机床，包括车刀切断机、砂轮切断机、矫正切断机、带锯机、圆锯机、弓锯机、气割机、管子加工机床、金属材料试验机械。

11）木工机械，包括木工圆锯机、截锯机、细木工带锯机、普通木工带锯机、卧式木工带锯机、排锯机、镂锯机、木工刨床、木工车床、木工铣床及开榫机、木工钻床及榫槽机、木工磨光机、木工刃具修磨机。

12）跑车木工带锯机。

13）其他木工设备，包括拨料器、踢木器、带锯防护罩。

（2）本章定额包括的工作内容

1）机体安装：底座、立柱、横梁等全套设备部件安装以及润滑管道安装。

2）清洗组装时结合精度检查。

3）跑车木工带锯机已包括跑车轨道安装。

（3）本章定额不包括的工作内容

1）设备的润滑、液压系统的管道附件加工、煨弯和阀门研磨。

2）润滑、液压的法兰及阀门连接所用的垫圈（包括紫铜垫）加工。

3）跑车木结构、轨道枕木、木保护罩的加工制作。

（4）数控机床执行本章对应的机床子目

（5）本章内所列设备质量均为设备净重

（6）工程量计算规则

1）金属切削设备安装以"台"为计量单位。

2）气动踢木器以"台"为计量单位。

3）带锯机保护罩制作与安装以"个"为计量单位。

2. 锻压设备安装工程及工程量计算

（1）本章定额适用范围

1）机械压力机，包括固定台压力机、可倾压力机、传动开式压力机、闭式单（双）点压力机、闭式侧滑块压力机、单动（双动）机械压力机、切边压力机、切边机、拉伸压力机、摩擦压力机、精压机、模锻曲轴压力机、热模锻压力机、金属挤压机、冷挤压机、冲模回转头压力机、数控冲模回转压力机。

2）液压机，包括薄板液压机、万能液压机、上移式液压机、校正压装液压机、校直液压机、手动液压机、粉末制品液压机、塑料制品液压机、金属打包液压机、粉末热压机、轮轴压装液压机、轮轴压装机、单臂油压机、电缆包覆液压机、油压机、电极挤压机、油压装配机、热切边液压机、拉伸矫正机、冷拔管机、金属挤压机。

3）自动锻压机及锻压操作机，包括自动冷（热）镦机、自动切边机、自动搓丝机、滚丝机、滚圆机、自动冷成型机、自动卷簧机、多功位自动压力机、自动制钉机、平锻机、辊锻机、锻管机、扩孔机、锻轴机、镦轴机、镦机及镦机组、辊轧机、多工位自动锻造机、锻造操作机、无轨操作机。

4）模锻锤，包括模锻锤，蒸汽、空气两用模锻锤，无砧模锻锤，液压模锻锤。

5）自由锻锤及蒸汽锤，包括蒸汽、空气两用自由锻锤、单臂自由锻锤、气动薄板落锤。

6）剪切机和弯曲校正机，包括剪板机、剪切机、联合冲剪机、剪锻机、切割机、拉剪机、热锯机、热剪机、滚板机、弯板机、弯曲机、弯管机、校直机、校正机、校平机、校正弯曲压力机、切断机、折边机、滚坡纹机、折弯压力机、扩口机、卷圆机、滚圆机、滚形机、整形机、扭拧机、轮缘焊渣切割机。

（2）本章定额包括的工作内容

1）机械压力机、液压机、水压机的拉紧螺栓及立柱热装。

2）液压机及水压机液压系统钢管的酸洗。

3）水压机本体安装，包括底座、立柱、横梁等全部设备部件安装，润滑装置和管道安装，缓冲器、充液罐等附属设备安装，分配阀、充液阀、接力电机操纵台装置安装，梯子、栏杆、基础盖板安装，立柱、横梁等主要部件安装前的精度预检，活动横梁导套的检查和刮研，分配器、充液阀、安全阀等主要阀件的试压和研磨，机体补漆，操纵台、梯子、栏杆、盖板、支撑梁、立式液罐和低压缓冲器表面刷漆。

4）水压机本体管道安装，包括设备本体至第一个法兰以内的高低压水管、压缩空气管等本体管道安装、试压、刷漆、高压阀门试压、高压管道焊口预热和应力消除，高低压管道的酸洗，公称直径 70mm 以内的管道煨弯。

5）锻锤砧座周围敷设油毡、沥青、沙子等防腐层以及垫木排找正时表面精修。

（3）本章定额不包括的工作内容

1）机械压力机、液压机、水压机拉紧大螺栓及立柱如需热装时所需的加热材料（如硅碳棒、电阻丝、石棉布、石棉绳等）。

2）除水压机、液压机外，其他设备的管道酸洗。

3）锻锤试运转中，锤头和锤杆的加热以及试冲击所需的枕木。

4）水压机工作缸、高压阀等的垫料、填料。

5）设备所需灌注的辣冷却液、液压油、乳化液等。

6）蓄势站安装及水压机与蓄势站的联动试运转。

7）锻锤砧座垫木排的制作、防腐、干燥等。

8）设备润滑、液压和空气压缩管路系统的管子和管路附件的加工、焊接、煨弯和阀门的研磨。

9）设备和管路的保温。

10）水压机管道安装中的支架、法兰、紫铜垫圈、密封垫圈等管路附件的制作，管子和焊口的无损检测和机械强度试验。

（4）工程量计算规则

1）空气锤、模锻锤、自由锻锤及蒸汽锤以"台"为计量单位，按落锤质量（kg 以内或 t 以内）分列定额项目。

2）锻造水压机以"台"为计量单位，按水压机公称压力（t）分列定额项目。

3. 铸造设备安装工程及工程量计算

（1）本章定额适用范围

1）砂处理设备，包括混砂机、碾砂机、松砂机、筛砂机等。

2）造型及造芯设备，包括振压式造型机、振实式造型机、振实式制芯机、吹芯机、射芯机等。

3）落砂及清理设备，包括振动落砂机、型心落砂机、圆形清理滚筒、喷砂机、喷丸器、喷丸清理转台、抛丸机等。

4）抛丸清理室，包括室体组焊、电动台车及旋转台安装、抛丸喷丸器安装、铁丸分配、输送及回收装置安装、悬挂链轨道及吊钩安装、除尘风管和铁丸输送管敷设、平台、梯子、栏杆等安装、设备单机试运转。

5）金属型铸造设备，包括卧式冷室压铸机、立式冷室压铸机、卧式离心铸造机等。

6）材料准备设备，包括 C246 及 C246A 球磨机、碾砂机、蜡模成型机械、生铁裂断机、涂料搅拌机等。

（2）本章定额不包括的工作内容

1）地轨安装。

2）抛丸清理室的除尘机及除尘器与风机间的风管安装。

3）垫木排仅包括安装，不包括制作、防腐等工作。

（3）抛丸清理室　抛丸清理室安装的定额单位为"室"，是指除设备基础等土建工程及电气箱、开关、敷设电气管线等电气工程外，成套供应的抛丸机、回转台、斗式提升机、螺旋输送机、电动小车等设备以及框架、平台、梯子、栏杆、漏斗、漏管等金属结构件安装。设备质量是指上述全套设备加金属结构件的总质量。

（4）工程量计算规则

1）铸造设备中抛丸清理室以"室"为计量单位，以室所含设备质量（t）分列定额项目，计算设备质量时应包括抛丸机、回转台、斗式提升机、螺旋输送机、电动小车及框架、平台、梯子、栏杆、漏斗、漏管等金属结构构件的总质量。

2）铸铁平台安装以"t"为计量单位，按方形平台或铸梁式平台的安装方式（安装在基础上或支架上）及安装时灌浆与不灌浆分列定额项目。

4. 起重设备安装工程及工程量计算

（1）本章定额适用范围

1）工业用的起重设备安装。

2）起重量为 0.5~400t。

3）适应不同结构、不同用途的起重机安装，包括手动、电动。

（2）本章定额包括的工作内容

1）起重机静负荷、动负荷及超负荷试运转。

2）必需的端梁铆接及脚手架搭拆。

3）解体供货的起重机现场组装。

（3）本章定额不包括的工作内容　本章定额不包括试运转所需的重物供应和搬运。

（4）工程量计算规则

1）起重机安装以"台"为计量单位，按起重机主钩的起重量（t）和跨距（m）分列定额项目。

2）双小车起重机安装以"台"为计量单位，按两个小车的起重量（t）分列定额项目。

3）双钩挂梁桥式起重机安装以"台"为计量单位，按两个钩的起重量（t）分列定额项目。

4）梁式起重机、臂行及旋臂起重机、电动葫芦及单轨小车安装，以"台"为计量单位，按起重机的起重量（t）和不同类型及名称的起重机分列定额项目。

5. 起重机轨道安装工程及工程量计算

（1）本章定额适用范围

1）工业用起重输送设备的轨道安装。

2）地轨安装。

（2）本章定额包括的工作内容

1）测量、领料、下料、矫直、钻孔。

2）车挡制作与安装的领料、下料、调直、组装、焊接、刷漆等。

3）脚手架的搭拆。搭拆脚手架的材料和机械台班费，不做调整。

（3）本章定额不包括的工作内容

1）吊车梁调整及轨道枕木干燥、加工、制作。

2）"8"字形轨道加工制作。

3）"8"字形轨道工字钢轨的立柱、吊架、支架、辅助梁等的制作与安装。

（4）轨道附属部件配件　轨道附属的各种垫板、连接板、压板、固定板、鱼尾板、连接螺栓、垫圈、垫板、垫片等部件配件均按随钢轨订货考虑（主材）。

（5）工程量计算规则

1）起重机轨道安装以单根轨道长度每"10m"为计量单位，按轨道的标准图号、型号、固定形式和纵、横向孔距安装部位等来分列定额项目。

2）车挡制作按施工图示尺寸，以"t"为计量单位。车挡安装以"每组 4 个"为计量单位，按每个质量（t）分列定额项目。

6. 输送设备安装工程及工程量计算

（1）本章定额适用范围

1）斗式提升机。

2）刮板输送机。

3）板（裙）式输送机。

4）螺旋输送机。

5）悬挂输送机。

6）固定式胶带输送机（增加 2m）。

（2）本章定额包括的工作内容　本章定额包括的工作内容有设备本体（机头、机尾、机架、漏斗）、外壳、轨道、托辊、拉紧装置、传动装置、制动装置、附属平台、梯子、栏杆等的组对安装、敷设及接头。

（3）本章定额不包括的工作内容

1）钢制外壳、刮板、漏斗制作与安装。

2）平台、梯子、栏杆制作。

3）输送带接头的疲劳性试验、振动频率检测试验、滚筒无损检测、安全保护装置灵敏性可靠性试验等特殊试验。

（4）工程量计算规则

1）斗式提升机以"台"为计量单位，按提升机型号及提升高度分列定额项目。

2）刮板输送机以"组"为计量单位，按输送长度除以双驱动装置组数及槽宽分列定额项目。

3）板（裙）式输送机以"台"为计量单位，按链轮中心距和链板宽度分列定额项目。

4）螺旋输送机以"台"为计量单位，按公称直径和机身长度分列定额项目。

5）悬挂输送机以"台"为计量单位，按驱动装置、转向装置、接紧装置和质量分列定额项目。

6）链条安装以"m"为计量单位，按链片式、链板式、链环式、试运转、抓取器分列定额项目。

7）固定式胶带输送机以"台"为计量单位，按带宽和输送长度分列定额项目。

8）卸矿车及皮带秤以"台"为计量单位，按带宽分列定额项目。

9）刮板输送机定额单位是按一组驱动装置计算的。如超过一组，则将输送长度除以驱动装置组数（即 m/组数），以所得 m/组数来选用相应的子目，再以组数乘以该子目的定额，即得其费用。

例如：某刮板输送机，宽为 420mm，输送长度为 250m，其中共有四组驱动装置，则其 m/组数为 250m 除以 4 组等于 62.5m/组，应选用定额"420mm 宽以内；80m/组以内"的子目，现该机有四组驱动装置，因此将该子目的定额乘以 4，即得该台刮板输送机的费用。

7. 风机安装工程及工程量计算

（1）本章定额适用范围

1）离心式通（引）风机，包括中低压离心通风机、排尘离心通风机、耐腐蚀离心通风机、防爆离心通风机、高压离心通风机、锅炉离心通风机、煤粉离心通风机、矿井离心通风机、抽烟通风机、多翼式离心通风机、化铁炉风机、硫酸鼓风机、恒温冷暖风机、暖风机、低噪声离心通风机、低噪声屋顶离心通风机。

2）轴流通风机，包括矿井轴流通风机、冷却塔轴流通风机、化工轴流通风机、纺织轴流通风机、隧道轴流通风机、防爆轴流通风机、可调轴流通风机、屋顶轴流通风机、一般轴流通风机、隔爆型轴流式局部扇风机。

3）离心式鼓风机、回转式鼓风机（罗茨鼓风机、HGY 型鼓风机、叶式鼓风机）。

4）离心式通（引）风机、轴流通风机、离心式鼓风机、回转式鼓风机的拆装检查。

（2）本章定额包括的工作内容

1）设备本体及与本体联体的附件、管道、润滑冷却装置等的清洗、刮研、组装、调试。

2）离心式鼓风机（带增速机）的垫铁研磨。

3）联轴器或皮带以及安全防护罩安装。

4）设备带有的电动机及减震器安装。

5）风机拆装检查：设备本体及部件以及第一个阀门以内的管道等拆卸、清洗、检查、刮研、换油、调间隙及调配重、找正、找平、找中心、记录、组装复原。

（3）本章定额不包括的工作内容

1）支架、底座及防护罩、减震器的制作。

2）联轴器及键和键槽的加工制作。

3）电动机的抽心检查、干燥、配线、调试。

4）风机拆装检查：风机本体的整（解）体安装；电动机安装及拆装、检查、调整、试验；设备本体以外的各种管道的检查、试验等工作。

（4）工程量计算规则

1）风机安装以"台"为计量单位，按设备质量"t"分列定额项目。在计算设备质量时，直联式风机，以本体及电动机、底座的总质量计算；非直联式的风机，以本体和底座的总质量计算，不包括电动机质量，包括电动机安装。

2）塑料风机及耐酸陶瓷风机按离心式通（引）风机定额执行。

8. 泵安装工程及工程量计算

（1）本章定额适用范围　本章定额适用范围包括离心式泵、旋涡泵、往复泵、转子泵、真空泵、屏蔽泵的安装与拆装检查。

1）离心式泵的安装与拆装检查。

① 单级离心水泵、离心式耐腐蚀泵、多级离心泵、锅炉给水泵、冷凝水泵、热循环泵。

② 离心油泵。

③ 离心式杂质泵。

④ 离心式深水泵、深井泵。

⑤ DB 型高硅铁离心泵。

⑥ 蒸汽离心泵。

2）旋涡泵的安装与拆装检查。

3）往复泵的安装与拆装检查。

① 动往复泵：一般电动往复泵、高压柱塞泵（3~4柱塞）、电动往复泵、高压柱塞泵（6~24柱塞）。

② 蒸汽往复泵：一般蒸汽往复泵、蒸汽往复油泵。

③ 计量泵。

4）转子泵的安装与拆装检查。

① 螺杆泵。

② 齿轮油泵。

5）真空泵的安装与拆装检查。

6）屏蔽泵（轴流泵、螺旋泵）的安装与拆装检查。

（2）本章定额包括的工作内容

1）泵的安装，包括设备开箱检验、基础处理、垫铁设置、泵设备本体及附件（底座、电动机、联轴器、皮带等）吊装就位、找平找正、垫铁点焊、单机试车、配合检查验收。

2）泵拆装检查，包括设备本体及部件以及第一个阀门以内的管道等拆卸、清洗、检查、刮研、换油、调间隙、找正、找平、找中心、记录、组装复原、配合检查验收。

3）设备本体与本体联体的附件、管道、滤网、润滑冷却装置的清洗、组装。

4）离心式深水泵的泵体吸水管、滤水网安装及扬水管与平面的垂直度测量。

5）联轴器、减震器、减振台、皮带安装。

（3）本章定额不包括的工作内容

1）底座、联轴器、键的制作。

2）泵排水管道组对安装。

3）电动机的检查、干燥、配线、调试等。

4）试运转时所需排水的附加工程（如修筑水沟、接排水管等）。

（4）高速泵安装　高速泵安装按离心式油泵安装子目人工、机械乘以系数 1.0；拆装检查时按离心式油泵拆检子目乘以系数 2.0。

（5）深水泵橡胶轴与连接吸水管的螺栓按设备带有考虑

（6）工程量计算规则　本章所列设备进行工程量计算时遵循以下规则：

1）泵安装以"台"为计量单位，按设备质量（t）分列定额项目。在计算设备质量时，直联式泵按本体、电动机以及底座的总质量计算；非直联式泵按泵本体及底座的总质量计算，不包括电动机质量，但包括电动机的安装。

2）深井泵的设备质量以本体、电动机、底座及设备扬水管的总质量计算。

3）DB 型高硅铁离心泵以"台"为计量单位，按不同设备型号分列定额项目。

9. 压缩机安装工程及工程量计算

（1）本章定额适用范围　本章定额适用范围包括活塞式 L 型、Z 型压缩机，活塞式 V型、W 型、S 型压缩机，活塞式 V 型、W 型、S 型制冷压缩机整体安装，回转式螺杆压缩机整体安装，活塞式 2M（2D）、4M（4D）型电动机驱动对称平衡压缩机解体安装，活塞式H 型中间直联同步压缩机解体安装，离心式压缩机整体安装，离心式压缩机拆装检查。

（2）本章定额包括的工作内容

1）设备本体及与主机本体联体的附属设备、附属成品管道、冷却系统、润滑系统以及支架、防护罩等附件的安装。

2）与主机在同一底座上的电动机安装。

3）空负荷试车。

（3）本章定额不包括的工作内容

1）除与主机在同一底座上的电动机已包括安装外，其他类型的压缩机均不包括电动机、汽轮机及其他动力机械的安装。

2）与主机本体联体的各级出入口第一个法兰外的各种管道、空气干燥设备及净化设备、油水分离设备、废油回收设备、自控系统、仪表系统安装以及支架、沟槽、防护罩等的制作加工。

3）介质的充灌。

4）主机本体循环油（按设备带有考虑）。

5）电动机拆装检查及配线、接线等电气工程。

6）负荷试车及联动试车。

（4）关于下列各项费用的规定

1）本章原动机是按电动机驱动考虑，如为汽轮机驱动则相应定额人工乘以系数 1.14。

2）活塞式 V 型、W 型、S 型压缩机的安装按单级压缩机考虑，安装同类型双级压缩机时，按相应子目人工乘以系数 1.40。

3）解体安装的压缩机需在无负荷试运转后检查、回装及调整时，按相应解体安装子目人工、机械乘以系数 1.15。

（5）工程量计算规则

1）整体安装压缩机的设备质量按同一底座上的压缩机本体、电动机、仪表盘及附件、底座等总质量计算。

2）解体安装压缩机的设备质量按压缩机本体、附件、底座及随本体到货附属设备的总质量计算，不包括电动机、汽轮机及其他动力机械的质量。电动机、汽轮机及其他动力机械的安装按相应项目另行计算。

3）DMH 型电动机驱动对称平衡式压缩机〔包括活塞式 2D（2M）型对称平衡式压缩机、活塞式 4D（4M）型对称平衡式、活塞式 H 型中间直联同步压缩机〕的质量，按压缩机本体、随本体到货的附属设备的总质量计算，压缩机不包括附属设备的安装，附属设备的安装按相应项目另行计算。

10. 工业炉设备安装工程及工程量计算

（1）本章定额适用范围

1）电弧炼钢炉。

2）无芯工频感应电炉：包括熔铁、熔铜、熔锌等熔炼电炉。

3）电阻炉、真空炉、高频及中频感应炉。

4）冲天炉：包括长腰三节炉、移动式直线曲线炉胆热风冲天炉、燃重油冲天炉、一般冲天炉及冲天炉加料机构等。

5）加热炉及热处理炉，包括：①按型式分：室式、台车式、推杆式、反射式、链式、贯通式、环形式、传送式、箱式、槽式、开隙式、井式（整体组合）、坩埚式等。②按燃料分：电、天然气、煤气、重油、煤粉、煤块等。

6）解体结构井式热处理炉：包括电阻炉、天然气炉、煤气炉、重油炉、煤粉炉等。

（2）本章定额包括的工作内容

1）无芯工频感应电炉的水冷管道、油压系统、油箱、油压操纵台等安装以及油压系统的配管、刷漆。

2）电阻炉、真空炉以及高频、中频感应炉的水冷系统、润滑系统、传动装置、真空机组、安全防护装置等安装。

3）冲天炉本体和前炉安装。

4）冲天炉加料机构的轨道、加料车、卷扬装置等安装。

5）加热炉及热处理炉的炉门升降机构、轨道、炉箅、喷嘴、台车、液压装置、拉杆或推杆装置、传动装置、装料装置、卸料装置等。

6）炉体管道的试压、试漏。

（3）本章定额不包括的工作内容

1）各类工业炉安装均不包括炉体内衬砌筑。

2）电阻炉电阻丝的安装。

3）热工仪表系统安装、调试。

4）风机系统的安装、试运转。

5）液压泵房站的安装。

6）阀门的研磨、试压。

7）台车的组立、装配。

8）冲天炉出渣轨道的安装。

9）解体结构井式热处理炉的平台安装。

10）设备二次灌浆。

11）烘炉。

（4）无芯工频感应电炉安装　无芯工频感应电炉安装是按每一炉组为两台炉子考虑，如每一炉组为一台炉子，则相应定额乘以系数 0.6。

（5）冲天炉的加料机构　冲天炉的加料机构按各类型式综合考虑，已包括在冲天炉安装内。

（6）加热炉及热处理炉计算　加热炉及热处理炉在计算设备时，如为整体结构（炉体已组装并有内衬砌体），则定额人工乘以 0.7，应包括内衬砌体的质量。如为解体结构（炉体为金属结构件，需要现场组合安装，无内衬砌体），则不包括内衬砌体的质量，定额不变。计算设备质量时不包括内衬砌体的质量。

（7）工程量计算规则

1）电弧炼钢炉、电阻炉、真空炉、高频及中频感应炉、加热炉及热处理炉安装以"台"为计量单位，按设备质量"t"选用定额项目。

2）无芯工频感应电炉安装以"组"为计量单位，按设备质量"t"选用定额项目。每一炉组按两台炉子考虑。

3）冲天炉安装以"台"为计量单位，按设备熔化率（t/h）分列定额项目。冲天炉的出渣轨道安装，可套用本册第五章内"地坪面上安装轨道"的相应项目。

11. 煤气发生设备安装工程及工程量计算

（1）本章定额适用范围　本章定额适用于以煤或焦炭作为燃料的冷热煤气发生炉及其各种附属设备、容器、构件的安装，气密试验，分节容器外壳组对焊接。

（2）本章定额包括的工作内容

1）煤气发生炉本体及其底部风箱、落灰箱安装，灰盘、炉算及传动机构安装，水套、炉壳及支柱、框架、支耳安装，炉盖加料筒及传动装置安装，上部加煤机安装，本体其他附件及本体管道安装。

2）无支柱悬吊式（如 W-G 型）煤气发生炉的料仓、料管安装。

3）炉膛内径 1m 及 1.5m 的煤气发生炉包括随设备带有的给煤提升装置及轨道平台安装。

4）电气滤清器安装，包括沉电极、电晕极检查、下料、安装、顶部绝缘子箱外壳安装。

5）竖管及人孔清理、安装，顶部装喷嘴和本体管道安装。

6）洗涤塔外壳组装及内部零件、附件以及必须在现场装配的部件安装。

7）除尘器安装包括下部水封安装。

8）盘阀、钟罩阀安装，包括操纵装置安装及穿钢丝绳。

9）水压试验、密封试验及非密闭容器的灌水试验。

（3）本章定额不包括的工作内容

1）煤气发生炉炉顶平台安装。

2）煤气发生炉支柱、支耳、框架因接触不良而需要的加热和修整工作。

3）洗涤塔木格层制作及散片组成整块、刷防腐漆。

4）附属设备内部及底部砌筑、填充砂浆及填瓷环。

5）洗涤塔、电气滤清器等的平台、梯子、栏杆安装。

6）安全阀防爆薄膜试验。

7）煤气排送机、鼓风机、泵安装。

（4）关于下列各项费用的规定

1）除洗涤塔外，其他各种附属设备外壳均按整体安装考虑，如为解体安装需要在现场焊接时，除执行相应整体安装定额外，尚需执行"煤气发生设备分节容器外壳组焊"的相应项目。且该定额是按外圈焊接考虑。如外圈和内圈均需焊接时，相应定额乘以系数 1.95。

2）煤气发生设备分节容器外壳组焊时，如所焊设备外径大于 3m，则以 3m 外径及组成节数（3/2、3/3）的定额为基础，按表 2-3 乘以调整系数。

表 2-3　分节焊接容器调整系数

设备外径（m 以内）/ 组成节数	4/2	4/3	5/2	5/3	6/2	6/3
调整系数	1.34	1.34	1.67	1.67	2.00	2.00

（5）工程量计算规则

1）煤气发生设备安装以"台"为计量单位，按炉膛内径和设备质量分列定额项目。

2）在安装煤气发生炉时，如其炉膛内径与定额规定相近、质量超过 10% 时，按下式求得质量差系数，然后按表 2-4 乘以相应系数调整安装费。

$$质量差系数 = 设备实际质量 / 定额设备质量$$

表 2-4　安装费调整系数

设备质量差系数	1.1	1.2	1.4	1.6	1.8
安装费调整系数	1.0	1.1	1.2	1.3	1.4

3）洗涤塔、电气滤清器、竖管及附属设备安装以"台"为计量单位，按设备内径（m）和设备名称、规格、型号选用定额项目。

4）煤气发生设备的附属设备及其他容器构件以"t"为计量单位，按单位质量在 0.5t 以内和大于 0.5t 分列定额项目。

5）煤气发生设备分节容器外壳组焊以"台"为计量单位，按设备外径（m 以内 / 组成节数）分列定额项目。

12. 制冷设备安装工程及工程量计算

（1）本章定额适用范围

1）制冷机组，包括活塞式制冷机、螺杆式冷水机组、离心式冷水机组、热泵机组、溴化锂吸收式制冷机。

2）制冰设备，包括快速制冰设备、盐水制冰设备、搅拌器。

3）冷风机，包括落地式冷风机、吊顶式冷风机。

4）制冷机械配套附属设备，包括冷凝器、蒸发器、储液器、分离器、过滤器、冷却器、玻璃钢冷却塔集油器、油视镜、紧急泄氨器等。

5）制冷容器单体试密与排污。

（2）本章定额包括的工作内容

1）设备整体安装、解体安装。

2）设备带有的电动机、附件、零件等安装。

3）制冷机械附属设备整体安装：随设备带有与设备联体固定的配件（放油阀、放水阀、安全阀、压力表、水位表）等安装。

4）制冷容器单体气密试验（包括装拆空气压缩机本体及连接试验用的管道、装拆盲板、通气、检查、放气等）与排污。

（3）本章定额不包括的工作内容

1）与设备本体非同一底座的各种设备、启动装置、仪表盘、柜等的安装、调试。

2）电动机及其他动力机械的拆装检查、配管、配线、调试。

3）非设备带有的支架、沟槽、防护罩等的制作安装。

4）设备保温及油漆。

5）加制冷剂、制冷系统调试。

（4）计算工程量时应注意的事项

1）制冷机组、制冰设备和冷风机等按设备的总质量计算。

2）制冷机械配套附属设备按设备的类型分别以面积（m²）、容积（m³）、直径（mm或m）、处理水量（m/h）等作为项目规格时，按设计要求（或实物的规格）选用相应范围内的项目。

（5）制冷机组安装 除溴化锂吸收式制冷机外，其他制冷机组均按同一底座，并带有减振装置的整体安装方法考虑。如制冷机组解体安装，可套用相应的空气压缩机安装定额。减振装置若由施工单位提供，可按设计选用的规格计取材料费。

（6）制冷机组安装定额 制冷机组安装定额中，已包括施工单位配合制造厂试车的工作内容。

（7）制冷容器的单体气密试验与排污定额 制冷容器的单体气密试验与排污定额是按试验一次考虑的。如"技术规范"或"设计要求"需要多次连续试验，则第二次试验的定额按第一次相应定额乘以系数0.9。第三次及其以上的试验，定额从第三次起每次均按第一次的相应定额乘以系数0.75。

（8）工程量计算规则

1）制冷机组安装以"台"为计量单位，按设备类别、名称及机组质量（t）选用定额项目。

2）制冰设备安装以"台"为计量单位，按设备类别、名称、型号及质量分列定额项目。

3）冷风机以"台"为计量单位，按设备名称、冷却面积及质量分列定额项目。冷风机定额的设备质量按冷风机、电动机、底座的总质量计算。

4）立式和卧式管壳式冷凝器、蒸发器、淋水式冷凝器、蒸发式冷凝器、立式蒸发器、中间冷却器，按设备名称、冷却或蒸发面积（m²）及质量选用定额项目。

5）立式低压循环储液器和卧式高压储液器（排液桶）以"台"为计量单位，按设备名称、容积（m³）和质量选用定额项目。

6）氨油分离器、氨液分离器、氨气过滤器、氨液过滤器安装以"台"为计量单位，按设备名称、直径（mm）和质量选用定额项目。

7）玻璃钢冷却塔以"台"为计量单位，按设备处理水量（m³/h）选用定额项目。

8）集油器、油视镜、紧急泄氨器以"台"或"支"为计量单位，按设备名称和设备直径（mm）选用定额项目。

9）制冷容器单体气密试验与排污以"每次/台"为计量单位，按设备容量（m³）选用定额项目。

10）制冷机组、制冰设备和冷风机的设备质量按同一底座上的机组按整体总质量计算，非同一底座上的机组按主机、辅机及底座的总质量计算。

13. 其他设备安装及设备灌浆工程量计算

（1）本章定额适用范围

1）润滑油处理设备，包括压力滤油机、润滑油再生机组、油沉淀箱。

2）制氧设备，包括膨胀机、空气分馏塔及小型制氧机械配套附属设备（洗涤塔、干燥器、碱水拌和器、纯化器、加热炉、加热器、储氧器、充氧台）。

3）其他机械，包括柴油机、柴油发电机组、电动机及电动发电机组、空气压缩机配套的储气罐、乙炔发生器及其附属设备、水压机附属的蓄势罐。

4）设备灌浆，包括地脚螺栓孔灌浆、设备底座与基础间灌浆。

（2）本章定额包括的工作内容

1）设备整体安装、解体安装。

2）整体安装的空气分馏塔包括本体及本体第一个法兰内的管道、阀门安装；与本体联体的仪表、转换开关安装；清洗、调整、气密试验。

3）设备带有的电动机安装；主机与电动机组装联轴器或皮带机。

4）储气罐本体及与本体联体的安全阀、压力表等附件安装，气密试验。

5）乙炔发生器本体及与本体联体的安全阀、压力表、水位表等附件安装；附属设备安装、气密试验或试漏。

6）水压机蓄势罐本体及底座安装；与本体联体的附件安装，酸洗、试压。

（3）本章定额不包括的工作内容

1）各种设备本体制作以及设备本体第一个法兰以外的管道、附件安装。

2）平台、梯子、栏杆等金属构件制作、安装（随设备到货的平台、梯子、栏杆的安装除外）。

3）空气分馏塔安装前的设备、阀门脱脂、试压；冷箱外的设备安装；阀门研磨；结构、管件、吊耳临时支撑的制作。

4）其他机械安装不包括刮研工作；与设备本体非同一底座的各种设备、启动装置、仪表盘、柜等的安装、调试。

5）小型制氧设备及其附属设备的试压、脱脂、阀门研磨；稀有气体及液氧或液氮的制取系统安装。

6）电动机及其他动力机械的拆装检查、配管、配线、调试。

（4）计算工程量时应注意的事项

1）乙炔发生器附属设备、水压机蓄势罐、小型制氧机械配套附属设备及解体安装空气分馏塔等设备质量的计算应将设备本体及与设备本体联体的阀门管道、支架、平台、梯子、保护罩等的质量计算在内。

2）乙炔发生器附属设备是按"密闭性设备"考虑的。如为"非密闭性设备"，则相应定额的人工、机械乘以系数 0.8。

3）润滑处理设备、膨胀机、柴油机、电动机及电动发动机组等设备质量的计算方法：在同一底座上的机组按整体总质量计算；非同一底座上的机组按主机、辅机及底座的总质量计算。

4）柴油发电机组定额的设备质量，按机组的总质量计算。

5）以"型号"作为项目时，应按设计要求的型号执行相同的项目。新旧型号可以互换。相近似的型号，如实物的质量相差在 10% 以内时，可以执行该定额。

6）当实际灌浆材料与标准中材料不一致时，根据设计选用的特殊灌浆材料，替换标准中相应材料，其他消耗量不变。

7）本册所有设备地脚螺栓灌浆、设备底座与基础间灌浆套用本章相应子目。

（5）本章定额工程量计算规则

1）润滑油处理设备以"台"为计量单位，按设备名称、型号及质量（t）选用定额项目。

2）膨胀机以"台"为计量单位，按设备质量（t）选用定额项目。

3）柴油机、柴油发电机组、电动机及电动发电机组以"台"为计量单位，按设备名称和质量（t）选用定额项目。大型电机安装以"t"为计量单位。

4）储气罐以"台"为计量单位，按设备容量（m³）选用定额项目。

5）乙炔发生器以"台"为计量单位，按设备规格（m³/h）选用定额项目。

6）乙炔发生器附属设备以"台"为计量单位，按设备质量（t）选用定额项目。

7）水压机蓄势罐以"台"为计量单位，按设备质量（t）选用定额目。

8）小型整体安装空气分馏塔以"台"为计量单位，按设备型号规格选用定额项目。

9）小型制氧附属设备中，洗涤塔、加热炉、加热器、储氧器及充氧台以"台"为计量单位，干燥器和碱水拌和器以"组"为计量单位，纯化器以"套"为计量单位，以上附属设备均按设备名称及型号选用定额项目。

10）设备减振台座安装以"座"为计量单位，按台座质量（t）选用定额项目。

11）地脚螺栓孔灌浆、设备底座与基础间灌浆，以"m³"为计量单位，按一台设备灌浆体积（m³）选用定额项目。

12）座浆垫板安装以"墩"为计量单位，按垫板规格尺寸（mm）选用定额项目。

2.3　某金属加工车间机床设备安装工程预算示例

2.3.1　背景资料

1. 工程概况

该车间设备的平面布置图如图 2-1 所示，设备统计见表 2-5。

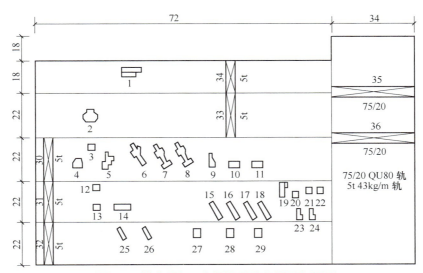

图 2-1　某金属加工车间机床设备平面布置图

表 2-5　某金属加工车间设备统计

工程名称：某机器制造石金属加工车间设备安装工程

序号	设备名称	型　号	台数	质量/t	序号	设备名称	型　号	台数	质量/t
1	单柱立车	C6513	1	10.50	19	滚齿机	Y31125A	1	12.00
2	双柱立车	C5235	1	44.50	20	滚齿机	Y3180	1	5.00
3	插床	B5052A	1	12.00	21	插齿机	Y34	1	3.53
4	立式车床	C5225	1	31.86	22	刨齿机	Y236	1	45.00
5	镗床	T2110	1	10.00	23	卧式镗床	T68	1	10.50
6	龙门刨床	B2010A	1	23.03	24	卧式镗床	T68	1	10.50
7	龙门铣床	X2010A	1	28.50	25	万能铣床	X63W	1	3.80
8	龙门铣床	X2010A	1	28.50	26	立铣	X53K	1	4.25
9	卧式镗床	T6110	1	23.00	27	牛头刨床	B665	1	2.00
10	车床	C61100	1	17.20	28、29	摇臂钻	Z35	2	单 3.50
11	车床	C61100	1	17.20	30~33	桥式起重机	19.5m/5t	4	单 25.4
12	弓锯床	G72	1	0.50	34	桥式起重机	10.5m/5t	1	单 17.92
13	弓锯床	G72	1	0.50	35、36	桥式起重机	75/20t31.5	2	单 91.28
14	内圆磨床	M250A	1	4.50		合计		36	673.45
15	车床	C630	1	4.00					
16	车床	C630	1	4.00					
17	车床	C630	1	4.00					
18	车床	C630	1	4.00					

2. 施工条件

符合预算定额中规定的正常施工条件。单机重 5t 以内设备可以利用车间内桥式起重机施工。单机重超过 5t 以上的设备可由机械及半机械配合施工。Q5t 电动起重机轨顶高 11m，Q75t/20t 电动起重机轨顶高 16m。大部分设备整体进场，部分设备解体进场，起重机共 7 台全部解体进场。

3. 编制要求

定额计价计算安装工程总造价；清单方式编制清单工程量表、清单计价表、综合单价分析表。本案例对超高增加费，脚手架搭拆费，一般起重机械摊销费，设备空负荷试运转的水、电、油、燃料等费用计算进行重点示范。

本工程类别及各项费率见表 2-6。

表 2-6　取费费率表

费率名称	文明安全	规定费用	管理费	利润	工程类别
取费费率	0.7%	36.36%	34.23%	33.28%	一类

4. 编制依据与编制步骤

编制依据包括《全国统一安装工程预算定额》第一册及《江西省通用安装工程消耗量定额及统一基价表》（2017 年）、《江西省建筑与装饰、通用安装、市政工程费用定额》（2017 年）和《建设工程工程量清单计价规范》（GB 50500—2013）。

编制步骤为：第一步，按设备规格、单重、类别计算安装工程量；第二步，分析各种设备应套取的基价；第三步，按定额规定计取一般起重机具摊销费，试运转油、电费；第四步，计算间接费、利润、税金；第五步，填写施工图预算表。

2.3.2　定额计价示例

首先，按表 2-5 给出的设备名称、规格、质量（单个）统计安装工程量，然后进行各种设备的套价，填写安装工程预算表（见表 2-7），并按定额规定计取一般起重机具摊销费等，试运转油、电费。

起重设备安装的脚手架搭拆费计算时，选用表 2-1 中系数：

脚手架搭拆费 =716.23 元 ×4+716.23 元 +1340.18 元 ×2=6261.51 元

计算不利用车间内桥式起重机进行安装的设备，即单重 5t 以上（不包括 5t 本身）的设备，每台人工费及机械费增加 11%，即特殊技术措施增加费用，见表 2-8。

根据费用定额中相关费率系数及表 1-7 的计费程序，可分别计算间接费、利润、税金等，最后得出此金加工车间安装费用总造价。

2.3.3　工程量清单计价示例

某金属加工车间机床设备平面布置图如图 2-1 所示，该工程工程量清单计价示例编制要求：编制分部分项工程量清单表、分部分项工程工程量清单计价表、分部分项工程工程量清单综合单价分析表。措施项目清单计价表、其他项目清单计价表、零星工作项目计价表、单位工程汇总表则根据施工技术方案等相关文件进行相应计算。计算结果分别见表 2-9~表 2-11。

表 2-7　某机器制造厂金属加工车间设备安装工程预算表

定额编号	项目名称及规格	单位	数量	安装费（元）		其中						
						人工费（元）		材料费（元）		机械费（元）		
				基	合价	基	合价	基	合价	基	合价	
1-1-23	单柱立车	台	1	6420.11	6420.11		4587.45		471.29		1361.37	
1-1-27	双柱立车	台	1	19711.32	19711.32		13032.20		1568.67		5110.45	
1-1-113	插床	台	1	6370.10	6370.10		4695.57		525.91		1148.62	
1-1-26	立式车床	台	1	13654.34	13654.34		9387.66		1051.36		3215.32	
1-1-57	镗床	台	1	5401.70	5401.70		3926.66		443.79		1031.25	
1-1-115	龙门刨床	台	1	10700.49	10700.49		6389.71		810.99		3499.79	
1-1-97	龙门铣床	台	2	12717.34	25434.68	7275.15	14550.30	1239.37	2478.74	4202.82	8405.64	
1-1-60	卧式镗床	台	1	11510.12	11510.12		8324.31		782.97		2402.84	
1-1-10	车床	台	2	8374.90	16749.80	5904.95	11809.90	799.15	1598.30	1670.80	3341.60	
1-1-126	弓锯床	台	2	279.73	559.46	187.77	375.54	44.73	89.46	47.23	94.46	
1-1-75	内圆磨床	台	1	2566.51	2566.51		1885.47		220.69		460.35	
1-1-6	车床	台	4	2429.44	9717.76	1765.79	7063.16	203.30	813.20	460.35	1841.40	
1-1-94	滚齿机	台	1	6639.23	6639.23		4644.57		633.29		1361.37	
1-1-91	滚齿机	台	1	2296.09	2296.09		1689.12		146.62		460.35	
1-1-91	插齿机	台	1	2296.09	2296.09		1689.12		146.62		460.35	

（续）

定额编号	项目名称及规格	单位	数量	安装费（元）		其中					
						人工费（元）		材料费（元）		机械费（元）	
				基价	合价	基价	合价	基价	合价	基价	合价
1-1-99	刨齿机	台	1	18965.51	18965.51		11429.27		1613.57		5922.67
1-1-58	卧式镗床	台	2	7648.56	15297.12	5685.31	11370.62	540.00	1080.00	1423.25	2846.50
1-1-91	万能铣床	台	1	2296.09	2296.09		1689.12		146.62		460.35
1-1-91	立铣	台	1	2296.09	2296.09		1689.12		146.62		460.35
1-1-109	牛头刨床	台	1	1418.20	1418.20		1175.81		114.47		127.92
1-1-42	摇臂钻	台	2	2360.13	4720.26	1706.04	3412.08	193.74	387.48	460.35	920.70
1-4-9	桥式起重机	台	4	13890.76	55563.04	8735.79	34943.16	681.20	2724.80	473.77	1895.08
1-4-7	桥式起重机	台	1	10503.12	10503.12		8209.39		624.65		1669.08
1-4-16	桥式起重机	台	2	40370.98	80741.96	24169.24	48338.48	1861.92	3723.84	14339.82	28679.64
合计					331829.19		216307.79		22343.95		77177.45
一般起重机具摊销费		t	724.84	12.00/t	8698.08						
试运转油、电费（按8%计）					17304.62						

注：计算一般起重机具摊销费时，不论设备大小，一律按每吨12.00元计取；试运转油、电费根据经验公式，按人工费的8%计取。

表2-8　不能利用桥式起重机增加系数（根据《全国统一安装工程预算定额》规定）安装工程预算表

定额编号	工程或费用名称	工程量		安装费（元）		其中					
		单位	数量	基价	特殊技术合价	人工费（元）		材料费（元）		机械费（元）	
						基价	合价	基价	合价	基价	合价
1-1-23	单柱立车	台	1	6420.11	654.37		4587.45		471.29		1361.37
1-1-27	双柱立车	台	1	19711.32	1995.69		13032.20		1568.67		5110.45
1-1-113	插床	台	1	6370.10	642.86		4695.57		525.91		1148.62
1-1-26	立式车床	台	1	13654.34	1386.33		9387.66		1051.36		3215.32
1-1-57	镗床	台	1	5401.70	545.37		3926.66		443.79		1031.25
1-1-115	龙门刨床	台	1	10700.49	1087.85		6389.71		810.99		3499.79
1-1-97	龙门铣床	台	2	12717.34	2525.15		14550.30		2478.74		8405.64
1-1-60	卧式镗床	台	1	11510.12	1179.99		8324.31		782.97		2402.84
1-1-10	车床	台	2	8374.90	1666.67		11809.90		1598.3		3341.60
1-1-94	滚齿机	台	1	6639.23	660.65		4644.57		633.29		1361.37
1-1-99	刨齿机	台	1	18965.51	1908.71		11429.27		1613.57		5922.67
1-1-58	卧式镗床	台	2	7648.56	1563.88		11370.62		1080.00		2846.50
1-289	起重机	台	4	13890.76	4052.21		34943.16		2724.80		1895.08
1-289	起重机	台	1	10503.12	1086.63		8209.39		624.65		1669.08
1-302	起重机	台	2	40370.98	8471.99		48338.48		3723.84		28679.64
合计					29428.35						

表 2-9　分部分项工程工程量清单表

序号	项 目 编 码	项目名称及工作内容		单位	工程量
1	030101002001	车床 C630	单重 4t、本体安装、二次灌浆	台	4
2	030101002002	车床 C61100	单重 17.20t、本体安装、二次灌浆	台	2
3	030101003001	立式车床 C5225	单重 31.86t、本体安装、二次灌浆	台	1
4	030101003002	单柱立式车床 C6513	单重 10.50t、本体安装、二次灌浆	台	1
5	030101003003	双柱立式车床 C5235	单重 44.50t、本体安装、二次灌浆	台	1
6	030101004001	摇臂钻床 Z35	单重 3.5t、本体安装、二次灌浆	台	2
7	030101005001	镗床 T2110	单重 10t、本体安装、二次灌浆	台	1
8	030101005002	卧式镗床 T68	单重 10.5t、本体安装、二次灌浆	台	2
9	030101005003	卧式镗床 T6110	单重 23t、本体安装、二次灌浆	台	1
10	030101006001	内圆磨床 M250A	单重 4.5t、本体安装、二次灌浆	台	1
11	030101007001	万能铣床 X63W	单重 3.8t、本体安装、二次灌浆	台	1
12	030101007002	立式铣床 X53K	单重 4.25t、本体安装、二次灌浆	台	1
13	030101007003	龙门立式铣床 X2010A	单重 28.50t、本体安装、二次灌浆	台	2
14	030101008001	插齿机 Y34	单重 3.53t、本体安装、二次灌浆	台	1
15	030101008002	滚齿机 Y3180	单重 5t、本体安装、二次灌浆	台	1
16	030101008003	滚齿机 Y31125A	单重 12t、本体安装、二次灌浆	台	1
17	030101008004	刨齿机 Y236	单重 45t、本体安装、二次灌浆	台	1
18	030101010001	牛头刨床 B665	单重 2t、本体安装、二次灌浆	台	1
19	030101010002	龙门刨床 B2010A	单重 23.03t、本体安装、二次灌浆	台	1
20	030101011001	插床 B5052A	单重 12t、本体安装、二次灌浆	台	1
21	030101019001	弓锯床 G72	单重 0.5t、本体安装、二次灌浆	台	2
22	030104001001	电动双梁桥式起重机	Q5t 19.5m、本体安装、负荷试车	台	5
23	030104001002	电动双梁桥式起重机	Q75/25t 31.5m、本体安装、负荷试车	台	2
24	030105001001	混凝土梁上 Q5t 起重机轨道安装 43kg/m，弹性垫压板螺栓固定，纵向孔距 600mm，横向孔距 260mm，车挡制作　单重 0.25t、车挡安装，轨道 C30 细石混凝土垫层灌浆		m	720.00
25	030105001002	混凝土梁上 Q75t 起重机轨道安装 QU80，弹性垫压板螺栓固定，纵向孔距 600mm，横向孔距 280mm，车挡制作　单重 0.65t、车挡安装，轨道 C30 细石混凝土垫层灌浆，操作超高		m	248.00
		合计 36 台套，共计净重 673.53t			

表 2-10　分部分项工程工程量清单计价表

序号	项目编码	项目名称及工作内容	单位	数量	金额（元）	
					综合单价	合价
1	30101002001	车床 C630，单重 4t、本体安装、二次灌浆	台	4	3123.04	12492.16
2	30101002002	车床 C61100，单重 17.20t、本体安装、二次灌浆	台	2	5294.56	10589.12
3	30101003001	立式车床 C5225，单重 31.86t、本体安装、二次灌浆	台	1	17341.81	17341.81
4	30101003002	单柱立式车床 C6513，单重 10.50t、本体安装、二次灌浆	台	1	8222.06	8222.06
5	30101003003	双柱立式车床 C5235，单重 44.50t、本体安装、二次灌浆	台	1	24830.37	24830.37
6	30101004001	摇臂钻床 Z35，单重 3.5t、本体安装、二次灌浆	台	2	3030.26	6060.52
7	30101005001	镗床 T2110，单重 10t、本体安装、二次灌浆	台	1	6944.09	6944.09
8	30101005002	卧式镗床 T68，单重 10.5t、本体安装、二次灌浆	台	2	9881.75	19763.50
9	30101005003	卧式镗床 T6110，单重 23t、本体安装、二次灌浆	台	1	14779.91	14779.91
10	30101006001	内圆磨床 M250A，单重 4.5t、本体安装、二次灌浆	台	1	3307.12	3307.12
11	30101007001	万能铣床 X63W，单重 3.8t、本体安装、二次灌浆	台	1	2959.58	2959.58
12	30101007002	立式铣床 X53K，单重 4.25t、本体安装、二次灌浆	台	1	2959.58	2959.58
13	30101007003	龙门立式铣床 X2010A，单重 28.50t、本体安装、二次灌浆	台	2	15575.02	31150.04
14	30101008001	插齿机 Y34，单重 3.53t、本体安装、二次灌浆	台	1	2959.58	2959.58
15	30101008002	滚齿机 Y3180，单重 5t、本体安装、二次灌浆	台	1	2959.58	2959.58
16	30101008003	滚齿机 Y31125A，单重 12t、本体安装、二次灌浆	台	1	8463.62	8463.62
17	30101008004	刨齿机 Y236，单重 45t、本体安装、二次灌浆	台	1	23454.93	23454.93
18	30101010001	牛头刨床 B665，单重 2t、本体安装、二次灌浆	台	1	1880.06	1880.06
19	30101010002	龙门刨床 B2010A，单重 23.03t、本体安装、二次灌浆	台	1	13210.37	13210.37
20	30101011001	插床 B5052A，单重 12t、本体安装、二次灌浆	台	1	8214.52	8214.52
21	30101019001	弓锯床 G72 单重 0.5t、本体安装、二次灌浆	台	2	955.28	1910.56
22	30104001001	电动双梁桥式起重机，Q5t 19.5m、本体安装、负荷试车	台	5	11842.16	59210.80
23	30104001002	电动双梁桥式起重机，Q75/25t 31.5m、本体安装、负荷试车	台	2	51834.38	103668.76
24	30105001001	混凝土梁上 Q5t 起重机轨道安装 43kg/m，弹性垫压板螺栓固定，纵向孔距 600mm，横向孔距 260mm，车挡制作单重 0.25t、车挡安装，轨道 C30 细石混凝土垫层灌浆	m	720.00	119.69	86176.80
25	30105001002	混凝土梁上 Q75t 起重机轨道安装 QU80，弹性垫压板螺栓固定，纵向孔距 600mm，横向孔距 280mm，车挡制作单重 0.65t、车挡安装，轨道 C30 细石混凝土垫层灌浆，操作超高	m	248.00	208.14	51618.72
		分部分项工程工程量清单计价合计				525128.15

表2-11 分部分项工程量清单综合单价分析表

序号	项目编码	项目名称	单位	数量	综合单价组成（元）					综合单价（元）
					人工费	材料费	机械费	管理费	利润	
1	3010100 2001	车床 C630，单重 4t	台	4	7063.16	813.20	1841.40	1645.01	1129.40	3123.04
	江西定额 1-1-6	车床安装 5t 以内	台		1765.79	203.30	460.35			
2	3010100 2002	车床 C61100，单重 17.20t	台	2	2651.92	4210.46	2685.06	617.63	424.04	5294.56
	江西定额 1-1-10	车床安装 20t 以内	台		5904.95	799.15	1670.80			
3	3010100 3001	立式车床 C5225，单重 31.86t	台	1	9387.66	1051.36	3215.32	2186.39	1501.09	17341.81
	江西定额 1-1-26	立式车床安装 35t 以内	台		9387.66	1051.36	3215.32			
4	3010100 3002	单柱立式车床 C6513 单重 10.50t	台	1	4587.45	471.29	1361.37	1068.42	733.53	8222.06
	江西定额 1-1-23	立式车床安装 15t 以内	台		4587.45	471.29	1361.37			
5	3010100 3003	双柱立式车床 C5235 单重 44.50t	台	1	13032.20	1568.67	5110.45	3035.20	2083.85	24830.37
	江西定额 1-1-27	立式车床安装 50t 以内	台		13032.20	1568.67	5110.45			
6	3010100 4001	摇臂钻床 Z35 单重 3.5t	台	2	3412.08	387.48	920.70	794.67	545.59	3030.26
	江西定额 1-1-42	钻床安装 5t 以内	台		1706.04	193.74	460.35			
7	3010100 5001	镗床 T2110 单重 10t	台	1	3926.66	443.79	1031.25	914.52	627.87	6944.09
	江西定额 1-1-57	镗床安装 10t 以内	台		3926.66	443.79	1031.25			
8	3010100 5002	卧式镗床 T68 单重 10.5t	台	2	11370.62	1080.00	2846.50	2648.22	1818.16	9881.75
	江西定额 1-1-58	镗床安装 15t 以内	台		5685.31	540.00	1423.25			
9	3010100 5003	卧式镗床 T6110 单重 23t	台	1	8324.31	782.97	2402.84	1938.73	1331.06	14779.91
	江西定额 1-1-60	镗床安装 25t 以内	台		8324.31	782.97	2402.84			
10	3010100 6001	内圆磨床 M250A 单重 4.5t	台	1	1885.47	220.69	460.35	439.13	301.49	3307.12
	江西定额 1-1-75	磨床安装 5t 以内	台		1885.47	220.69	460.35			

序号	定额编号	项目名称	单位	工程量						
11	30101007001	万能铣床 X63W 单重 3.8t	台	1	1689.12	146.62	460.35	393.40	270.09	2959.58
	江西定额 1-1-91	铣床安装 5t 以内	台		1689.12	146.62	460.35	393.40		
12	30101007002	立式铣床 X53K 单重 4.25t	台	1	1689.12	146.62	460.35	393.40	270.09	2959.58
	江西定额 1-1-91	铣床安装 5t 以内	台		1689.12	146.62	460.35	393.40		
13	30101007003	龙门立式铣床 X2010A 单重 28.50t	台	2	14550.30	2478.74	8405.64	3388.76	2326.59	15575.02
	江西定额 1-1-97	铣床安装 30t 以内	台		7275.15	1239.37	4202.82			
14	30101008001	插齿机 Y34 单重 3.53t	台	1	1689.12	146.62	460.35	393.40	270.09	2959.58
	江西定额 1-1-91	齿轮加工 5t 以内	台		1689.12	146.62	460.35	393.40		
15	30101008002	滚齿机 Y3180 单重 5t	台	1	1689.12	146.62	460.35	393.40	270.09	2959.58
	江西定额 1-1-91	齿轮加工 5t 以内	台		1689.12	146.62	460.35	393.40		
16	30101008003	滚齿机 Y31125A 单重 12t	台	1	4644.57	633.29	1361.37	1081.72	742.67	8463.62
	江西定额 1-1-94	齿轮加工 15t 以内	台		4644.57	633.29	1361.37	1081.72		
17	30101008004	刨齿机 Y236 单重 45t	台	1	11429.27	1613.57	5922.67	2661.88	1827.54	23454.93
	江西定额 1-1-99	齿轮加工 50t 以内	台		11429.27	1613.57	5922.67			
18	30101010001	牛头刨床 B665 单重 2t	台	1	1175.81	114.47	127.92	273.85	188.01	1880.06
	江西定额 1-1-109	刨床安装 3t 以内	台		1175.81	114.47	127.92	273.85		
19	30101010002	龙门刨床 B2010A 单重 23.03t	台	1	6389.71	810.99	3499.79	1488.16	1021.71	13210.37
	江西定额 1-1-115	刨床安装 25t 以内	台		6389.71	810.99	3499.79	1488.16		
20	30101011001	插床 B5052A 单重 12t	台	1	4695.57	525.91	1148.62	1093.60	750.82	8214.52
	江西定额 1-1-113	插床安装 15t 以内	台		4695.57	525.91	1148.62	1093.60		
21	30101019001	弓锯床 G72 单重 0.5t	台	2	1147.16	137.66	175.14	267.17	183.43	955.28
	江西定额 1-1-132	其他机床安装 1t 以内	台		573.58	68.83	87.57			

（续）

序号	项目编码	项目名称	单位	数量	人工费	材料费	机械费	管理费	利润	综合单价（元）
22	30104001001	电动双梁桥式起重机 Q5t 19.50m	台	5	33253.70	3784.20	9110.85	7744.79	5317.27	11842.16
	江西定额 1-4-1	脚手架搭拆摊销费	台		6650.74	452.04	1822.17			
	定额篇说明（附表）	脚手架搭拆摊销费	台	5		1524.00				
23	30104001002	电动双梁式起重机	台	2	52211.25	4849.30	26099.63	12160.00	8348.58	51834.38
	江西定额 1-4-14	双梁桥式起重机 Q75/25t 跨 31.50m	台	2	38675.00	2658.58	19333.06			
	定额说明	双梁桥式起重机 Q75/25t 跨 31.50m	台	2	19337.50	1329.29	9666.53			
		起重机安装超高增加费 人×35% 机×35%	台	2	13536.25		6766.57			
	定额篇说明（附表）	脚手架搭拆摊销费	台	2		2190.72				
24	30105001001	混凝土梁上 Q5t 起重机轨道安装,车挡制作安装	m	720	49284.70	3289.63	14240.75	11478.41	7880.62	119.69
	江西定额 1-5-37	混凝土梁上 Q5t 起重机轨道安装 43kg/m, 弹性垫压板螺栓固定, 纵向孔距 600mm, 横向孔距 260mm	m	720.00	46512.00	2962.80	13855.68			
		混凝土梁上起重机轨道安装 43kg/m, 弹性垫压板螺栓固定, 纵向孔距 600mm, 横向孔距 260mm	10m		646.00	41.15	192.44			
	江西定额 1-5-89	Q5t 起重机车挡安装, 每组 4 个, 单重 0.25t	组	1	860.20	26.10	83.53			
		Q5t 起重机车挡安装, 每组 4 个, 单重 0.25t	组		860.20	26.10	83.53			
	江西定额 1-5-93	Q5t 起重机车挡制作, 每组 4 个, 单重 0.25t	t	1	1912.50	300.73	301.54			
		Q5t 起重机车挡制作, 每组 4 个, 单重 0.25t	t		1912.50	300.73	301.54			

编号	项目名称	单位	数量						
30105001002	混凝土梁上 Q75t/20t 起重机轨道安装，车挡制作安装，超高增加	m	248.00	29904.00	1882.33	8085.25	6964.64	4781.65	208.14
江西定额 1-5-40	混凝土梁上 Q75t/20t 起重机轨道安装 QU80，弹性垫压板螺栓固定，纵向孔距 600mm，横向孔距 280mm	m	248.00	17412.08	1074.34	5287.36			
定额说明	混凝土梁上 Q75t/20t 起重机轨道安装 QU80，弹性垫压板螺栓固定，纵向孔距 600mm，横向孔距 280mm	10m		702.10	43.32	213.20			
	轨道安装超高增加费　人 ×35%　机 ×35%	m	248.00	6094.23		1850.58			
江西定额 1-5-90	Q75t/20t 起重机车挡安装，每组 4 个，单重 0.65t	组	1	1055.70	26.10	120.97			
定额说明	Q75t/20t 起重机车挡安装，每组 4 个，单重 0.65t	组		1055.70	26.10	120.97			
	轨道安装超高增加费　人 ×35%　机 ×35%	t	2.60	369.50		42.34			
江西定额 1-5-93	Q75t/20t 起重机车挡制作，每组 4 个，单重 0.65t	t	2.60	4972.50	781.90	784.00			
定额说明	Q75t/20t 起重机车挡制作，每组 4 个，单重 0.65t	t		1912.50	300.73	301.54			
	分部分项计价合计 =522750.08 元（不包括起重机钢轨价值）			281084.05	31736.48	101894.27	65464.48	44945.34	

25

注：表中江西定额摘《江西省通用安装工程消耗量定额及统一基价表》（2017年）第一册《机械设备安装工程》。

思　考　题

1. 如何计算设备质量?
2. 若某设备底座安装标高为 110m,应计取的超高增加系数是多少?
3. 什么情况下计算泵、风机、压缩机的拆装检查项目?
4. 第一册设备安装是否都应计取一般起重机具摊销费?
5. 工程量计算规则中各种设备的"净质量"的含义是什么?
6. 起重设备安装项目中,是否包括负荷试运转?
7. 设备解体拆装检查、地脚螺栓二次灌浆如何执行定额?
8. 各种消防泵、稳压泵,应执行什么定额?
9. 机械设备安装时,利用车间内已有的桥式起重机吊装,执行定额时,是否需要调整定额中的机械费?
10. 定额中设备单机试运转包括哪些内容?

第 3 章
电气设备及防雷接地工程
施工图预算的编制

本章对应《全国统一安装工程预算定额》第二册《电气设备安装工程》，对应《江西省通用安装工程消耗量定额及统一基价表》（2017 年）第四册《电气设备安装工程》。

3.1　电气设备工程简介

工业与民用建设项目中的电气设备主要包括：变压器设备，配电装置，绝缘子及母线，发电机及电动机，蓄电池，照明控制设备，电缆，配管，配线，照明器具，运输设备，电气装置及防雷接地装置和 10kV 以下架空线路以及电气调整等工程。本章对电压等级 10kV 及以下架空线路输电工程及防雷接地系统部分内容不做介绍。

3.1.1　变配电设备

1. 设备介绍

变配电设备是用来变换电压和分配电能的电气装置。它由变压器、高低压开关设备、保护电器、测量仪表、母线、蓄电池、整流器等组成。变配电设备分室内、室外两种，一般厂矿的变配电设备大多数是安装在室内，但有些 6~10kV 的小功率终端式变配电设备也往往安装在室外。

（1）变压器　变压器是变电所（站）的主要设备，它的作用是变换电压，将电网的电压经变压器降压或升压，以满足各用电设备的需要。

变压器按用途可分为两类：一类是电力变压器（包括箱式变电站），如城乡工矿变电所用的降压变压器、带调压的变压器、发电厂用的升压变压器等；另一类是特种变压器，即专用变压器，如电炉变压器、试验变压器、自耦变压器等。

变压器型号的含义：各种变压器的型号都用汉语拼音字母表示，各个字母都包含不同的含义。在变压器型号后面的数字部分，斜线的左面表示额定容量（kV·A），斜线的右面表示一次侧的额定电压（kV）。电力变压器的型号及含义如下：

相数代号：S——三相；D——单相。

绝缘代号：C——线圈外绝缘介质为成型固体；G——线圈外绝缘介质为空气；J——油浸自冷式。

冷却代号：F——风冷，自然冷却不表示。

调压代号：Z——有载调压，无励磁调压不表示。

绕组导线材质代号：L——铝线，铜绕组不表示。

例如：SJL—11000/10型，表示为三相油浸式铝线电力变压器，额定容量为1000kV·A，高压侧电压为10kV，第一次系列设计。

（2）互感器　互感器是一种特种变压器，专供测量仪表和继电保护配用。仪表配用互感器的目的有两点：一是使测量仪表与被测量的高压电路隔离以保证安全；二是扩大仪表的量程。互感器按用途不同，分为电压互感器和电流互感器两种。

（3）开关设备　开关设备是电力系统中重要的控制电器，随着电压等级和使用要求不同，产品种类、型号系列众多。常用的开关设备有高压断路器、隔离开关、负荷开关三大类。

（4）操动机构　操动机构是高压开关设备中不可缺少的配套装置。按其操作形式及安装要求，分为电磁或电动操动机构、弹簧储能操动机构、手动操动机构等。

（5）熔断器　高压熔断器一般用于35kV以下高压系统中保护电压互感器和小容量电气设备，是串接在电路中最简单的一种保护电器。常用的高压熔断器有RN1型、RN2型户内高压熔断器和RW4型高压户外跌落式熔断器。

（6）避雷器　避雷器是用来防护雷电产生的大气过电压（即高电位）沿线路侵入变电所或其他建筑物危害设备的绝缘。它并接于被保护的设备线路上，当出现过电压时，它就对地放电，从而保护设备绝缘。避雷器的形式有阀式避雷器和管式避雷器等系列。阀式避雷器常用于保护变压器，所以常装在变配电所的母线上；管式避雷器通常用于保护变电所进线端。

（7）高压开关柜　高压开关柜通常在3~10kV变（配）电所作为接受与分配电能或控制高压电机用。目前生产的高压开关柜有手动式、活动式和固定式三种类型。

（8）低压配电屏（柜）　低压配电屏广泛用于发电厂、变（配）电所及工矿企业中，作为电压500V以下，三相三线制或三相四线制系统的户内动力及照明配电使用。目前低压配电屏产品按结构形式分为离墙式、靠墙式和抽屉式三种类型。

（9）静电电容器柜（屏）　静电电容器柜（屏）用于工矿企业变电所和车间电力设备较集中的地方，作为减少电能损失，改善电力系统功率因数的专用设备。常用的静电电容器柜有GR-1型高压静电电容器柜，B-1型、B（F）-3型、BS-0.4、BSJ-1型等系列低压静电电容器柜。

（10）电容器　电容器也称为电力电容器，主要用于提高工频电力系统的功率因数，可以装在电容器柜内成套使用，也可以单独组装使用。通常用于 10V 以下电力系统作为改善和提高功率因数的电容器，主要有移相电容器和串联电容器两种。

（11）穿墙套管　高压穿墙套管适用于 35kV 以下电站、变电所配电装置及电气设备中，供导线穿过建筑物墙板或电气设备箱壳作导电部分与地绝缘及支持之用，500V 以下的低压导线穿过墙板或箱体等情况时，用过墙绝缘板等方法。穿墙套管分户内型和户外型两类，目前也有生产厂家生产户内、户外通用型的穿墙套管，简化了品种，提高了通用性。

（12）高压支持绝缘子　高压支持绝缘子在电站、变电所配电装置及电气设备中，供导电部分绝缘和固定之用。它不属于电气设备，支持绝缘子品种系列按结构分为 A 型、B 型，即为实心结构（不击穿式）、薄壁结构（可击穿式）；按绝缘子外表形状分普通型（少棱）和多棱形两种。

2. 变配电设备的安装方法及要求

（1）室内变电所变压器安装

1）变压器安装在基础上。如图 3-1 所示为两条带形基础。在基础顶上预埋铁件（由扁钢与钢筋焊接而成），适用于带有滚轮的变压器。

2）变压器安装在地面楼板上。如图 3-2 所示为没有埋设地下的基础，而是距地面 950mm 的标高处设置两根钢筋混凝土梁，在梁上预埋铁件，再与梁相平行地安置钢筋混凝土楼板，变压器即安装在地面楼板的梁上。

图 3-1　变压器安装在基础上　　　　　图 3-2　变压器安装在地面楼板上

此种安装要求变压器中性点及外壳以及金属支架都必须可靠接地。

（2）露天变电所安装　露天变电所：变压器、避雷器、熔断器均安在室外，其他测量仪表、开关柜等均安在室内。

安装方式如图 3-3 所示，变压器安装在室外的混凝土基础上，变压器的一面靠近室内外墙，其距离约为 1.5m，其他三面均用 1.7m 的围墙保护。

（3）柱上变电站安装　如图 3-4 所示为柱上变电站安装方式，凡 320kV·A 以下变压器大多用变压器台，变压器台可根据变压器容量的大小选用单杆台、双杆台、三杆台等。

变压器安装在离地高度为 2.5m 的变压器台架上（台架用槽钢制作）。变压器外壳、变压器中性点及避雷器三者合用一组接地引下线及接地装置，此时要求变压器台所有金属构建均应作防腐处理。

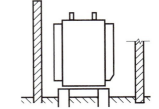

图 3-3　露天变电所安装方式

（4）阀式避雷器在墙上的支架上安装　如图 3-5 所示，阀式避雷器的安装一般都是以 3 个为一组安装在一个支架上，支架的制作按国家标准图制作。

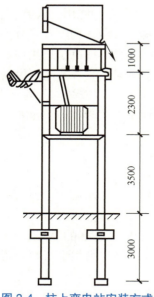

图 3-4　柱上变电站安装方式

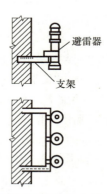

图 3-5　阀式避雷器在墙上的支架上安装

（5）避雷器在电杆横担上的安装　避雷器在电杆横担上安装是指柱上变电站安装的避雷器而言，所用横担一般为 L 63×6 的角钢，长为 1.6m，由两根组成。

阀式避雷器应垂直安装；管式避雷器可倾斜安装，其余水平所组成的角度应在 15°~20° 之间，在多尘地区应尽可能增加此倾斜角度。

（6）低压避雷器在变压器上安装　如图 3-6 所示，低压避雷器安装在变压器低压出线接线图上，每一台变压器安装三个低压避雷器。

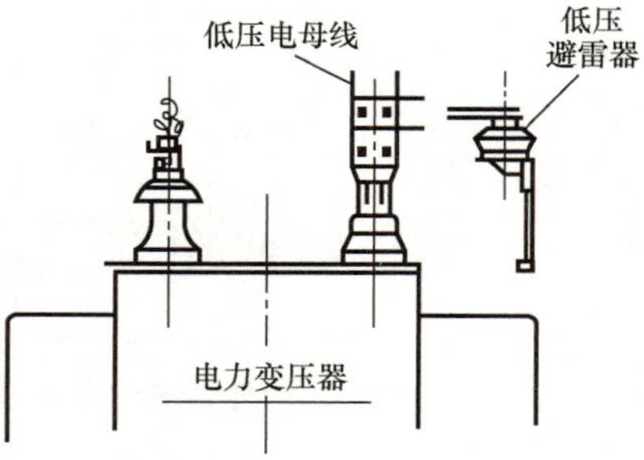

图 3-6　低压避雷器在变压器上安装

（7）零序电流互感器在变压器上安装　如图 3-7 所示，零序电流互感器一端安装在低压母线瓷柱上，另一端接至低压中性母线。钢板支架开孔数量、位置、尺寸在安装时应根据变压器盖上的螺栓孔决定。

（8）高压开关柜在地坪上安装　如图 3-8 所示，钢底板在土建施工时预先埋入，安装时先将底槽钢（ L 8）与钢底板焊接，底槽钢表面应保持平整，然后将高压开关柜与底座槽钢焊接的扁钢用螺栓固定。

3.1.2　电机及电气控制设备

1. 电机

电机是发电机和电动机的统称，建设工程中所称的电机是指电动机。电机种类较多，按照所供电源不同可分为直流电机和交流电机两类。

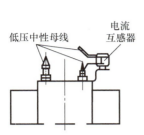

图 3-7　零序电流互感器在变压器上安装

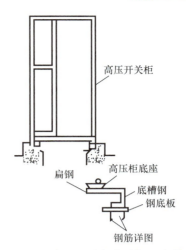

图 3-8　高压开关柜在地坪上安装

直流电机主要用于调速要求较高或需要较大启动转矩的生产机械上。交流电机用途广泛，按照所供电源不同分为单相电机和三相电机。

同步电机主要用于拖动功率较大或转速恒定的机械上。异步电机按其构造又分为笼型和绕线转子型两种。

按照规范的要求，电机安装后必须进行检查，测试绝缘，如绝缘较低或不合格，电机必须进行干燥。电机安装包括在设备安装中，这里仅指电机检查接线。

2. 电气控制设备

电气控制是指安装在控制室、车间的动力配电控制设备。电气控制设备主要是低压盘（屏）、柜、箱的安装，以及各式开关、低压电气器具、盘柜、配线、接线端子等动力和照明工程常用的控制设备与低压电器的安装。

其中配电箱（盘）根据用途不同可分为电力配电箱（盘）和照明配电箱（盘）两种；根据安装方式可分为明装（悬挂式）和暗装（嵌入式），以及半明半暗装等；根据制作材质可分为铁制、木制及塑料制品，现场运用较多的是铁制配电箱。

配电箱（盘）按产品划分有定型产品（标准配电箱、盘）、非定型成套配电箱（非标准配电箱、盘）及现场制作组装的配电箱（盘）。标准配电箱（盘）是由工厂成套生产组装的；非标准配电箱（盘）是根据设计或实际需要订制或自行制作。如果设计为非标准配电箱（盘），一般需要用设计的配电系统图到工厂加工定做。

（1）电力配电箱　电力配电箱过去称为动力配电箱，在新编制的各种国家标准和规范中，统一称为电力配电箱。

（2）照明配电箱　照明配电箱适用于工业及民用建筑在交流 50Hz、额定电压 500V 以下的照明和小动力控制回路中，作线路的过载、短路保护以及线路的正常转换之用。

由于国家只对照明配电箱用统一的技术标准进行审查和鉴定，而不做统一设计，且国内生产厂家繁多，故规格、型号很多。选用标准照明配电箱时，应查阅有关的产品目录和电气设计手册等书籍。

3.1.3 电缆

电缆按绝缘可分为纸绝缘电缆、塑料绝缘电缆和橡皮绝缘电缆；按导电材料可分为铜芯电缆、铝芯电缆、铁芯电缆；按敷设方式可分为直埋电缆、不可直埋电缆；按用途可分为电力电缆、控制电缆和通信电缆；按电压等级可分为 500V、1kV、6kV、10kV，最高电压可达到 110kV、220kV、330kV 等。

只有钢带铠装麻被电缆或塑料外皮内钢带电缆才能直接埋在地中。低压电缆不可代替高压电缆；高压电缆代替低压电缆是不经济的，所以也不采用。有时施工现场将不合格的高压电缆代替低压电缆，这时须相应减少允许通过的电流。

电缆型号表示如下：

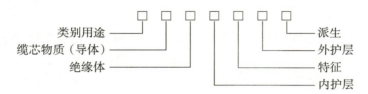

常用电缆型号各部分的代号及含义见表 3-1。

表 3-1　常用电缆型号各部分的代号及含义

类别用途	绝缘体	内护层	特　征	外护层	派　生
N—农用电缆	V—聚氯乙烯	H—橡皮	CY—充油	0—相应的裸外护层	1—第一种
V—塑料电缆	X—橡皮	HF—非燃	D—不滴流	1——级防腐	2—第二种
X—橡皮绝缘电缆	XD—丁基橡皮	L—铝包	F—分相互套	1—麻被护套	110—110kV
YJ—交联聚氯乙烯塑料电缆	Y—聚乙烯塑料	Q—铅包	P—贫油、干绝缘	2—二级防腐	120—120kV
Z—纸绝缘电缆		Y—塑料护套	P—屏蔽	2—钢带铠装麻被	150—150kV
G—高压电缆			Z—直流	3—单层细钢丝铠装麻被	03—拉断力 0.3t
K—控制电缆			C—滤尘器用	4—双层细钢丝麻被	1—拉断力 1t
P—信号电缆			C—重型	5—单层粗钢丝麻被	TH—湿热带
V—矿用电缆			D—电子显微镜	6—双层粗钢丝麻被	
VC—采掘机用电缆			G—高压	9—内铠装	
VZ—电钻电缆			H—电焊机用	29—内钢带铠装	

（续）

类别用途	绝缘体	内护层	特　征	外护层	派　生
VN—泥炭工业用电缆			J—交流	20—裸钢带铠装	
W—地球物理工作用电缆			Z—直流	30—细钢丝铠装	
WB—油泵电缆			CQ—充气	22—铠装加固电缆	
WC—海上探测电缆			YQ—压气	25—粗钢丝铠装	
WE—野外探测电缆			YY—压油	11—一级防腐	
X-D—单焦点 X 光电缆				12—钢带铠装一级防腐	
X-E—双焦点 X 光电缆				120—钢带铠装一级防腐	
H—电子轰击炉用电缆				13—细钢丝铠装一级防腐	
J—静电喷漆用电缆				15—细钢丝铠装一级防腐	
Y—移动电缆				130—裸细钢丝铠装一级防腐	
SY—摄影等用电缆				23—细钢丝铠装二级防腐	
				59—内粗钢丝铠装	

注：导体有 L（铝）、T（铜），其余略。

下面简单介绍电力电缆和控制电缆。电力电缆是用来输送和分配大功率电能的。根据电压等级高低，所采用绝缘材料和外护层或铠装不同，电力电缆有多种系列产品。如 VLV 系列、VV 系列聚氯乙烯绝缘聚氯乙烯护套电力电缆，YJLV 系列、YJV 系列交联聚氯乙烯绝缘聚氯乙烯护套电力电缆，ZLQ 系列、ZQ 系列油浸纸绝缘电力电缆，ZLL 系列、ZL 系列油浸纸绝缘铝包电力电缆。电力电缆多数是铝芯的。

由于聚氯乙烯绝缘电力电缆的生产工艺和施工工艺要比油浸纸绝缘电力电缆简单，且没有铅包或铝包，所以目前多采用聚氯乙烯绝缘电力电缆。

控制电缆是供交流 500V 或直流 1000V 及以下配电装置中传递操作电流、连接电气仪表、继电保护和控制自动回路用的；也可用来连接电路信号，作为信号电缆用。

由于电缆具有绝缘性能好，耐拉、耐压，敷设及维护方便，占用位置小等优点，所以在厂内的动力、照明、控制、通信等多采用电缆。电缆的敷设方式一般采取埋地敷设、沿支架敷设、穿保护管敷设、桥架上敷设等多种。

电缆敷设方法有以下几种：

1. 电缆埋地敷设

将电缆直接埋设在地下的敷设方法称为埋地敷设。埋地敷设的电缆必须使用铠装及防腐层保护的电缆，裸装电缆不允许埋地敷设。一般电缆沟深度不超过 0.9m，埋地敷设还需要铺砂及在上面盖砖或保护板。

2. 电缆沿支架敷设

电缆沿支架敷设一般在车间、厂房和电缆沟内，在安装的支架上用卡子将电缆固定。

电力电缆支架之间的水平距离为 1m，控制电缆为 0.8m。电力电缆和控制电缆一般可以同沟敷设，电缆垂直敷设一般为卡设，电力电缆卡距为 1.5m，控制电缆为 1.8m。

3. 电缆穿保护管敷设

将保护管预先敷设好，再将电缆穿入管内，管道内径不应小于电缆外径的 1.5 倍。一般用钢管作为保护管。单芯电缆不允许穿钢管敷设。

4. 电缆桥架上敷设

电缆桥架是架设电缆的一种构架，通过电缆桥架把电缆从配电室或控制室送到用电设备。

电缆桥架的优点是制作工厂化、系列化，质量容易控制，安装方便，安装后的电缆桥架及支架整齐美观。

电缆桥架由托盘、梯架的直线段、弯通、附件以及支吊架等构成，是用以支承电缆的连续性刚性结构系统的总称。

3.1.4　配管、配线

1. 配管、配线简介

配管、配线是指由配电箱接到用电器具的供电和控制线路的安装，分明配和暗配两种。导线沿墙壁、天花板、梁、柱等明敷，称为明配线；导线在天棚内，用瓷夹或瓷瓶配线，称为暗配线。明配管是指将管子固定在墙壁、天花板、梁、柱、钢结构、支架上；暗配管是指配合土建施工，将管子预埋在墙壁、楼板或天棚内。

根据线路用途和用电安全的要求，配线工程常用的敷设方式有瓷夹板配线、塑料夹板配线、瓷珠配线、瓷瓶配线、针式绝缘子配线、塑料槽板配线等。配管工程分为沿砖或混凝土结构明配、沿砖或混凝土结构暗配、钢结构支架配管、钢索配管等。

绝缘导线有聚氯乙烯塑料绝缘电线、橡胶绝缘电线等。其中各种绝缘电线又分为铜芯和铝芯。常用绝缘电线的型号、品种见表 3-2。

表 3-2　常用绝缘电线的型号、品种

类　别	型　号	名　称
聚氯乙烯塑料绝缘电线	BV	铜芯聚氯乙烯塑料绝缘电线
	BLV	铝芯聚氯乙烯塑料绝缘电线
	BVV	铜芯聚氯乙烯塑料绝缘护套电缆
	BLVV	铝芯聚氯乙烯塑料绝缘护套电缆
	BVR	铜芯聚氯乙烯塑料绝缘软线
	BLVR	铝芯聚氯乙烯塑料绝缘软线
	RVB	铜芯聚氯乙烯塑料绝缘平行软线
	RVS	铜芯聚氯乙烯塑料绝缘绞形软线
	RVV	铜芯聚氯乙烯塑料绝缘护套软线

（续）

类　　别	型　　号	名　　称
橡胶绝缘电线	BX	铜芯橡皮电线
	BLX	铝芯橡皮电线
	BBX	铜芯玻璃丝织橡皮电线
	BBLX	铝芯玻璃丝织橡皮电线
	BXR	铜芯橡皮软线
	BXS	棉纱织双绞软线

各种配管管材有电线管、钢管、硬塑料管、半硬塑料管及金属软管等。钢管多用于动力线路或底层地墙内暗配管。电线管多用于照明配线。塑料管由于价格低，施工方便，近年来已在照明配线上广泛采用。重型硬塑料管多在化工厂有防腐蚀要求的场所使用。

2. 配管、配线安装方法及要求

（1）钢管、电线管敷设　管路敷设部位、结构不同，施工方法也有所不同。

沿建筑物表面敷设时，就要预埋或砌筑木砖，利用管卡子把管子固定在木砖上；也可在结构内预埋铁件，把支架焊在预埋件上，把管卡子固定在支架上；支架的安装，有条件时也可采用胀管螺栓或射钉，也可采取砌筑。沿混凝土预制梁明敷时，需采用特制的吊卡，把管路吊卡在钢索上。

管路暗敷在墙体内，也有不同的施工做法。砖墙暗敷设时，如果是清水墙，必须在砌砖时，把管路预埋在墙内；如果是混水墙，应尽量配合土建施工，将管砌入墙内，也可以剔槽埋设。在现浇混凝土墙内暗敷时，应在土建钢筋绑扎好后，将管路和接线盒固定在钢筋上；在现浇混凝土楼板内暗敷时，应在土建模板支好后，进行配管和安装接线盒；在吊顶内配管，按照明配管的做法，把管路和接线盒固定在龙骨上或支架上。

（2）硬塑料管敷设　硬塑料管允许采用明配和暗配，施工方法大致与钢管、电线管相同。《建筑电气工程施工质量验收规范》（GB 50303—2015）规定，硬塑料管不得在高温和容易受机械损伤的场所敷设。暗敷时应预埋在砖墙内，如砖墙剔槽敷设时，必须用不小于M10 水泥砂浆抹面保护，厚度不应小于 15mm。

（3）半硬塑料管敷设　流体管、阻燃管等都属于半硬塑料管。规范规定半硬塑料管只适用于民用建筑的照明工程暗敷，不得在高温场所和天棚内敷设。目前，半硬塑料管在一般宿舍楼、学校、商店、办公楼等的暗配照明管路中已经大量采用；同时，也应用于电话管路、电视天线管路和广播管路。

施工方法：砖墙内敷设，宜在砌砖时预埋管路和接线盒。现浇混凝土墙内敷设时，把管路绑扎在钢筋上。接线盒的安装方法不一，有的采用特制的钢筋或扁钢卡架固定好盒子，把卡架焊在墙体钢筋网上；有的把盒子用螺栓固定在钢模板上。现浇混凝土楼板配管时，要把管路绑扎在钢筋上。

（4）管内穿线　管内穿线的规范要求主要有：绝缘导线的额定电压不应低于500V；不同回路、不同电压的交流与直流导线，不得穿入同一根管内；导线在管内不得有接头和扭结；管内导线总面积不应超过管子截面面积的 40% 等。

（5）夹板配线　夹板分磁夹板和塑料夹板，固定方式分螺钉固定和黏结固定。线路交叉时，要在靠建筑物表面处加套绝缘管，导线穿墙时应预先下好绝缘套管。

（6）钢索配线　钢索配线应用于生产车间、锅炉房、试验室等室内较高的建筑物内的照明配线。钢索可根据跨度和承重采用圆钢或钢绞线。规范规定，跨度在 50m 以下时，可在一端装花篮螺栓；超过 50m 时，两端均应装花篮螺栓。

3.1.5　照明器具

1. 照明常识

（1）照明按系统分类

1）一般照明：供整个场所需要的照明。

2）局部照明：仅供某一局部工作地点的照明。

3）混合照明：一般照明与局部照明混合使用的照明。

（2）按照明的种类分类

1）工作照明：在正常情况下，保证应有明视条件的照明。

2）事故照明：在工作照明发生故障熄灭时保证明视条件，可供工作人员暂时继续工作及安全疏散的照明。它常用在重要的车间或场所。

（3）照明按电光源分类

1）热辐射光源：如白炽灯、卤素灯。

2）气体放电光源：如日光灯、紫外线杀菌灯、高压钠灯等。

（4）按灯具的结构形式分类

1）开敞式照明灯具：无封闭灯罩的灯具。

2）封闭式但非密封的照明灯具：有封闭灯罩，但其内外能自由出入空气的灯具。

3）完全封闭式照明灯具：空气较难进入灯罩内的灯具。

4）密闭式照明灯具：空气不能进入灯罩内的灯具。

5）防爆式照明灯具：密闭良好，能隔爆，并有坚固的金属罩加以保护的灯具。

（5）照明灯具按其安装方式分类　可分为吸顶灯、壁灯、吊灯等。吊灯又分为软线吊灯、链吊灯和管吊灯等。

灯具的类型代号、光源代号见表 3-3 和表 3-4。

表 3-3　灯具类型代号

普通吊灯	壁灯	花灯	吸顶灯	柱灯	卤钨控制灯	防水防尘灯	隔膜灯	投光灯	工厂一般灯具	剧场及摄影灯	信号标志灯
P	B	H	D	Z	L	F	按专业符号	T	G	W	X

表 3-4　灯具光源代号

白炽	荧光	氖	汞	钠	红外线	紫外线
IN	FL	Ne	Hg	Na	IR	UV

常用灯具型号编制及安装方式代号表示如下：

（6）按采用的电压分类 照明装置采用的电压有 220V 和 36V 两种。照明装置一般采用的电压为 220V。在特殊情况下，如地下室、汽车修理处、特别潮湿的地方可用安全照明电压 36V。

2. 照明灯具的安装方法与要求

（1）吊线灯 吊线灯是用电线吊装灯头，即从吊盒引出导线直接与灯头连接，导线起传导电流的作用，又起承受吊装灯头的作用。

（2）吊链灯 若灯头与灯罩比较重的灯具采用链子来吊，其引线则从吊盒引出传入链子从而接到灯头。但吊盒必须牢靠地固定在天棚上，链子必须结实，否则难以承受灯具质量。

（3）吸顶灯 吸顶灯分圆球吸顶灯、半圆球吸顶灯、方形吸顶灯等。安装时先将木台安装在天棚板上，再在木台上装设灯头，外面安上玻璃圆球、半圆球或方形罩。

（4）壁灯 壁灯也称为墙壁灯，大多数用于暗管配线，接线盒安装在墙内，灯支架固定在线盒上，多用于会议室、影剧院墙壁上或大门两旁。

（5）马路弯灯 马路弯灯安装在支架上，多用于电杆上或墙上。

（6）吊管灯 吊管灯用钢管代替吊链，多用于车间内部。

（7）吸顶日光灯 将组装成套的日光灯直接安装在天棚板上或嵌入天棚板内。

（8）吊链或吊管日光灯 将组装成套的日光灯用吊链或吊管固定在天棚板上或楼板上。

3.2 电气设备工程施工图的组成与识图

3.2.1 电气设备工程施工图的组成

电气设备工程施工图按照工程性质分类，可分为变配电工程施工图、动力工程施工图、照明工程施工图、防雷接地工程施工图等。

电气设备工程施工图按施工图的表现内容分类，可分为基本图和详图两大类。各自包括的内容如下：

1. 基本图

电气设备工程施工图基本图包括图纸目录、设计说明、设备材料表、系统图、电气平面图、立（剖）面图、控制原理图等。

（1）设计说明 在电气设备工程施工图中，设计说明一般包括供电方式、电压等级、主要线路敷设形式及在图中未能表达的各种电气安装高度、工程主要技术数据、施工和验收要求以及有关事项等。

设计说明根据工程规模及需要说明的内容多少，有的可单独编制说明书，有的因内容简短，可写在图纸的空余处。

（2）设备材料表 设备材料表列出该项工程所需的各种主要设备、管材、导线等器材的名称、型号、规模、材质、数量，供订货、采购设备和材料时使用。设备材料表上所列主要材料的数量，由于与工程量的计算方法和要求不同，不能用于工程量编制预算，只能作为参考数量。

（3）系统图　系统图是根据用电量和配电方式绘制的。系统图是示意性地把整个工程的供电线路用单线连接方式表示的线路图，不表示空间位置关系。通过识读系统图可以了解以下内容：整个变、配电所的连接方式，从主干线到各分支回路分几级控制，有多少个分支回路；主要变电设备、配电设备的名称、型号、规格及数量；主干线路的敷设方式、型号、规格。

（4）电气平面图　电气平面图一般分为变配电平面图、动力平面图、照明平面图等；在高层建筑中还有标准层平面图、干线布置图等。电气平面图的特点是将同一层内不同安装高度的电气设备及线路都放在同一平面表示。

通过电气平面图的识读，可以了解以下内容：建筑物的平面布置、轴线分布、尺寸及图样比例；各种变、配电设备的编号、名称，各种用电设备的名称、型号以及它们在平面图上的位置；各种配电线路的起点和终点、敷设方式、型号、规格、根数，以及在建筑物中的走向、平面和垂直位置。

（5）控制原理图　控制电器是指对用电设备进行控制和保护的电气设备。控制原理图是根据控制电器的工作原理，按规定的线路和图形符号绘制成的电路展开图，一般不表示各电气元件的控制位置。控制原理图不是每套图纸都有，只有当工程需要时才绘制。

2. 详图

电气工程详图是指盘、柜的盘面布置图和某些电气部件的安装详图。详图的特点是对安装部件的各部位都注有详细尺寸，一般在没有标准图可选用并有特殊要求的情况下才绘制。

标准图是一种具有通用性质的详图，表示一组设备或部件的具体图形和详细尺寸，便于制作安装。但是，它一般不能作为单独进行施工的施工图，而只能作为某些施工图的一个组成部分。

3.2.2　电气设备工程施工图的识图

1. 识图特点

电气设备工程施工图主要是一些系统图、原理图和接线图。因为系统图、原理图和接线图都是用各种图例符号绘制的示意性图样，不表示平面与立体的实际情况，只表示各种电气设备、部件之间的连接关系。识读电气施工图必须按以下要求进行：

1）熟悉各种电气设备的图例符号。在此基础上，才能按施工图主要设备材料表中所列各项设备及主要材料分别研究其在施工图中的安装位置，以便对总体情况有一个概括了解。

2）对于控制原理图，要搞清主电路和辅助电路的相互关系和控制原理及作用。控制回路和保护回路是为主电路服务的，起对主电路的启动、停止、制动、保护等作用。

3）对于每一回路的识读应从电源端开始，顺电源线识读，依次通过每一电气元件时，都要弄清楚它们的动作及变化，以及由于这些变化可能造成的连锁反应。

4）仅仅掌握电气制图规则及各种电气图例符号，对于理解电气施工图是远远不够的，必须具备有关电气的一般原理知识和电气施工图技术，才能真正达到看懂电气施工图的目的。电气常用图例符号见附录。

2. 识图方法

电气施工平面图是编制预算时计算工程量的主要依据。因为它比较全面地反映了工程的基本状况。电气工程所安装的电气设备、元件的种类、数量、安装位置，管线的敷设方式、走向、材质、型号、规格、数量等都可以在识读平面图过程中计算出来。为了在比较复杂的平面布置中搞清楚系统电气设备、元件间的连接关系，进而识读高、低压配电系统图，在理清电源的进出、分配情况以后，重点对控制原理图进行识读，就可以对电气施工图有进一步的理解。

一般电气施工图少则数十张，多则上百张，虽然每张图都从不同方面反映了设计意图，但是对于编制预算而言，并不是都要用。预算人员识读电气施工图应该有所侧重。平面图和立面图是编制预算最主要的图，应重点识读。识读平面图、立面图的主要目的，在于能够准确计算工程量，为正确编制预算打好基础。但是识读平面图、立面图还要结合其他相关图相互对照识读，有利于加深对平面图、立面图的正确理解。

在识读平面图、立面图后，应该明确以下内容：

1）对整个单位工程所选用的各种电气设备的数量及其作用有全面的了解。

2）对采用的电压等级，高、低压电源进出回路及电力的具体分配情况有清楚的概念。

3）对电力拖动、控制及保护原理有大致的了解。

4）各种类型的电缆、管道、导线的根数、长度、起始位置、敷设方式有详细的了解。

5）对需要制作加工的非标准设备及非标准件的品种、规格、型号、数量等有精确的统计。

6）对需要进行调试、试验的设备系统，结合定额规定及项目划分，要有明确的数量概念。

7）对防雷、接地装置的布置，材料的品种、规格、型号、数量要有清楚的了解。

8）对设计说明中的技术标准、施工要求以及与编制预算有关的各种数据，都已经掌握。

电气工程识图，仅仅停留在图面上是不够的，还必须与以下几方面结合起来，才能把施工图吃透、算准。

1）在识图的全过程中要和熟悉预算定额结合起来。要把预算定额中的项目划分、包含工序、工程量的计算方法、计量单位等与施工图有机结合起来。

2）要识读透施工图，还必须进行认真、细致的调查工作。要深入现场，了解实际情况，把在图面上表示不出的情况弄清楚。

3）识读施工图要结合有关的技术资料，如有关的规范、标准、通用图集以及施工组织设计、施工方案等，这样有利于弥补施工图中的不足之处。

4）要学习和掌握必要的电气技术基础知识和积累现场施工的实践经验。

3. 案例识图

该工程为某市饮食公司投资的一般饭食营业厅，其电力及照明工程：因食品加工及应用的电热水器，由临街电杆架空引入 380V 电源，作为电力和照明用；进户线采用 BX 型；室内一律用 BV 型线穿 PVC 管暗敷；配电箱 4 台（M0、M1、M2、M3）均为工厂成品，一律暗装，箱底边距地 1.5m；插座暗装距地 1.3m；拉线开关暗装距天棚 0.3m；跷板开头暗装距地 1.4m；配电箱可靠接地保护。一层、二层电气平面布置图分别如图 3-9、图 3-10 所示，电气系统图如图 3-11 所示，工程剖面图如图 3-12 所示。

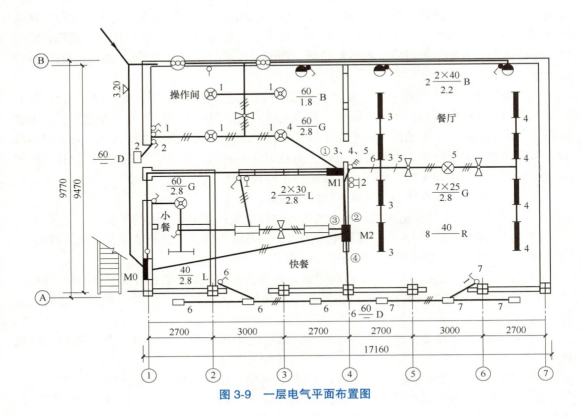

图 3-9　一层电气平面布置图

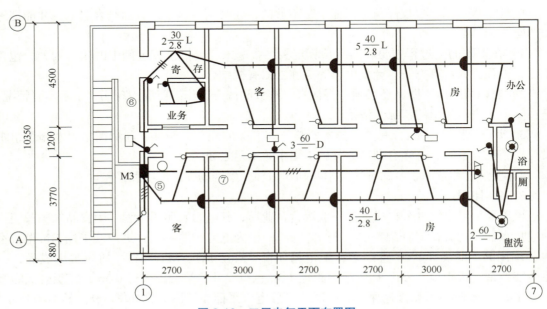

图 3-10　二层电气平面布置图

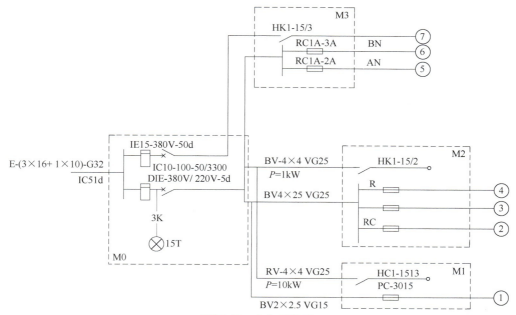

图 3-11　电气系统图

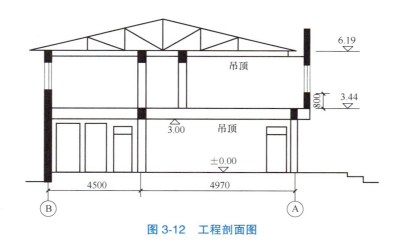

图 3-12　工程剖面图

3.3　电气设备安装工程工程量计算与定额应用

3.3.1　电气设备安装工程工程量计算

1. 变配电设备

（1）变压器安装工程量计算

1）变压器、消弧线圈的安装。

① 变压器安装、消弧线圈安装及绝缘油过滤均按 10kV 考虑，10kV 以上电压等级的有关项目可按专业部委定额执行。

② 变压器、消弧线圈、组合型成套箱式变电站安装，按不同容量及结构性能以"台"为计量单位。

③ 干式变压器如果带有保护罩，其定额人工和机械乘以系数 1.1。

④ 其他变压器执行定额的问题：

a. 自耦式变压器、带负荷调压变压器安装执行相应油浸电力变压器安装定额。

b. 电炉变压器安装按同容量电力变压器定额乘以系数 1.6。

c. 整流变压器安装按同容量电力变压器定额乘以系数 1.2。

⑤ 组合型成套箱式变电站：组合式成套箱式变电站主要是指电压等级小于或等于 10kV 的箱式变电站。定额是按照通用布置方式编制的，即变压器布置在箱中间，箱一端布置高压开关，箱另一端布置低压开关，内装 6~24 台低压配电箱（屏）。执行定额时，不因布置形式而调整。在结构上采用高压开关柜、低压开关柜、变压器组成方式的箱式变压器称为欧式变压器；在结构上将负荷开关、环网开关、熔断器等结构简化放入变压器油箱中且变压器取消油枕方式的箱式变压器称为美式变压器。

⑥ 变压器的器身检查：4000kV·A 以下是按吊芯检查考虑的，4000kV·A 以上是按吊钟罩考虑的，如果 4000kV·A 以上的变压器需吊芯检查，定额中机械乘以系数 2.0。

⑦ 绝缘油是按照设备供货考虑的。

⑧ 非晶合金变压器安装根据容量执行相应的油浸变压器安装定额。

⑨ 单体调试包括熟悉图样及相关资料、核对设备、填写试验记录、整理试验报告等工作内容。

a. 变压器单体调试内容包括测量绝缘电阻、直流电阻、极性组别、电压变比、交流耐压及空载电流和空载损耗、阻抗电压和负载损耗，试验包括变压器绝缘油取样、简化试验、绝缘强度试验。

b. 消弧线圈单体调试包括测量绝缘电阻、直流电阻和交流耐压试验；包括油浸式消弧线圈绝缘油取样、简化试验、绝缘强度试验。

2）变压器油过滤。

① 变压器油是按设备带有考虑的，定额内已包括了施工中变压器油的过滤损耗及操作损耗。变压器的油过滤定额是按几种过滤方式综合考虑的，因此，不计过滤次数，直至过滤合格为止。变压器安装过程中放油、注油、油过滤所使用的油罐，已摊入油过滤定额中。

② 变压器油、断路器及其他充油设备的绝缘油过滤以"t"为计量单位，工程量可按设备铭牌的充油量计算。计算公式：

$$油过滤数量 = 设备油重$$

3）变压器安装相关注意问题。

变压器安装定额包括放油、注油、油过滤所需的临时油罐等设施摊销费，不包括变压器防振措施安装，端子箱与控制箱的制作与安装，变压器干燥、二次喷漆、变压器铁梯及母线铁构件的制作与安装。工程实际发生时，执行相关定额。

（2）配电装置安装工程量计算　10kV 以下变配电装置，有架空进线和电缆进线等安装方式，变配电装置进线方式不同、控制设备不同，工程量列项内容也不同。总之，均从进户装置开始进行工程量的计算。变配电装置进线及设备如图 3-13 所示。

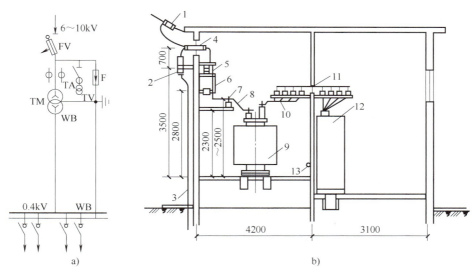

图 3-13　变配电装置进线及设备

a）变配电装置系统图　b）架空进线变配电装置

1—高压架空引入线拉紧装置　2—避雷器　3—避雷器接地引下线　4—高压穿通板及穿墙套管
5—负荷开关 QL、或断路器 QF、或隔离开关 QS、均带操动机构　6—高压熔断器　7—高压支
柱绝缘子及钢支架　8—高压母线 WB　9—电力变压器 TM　10—低压母线 WB 及电车绝缘子
和钢支架　11—低压穿通板　12—低压配电箱（屏）AP、AL　13—室内接地母线

本章内容包括：断路器、隔离开关、负荷开关、互感器、熔断器、避雷器、电抗器、电容器、交流滤波装置组架（TJL 系列）、开闭所成套配电装置、成套配电柜、成套配电箱、组合式成套箱式变电站、配电智能设备安装及单体调试等内容。

1）有关说明。

① 设备所需的绝缘油、六氟化硫气体、液压油等均按照设备供货编制。设备本体以外的加压设备和附属管道的安装，应执行相应定额另行计算。

② 设备安装定额不包括端子箱安装、控制箱安装、设备支架制作及安装、绝缘油过滤、电抗器干燥、基础槽（角）钢安装、配电设备的端子板外部接线预理地脚螺栓、二次灌浆。

③ 配电智能设备安装调试定额不包括光缆敷设、设备电源电缆（线）的敷设、配线架跳线的安装、焊（绕、卡）接与钻孔等；不包括系统试运行、电源系统安装测试、通信测试、软件生产和系统组态以及因设备质量问题而进行的修配改工作；应执行相应的定额另行计算费用。

④ 干式电抗器安装定额适用于混凝土电抗器、铁芯干式电抗器和空心电抗器等干式电抗器安装。定额是按照三相叠放、三相平放和二叠一平放的安装方式综合考虑的，工程实际与其不同时，执行定额不做调整。励磁变压器安装根据容量及冷却方式执行相应的变压器安装定额。

⑤ 交流滤波装置安装定额不包括铜母线安装。

⑥ 开闭所（开关站）成套配电装置安装定额综合考虑了开关的不同容量与形式，执行定额时不做调整。

⑦ 高压成套配电柜安装定额综合考虑了不同容量，执行定额时不做调整。定额中不包

括母线配制及设备干燥。

⑧ 低压成套配电柜安装定额综合考虑了不同容量、不同回路，执行定额时不做调整。

⑨ 组合式成套箱式变电站参见前文（1）变压器安装工程量计算相应内容。

⑩ 成套配电柜和箱式变电站安装不包括基础槽（角）钢安装；成套配电柜安装不包括母线及引下线的配制与安装。

⑪ 配电设备基础槽（角）钢、支架、抱箍、延长环、套管、间隔板等安装，执行《电气设备安装工程》第七章"金属构件、穿墙套板安装工程"相关定额。

⑫ 成品配套空箱体安装执行相应的"成套配电箱"安装定额乘以系数 0.5。

⑬ 开闭所配电采集器安装定额是按照分散分布式编制的，若实际采用集中组屏形式，执行分散式定额乘以系数 0.9；若为集中式配电终端安装，可执行环网柜配电采集器定额乘以系数 1.2；单独安装屏可执行相关定额。

⑭ 环网柜配电采集器安装定额是按照集中式配电终端编制的，若实际采用分散式配电终端，执行开闭所配电采集器定额乘以系数 0.85。

⑮ 对应用综合自动化系统新技术的开闭所，其测控系统单体调试可执行开闭所配电采集器调试定额乘以系数 0.8。其常规微机保护调试已经包含在断路器系统调试中。

⑯ 配电智能设备单体调试定额中只考虑三遥（遥控、遥信、遥测）功能调试，若实际工程增加遥调功能，执行相应定额乘以系数 1.2。

⑰ 电能表集中采集系统安装调试定额，包括基准表安装调试、抄表采集系统安装调试。定额不包括箱体及固定支架安装、端子板与汇线槽及电气设备元件安装、通信线及保护管敷设、设备电源安装测试、通信测试等。

⑱ 环网柜安装根据进出线回路数量执行"开闭所成套配电装置安装"相关定额。环网柜进出线回路数量与开闭所成套配电装置间隔数量对应。

⑲ 变频柜安装执行"可控硅柜安装"相关定额；软启动柜安装执行"保护屏安装"相关定额。

2）工程量的计算。

① 断路器、电流互感器、电压互感器、油浸电抗器、电力电容器的安装，根据设备容量或质量，按照设计安装数量以"台"或"个"为计量单位。

② 隔离开关、负荷开关、熔断器、避雷器、干式电抗器的安装，根据设备质量或容量，按照设计安装数量以"组"为计量单位，每三相为一组。

③ 并联补偿电抗器组架安装根据设备布置形式，按照设计安装数量以"台"为计量单位。

④ 交流滤波器装置组架安装根据设备功能，按照设计安装数量以"台"为计量单位。

⑤ 成套配电柜安装，根据设备功能，按照设计安装数量以"台"为计量单位。

⑥ 成套配电箱安装，根据箱体半周长，按照设计安装数量以"台"为计量单位。

⑦ 箱式变电站安装，根据引进技术特征及设备容量，按照设计安装数量以"座"为计量单位。

⑧ 变压器配电采集器、柱上变压器配电采集器、环网柜配电采集器调试根据系统布置，按照设计装变压器或环网柜数量，以"台"为计量单位。

⑨ 开闭所配电采集器调试根据系统布置，以"间隔"为计量单位，一台断路器计算一

个间隔。

⑩ 电压监控切换装置安装、调试，根据系统布置，按照设计安装数量以"台"为计量单位。

⑪ 定位系统时钟安装、调试，根据系统布置，按照设计安装数量以"套"为计量单位。天线系统不单独计算工程量。

⑫ 配电自动化子站、主站系统设备调试根据管理需求，以"系统"为计量单位。

⑬ 电度表、中间继电器安装调试，根据系统布置，按照设计安装数量以"台"为计量单位。

⑭ 电表采集器、数据集中器安装调试根据系统布置，按照设计安装数量以"台"为计量单位。

⑮ 各类服务器、工作站安装根据系统布置，按照设计安装数量以"台"为计量单位。

（3）绝缘子、母线安装工程量计算　本章内容包括：绝缘子、穿墙套管、软母线、矩形母线、槽形母线、管形母线、封闭母线、低压封闭式插接母线槽、重型母线等的安装。

1）有关说明。

① 定额不包括支架、铁构件的制作与安装，工程实际发生时，执行《电气设备安装工程》第七章"金属构件、穿墙套板安装工程"相关定额。

② 组合软母线安装定额不包括两端铁构件制作与安装及支持瓷瓶、矩形母线的安装，工程实际发生时，应执行相关定额。安装的跨距是按照标准跨距综合编制的，如实际安装跨距与定额不符，执行定额时不做调整。

③ 软母线安装定额是按照单串绝缘子编制的，如设计为双串绝缘子，其定额人工乘以系数 1.14。耐张绝缘子串的安装与调整已包含在软母线安装定额内。

④ 软母线引下线、跳线、经终端耐张线夹引下（不经过 T 形线夹或并沟线夹引下）与设备连接的部分应按照导线截面分别执行定额。软母线跳线安装定额综合考虑了耐张线夹的连接方式，执行定额时不做调整。

⑤ 矩形钢母线安装执行铜母线安装定额。

⑥ 矩形母线伸缩节头和铜过渡板安装定额是按照成品安装编制的，定额不包括加工配制及主材费。

⑦ 矩形母线、槽形母线安装定额不包括支持瓷瓶安装和钢构件配置安装，工程实际发生时，执行相关定额。

⑧ 高压共箱母线和低压封闭式插接母线槽安装定额是按照成品安装编制的，定额不包括加工配制及主材费；包括接地安装及材料费。

2）母线安装工程量。

① 软母线的安装。软母线安装是指直接由耐张绝缘子串悬挂安装，根据母线形式和截面面积或根数，按照设计布置以"跨 / 三相"为计量单位。

② 软母线的引下线、跳线、设备连接线。

a. 软母线引下线是指由 T 形线夹或并沟线夹从软母线引向设备的连线，其安装根据导线截面面积按照设计布置以"组 / 三相"为计量单位。

b. 两跨软母线间的跳线、引下线安装，根据工艺布置，按照设计图示安装数量以"组 / 三相"为计量单位。

c. 设备连接线是指两设备间的连线。其安装根据工艺布置和导线截面面积，按照设计图示安装数量以"组/三相"为计量单位。

d. 软母线不论引下线、跳线、设备连接线，定额已对这三种连线方式进行了综合考虑，均以按导线截面、三相为一组计算工程量。

e. 软母线安装预留长度按照设计规定计算，设计无规定时按表 3-5 计算。

表 3-5　软母线安装预留长度　　　　　　　　　　　（单位：m/ 根）

项　　目	耐张	跳线	引下线、设备连接线
预留长度	2.5	0.8	0.6

③ 矩形与管形母线及引下线、槽形母线、其他母线等安装。

a. 矩形与管形母线及母线引下线安装。

（a）根据母线材质及每相片数、截面面积或直径，按照设计图示安装数量以"m/ 单相"为计量单位。

（b）计算长度时，应考虑母线挠度和连接需要增加的工程量，不计算安装损耗量。

（c）母线和固定母线金具应按照安装数量加损耗量另行计算主材费。

（d）矩形母线伸缩节安装，根据母线材质和伸缩节安装片数，按照设计图示安装数量以"个"为计量单位。

（e）矩形母线过渡板安装，按照设计图示安装数量以"块"为计量单位。

b. 槽形母线安装。

（a）槽形母线安装根据母线根数与规格，按照设计图示安装数量以"m/ 单相"为计量单位。计算长度时，应考虑母线挠度和连接需要增加的工程量，不计算安装损耗量。

（b）槽形母线与设备连接，根据连接的设备与接头数量及槽形母线规格，按照设计连接设备数量以"台"为计量单位。

（c）分相封闭母线安装根据外壳直径及导体截面面积规格，按照设计图示安装轴线长度以"m"为计量单位，不计算安装损耗量。

c. 共箱母线安装。

共箱母线安装根据箱体断面及导体截面面积和每相片数、规格，按照设计图示安装轴线长度以"m"为计量单位，不计算安装损耗量。

d. 低压（电压等级小于或等于 380V）封闭式插接母线槽安装，根据每相电流容量，按照设计图示安装轴线长度以"m"为计量单位；计算长度时，不计算安装损耗量。母线槽及母线槽专用配件按照安装数量计算主材费。分线箱、始端箱安装根据电流容量，按照设计图示安装数量以"台"为计量单位。

④ 重型母线安装。

a. 重型母线安装，根据母线材质及截面面积或用途，按照设计图示安装成品质量以"t"为计量单位。计算质量时，不计算安装损耗量。母线、固定母线金具、绝缘配件应按照安装数量加损耗量另行计算主材费。

b. 重型母线伸缩节制作与安装，根据重型母线截面面积，按照设计图示安装数量以"个"为计量单位。铜带、伸缩节螺栓、垫板等单独计算主材费。

c. 重型母线导板制作与安装，根据材质及极性，根据设计图示安装数量以"束"为计量单位。铜带、导板等单独计算主材费。

d. 重型铝母线接触面加工是指铸造件接触面的加工，根据重型铝母线接触面加工断面，按照实际加工数量以"片/单相"为计量单位。

e. 硬母线配置安装预留长度。硬母线配置安装预留长度按照设计规定计算，设计无规定时按照表 3-6 的规定计算。

表 3-6　硬母线配置安装预留长度　　　　　　　　（单位：m/ 根）

序　号	项　目	预留长度	说　明
1	带形、槽形、母线终端	0.3	从最后一个支持点算起
2	带形、槽形母线与分支线连接	0.5	分支线预留
3	带形、槽形母线与设备连接	0.5	从设备端子接口算起
4	多片重型母线与设备连接	1.0	从设备端子接口算起

3）绝缘子、穿墙套管安装。

① 绝缘子安装。

a. 悬垂绝缘子安装是指垂直或 V 形安装的提挂导线、跳线、引下线、设备连线或设备所用的绝缘子串安装，根据工艺布置，按照设计图示安装数量以"串"为计量单位。V 形串按照两串计算工程量。

b. 支持绝缘子安装根据工艺布置和安装固定孔数，按照设计图示安装数量以"个"为计量单位。

② 穿墙套管安装不分水平、垂直安装，按照设计图示数量以"个"为计量单位。

③ 该定额不包括支架、铁构件的制作、安装，发生时执行本册相应定额。

2. 配电控制、保护、直流装置及金属构件、穿墙套板、低压电器设备等安装工程

本章内容包括：控制与继电及模拟配电屏、控制台、控制箱、端子箱、端子板及端子板外部接线、接线端子、高频开关电源、直流屏（柜）安装等内容。

（1）配电控制、保护、直流装置定额中有关说明

1）设备安装定额包括屏、柜、台、箱设备本体及其辅助设备安装，即标签框、光字牌、信号灯、附加电阻、连接片等。定额不包括支架制作与安装、二次喷漆及喷字、设备干燥、焊（压）接线端子、端子板外部（二次）接线、基础槽（角）钢制作与安装、设备上开孔。

2）接线端子定额只适用于导线，电力电缆终端头制作安装定额中包括压接线端子，控制电缆终端头制作安装定额中包括终端头制作及接线至端子板，不得重复计算。

3）直流屏（柜）不单独计算单体调试，其费用综合在分系统调试中。

（2）配电控制、保护、直流装置等工程量计算规则　主要包括以下内容：

1）控制设备安装根据设备性能和规格，按照设计图示安装数量以"台"为计量单位。

2）端子板外部接线根据设备外部接线图，按照设计图示界限数量以"个"为计量单位。

3）高频开关电源、硅整流柜、可控硅柜安装根据设备电流容量，按照设计图示安装数量以"台"为计量单位。

4）控制开关、控制器、启动器、电阻器、变阻器类安装计算规则。

① 控制开关、熔断器、限位开关、按钮、电笛均区分不同类别，分别以"个"为计量单位套用定额子目。

② 控制器、接触器、启动器等安装，按不同类别分别以"台"为计量单位。

③ 电阻器、变阻器安装，分别以"箱/台"为计量单位计算工程量。

④ 水位电气信号装置安装，区分机械式、电子式、液位式，分别以"套"为计量单位套用定额子目。

5）盘、柜配线安装计算规则。

① 盘、柜配线是指盘、柜内组装电气元件间的连接导线，区分导线截面以"10m"为计量单位计算工程量。盘、柜配线只适用于盘、柜内组装电气元件之间的连配线，不适用于工厂的修、配、改工程。计算工程量时，可按下式计算：

$$L = (B + H)n$$

式中　L——盘、柜配线总长度（m）；

　　　B——盘、柜一边长（m）；

　　　H——盘、柜一边宽（m）；

　　　n——盘、柜配线回路数。

② 盘、箱、柜的外部进出线预留长度按表3-7计算。

表3-7　盘、箱、柜的外部进出线预留长度

序号	项　目	预留长度	说　明
1	各种箱、柜、盘、板、盒	高＋宽	盘面尺寸
2	单独安装的铁壳开关、自动开关、刀开关、启动器、箱式电阻器、变阻器	0.5	从安装对象中心算起
3	继电器、控制开关、信号灯、按钮开关、熔断器等小电器	0.3	从安装对象中心算起
4	分支接头	0.2	分支线预留

6）端子板安装及外部接线端子板安装计算规则。

① 端子箱安装。所谓端子箱，是指箱体内只设有接线端子板，而无开关、熔断器、电能表等器件。端子箱安装应区分户内和户外两种形式，以"台"为计量单位计算工程量，主材费另计。

② 端子板安装及外部接线。端子板安装以"组"为计量单位，安装10个头为一组。端子板外部接线分有端子和无端子两种形式，按照导线截面规格，以"10个"为计量单位套用有关定额子目。各种配电箱、盘安装均未包括端子板的外部接线工作内容，应根据按设备盘、箱、柜、台的外部接线图上端子板的规格、数量，另套"端子板外部接线"定额。

③ 焊接、压接线端子工程量。焊接、压接线端子是指截面 $6mm^2$ 以上多股单芯导线与设备或电源连接时必须加装的接线端子。接线端子按材质分为铜接线端子和铝接线端子，铜接线端子分焊接和压接两种形式，铝接线端子只有压接。工程量计算区分导线材质和导线截面面积，分别以"个"为计量单位。接线端子（俗称接线鼻子）已经包括在定额内，不得另行计算。焊（压）接线端子定额只适用于导线。电缆终端头制作与安装定额中已包括压接线端子，不得重复计算。

（3）金属构件、穿墙套板等安装工程　本章内容包括：金属构件、穿墙板、金属围网、网门的制作与安装等。

1）有关说明。

① 电缆桥架支撑架制作与安装适用于电缆桥架的立柱、托臂现场制作与安装，如果生产厂家成套供货，只计算安装费。

② 铁构件制作与安装定额适用于《电气设备安装工程》范围内除电缆桥架支撑架以外的各种支架、构件的制作与安装。

③ 铁构件制作定额不包括镀锌、镀锡、镀铬、喷塑等其他金属防护费用，工程实际发生时，执行相关定额另行计算。

④ 轻型铁构件是指铁构件的主体结构厚度小于或等于 3mm 的铁构件。单件质量大于 100kg 的铁构件安装执行第三册《静置设备与工艺金属结构制作安装工程》相应项目。

⑤ 穿墙套板制作与安装定额综合考虑了板的规格与安装高度，执行定额时不做调整。定额中不包括电木板、环氧树脂板的主材，应按照安装用量加损耗量另行计算主材费。

⑥ 金属围网、网门制作与安装定额包括网或门的边柱、立柱制作与安装。

⑦ 金属构件制作定额中包括除锈、刷油漆费用。

2）金属构件、穿墙套板工程量计算规则。

① 基础槽钢、角钢制作与安装根据设备布置，按照设计图示安装数量以"m"为计量单位。

② 电缆桥架支撑架、沿墙支架、铁构件的制作与安装，按照设计图示安装成品质量以"t"为计量单位。计算质量时，计算制作螺栓及连接件质量，不计算制作与安装损耗量、焊条质量。

③ 金属箱、盒制作，按照设计图示安装成品质量以"kg"为计量单位。计算质量时，计算制作螺栓及连接件质量，不计算制作损耗量、焊条质量。

④ 穿墙套板制作与安装根据工艺布置和套板材质，按照设计图示安装数量以"块"为计量单位。

⑤ 围网、网门制作与安装根据工艺布置，按照设计图示安装成品数量以"m²"为计量单位。计算面积时，围网长度按照中心线计算，围网高度按照实际高度计算，不计算围网底至地面的高度。

（4）低压电器设备安装工程　本章内容包括：插接式空气开关箱、控制开关、DZ 自动空气断路器、熔断器、限位开关、用电控制装置、电阻器、变阻器、安全变压器、仪表、民用电器安装及低压电器装置接线等。

1）有关说明。

① 低压电器安装定额适用于工业低压用电装置家用电器的控制装置及电器的安装。定额综合考虑了型号、功能，执行定额时不做调整。

② 控制装置安装定额中，除限位开关及水位电气信号装置安装定额外，其他安装定额均未包括支架、制作、安装。工程实际发生时，可执行《电气设备安装工程》第七章"金属构件、穿墙套板安装工程"相关定额。

③ 本章定额包括电器安装、接线（除单独计算外）、接地。定额不包括接线端子、保护盒、接线盒、箱体等安装，工程实际发生时，执行相关定额。

2）低压电器设备工程量计算规则。

① 控制开关安装根据开关形式与功能及电流量，按照设计图示安装数量以"个"为计量单位。

② 集中空调开关、请勿打扰装置安装，按照设计图示安装数量以"套"为计量单位。

③ 熔断器、限位开关安装根据类型，按照设计图示安装数量以"个"为计量单位。

④ 用电控制装置、安全变压器安装根据类型与容量，按照设计图示安装数量以"台"为计量单位。

⑤ 仪表、分流器安装根据类型与容量，按照设计图示安装数量以"个"或"套"为计量单位。

⑥ 民用电器安装根据类型与规模，按照设计图示安装数量以"台"或"个"或"套"为计量单位。

⑦ 低压电器装置接线是指电器安装不含接线的电器接线，按照设计图示安装数量以"台"或"个"为计量单位。

⑧ 小母线安装是指电器需要安装的母线，按照实际安装数量以"m"为计量单位。

3. 配电、输电电缆敷设工程

本章内容包括：直埋电缆辅助设施、电缆保护管铺设、电缆桥架与槽盒安装、电力电缆敷设、电力电缆头制作与安装、控制电缆敷设、控制电缆终端头制作与安装、电缆防火设施安装等。

（1）电缆工程定额中有关问题的说明

1）直埋电缆辅助设施定额包括开挖与修复路面、沟槽挖填、铺砂与保护、揭或盖或移动盖板等内容。

① 定额不包括电缆沟与电缆井的砌砖或浇筑混凝土、隔热层与保护层制作与安装，工程实际发生时，执行相应定额。

② 开挖路面、修复路面定额包括安装警戒设施的搭拆、开挖、回填、路面修复、余物外运、场地清理等工作内容。定额不包括施工场地的手续办理、秩序维护、临时通行设施搭拆等。

③ 开挖路面定额综合考虑了人工开挖、机械开挖，执行定额时不因施工组织与施工技术的不同而调整。

④ 修复路面定额综合考虑了不同材质的制备，执行定额时不做调整。

⑤ 沟槽挖填定额包括土石方开挖、回填、余土外运等，适用于电缆保护管土石方施工。

⑥ 揭、盖、移动盖板定额综合考虑了不同的工序，执行定额时不因工序的多少而调整。

⑦ 定额中渣土、余土（余石）外运距离综合考虑 1km，不包括弃土场费用。工程实际运距大于 1km 时，执行市政工程消耗量定额相应项目。

2）电缆保护管铺设定额分为地下铺设、地上铺设两个部分。入室后需要敷设电缆保护管时，执行《电气设备安装工程》第十二章"配管工程"相关定额。

① 地下铺设不分人工或机械铺设、铺设深度，均执行定额，不做调整。

② 地下顶管、拉管定额不包括入口、出口施工，应根据施工措施方案另行计算。

③ 地上铺设保护管定额不分角度与方向，综合考虑了不同壁厚与长度，执行定额时不做调整。

④ 多孔梅花管安装参照相应的 UPVC 管定额执行。

3）本章桥架安装定额适用于输电、配电及用电工程电力电缆与控制电缆的桥架安装。通信、热工及仪器仪表、建筑智能等弱电工程控制电缆桥架安装，根据其定额说明执行相应桥架安装定额。

4）桥架安装定额包括组对、焊接、桥架开孔、隔板与盖板安装、接地、附件安装、修理等。定额不包括桥架支撑架安装。定额综合考虑了螺栓、焊接和膨胀螺栓三种固定方式，实际安装与定额不同时不做调整。

① 梯式桥架安装定额是按照不带盖考虑的，若梯式桥架带盖，则执行相应的槽式桥架定额。

② 钢制桥架主结构设计厚度大于 3mm 时执行相应安装定额的人工、机械乘以系数 1.20。

③ 不锈钢桥架安装执行相应的钢制桥架定额乘以系数 1.10。

④ 电缆桥架安装定额是按照厂家供应成品安装编制的，若现场需要制作桥架，应执行《电气设备安装工程》第七章 "金属构件、穿墙套板安装工程" 相关定额。

⑤ 槽盒安装根据材质与规格，执行相应的槽式桥架安装定额，其中：人工、机械乘以系数 1.08。

5）电力电缆敷设定额包括输电电缆敷设与配电电缆敷设项目，根据敷设环境执行相应定额。定额综合了裸包电缆、铠装电缆、屏蔽电缆等电缆类型，凡是电压等级小于或等于 10kV 电力电缆和控制电缆敷设不分结构形式和型号，一律按照相应的电缆截面和芯数执行定额。

① 输电电力电缆敷设环境分为直埋式、电缆沟（隧）道内、排管内、街码金具上。输电电力电缆起点为电源点或变（配）电站，终点为用户端配电站。

② 配电电力电缆敷设环境分为室内、竖井通道内。配电电力电缆起点为用户端配电站，终点为用电设备。室内敷设电力电缆定额综合考虑了不同环境敷设，执行定额时不做调整。

③ 预制分支电缆、控制电缆敷设定额综合考虑了不同的敷设环境，执行定额时不做调整。

④ 矿物绝缘控制电缆敷设根据电缆敷设环境与电缆芯数执行相应的控制电缆敷设定额与接头定额。

⑤ 电缆敷设定额中综合考虑了电缆布放费用，当电缆布放穿过高度大于 20m 的竖井时，需要计算电缆布放增加费。电缆布放增加费按照竖井电缆长度计算工程量，执行竖井通道内敷设电缆相关定额乘以系数 0.3。

⑥ 竖井通道内敷设电缆定额适用于单段高度大于 3.6m 的竖井。在单段高度小于或等于 3.6m 的竖井内敷设电缆时，应执行 "室内敷设电力电缆" 相关定额。

⑦ 预制分支电缆敷设定额中包括电缆吊具、每个长度小于或等于 10m 的分支电缆安装；不包括分支电缆头的制作安装，应根据设计图示数量与规格执行相应的电缆接头定额；每个长度大于 10m 的分支电缆，应根据超出的数量与规格及敷设的环境执行相应的电缆敷设定额。

6）室外电力电缆敷设定额是按照平原地区施工条件编制的，未考虑在积水区、水底、深井下等特殊条件下的电缆敷设。电缆在一般山地、丘陵地区敷设时，其定额人工乘以系数1.30，该地段施工所需的额外材料（如固定桩、夹具等）应根据施工组织设计另行计算。

7）电力电缆敷设定额是按照三芯（包括三芯连地）编制的，电缆每增加一芯相应定额增加15%。单芯电力电缆敷设按照同截面电缆敷设定额乘以系数0.7，两芯电缆按照三芯电缆定额执行。截面面积400mm^{2}以上至800mm^{2}的单芯电力电缆敷设，按照400mm^{2}电力电缆敷设定额乘以系数1.35。截面800mm^{2}以上至1600mm^{2}的单芯电力电缆敷设，按照400mm^{2}电力电缆敷设定额乘以系数1.85。

8）电缆敷设需要钢索及拉紧装置安装时，应执行《电气设备安装工程》第十三章"配线工程"相关定额。

9）电力电缆敷设定额均按三芯（包括三芯连地）考虑的。室外10mm^{2}以下的电力电缆敷设按照50mm^{2}电力电缆敷设定额，其中人工、机械乘以系数0.45；16mm^{2}以下的电力电缆敷设按照50mm^{2}电力电缆敷设定额，其中人工、机械乘以系数0.6；35mm^{2}以下的电力电缆敷设按照50mm^{2}电力电缆敷设定额，其中人工、机械乘以系数0.8。

10）双屏蔽电缆头制作安装执行相应定额人工乘以系数1.05。若接线端子为异型端子，需要单独加工时，应另行计算加工费。

11）电缆防火设施安装不分规格、材质，执行定额时不做调整。

12）阻燃槽盒安装定额按照单件槽盒2.05m长度考虑，定额中包括槽盒、接头部件的安装，包括接头防火处理。执行定额时不得因阻燃槽盒的材质、壁厚、单件长度而调整。

13）电缆敷设定额中不包括支架的制作与安装，工程应用时，执行《电气设备安装工程》第七章"金属构件、穿墙套板安装工程"相关定额。

14）铝合金电缆敷设根据规格执行相应的铝芯电缆敷设定额。

15）电缆沟盖板采用金属盖板时，根据设计图分工执行相应的定额。属于电气安装专业设计范围的电缆沟金属盖板制作与安装，执行《电气设备安装工程》第七章"金属构件、穿墙套板安装工程"按相应定额乘以系数0.6。

16）本章定额是按照区域内（含厂区、站区生活区等）施工考虑的，当工程在区域外施工时，按相应定额乘以系数1.065。

17）电缆沟道、隧道、工井工程，根据项目施工地点分别执行《房屋建筑与装饰工程消耗量定额》或《市政工程消耗量定额》相应项目。

① 项目施工地点在区域内（含厂区、站区、生活区等）的工程，执行《房屋建筑与装饰工程消耗量定额》相应项目。

② 项目施工地点在区域外且城市内（含市区、郊区开发区）的工程，执行《市政工程消耗量定额》相应项目。

③ 项目施工地点在区域外且城市外的工程，执行《房屋建筑与装饰工程消耗量定额》相应项目乘以系数1.05，所有材料按照第十一章"电压等级≤10kV架空线路输电工程"计算工地运输费。

18）本章的电力电缆头定额均按三芯（包括三芯连地）考虑的，电缆每增加一芯相应定额增加15%考虑。电缆头制作安装定额中包括镀锡裸铜线、扎索管、接线端子、压接管、螺栓等消耗性材料。

（2）电缆等工程工程量计算规则　主要包括以下几个方面：

1）电缆长度及敷设工程量计算规则。电缆敷设根据电缆敷设环境与规格，按照设计图示单根敷设数量以"m"为计量单位。不计算电缆敷设损耗量。

① 竖井通道内敷设电缆长度按照电缆敷设在竖井通道垂直高度以延长米计算工程量。

② 预制分支电缆敷设长度按照敷设主电缆长度计算工程量。

③ 计算电缆敷设长度时，应考虑因波形敷设、弛度、电缆绕梁（柱）所增加的长度以及电缆与设备连接、电缆接头等必要的预留长度。预留长度按照设计规定计算，设计无规定时按表 3-8 的规定增加预留长度。

④ 电缆长度计算。电缆敷设按单根延长米计算，如一个沟内（或架上）敷设 3 根各长 100m 的电缆，应按 300m 计算，以此类推。

计算时注意：电缆敷设定额没有考虑因波形敷设增加长度、弛度增加长度、电缆绕梁（柱）增加长度以及电缆与设备连接、电缆接头等必要的预留长度，因此该长度也是电缆敷设长度的组成部分，其计算公式为

每根电缆敷设长度 =（水平长度 + 垂直长度 + 预留长度）×（1 + 2.5% 曲折弯余量）

式中　2.5%——电缆曲折弯余量系数。

表 3-8　电缆敷设的预留长度

序号	项　　目	预留长度（附加）	说　　明
1	电缆敷设弛度、波形弯度、交叉	2.5%	按电缆全长计算
2	电缆进入建筑物	2.0m	规范规定最小值
3	电缆进入沟内或吊架时引上（下）预留	1.5m	规范规定最小值
4	变电所进线、出线	1.5m	规范规定最小值
5	电力电缆终端头	1.5m	检修余量最小值
6	电缆中间接头盒	两端各留 2.0m	检修余量最小值
7	电缆进控制、保护屏及模拟盘、配电箱等	高 + 宽	按盘面尺寸
8	高压开关柜及低压配电盘、箱	2.0m	盘下进出线
9	电缆至电动机	0.5m	从电动机接线盒算起
10	厂用变压器	3.0m	从地坪算起
11	电缆绕过梁（柱）等增加长度	按实际增加计算	按被绕物的断面情况计算增加长度
12	电梯电缆与电缆架固定点	每处 0.5m	规范最小值

⑤ 电缆敷设。电缆敷设区分敷设方式（直埋、穿管、沿竖直通道等其他敷设方式）和电缆线芯材质（是铜芯还是铝芯），均按照电缆截面规格大小，以"100m"为计量单位。

控制电缆敷设区分敷设方式（直埋、穿管、沿竖直通道等其他敷设方式），按照电缆芯数，以"100m"为计量单位。主材应按电缆敷设量及其损耗量另行计算。

2）电缆直埋时工程量计算规则。

① 开挖路面、修复路面根据路面材质与厚度，结合施工组织设计，按照实际开挖的数量以"m"为计量单位。需要单独计算渣土外运工作量时，按照路面开挖厚度乘以开挖面积计算，不考虑松散系数。

② 直埋电缆沟槽挖填根据电缆敷设路径，除特殊要求外，按照表 3-9 规定以 "m³" 为计量单位。沟槽开挖长度按照电缆敷设路径长度计算，需要单独计算余土（余石）外运工程量时按照直埋电缆沟槽挖填量 12.5% 计算。直埋电缆沟的挖、填土（石）方工程量，除特殊要求外，可按表 3-9 计算土方量。

表 3-9　直埋电缆沟的挖、填土（石）方工程量

项　　目	电 缆 根 数	
	1~2	每增 1 根
每米沟长挖方量 /m³	0.45	0.153

注：1. 2 根以内电缆沟，按照上口宽度 600mm、下口宽度 400mm、深 900mm 计算常规土方量（深度按规范的最低标准）。
　　2. 每增加 1 根电缆，其宽度增加 170mm。
　　3. 土石方量从自然地坪挖起，若挖深大于 900mm，按照开挖尺寸另行计算。
　　4. 挖淤泥、流沙按照本表中数量乘以系数 1.5。

③ 电缆沟揭、盖、移动盖板根据施工组织设计，以揭一次与盖一次或者移出一次与移回一次为计算基础，按照实际揭与盖或移出与移回的次数乘以其长度，以 "10m" 为计量单位。

3）电缆保护管敷设计算规则。电缆保护管敷设根据电缆敷设路径，应区别不同敷设方式、敷设位置、管材材质、规格，按照设计图示敷设数量以 "10m" 为计量单位。计算电缆保护管长度时，设计无规定者按照以下规定增加保护管长度：

① 电缆保护管地下敷设，其土石方量施工有设计图的，按照设计图计算；无设计图的，沟深按照 0.9m 计算，沟宽按照保护管边缘每边各增加 0.3m 工作面计算。

② 电缆保护管长度，除按设计规定长度计算外，遇有表 3-10 的情况，应按表 3-10 的规定增加保护管长度。

表 3-10　电缆保护管增加长度

项　　目	增 加 长 度
横穿道路	路基宽度两端增加 2m
垂直敷设（保护管需出地面）	弯头管口距地面增加 2m
穿建（构）筑物外墙	按基础外缘以外增加 1m
穿过沟（隧道）	按沟（隧道）壁外缘以外增加 1m

4）电缆桥架安装工程量计算规则。常用桥架有钢制桥架、玻璃钢桥架、铝合金桥架和组合桥架四类。

① 电缆桥架安装根据桥架材质与规格，按照设计图示安装数量以 "10m" 为计量单位。

钢制桥架、玻璃钢桥架、铝合金桥架安装，又分别有槽式桥架、梯式桥架和托盘式桥架三种，均区分桥架规格（宽＋高），以 "10m" 为计量单位，不扣除弯头、三通、四通等所占长度。其中桥架、盖板和隔板的主材费另计。

② 组合桥架安装按照设计图示安装数量以"片"为计量单位；复合支架安装按照设计图示安装数量以"副"为计量单位。

组合桥架以每片长度 2m 为一个基型片，需要在施工现场将基型片组合成桥架，以"100 片"为计量单位计算，主材费另计。

③ 桥架支撑架以"100kg"为计量单位。适用于立柱、托臂及其他各种支撑架的安装。本定额已综合考虑了采用螺栓、焊接和膨胀螺栓三种固定方式，实际施工中，不论采用何种固定方式，定额均不做调整。

④ 桥架、托臂、立柱、隔板、盖板为外购件成品，连接用螺栓和连接件随桥架成套购买，计算质量可按桥架总重的 7% 计算。

5）电缆终端头与中间头的制作与安装。

电缆头制作与安装根据电压等级与电缆头形式及电缆截面，按照设计图示单根电缆接头数量以"个"为计量单位。

① 电力电缆终端头及中间头均以"个"为计量单位。电力电缆和控制电缆均按一根电缆有两个终端头考虑。电力电缆中间头按照设计规定计算，设计没有规定的以单根长度 400m 为标准，每增加 400m 计算一个中间头，增加长度小于 400m 时计算一个中间头。

② 控制电缆头制作、安装按电缆"终端头"和"中间头"芯数 6、14、24、37 以内，分别以"个"为计量单位计算。保护盒及套管另行计算。

6）电缆防火设施安装根据防火设施的类型及材料，按照设计用量分别以不同计量单位计算工程量。

① 电缆防火堵洞每处按 0.25m² 以内考虑；防火涂料以"10kg"为计量单位，防火隔板安装以"m²"为计量单位，阻燃槽盒安装以"10m"为计量单位。

② 电缆防腐、缠石棉绳、刷漆、缠麻层、剥皮均以"10m"为计量单位。

7）电缆支架计算。电缆支架、吊架、槽架制作安装以"t"为计量单位，套用第七章"金属构件、穿墙套板安装工程"相关定额。

4. 配管、配线工程

配管内容包括：套接紧定式镀锌钢导管（JDG）、镀锌钢管、防爆钢管、可挠金属套管、塑料管、金属软管、金属线槽的敷设等。

配线内容包括：管内穿线、绝缘子配线、线槽配线、塑料护套线明敷、绝缘导线明敷、车间配线、接线箱安装、接线盒安装、盘（柜、箱、板）配线等。

（1）配管、配线定额内有关问题说明

1）配管定额中钢管材质是按照镀锌钢管考虑的，定额不包括采用焊接钢管刷油漆、刷防火漆或防火涂料、管外壁防腐保护以及接线箱、接线盒、支架的制作与安装，焊接钢管刷油漆、刷防火漆或防火涂料、管外壁防腐保护执行第十二册《刷油、防腐蚀、绝热工程》相应项目；接线箱、接线盒安装执行《电气设备安装工程》第十三章"配线工程"相关定额；支架的制作与安装执行《电气设备安装工程》第七章"金属构件、穿墙套板安装工程"相关定额。

2）工程采用镀锌电线管时，执行镀锌钢管定额计算安装费；镀锌电线管主材费按照镀锌钢管用量另行计算。

3）工程采用扣压式薄壁钢导管（KBG）时，执行套接紧定式镀锌钢导管（JDG）定额计算安装费：扣压式薄壁钢导管（KBG）主材费按照镀锌钢管用量另行计算。计算主材费时，应包括管件费用。

4）定额中刚性阻燃管为刚性 PVC 难燃线管，管材长度一般为 4m/ 根，管子连接采用专用接头插入法连接，接口密封；半硬质塑料管为阻燃聚乙烯软管，管子连接采用专用接头抹塑料胶后粘接。工程实际安装与定额不同时，执行定额时不做调整。

5）定额中可挠金属套管是指普利卡金属管（PULLKA），主要应用于混凝土内埋管及低压室外电气配线管。可挠金属套管规格见表 3-11。

表 3-11　可挠金属套管规格

规　　格	10 号	12 号	15 号	17 号	24 号	30 号	38 号	50 号	63 号	76 号	83 号	101 号
内径 /mm	9.2	11.4	14.1	16.6	23.8	29.3	37.1	49.1	62.6	76.0	81.0	100.2
外径 /mm	13.3	16.1	19.0	21.5	28.8	34.9	42.9	54.9	69.1	82.9	88.1	107.3

6）配管定额是按照各专业间配合施工考虑的，定额中不考虑凿槽、刨沟、凿孔（洞）等费用。

7）室外埋设配线管的土石方施工，参照第九章"电缆沟沟槽挖填定额"执行。室内埋设配线管的土石方原则上不单独计算。

8）吊顶天棚板内敷设电线管根据管材介质执行"砖、混凝土结构明配"相关定额。

9）管内穿线定额包括扫管、穿线、焊接包头；绝缘子配线定额包括埋螺钉、钉木楞、埋穿墙管、安装绝缘子、配线、焊接包头；线槽配线定额包括清扫线槽、布线、焊接包头；导线明敷定额包括埋穿墙管、安装瓷通、安装街码、上卡子、配线、焊接包头。

10）照明线路中导线截面面积大于 $6mm^2$，执行"穿动力线"相关定额。

11）车间配线定额包括支架安装、绝缘子安装、母线平直与连接及架设、刷分相漆。定额不包括母线伸缩器制作与安装。

12）接线箱、接线盒安装及盘柜配线定额适用于电压等级小于或等于 380V 的用电系统。定额不包括接线箱、接线盒费用及导线与接线端子材料费。

13）暗装接线箱、接线盒定额中槽孔按照事先预留考虑，不计算开槽、开孔费用。

（2）配管、配线工程量计算规则

1）配管工程量计算规则。

① 一般规定。配管敷设根据配管材质与直径，区别敷设位置、敷设方式，按照设计图示安装数量以"m"为计量单位。计算长度时，不计算安装损耗量，不扣除管路中间的接线箱、接线盒、灯头盒、开关盒、插座盒、管件等所占长度。

金属软管敷设根据金属管直径及每根长度，按照设计图示安装数量以"m"为计量单位。计算长度时，不计算安装损耗量。

线槽敷设根据线槽材质与规格，按照设计图示安装数量以"m"为计量单位。计算长度时，不计算安装损耗量，不扣除管路中间的接线箱、接线盒、灯头盒、开关盒、插座盒、管件等所占长度。

② 计算方法。配管计算的方法可采用顺序计算方法、分片划块计算方法、分层计算方法。

顺序计算方法：从起点到终点，从配电箱起按各个回路进行计算，即从配电箱（盘、板）到用电设备再加上规定预留长度。

分片划块计算方法：计算工程量时，按建筑平面形状特点及系统图的组成特点分片划块分别计算，然后分类汇总。

分层计算方法：在一个分项工程中，如遇有多层或高层建筑物，可采用由底层至顶层分层计算的方法进行计算。

③ 计算配管工程时的注意事项。配管工程均未包括接线箱、接线盒及支架的制作与安装，发生时可按"铁构件制作与安装"定额相关子目。

2）配线工程量计算规则。

① 一般规定。管内穿线根据导线材质与截面面积，区别照明线与动力线，按照设计图示安装数量以"10m"为计量单位；管内穿多芯软导线根据软导线芯数与单芯软导线截面面积，按照设计图示安装数量以"10m"为计量单位。管内穿线的线路分支接头线长度已综合考虑在定额中，不得另行计算。

绝缘子配线根据导线截面面积，区别绝缘子形式（针式、鼓形、碟式）、绝缘子配线位置（沿屋架、梁、柱、墙，跨屋架、梁、柱、木结构、天棚内、砖、混凝土结构，沿钢支架及钢索），按照设计图示安装数量以"10m"为计量单位。当绝缘子暗配时，计算引下线工程量，其长度从线路支持点计算至天棚下缘距离。

线槽配线根据导线截面面积，按照设计图示安装数量以"10m"为计量单位。

塑料护套线明敷根据导线芯数与单芯导线截面面积，区别导线敷设位置（木结构、砖混凝土结构、沿钢索），按照设计图示安装数量以"10m"为计量单位。

绝缘导线明敷根据导线截面面积，按照设计图示安装数量以"10m"为计量单位。

车间带形母线安装根据母线材质与截面面积，区别母线安装位置（沿屋架、梁、柱、墙，跨屋架、梁、柱），按照设计图示安装数量以"单相10延长米"为计量单位。

车间配线钢索架设区别圆钢、钢索直径，按照设计图示墙（柱）内缘距离以"10m"为计量单位，不扣除拉紧装置所占长度。

车间配线母线与钢索拉紧装置制作与安装根据母线截面面积、索具螺栓直径，按照设计图示安装数量以"套"为计量单位。

接线箱安装根据安装形式（明装、暗装）及接线箱半周长，按照设计图示安装数量以"个"为计量单位。

接线盒安装根据安装形式（明装、暗装）及接线盒类型，按照设计图示安装数量以"个"为计量单位。

箱、板配线根据导线截面面积，按照设计图示配线数量以"10m"为计量单位。配线进入盘、柜、箱、板时每根线的预留长度按照设计规定计算，设计无规定时按照表3-12计入导线敷设工程量。

② 管内穿线长度计算方法。管内穿线长度计算公式为

$$管内穿线长度 = （配管长度 + 导线预留长度）× 同截面导线根数$$

计算时注意：灯具、明暗开关、插座、按钮等的预留线，已分别综合在相应定额内，不另行计算；配线进入开关箱、柜、板的预留线，按表3-12规定的长度，分别计入相应的工程量。

表 3-12 连接设备导线预留长度（每一根线）

序　号	项　目	预留长度	说　明
1	各种开关箱、柜、板	高＋宽	盘面尺寸
2	单独安装（无箱、盘）的铁壳开关、闸刀开关、启动器、母线槽进出线盒等	0.3m	以安装对象中心计算
3	由地坪管子出口引至动力接线箱	1m	以管口计算
4	电源与管内导线连接（管内穿线与软、硬母线接头）	1.5m	以管口计算
5	出户线	1.5m	以管口计算

5. 照明灯具安装工程

本章内容包括：普通灯具、装饰灯具、荧光灯具、嵌入式地灯、工厂灯、医院灯具、霓虹灯、小区路灯、景观灯的安装，开关、按钮、插座的安装，艺术喷泉照明系统安装等。

照明工程量计算有以下要点：

1）照明工程量根据该项工程电气设计施工图的照明平面图、照明系统图以及设备材料表等进行计算。照明线路的工程量按施工图上标明的敷设方式和导线的型号、规格及比例尺寸量出其长度进行计算。照明设备、用电设备的安装工程量是根据施工图上标明的图例、文字符号分别统计出来的。

2）为了准确计算照明线路工程量，不仅要熟悉照明的施工图，还应熟悉或查阅建筑施工图上的有关主要尺寸。因为一般电气施工图只有平面图，没有立面图，故需要根据建筑施工图的立面图和电气照明施工图的平面图配合计算。照明线路的工程量计算，一般先计算干线，后计算支线，按不同的敷设方式、不同型号和规格的导线分别进行计算。

3）照明灯具工程量根据照明平面图和系统图，按进户线、总配电箱、向各照明分配电箱配线、经各照明配电箱配向灯具、用电器具的顺序逐项进行计算，这样既可以加快看图时间，提高计算速度，又可以避免漏算和重复计算。

4）照明灯具工程量计算方法。工程量的计算采用列表方式进行计算。照明工程量的计算一般应按一定顺序自电源侧逐一向用电侧进行，要求列出简单明白的计算式，可以防止漏项、重复，以便于复核。

（1）有关说明

1）灯具引导线是指灯具吸盘到灯头的连线，除注明外，均按照灯具自备考虑。如引导线需要另行配置，其安装费不变，主材费另行计算。

2）小区路灯、投光灯、氙气灯、烟囱或水塔指示灯的安装定额，考虑了超高安装（操作超高）因素，其他照明器具的安装高度大于 5m 时，按照册说明中的规定另行计算超高安装增加费。

3）装饰灯具安装定额考虑了超高安装因素，并包括脚手架搭拆费用。

4）吊式艺术装饰灯具的灯体直径为装饰灯具的最大外缘直径，灯体垂吊长度为灯座底部到灯梢之间的总长度。

5）吸顶式艺术装饰灯具的灯体直径为吸盘最大外缘直径，灯体半周长为矩形吸盘的半周长，灯体垂吊长度为吸盘到灯梢之间的总长度。

6）照明灯具安装除特殊说明外，均不包括支架制作与安装。工程实际发生时，执行《电气设备安装工程》第七章"金属构件、穿墙套板安装工程"相关定额。

7）定额包括灯具组装、安装、利用摇表测量绝缘及一般灯具的试亮工作。

8）小区路灯安装定额包括灯柱、灯架、灯具安装；成品小区路灯基础安装包括基础土方施工，现浇混凝土小区路灯基础及土方施工执行《房屋建筑与装饰工程消耗量定额》相应项目。

9）普通灯具安装定额适用范围见表 3-13。

表 3-13　普通灯具安装定额适用范围

定 额 名 称	适 用 范 围
圆球吸顶灯	材质为玻璃的独立的半圆球吸顶灯、扁圆罩吸顶灯、平圆形吸顶灯
方形吸顶灯	材质为玻璃的独立的矩形罩吸顶灯、方形罩吸顶灯、大口方罩吸顶灯
软线吊灯	利用软线为垂吊材料，独立的，材质为玻璃、塑料罩的各式吊链灯
吊链灯	利用吊链作辅助悬吊材料，独立的，材料为玻璃、塑料罩的各式吊链灯
防水吊灯	一般防水吊灯
一般弯脖灯	圆球弯脖灯、风雨壁灯
一般墙壁灯	各种材质的一般壁灯、镜前灯
软线吊灯头	一般吊灯头
声光控座灯头	一般声控、光控座灯头
座头灯	一般塑料、瓷质座灯头

10）组合荧光灯带、内藏组合式灯、发光棚荧光灯、立体广告灯箱、天棚荧光灯带的灯具设计用量与定额不同时，成套灯具根据设计数量加损耗量计算主材费，安装费不做调整。

11）装饰灯具安装定额适用范围见表 3-14。

表 3-14　装饰灯具安装定额适用范围

定 额 名 称	适 用 范 围
吊式艺术装饰灯具	不同材质、不同灯体垂吊长度、不同灯体直径的蜡烛灯、挂片灯、串珠（穗）、串棒灯、吊杆式组合灯、玻璃罩（带装饰）灯
吸顶式艺术装饰灯具	不同材质、不同灯体垂吊长度、不同灯体几何形状的串珠（穗）、串棒灯、挂片灯、挂碗、挂吊蜡灯、玻璃（带装饰）灯
荧光艺术装饰灯具	不同安装形式、不同灯管数量的组合荧光灯光带，不同几何组合形式的内藏组合式灯，不同几何尺寸、不同灯具形式的发光棚荧光灯，不同形式的立体广告灯箱、荧光灯光沿
几何形状组合艺术灯具	不同固定形式、不同灯具形式的繁星灯、钻石星灯、礼花灯、玻璃罩钢架组合灯、凸片灯、反射挂灯、筒形钢架灯、U 形组合灯、弧形管组合灯
标志、诱导装饰灯具	不同安装形式的标志灯、诱导灯
水下艺术装饰灯具	简易型彩灯、密封型彩灯、喷水池灯、幻光型灯

（续）

定 额 名 称	适 用 范 围
点光源艺术装饰灯具	不同安装形式、不同灯体直径的筒灯、牛眼灯、射灯、轨道射灯
草坪灯具	各种立柱式、墙壁式的草坪灯
歌舞厅灯具	各种安装形式的变色转盘灯、雷达射灯、幻影转彩灯、维纳斯旋转灯、卫星旋转效果灯、飞碟旋转效果灯、多头转灯、滚筒灯、频闪灯、太阳灯、雨灯、歌星灯、边界灯、射灯、泡泡发生灯、迷你满天星彩灯、迷你单立（盘彩灯）、多头宇宙灯、镜面球灯、蛇光灯

12）荧光灯具安装定额按照成套型荧光灯考虑，工程实际采用组合式荧光灯时，执行相应的成套型荧光灯安装定额乘以系数 1.1。荧光灯具安装定额适用范围见表 3-15。

表 3-15　荧光灯具安装定额适用范围

定 额 名 称	适 用 范 围
成套型荧光灯	单管、双管、三管、四管、吊链式、吊管式、吸顶式、嵌入式、成套独立荧光灯

13）工厂灯及防尘防水灯安装定额适用范围见表 3-16。

表 3-16　工厂灯及防尘防水灯安装定额适用范围

定 额 名 称	适 用 范 围
直杆工厂吊灯	配照（GC1-A）、广照（GC3-A）、深照（GC5-A）、圆球（G17-A）、双照（GC19-A）
吊链式工厂灯	配照（GC1-B）、深照（GC3-A）、斜照（G5-C）、圆球（GC7-A）、双照（GC19-A）
吸顶灯	配照（GC1-A）、广照（GC3-A）、深照（G5-a）、斜照（GC7-C）、圆球双照（GC19-A）
弯杆式工厂灯	配照（GC1-D/E）、广照（GC3-D/E）、深照（GC5-D/E）、斜照（GC7-D/E）、双照（GC19-C）、局部深照（GC26-F/H）
悬挂式工厂灯	配照（GC21-2）、深照（GC23-2）
防尘防水灯	广照（GC9-A、B、C）、广照保护网（GC1-A、B、C）、散照（GC15-A、B、C、D、E）

14）工厂其他灯具安装定额适用范围见表 3-17。

表 3-17　工厂其他灯具安装定额适用范围

定 额 名 称	适 用 范 围
防潮灯	扁形防潮灯（GC-31）、防潮灯（GC-33）
腰形舱顶灯	腰形舱顶灯 CCD-1
管形氙气灯	自然冷却式 220V/380V、功率 ≤ 20kW
投光灯	TG 型室外投光灯

15）医院灯具安装定额适用范围见表 3-18。

16）工厂厂区内、住宅小区内路灯的安装执行《电气设备安装工程》相应定额。小区路灯安装定额适用范围见表 3-19。小区路灯安装定额中不包括小区路灯杆接地，接地参照"10kV 输电电杆接地"定额执行。

表 3-18　医院灯具安装定额适用范围

定 额 名 称	适 用 范 围
病房指示灯	病房指示灯
病房暗角灯	病房暗角灯
无影灯	3~12 孔管式无影灯

表 3-19　小区路灯安装定额适用范围

定 额 名 称		适 用 范 围
单臂挑灯		单抱箍臂长≤1200mm、臂长≤3000mm
		双抱箍臂长≤3000mm、臂长≤5000mm、臂长≥5000mm
		双拉梗臂长≤3000mm、臂长≤5000mm、臂长5000mm
		成套型臂长≤3000mm、臂长≤5000mm、臂长5000mm
		组装型臂长≤3000mm、臂长≤5000mm、臂长>5000mm
双臂挑灯	成套型	对称式臂长≤3000mm、臂长≤5000mm、臂长>500mm
		非对称式臂长≤2500mm、臂长≤5000mm、臂长>5000mm
	组装型	对称式臂长≤3000mm、臂长≤5000mm、臂长>500mm
		非对称式臂长≤2500mm、臂长≤5000mm、臂长>5000mm
高杆灯架	成套型	灯高≤11m、灯高≤20m、灯高>20m
	组装型	灯高≤11m、灯高≤20m、灯高>20m
大马路弯灯		臂长≤1200mm、臂长>1200mm
庭院小区路灯		光源≤五火、光源＞七火
桥栏杆灯		嵌入式、明装式

17）艺术喷泉照明系统安装定额包括程序控制柜、程序控制箱、音乐喷泉控制设备、喷泉特技效果控制设备、喷泉防水配件、艺术喷泉照明等系统安装。

18）LED 灯安装根据其结构、形式、安装地点，执行相应的灯具安装定额。

19）并列安装一套光源双罩吸顶灯时，按照两个单罩周长或半周长之和执行相应的定额；并列安装两套光源双罩吸顶灯时，按照两套灯具各自灯罩周长或半周长执行相关定额。

20）灯具安装定额中灯槽、灯孔按照事先预留考虑，不计算开孔费用。

21）插座箱安装执行相应的配电箱定额。

22）楼宇亮化灯具控制器、小区路灯集中控制器安装执行"艺术喷泉照明系统安装"相关定额。

（2）照明灯具安装工程工程量计算规则

1）普通灯具安装根据灯具种类、规格，按照设计图示安装数量以"套"为计量单位。

2）吊式艺术装饰灯具安装根据装饰灯具示意图所示，区别不同装饰物以及灯体直径和灯体垂吊长度，按照设计图示安装数量以"套"为计量单位。

3）吸顶式艺术装饰灯具安装根据装饰灯具示意图所示，区别不同装饰物、吸盘几何形状、灯体直径、灯体周长和灯体垂吊长度，按照设计图示安装数量以"套"为计量单位。

4）荧光艺术装饰灯具安装根据装饰灯具示意图所示，区别不同安装形式和计量单位计算。

① 组合荧光灯带安装根据灯管数量，按照设计图示安装数量以"m"为计量单位。

② 内藏组合式灯安装根据灯具组合形式，按照设计图示安装数量以"m"为计量单位。

③ 发光棚荧光灯安装按照设计图示发光棚数量以"m²"为计量单位。灯具主材根据实际安装数量加损耗量以"套"另行计算。

④ 立体广告灯箱、天棚荧光灯带安装按照设计图示安装数量以"m"为计量单位。

5）几何形状组合艺术灯具安装根据装饰灯具示意图所示，区别不同安装形式及灯具形式，按照设计图示安装数量以"套"为计量单位。

6）标志、诱导装饰灯具安装根据装饰灯具示意图所示，区别不同安装形式，按照设计图示安装数量以"套"为计量单位。

7）水下艺术装饰灯具安装根据装饰灯具示意图所示，区别不同安装形式，按照设计图示安装数量以"套"为计量单位。

8）点光源艺术装饰灯具安装根据装饰灯具示意图所示，区别不同安装形式、不同灯具直径，按照设计图示安装数量以"套"为计量单位。

9）草坪灯具安装根据装饰灯具示意图所示，区别不同安装形式，按照设计图示安装数量以"套"为计量单位。

10）歌舞厅灯具安装根据装饰灯具示意图所示，区别不同安装形式，按照设计图示安装数量以"套"或"m"或"台"为计量单位。

11）荧光灯具安装根据灯具安装形式、灯具种类、灯管数量，按照设计图示安装数量以"套"为计量单位。

12）嵌入式地灯安装根据灯具安装形式，按照设计图示安装数量以"套"为计量单位。

13）工厂灯及防尘防水灯安装根据灯具安装形式，按照设计图示安装数量以"套"为计量单位。

14）工厂其他灯具安装根据灯具类型、安装形式、安装高度，按照设计图示安装数量以"套"或"个"为计量单位。

15）医院灯具安装根据灯具类型，按照设计图示安装数量以"套"为计量单位。

16）霓虹灯管安装根据灯管直径，按照设计图示延长米数量以"m"为计量单位。

17）霓虹灯变压器、控制器、继电器安装根据用途与容量及变化回路，按照设计图示安装数量以"台"为计量单位。

18）小区路灯安装根据灯杆形式、臂长、灯数，按照设计图示安装数量以"套"为计量单位。

19）楼宇亮化灯安装根据光源特点与安装形式，按照设计图示安装数量以"套"或"m"为计量单位。

20）开关、按钮安装根据安装形式与种类、开关极数及单控与双控，按照设计图示安装数量以"套"为计量单位。

21）声控（红外线感应）延时开关、柜门触动开关安装，按照设计图示安装数量以"套"为计量单位。

22）插座安装根据电源数、定额电流、插座安装形式，按照设计图示安装数量以"套"为计量单位。

23）艺术喷泉照明系统程序控制柜、程序控制箱、音乐喷泉控制设备、喷泉特技效果控制设备安装根据安装位置、方式及规格，按照设计图示安装数量以"台"为计量单位。

24）艺术喷泉照明系统喷泉防水配件安装根据玻璃钢电缆槽规格，按照设计图示安装长度以"m"为计量单位。

25）艺术喷泉照明系统喷泉水下管灯安装根据灯管直径，按照设计图示安装数量以"m"为计量单位。

26）艺术喷泉照明系统喷泉水上辅助照明安装根据灯具功能，按照设计图示安装数量以"套"为计量单位。

6. 蓄电池安装工程

本章内容包括：蓄电池防振支架、碱性蓄电池、密闭式铅酸蓄电池、免维护铅酸蓄电池安装、蓄电池组充放电、UPS、太阳能电池等。

（1）有关说明

1）定额适用电压等级小于或等于 220V 各种容量的碱性和酸性固定型蓄电池安装。定额不包括蓄电池抽头连接用电缆及电缆保护管的安装，工程实际发生时，执行相关定额。

2）蓄电池防振支架安装定额是按照地坪打孔、膨胀螺栓固定编制的，工程实际采用其他形式安装时，执行定额时不做调整。

3）蓄电池防振支架、电极连接条、紧固螺栓、绝缘垫按照设备供货编制。

4）碱性蓄电池安装需要补充的电解液，按照厂家设备供货编制。

5）密封式铅酸蓄电池安装定额包括电解液材料消耗，执行时不做调整。

6）蓄电池组充放电定额包括充电消耗的电量，不分酸性、碱性电池，均按照其电压和容量执行相关定额，其中免维护蓄电池组的充电可按蓄电池组充放电相应定额乘以系数 0.3 计算。

7）UPS 不间断电源安装定额分单相（单相输入 / 单相输出）、三相（三相输入 / 三相输出），三相输入单相输出设备安装执行三相定额。EPS 应急电源安装根据容量执行相应的 UPS 安装定额。

8）太阳能电池安装定额不包括小区路灯柱安装、太阳能电池板钢架混凝土地面与混凝土基础及地基处理、太阳能电池板钢架支柱与支架、防雷接地。

（2）蓄电池工程量计量规则

1）蓄电池防振支架安装根据设计布置形式，按照设计图示安装成品数量以"m"为计量单位。

2）碱性蓄电池和密闭式铅酸蓄电池安装根据蓄电池容量，按照设计图示安装数量以"个"为计量单位。

3）免维护铅酸蓄电池安装根据电压等级及蓄电池容量，按照设计图示安装数量以"个"为计量单位。

4）蓄电池组充放电根据蓄电池容量，按照设计图示安装数量以"组"为计量单位。

5）UPS 安装根据单台设备容量及输入与输出相数，按照设计图示安装数量以"台"为计量单位。

6）太阳能电池板钢架安装根据安装的位置，按实际安装太阳能电池板和预留安装太阳能电池板面积之和计算工程量。不计算设备支架不同高度与不同斜面太阳能电池板支撑架的面积；设备支架按照质量计算，执行《电气设备安装工程》第七章"金属构件、穿墙套板安装工程"相关定额。

7）小区路灯柱上安装太阳能电池，根据路灯柱高度，以"块"为计量单位。

8）太阳能电池组装与安装根据设计布置，功率小于或等于 1500Wp 按照每组电池输出功率，以"组"为计量单位；功率大于 1500Wp 时每增加 500Wp 计算一组增加工程量，功率小于 500Wp 按照 500Wp 计算。

9）太阳能电池与控制屏联测，根据设计布置，按照设计图示安装单方阵数量以"组"为计量单位。

10）光伏逆变器安装根据额定交流输出功率，按照设计图示安装数量以"台"为计量单位。功率大于 1000kW 的光伏逆变器根据组合安装方式，分解成若干台设备计算工程量。

11）太阳能控制器根据额定系统电压，按照设计图示安装数量以"台"为计量单位。当控制器与逆变器组合为复合电气逆变器时，控制器不单独计算安装工程量。

7. 发电机、电动机检查接线安装工程

本章内容包括：发电机、直流发电机检查接线及直流电动机、交流电动机、立式电动机、大（中）型电动机、微型电动机、变频机组、电磁调速电动机检查接线及空负荷试运转等。

（1）有关说明

1）发电机检查接线定额包括发电机干燥。电动机检查接线定额不包括电动机干燥，工程实际发生时，另行计算费用。

2）电机空转电源是按照施工电源编制的，定额中包括空转所消耗的电量及 6000V 电机空转所需的电压转换设施费用。空转时间按照安装规范综合考虑，工程实际施工与定额不同时不做调整。当工程采用永久电源进行空转时，应根据定额中的电量进行费用调整。

3）电动机根据质量分为大型、中型、小型。单台质量小于或等于 3t 的电动机为小型电动机，单台质量大于 3t 且小于或等于 30t 的电动机为中型电动机，单台质量大于 30t 的电动机为大型电动机。小型电动机安装按照电动机类别和功率大小执行相应定额；大、中型电动机安装不分交流、直流电动机，按照电动机质量执行相关定额。

4）微型电机包括驱动微型电机、控制微型电机、电源微型电机三类。驱动微型电机是指微型异步电机、微型同步电机、微型交流换向器电机、微型直流电机等；控制微型电机是指自整角机、旋转变压器、交 / 直流测速发电机、交 / 直流伺服电动机、步进电动机、力矩电动机等；电源微型电机是指微型电动发电机组和单枢变流机等。

5）功率小于或等于 0.75kW 电机检查接线均执行微型电机检查接线定额。设备出厂时电动机带出线的，不计算电动机检查接线费用。

6）电机检查接线定额不包括控制装置的安装和接线。

7）定额中电机接地材质是按照镀锌扁钢编制的，如采用铜接地时，可以调整接地材料费，但安装人工和机械不变。

8）本章定额不包括发电机与电动机的安装，包括电动机空载试运转所消耗的电量，工程实际与定额不同时，不做调整。

9）电动机控制箱安装执行《电气设备安装工程》第二章中"成套配电箱"相关定额。

（2）发电机、电动机检查接线工程量计量规则

1）发电机、电动机检查接线根据设备容量，按照设计图示安装数量以"台"为计量单位。单台电动机质量在 30t 以上时，按照质量计算检查接线工程量。

2）电动机检查接线定额中，每台电动机按照 0.824m 计算金属软管材料费。电机电源线为导线时，其接线端子分导线截面按照"个"计算工程量，执行《电气设备安装工程》第四章"配电控制、保护、直流装置安装工程"相关定额。

8. 滑触线安装工程

本章内容包括：轻型滑触线、安全节能型滑触线、型钢类滑触线、滑触线支架的安装及滑触线拉紧装置、挂式支持器的制作与安装，以及移动软电缆安装等。

（1）有关说明

1）滑触线及滑触线支架安装定额包括下料除锈、刷防锈漆与防腐漆，伸缩器、坐式电车绝缘子支持器安装。定额不包括预埋铁件与螺栓、辅助母线安装。

2）滑触线及支架安装定额是按照安装高度小于或等于 10m 编制的，若安装高度大于 10m 时，超出部分的安装工程量按照定额人工乘以系数 1.1。

3）安全节能型滑触线安装不包括滑触线导轨、支架、集电器及其附件等材料，安全节能型滑触线为三相式时，执行单相滑触线安装定额乘以系数 2.0。

4）移动软电缆安装定额不包括轨道安装及滑轮制作。

（2）滑触线工程量计量规则

1）滑触线安装根据材质及性能要求，按照设计图示安装成品数量以"m/ 单相"为计量单位，另行计算主材长度时，应考虑滑触线挠度和连接需要增加的工程量，不计算下料、安装损耗量，滑触线安装预留长度按照设计规定计算，设计无规定时按照表 3-20 的规定计算。

表 3-20　滑触线安装预留长度　　　　　　　　　　　（单位：m/ 根）

序号	项　　　目	预留长度	说　　　明
1	圆钢、铜母线与设备连接	0.2	从设备接线端子接口起算
2	圆钢、铜滑触线终端	0.5	从最后一个固定点起算
3	角钢滑触线终端	1.0	从最后一个支持点起算
4	扁钢滑触线终端	1.3	从最后一个固定点起算
5	扁钢母线分支	0.5	分支线预留
6	扁钢母线与设备连接	0.5	从设备接线端子接口起算
7	工字钢、槽钢、轻轨滑触线终端	0.8	从最后一个支持点起算
8	安全节能及其他滑触线终端	0.5	从最后一个固定点起算

2）滑触线支架、拉紧装置、挂式支持器安装根据构件形式及材质，按照设计图示安装成品数量以"副"或"套"为计量单位，三相一体为 1 副或 1 套。

3）沿钢索移动软电缆按照每根长度以"套"为计量单位，不足每根长度按照 1 套计算；沿轨道移动软电缆根据截面面积，以"m"为计量单位。

9. 运输设备电气装置及电气设备调试工程

"运输设备电气装置"内容包括：起重设备电气安装等。

"电气设备调试工程"内容包括：发电、输电、配电、太阳能光伏电站、用电工程中电气设备的分系统调试、整套启动调试、特殊项目测试与性能验收试验等。电动机负载调试定额包括带负载设备的空转、分系统调试期间电动机调试工作。

（1）有关说明

1）起重设备电气安装定额包括电气设备检查接线、电动机检查接线与安装、小车滑线安装、管线敷设、随设备供应的电缆敷设、校线、接线、设备本体灯具安装、接地、负荷试验、程序调试，不包括起重设备本体安装。

2）定额不包括电源线路及控制开关的安装、电动发电机组安装、基础型钢和钢支架及轨道的制作与安装、接地极与接地干线敷设、电气分系统调试。

3）调试定额是按照现行的发电、输电、配电、用电工程启动试运行及验收规程进行编制的，标准与未包括的调试项目和调试内容所发生的费用，应结合技术条件及相应的规定另行计算。

4）调试定额中已经包括熟悉资料、编制调试方案、核对设备、现场调试、填写调试试验记录、保护整定值的整定、整理调试报告等工作内容。

5）本章定额所用到的电源是按照永久电源编制的，定额中不包括调试与试验所消耗的电量，其电费已包含在其他费用（甲方费用）中。当工程需要单独计算调试与试验电费时，应按照实际表计电量计算。

6）分系统调试包括电气设备安装完毕后进行系统联动、对电气设备单体调试进行校验与修正、电气一次设备与二次设备常规的试验等工作内容。非常规的调试与试验执行特殊项目测试与性能验收试验相应的定额子目。

7）输配电装置系统调试中电压等级小于或等于1kV的定额适用于所有低压供电回路，如从低压配电装置至分配电箱的供电回路（包括照明供电回路）；从配电箱直接至电动机的供电回路已经包括在电动机的负载系统调试定额内。凡供电回路中带有仪表、继电器、电磁开关等调试元件的（不包括刀开关、熔断器），均按照调试系统计算。移动电器和以插座连接的家电设备不计算调试费用。输配电设备系统调试包括系统内的电缆试验、绝缘耐压试验等调试工作。桥形接线回路中的断路器、母线分段接线回路中的断路器均作为独立的供电系统计算。配电箱内只有开关、熔断器等不含调试元件的供电回路，则不再作为调试系统计算。

8）根据电动机的形式及规格，计算电动机负载调试。

9）移动式电器和以插座连接的家用电器设备及电量计量装置，不计算调试费用。

10）定额不包括设备的干燥处理和设备本身缺陷造成的元件更换修理，也未考虑因设备元件质量低劣或安装质量问题对调试工作造成的影响。发生时，按照有关的规定进行处理。

11）定额是按照新的且合格的设备考虑的。当调试经更换修改的设备、拆迁的旧设备时，定额乘以系数1.15。

12）调试定额是按照现行国家标准《电气装置安装工程电气设备交接试验标准》（GB 50150）及相应电气装置安装工程施工及验收系列规范进行编制的，标准与规范未包括的调试项目和调试内容所发生的费用，应结合技术条件及相应的规定另行计算。发电机、变压器、母线、线路的分系统调试中均包括了相应保护调试,"保护装置系统调试"定额适用于单独调试保护系统。

13)调试定额中已经包括熟悉资料、核对设备、填写试验记录、保护整定值的整定、整理调试报告等工作内容。

14)调试带负荷调压装置的电力变压器时调试定额乘以系数 1.12;三线圈变压器、整流变压器、电炉变压器调试按照同容量的电力变压器调试定额乘以系数 1.2。

15)3~10kV 母线系统调试定额中包含一组电压互感器,电压等级小于或等于 1kV 母线系统调试定额中不包含电压互感器,定额适用于低压配电装置的各种母线(包括软母线)的调试。

16)可控硅调速直流电动机负载调试内容包括可控硅整流装置系统和直流电动机控制回路系统两个部分的调试。其中可控硅整流装置系统调试占 60%,直流电动机控制回路系统调试占 40%。

17)直流、硅整流、可控硅整流装置系统调试定额中包括其单体调试。

18)交流变频调速电动机负载调试内容包括变频装置系统和交流电动机控制回路系统两个部分的调试。其中变频装置系统调试占 60%,交流电动机控制回路系统调试占 40%。

19)智能变电站系统调试中只考虑遥控、遥信、遥测的功能,若工程需要增加遥调时,相应定额应乘以系数 1.2。

20)整套启动调试包括发电、输电、变电、配电、太阳能光伏发电部分在项目生产投料或使用前后进行的项目电气部分整套调试和配合生产启动试运行以及程序校验、运行调整、状态切换、动作试验等内容。不包括在整套启动试运行过程中暴露出来的设备缺陷处理或因施工质量、设计质量等问题造成的返工所增加的调试工作量。

21)其他材料费中包括调试消耗、校验消耗材料费。

(2)运输设备电气装置安装工程及电气设备调试工程工程量计量规则

1)起重设备电气安装根据起重设备形式与起重量及控制地点,按照设计图示安装数量以"台"为计量单位。

2)电气调试系统根据电气布置系统图,结合调试定额的工作内容进行划分,按照定额计量单位计算工程量。

3)电气设备常规试验不单独计算工程量,特殊项目的测试与试验根据工程需要按照实际数量计算。

4)供电桥回路的断路器、母线分段断路器,均按照独立的输配电设备系统计算调试费。

5)输配电设备系统调试是按照一侧有一台断路器考虑的,若两侧均有断路器时,则按照两个系统。

6)变压器系统调试是按照每个电压侧有一台断路器考虑的,若断路器多于一台时,则按照相应的电压等级另行计算输配电设备系统调试费。

7)保护装置系统调试以被保护的对象主体为一套。其工程量按照下列规定计算:

① 发电机组保护调试按照发电机的台数计算。

② 变压器保护调试按照变压器的台数计算。

③ 母线保护调试按照设计规定所保护的母线条数计算。

④ 线路保护调试按照设计规定所保护的进出线回路数计算。

⑤ 小电流接地保护按照装设该保护装置的套数计算。

8）自动投入装置系统调试包括继电器、仪表等元件本身和二次回路的调整试验。其工程量按照下列规定计算：

① 备用电源自动投入装置按照连锁机构的个数计算自动投入装置的系统工程量。一台备用厂用变压器作为三段厂用工作母线备用电源，按照三个系统计算工程量。设置自动投入的两条互为备用的线路或两台变压器，按照两个系统计算工程量。备用电动机自动投入装置也按此规定计算。

② 线路自动重合闸系统调试按照采用自动重合闸装置的线路自动断路器的台数计算系统工程量。综合重合闸也按此规定计算。

③ 自动调频装置系统调试以一台发电机为一个系统计算工程量。

④ 同期装置系统调试按照设计构成一套能够完成同期并车行为的装置为一个系统计算工程量。

⑤ 用电切换系统调试按照设计能够完成交直流切换的一套装置为一个系统计算工程量。

9）测量与监视系统调试包括继电器、仪表等元件本身和二次回路的调整试验。其工程量按照下列规定计算：

① 直流监视系统调试以蓄电池的组数为一个系统计算工程量。

② 变送器屏系统调试按照设计图示数量以台数计算工程量。

③ 低压低周波减负荷装置系统调试按照设计装设低周低压减负荷装置屏数计算工程量。

10）保安电源系统调试按照安装的保安电源台数计算工程量。

11）事故照明、故障录波器系统调试根据设计标准，按照发电机组台数、独立变电站与配电室的座数计算工程量。

12）电除尘器系统调试根据烟气进除尘器入口净面积以套计算工程量。按照一台升压变压器、一组整流器及附属设备为一套计算。

13）硅整流装置系统调试按照一套装置为一个系统计算工程量。

14）电动机负载调试是指电动机连带机械设备及装置一并进行调试。电动机负载调试根据电动机的控制方式、功率按照电动机的台数计算工程量。

15）一般民用建筑电气工程中，配电室内带有调试元件的盘、箱、柜和带有调试元件的照明配电箱，应按照供电方式计算输配电设备系统调试数量。用户所用的配电箱供电不计算系统调试费。电量计量表一般是由供应单位经有关检验校验后进行安装，不计算调试费。

16）具有较高控制技术的电气工程（包括照明工程中由程控调光的装饰灯具），应按照控制方式计算系统调试工程量。

17）成套开闭所根据开关间隔单元数量，按照成套的单个箱体数量计算工程量。

18）成套箱式变电站根据变压器容量，按照成套的单个箱体数量计算工程量。

19）配电智能系统调试根据间隔数量，以"系统"为计量单位。一个站点为一个系统。一个柱上配电终端若接入主（子）站，可执行两个以下间隔的分系统调试定额，若就地保护则不能执行系统调试定额。

20）整套启动调试按照发电、输电、变电、配电、太阳能光伏发电工程分别计算。发电厂根据锅炉蒸发量按照"台"计算工程量，无发电功能的独立供热站不计算发电整套调试；输电线路根据电压等级及输电介质不分回路数按照"条"计算工程量；变电、配电根据高压侧电压等级不分容量按照"座"计算工程量；太阳能光伏发电站根据发电功率，以"项目"为计量单位按照"座"计算工程量。

① 用电工程项目电气部分整套启动调试随用电工程项目统一考虑，不单独计算有关用电电气整套启动调试费用。

② 用户端配电站（室）根据高压侧电压等级（接受端电压等级）计算配电整套启动调试费。

③ 中心变电站至用户端配电室（含箱式变电站）的输电线路，根据输电电压等级计算输电线路整套启动调试费；用户端配电室（含箱式变电站）至用户各区域或用电设备的配电电缆、电线工程不计算输电整套启动调试费。

21）特殊项目测试与性能验收试验根据技术标准与测试的工作内容，按照实际测试与试验的设备或装置数量计算工程量。

3.3.2　电气设备安装工程清单工程量计算规则

《通用安装工程工程量计算规范》（GB 50856—2013）中，电气设备安装工程的工程量清单包括 D.1 变压器安装（030401），D.2 配电装置安装（030402），D.3 母线安装（030403），D.4 控制设备及低压电器安装（030404），D.5 蓄电池安装（030405），D.6 电机检查接线及调试（00406），D.7 滑触线装置安装（030407），D.8 电缆安装（030408），D.9 防雷及接地装置（030409），D.10 10kV 以下架空配电线路（030410），D.11 配管、配线（030411），D.12 照明器具安装（030412），D.13 附属工程（030413），D.14 电气调整试验（030414）十四个部分，共计 148 个清单项目。电气设备安装工程适用于 10kV 以下变配电设备及线路的安装工程、车间动力电气设备及电气照明、防雷及接地装置安装、配管配线、电气调试等。

1. 控制设备及低压电器安装

控制设备及低压电器安装工程量清单项目设置及工程量计算规则见表 3-21。

表 3-21　D.4 控制设备及低压电器安装（编码：030404）

项目编码	项目名称	项 目 特 征	计量单位	工程量计算规则	工 作 内 容
030404001	控制屏	1. 名称 2. 型号 3. 规格 4. 种类 5. 基础型钢形式、规格 6. 接线端子材质、规格 7. 端子板外部接线材质、规格 8. 小母线材质、规格 9. 屏边规格	台	按设计图示数量计算	1. 本体安装 2. 基础型钢制作、安装 3. 端子板安装 4. 焊、压接线端子 5. 盘柜配线、端子接线 6. 小母线安装 7. 屏边安装 8. 补刷（喷）油漆 9. 接地
030404002	继电、信号屏				
030404003	模拟屏				

（续）

项目编码	项目名称	项目特征	计量单位	工程量计算规则	工作内容
030404004	低压开关柜（屏）	1. 名称 2. 型号 3. 规格 4. 种类 5. 基础型钢形式、规格 6. 接线端子材质、规格 7. 端子板外部接线材质、规格 8. 小母线材质、规格 9. 屏边规格	台	按设计图示数量计算	1. 本体安装 2. 基础型钢制作、安装 3. 端子板安装 4. 焊、压接线端子 5. 盘柜配线、端子接线 6. 屏边安装 7. 补刷（喷）油漆 8. 接地
030404005	弱电控制返回屏				1. 本体安装 2. 基础型钢制作、安装 3. 端子板安装 4. 焊、压接线端子 5. 盘柜配线、端子接线 6. 小母线安装 7. 屏边安装 8. 补刷（喷）油漆 9. 接地
030404006	箱式配电室	1. 名称 2. 型号 3. 规格 4. 质量 5. 基础规格、浇筑材质 6. 基础型钢形式、规格	套		1. 本体安装 2. 基础型钢制作、安装 3. 基础浇筑 4. 补刷（喷）油漆 5. 接地
030404007	硅整流柜	1. 名称 2. 型号 3. 规格 4. 容量（A） 5. 基础型钢形式、规格			1. 本体安装 2. 基础型钢制作、安装 3. 补刷（喷）油漆 4. 接地
030404008	可控硅柜	1. 名称 2. 型号 3. 规格 4. 容量（kW） 5. 基础型钢形式、规格	台		
030404009	低压电容器柜	1. 名称 2. 型号 3. 规格 4. 基础型钢形式、规格 5. 接线端子材质、规格 6. 端子板外部接线材质、规格 7. 小母线材质、规格 8. 屏边规格			1. 本体安装 2. 基础型钢制作、安装 3. 端子板安装 4. 焊、压接线端子 5. 盘柜配线、端子接线 6. 小母线安装 7. 屏边安装 8. 补刷（喷）油漆 9. 接地
030404010	自动调节励磁屏				
030404011	励磁灭磁屏				
030404012	蓄电池屏（柜）				
030404013	直流馈电屏				
030404014	事故照明切换屏				

（续）

项目编码	项目名称	项 目 特 征	计量单位	工程量计算规则	工 作 内 容
030404015	控制台	1. 名称 2. 型号 3. 规格 4. 基础型钢形式、规格 5. 接线端子材质、规格 6. 端子板外部接线材质、规格 7. 小母线材质、规格	台	按设计图示数量计算	1. 本体安装 2. 基础型钢制作、安装 3. 端子板安装 4. 焊、压接线端子 5. 盘柜配线、端子接线 6. 小母线安装 7. 补刷（喷）油漆 8. 接地
030404016	控制箱	1. 名称 2. 型号 3. 规格 4. 基础形式、材质、规格 5. 接线端子材质、规格 6. 端子板外部接线材质、规格 7. 安装方式			1. 本体安装 2. 基础型钢制作、安装 3. 焊、压接线端子 4. 补刷（喷）油漆 5. 接地
030404017	配电箱				
030404018	插座箱	1. 名称 2. 型号 3. 规格 4. 安装方式			1. 本体安装 2. 接地
030404019	控制开关	1. 名称 2. 型号 3. 规格 4. 接线端子材质、规格 5. 额定电流（A）	个		
030404020	低压熔断器	1. 名称 2. 型号 3. 规格 4. 接线端子材质、规格			1. 本体安装 2. 焊、压接线端子 3. 接线
030404021	限位开关				
030404022	控制器		台		
030404023	接触器				
030404024	磁力启动器				
030404025	丫-△自耦减压启动器				
030404026	电磁铁（电磁制动器）				
030404027	快速自动开关				
030404028	电阻器		箱		
030404029	油浸频敏变阻器		台		

（续）

项目编码	项目名称	项目特征	计量单位	工程量计算规则	工作内容
030404030	分流器	1. 名称 2. 型号 3. 规格 4. 容量（A） 5. 线端子材质、规格	个	按设计图示数量计算	1. 本体安装 2. 焊、压接线端子 3. 接线
030404031	小电器	1. 名称 2. 型号 3. 规格 4. 按线端子材质、规格	个（套、台）		
030404032	端子箱	1. 名称 2. 型号 3. 规格 4. 安装部位	台		1. 本体安装 2. 接线
030404033	风扇	1. 名称 2. 型号 3. 规格 4. 安装方式			1. 本体安装 2. 调速开关安装
030404034	照明开关	1. 名称 2. 材质 3. 规格 4. 安装方式	个		1. 本体安装 2. 接线
030404035	插座				
030404036	其他电器	1. 名称 2. 规格 3. 安装方式	个（套、台）		1. 安装 2. 接线

表 3-21 中的控制开关包括自动空气开关、刀开关、封闭式负荷开关、胶盖刀开关、组合控制开关、万能转换开关、风机盘管三速开关、漏电保护开关等，小电器包括按钮、电笛、电铃、水位电气信号装置、测量表计、继电器、电磁锁、屏上辅助设备、辅助电压互感器、小型安全变压器等。

2. 蓄电池安装

蓄电池安装工程量清单项目设置及工程量计算规则见表 3-22。

表 3-22　D.5 蓄电池安装（编码：030405）

项目编码	项目名称	项目特征	计量单位	工程量计算规则	工作内容
030405001	蓄电池	1. 名称 2. 型号 3. 容量（A·h） 4. 防震支架形式、材质 5. 充放电要求	个（组件）	按设计图示数量计算	1. 本体安装 2. 防震支架安装 3. 充放电
030405002	太阳能电池	1. 名称 2. 型号 3. 规格 4. 容量 5. 安装方式	组		1. 安装 2. 电池方阵铁架安装 3. 联调

3. 电机检查接线及调试

电机检查接线及调试工程量清单项目设置及工程量计算规则见表 3-23。

表 3-23　D.6 电机检查接线及调试（编码：030406）

项目编码	项目名称	项目特征	计量单位	工程量计算规则	工作内容
030406001	发电机	1. 名称 2. 型号 3. 容量（kW） 4. 接线端子材质、规格 5. 干燥要求	台	按设计图示数量计算	1. 检查接线 2. 接地 3. 干燥 4. 调试
030406002	调相机				
030406003	普通小型直流电动机				
030406004	可控硅调速直流电动机	1. 名称 2. 型号 3. 容量（kW） 4. 类型 5. 接线端子材质、规格 6. 干燥要求			
030406005	普通交流同步电动机	1. 名称 2. 型号 3. 容量（kW） 4. 启动方式 5. 电压等级（kV） 6. 接线端子材质、规格 7. 干燥要求			
030406006	低压交流异步电动机	1. 名称 2. 型号 3. 容量（kW） 4. 控制保护方式 5. 接线端子材质、规格 6. 干燥要求			
030406007	高压交流异步电动机	1. 名称 2. 型号 3. 容量（kW） 4. 保护类别 5. 接线端子材质、规格 6. 干燥要求			
030406008	交流变频调速电动机	1. 名称 2. 型号 3. 容量（kW） 4. 类别 5. 接线端子材质、规格 6. 干燥要求			
030406009	微型电机、电加热器	1. 名称 2. 型号 3. 规格 4. 接线端子材质、规格 5. 干燥要求			

（续）

项目编码	项目名称	项目特征	计量单位	工程量计算规则	工作内容
030406010	电动机组	1. 名称 2. 型号 3. 电动机台数 4. 联锁台数 5. 接线端子材质、规格 6. 干燥要求	组	按设计图示数量计算	1. 检查接线 2. 接地 3. 干燥 4. 调试
030406011	备用励磁机组	1. 名称 2. 型号 3. 接线端子材质、规格 4. 干燥要求			
030406012	励磁电阻器	1. 名称 2. 型号 3. 规格 4. 接线端子材质、规格 5. 干燥要求	台		1. 本体安装 2. 检查接线 3. 干燥

4. 滑触线装置安装

滑触线装置安装工程量清单项目设置及工程量计算规则见表 3-24。

表 3-24　D.7 滑触线装置安装（编码：030407）

项目编码	项目名称	项目特征	计量单位	工程量计算规则	工作内容
030407001	滑触线	1. 名称 2. 型号 3. 规格 4. 材质 5. 支架形式、材质 6. 移动软电缆材质、规格、安装部位 7. 拉紧装置类型 8. 伸缩接头材质、规格	m	按设计图示尺寸以单相长度计算（含预留长度）	1. 滑触线安装 2. 滑触线支架制作、安装 3. 拉紧装置及挂式支持器制作、安装 4. 移动软电缆安装 5. 伸缩接头制作、安装

5. 电缆安装

电缆安装工程量清单项目设置及工程量计算规则见表 3-25。

表 3-25　D.8 电缆安装（编码：030408）

项目编码	项目名称	项目特征	计量单位	工程量计算规则	工作内容
030408001	电力电缆	1. 名称 2. 型号 3. 规格 4. 材质 5. 敷设方式、部位 6. 电压等级（kV） 7. 地形	m	按设计图示尺寸以长度计算（含预留长度及附加长度）	1. 电缆敷设 2. 揭（盖）盖板
030408002	控制电缆				

（续）

项目编码	项目名称	项目特征	计量单位	工程量计算规则	工作内容
030408003	电缆保护管	1. 名称 2. 材质 3. 规格 4. 敷设方式	m	按设计图示尺寸以长度计算	保护管敷设
030408004	电缆槽盒	1. 名称 2. 材质 3. 规格 4. 型号			槽盒安装
030408005	铺砂、盖保护板（砖）	1. 种类 2. 规格			1. 铺砂 2. 盖板（砖）
030408006	电力电缆头	1. 名称 2. 型号 3. 规格 4. 材质、类型 5. 安装部位 6. 电压等级（kV）	个	按设计图示数量计算	1. 电力电缆头制作 2. 电力电缆头安装 3. 接地
030408007	控制电缆头	1. 名称 2. 型号 3. 规格 4. 材质、类型 5. 安装方式			
030408008	防火堵洞	1. 名称 2. 材质 3. 方式 4. 部位	处		安装
030408009	防火隔板		m²	按设计图示尺寸以面积计算	
030408010	防火涂料		kg	按设计图示尺寸以质量计算	
030408011	电缆分支箱	1. 名称 2. 型号 3. 规格 4. 基础形式、材质、规格	台	按设计图示数量计算	1. 本体安装 2. 基础制作、安装

注：电缆穿刺线夹按电缆头编码列项。

6. 配管、配线

配管、配线工程量清单项目设置及工程量计算规则见表 3-26。表中的配管指电线管、钢管、防爆管、塑料管、软管、波纹管等；配线指管内穿线、瓷夹板配线、塑料夹板配线、绝缘子配线、槽板配线、塑料护套配线、线槽配线、车间带形母线等。需注意的是，配管安装中不包括凿槽、刨沟的工作内容，应按《通用安装工程工程量计算规范》（GB 50856—2013）附录 D.13 附属工程相关项目编码列项。

配线保护管遇到下列情况之一时，应增设管路接线盒和拉线盒：

① 管长度每超过 30m，无弯曲。

② 管长度每超过 20m，有 1 个弯曲。

表 3-26　D.11 配管、配线（编码：030411）

项目编码	项目名称	项 目 特 征	计量单位	工程量计算规则	工 作 内 容
030411001	配管	1. 名称 2. 材质 3. 规格 4. 配置形式 5. 接地要求 6. 钢索材质、规格	m	按设计图示尺寸以长度计算	1. 电线管路敷设 2. 钢索架设（拉紧装置安装） 3. 预留沟槽 4. 接地
030411002	线槽	1. 名称 2. 材质 3. 规格			1. 本体安装 2. 补刷（喷）油漆
030411003	桥架	1. 名称 2. 型号 3. 规格 4. 材质 5. 类型 6. 接地方式			1. 本体安装 2. 接地
030411004	配线	1. 名称 2. 配线形式 3. 型号 4. 规格 5. 材质 6. 配线部位 7. 配线线制 8. 钢索材质、规格		按设计图示尺寸以单线长度计算（含预留长度）	1. 配线 2. 钢索架设（拉紧装置安装） 3. 支持体（夹板、绝缘子、槽板等）安装
030411005	接线箱	1. 名称 2. 材质 3. 规格 4. 安装形式	个	按设计图示数量计算	本体安装
030411006	接线盒				

③ 管长度每超过 15m，有 2 个弯曲。

④ 管长度每超过 8m，有 3 个弯曲。

垂直敷设的电线保护管遇到下列情况之一时，应增设固定导线用的拉线盒：

① 管内导线截面面积为 $50mm^2$ 及以下，长度每超过 30m。

② 管内导线截面面积为 $70 \sim 95mm^2$，长度每超过 20m。

③ 管内导线截面面积为 $120 \sim 240mm^2$，长度每超过 18m。

在配管清单项目计量时，设计无要求时上述规定可以作为计量接线盒、拉线盒的依据。

7. 照明器具安装

照明器具安装工程量清单项目设置及工程量计算规则见表 3-27。表中的普通灯具包括：圆球吸顶灯、半圆球吸顶灯、方形吸顶灯、软线吊灯、座灯头、吊链灯、防水吊灯、壁灯等。高度标志（障碍）灯包括：烟囱标志灯、高塔标志灯、高层建筑屋顶障碍指示灯等。装饰灯包括：吊式艺术装饰灯、吸顶式艺术装饰灯、荧光艺术装饰灯、几何型组合艺术装饰灯、水下（上）艺术装饰灯、点光源艺术灯、标志灯、诱导装饰灯、歌舞厅灯具、草坪灯具等。中杆灯是指安装在高度小于或等于 19m 的灯杆上的照明器具；高杆灯是指安装在高度大于 19m 的灯杆上的照明器具。

表 3-27　D.12 照明器具安装（编码：030412）

项目编码	项目名称	项 目 特 征	计量单位	工程量计算规则	工 作 内 容
030412001	普通灯具	1. 名称 2. 型号 3. 规格 4. 类型			本体安装
030412002	工厂灯	1. 名称 2. 型号 3. 规格 4. 安装形式			
030412003	高度标志 （障碍）灯	1. 名称 2. 型号 3. 规格 4. 安装部位 5. 安装高度			
030412004	装饰灯	1. 名称 2. 型号 3. 规格 4. 安装形式			
030412005	荧光灯		套	按设计图示数量计算	
030412006	医疗专用灯	1. 名称 2. 型号 3. 规格			
030412007	一般路灯	1. 名称 2. 型号 3. 规格 4. 灯杆材质、规格 5. 灯架形式及臂长 6. 附件配置要求 7. 灯杆形式（单、双） 8. 基础形式、砂浆配合比 9. 杆座材质、规格 10. 接线端子材质、规格 11. 编号 12. 接地要求			1. 基础制作、安装 2. 立灯杆 3. 杆座安装 4. 灯架及灯具附件安装 5. 焊、压接线端子 6. 补刷（喷）油漆 7. 灯杆编号 8. 接地
030412008	中杆灯	1. 名称 2. 灯杆的材质及高度 3. 灯架的型号、规格 4. 附件配置 5. 光源数量 6. 基础形式、浇筑材质 7. 杆座材质、规格 8. 接线端子材质、规格 9. 铁构件规格 10. 编号 11. 灌浆配合比 12. 接地要求			1. 基础浇筑 2. 立灯杆 3. 杆座安装 4. 灯架及灯具附件安装 5. 焊、压接线端子 6. 铁构件安装 7. 补刷（喷）油漆 8. 灯杆编号 9. 接地

（续）

项目编码	项目名称	项目特征	计量单位	工程量计算规则	工作内容
030412009	高杆灯	1. 名称 2. 灯杆高度 3. 灯架形式（成套或组装、固定或升降） 4. 附件配置 5. 光源数量 6. 基础形式、浇筑材质 7. 杆座材质、规格 8. 接线端子材质、规格 9. 铁构件规格 10. 编号 11. 灌浆配合比 12. 接地要求	套	按设计图示数量计算	1. 基础浇筑 2. 立灯杆 3. 杆座安装 4. 灯架及灯具附件安装 5. 焊、压接线端子 6. 铁构件安装 7. 补刷（喷）油漆 8. 灯杆编号 9. 升降机构接线调试 10. 接地
030412010	桥栏杆灯	1. 名称 2. 型号 3. 规格 4. 安装形式			1. 灯具安装 2. 补刷（喷）油漆
030412011	地道涵洞灯				

8. 附属工程

附属工程工程量清单项目设置及工程量计算规则见表3-28。

表 3-28　D.13 附属工程（编码：030413）

项目编码	项目名称	项目特征	计量单位	工程量计算规则	工作内容
030413001	铁构件	1. 名称 2. 材质 3. 规格	kg	按设计图示尺寸以质量计算	1. 制作 2. 安装 3. 补刷（喷）油漆
030413002	凿（压）槽	1. 名称 2. 规格 3. 类型 4. 填充（恢复）方式 5. 混凝土标准	m	按设计图示尺寸以长度计算	1. 开槽 2. 恢复处理
030413003	打洞（孔）	1. 名称 2. 规格 3. 类型 4. 填充（恢复）方式 5. 混凝土标准	个	按设计图示数量计算	1. 开孔、洞 2. 恢复处理
030413004	管道包封	1. 名称 2. 规格 3. 混凝土强度等级	m	按设计图示尺寸以长度计算	1. 灌注 2. 养护
030413005	人（手）孔砌筑	1. 名称 2. 规格 3. 类型	个	按设计图示数量计算	砌筑

（续）

项目编码	项目名称	项 目 特 征	计量单位	工程量计算规则	工 作 内 容
030413006	人（手）孔防水	1. 名称 2. 类型 3. 规格 4. 防水材质及做法	m²	按设计图示防水面积计算	防水

注：铁构件适用于电气工程的各种支架、铁构件的制作安装。

9. 电气调整试验

电气调整试验工程量清单项目设置及工程量计算规则见表3-29。

表 3-29　D.14 电气调整试验（编码：030414）

项目编码	项目名称	项 目 特 征	计 量 单 位	工程量计算规则	工 作 内 容
030414001	电力变压器系统	1. 名称 2. 型号 3. 容量（kV·A）	系统	按设计图示系统计算	系统调试
030414002	送配电装置系统	1. 名称 2. 型号 3. 电压等级（kV） 4. 类型			
030414003	特殊保护装置	1. 名称 2. 型号	台（套）	按设计图示数量计算	
030414004	自动投入装置		系统（台、套）		
030414005	中央信号装置	1. 名称 2. 型号	系统（台）		
030414006	事故照明切换装置		系统	按设计图示系统计算	调试
030414007	不间断电源	1. 名称 2. 类型 3. 容量			
030414008	母线	1. 名称 2. 电压等级（kV）	段	按设计图示数量计算	
030414009	避雷器		组		
030414010	电容器				
030414011	接地装置	1. 名称 2. 类别	1. 系统 2. 组	1. 以系统计量，按设计图示系统计算 2. 以组计量，按设计图示数量计算	接地电阻测试
030414012	电抗器、消弧线圈		台	按设计图示数量计算	调试
030414013	电除尘器	1. 名称 2. 型号 3. 规格	组		

（续）

项目编码	项目名称	项 目 特 征	计量单位	工程量计算规则	工 作 内 容
030414014	硅整流设备、可控硅整流装置	1. 名称 2. 类别 3. 电压（V） 4. 电流（A）	系统	按设计图示系统计算	调试
030414015	电缆试验	1. 名称 2. 电压等级（kV）	次（根、点）	按设计图示数量计算	试验

10. 附加长度的确定

"13 版规范"中规定：电线、电缆、母线均按设计要求、规范、施工工艺规程规定的预留长度及附加长度应计入工程量。软母线安装预留长度，硬母线配置安装预留长度，盘、箱、柜的外部进出线预留长度，电缆敷设预留长度，以及连接设备导线的预留长度分别见表 3-5、表 3-6、表 3-7、表 3-8 和表 3-12，其他预留长度表见表 3-30。

表 3-30　其他预留长度　　　　　　　　　　　　　　　　（单位：m）

序号	项　　　目	附加长度	说　　　明
1	接地母线、引下线、避雷网附加长度	3.9%	按接地母线、引下线、避雷网全长计算

3.4　电气设备安装工程预算示例

3.4.1　定额计价示例

1. 电气设计说明

（1）设计依据

1）建筑概况。综合楼：地上六层，每楼层高度均为 3m，建筑高度 18.62m；总建筑面积 3654.83m²，建筑为框架结构。

2）相关专业提供的工程设计资料。

3）建设单位提供的设计任务书及设计要求。

4）现行主要标准及法规：《民用建筑电气设计规范》（JGJ 16）；《低压配电设计规范》（GB 50054）；《建筑物防雷设计规范》（GB 50057）；《有线电视系统工程技术规范》（GB 50200）；《综合布线系统工程设计规范》（GB 50311）；其他有关的现行规程、规范及标准。

（2）设计范围　本工程设计主要包括以下内容：220V/380V 配电系统。

（3）220V/380V 配电系统

1）负荷分类及容量。二级负荷：走道应急照明用电等；三级负荷：其他电力负荷及照明负荷，其容量为 140kW。

2）要求灯具的功率因数大于 0.85，所有灯具均选用高效节能型灯具。

3）供电电源：本工程供电电源由室外箱式变配电站引来。

（4）设备安装　安装要求说明：

1）所有电气产品应符合国家有关标准，凡属于强制性认证的产品应取得国家认证标志。

2）配电箱：安装高度1800mm。总配电箱XL9尺寸1165mm×1065mm，层配电箱$XRC_1$320mm×420mm，户配电箱$XRM_3$180mm×320mm。

3）插座高度300mm，开关高度1300mm，厨房、浴卫插座高度1300mm，冰箱、洗衣机插座高度1300mm，楼梯间声控开关高度2200mm。

4）荧光灯高度2000mm，壁灯高度2200mm。

5）抽油烟机高度1800mm，轴流排气扇高度2300mm。

本工程配管、配线要求全部沿墙暗敷。

（5）导线选择及敷设

1）入户电缆选用YJV-（4×25+1×16）1kV，配电干线选用BV-25、BV-16、BV-10聚氯乙烯绝缘铜芯导线。所有干线均穿PC管暗敷。详见图3-14和图3-15。

2）其他支线选用BV聚氯乙烯绝缘铜芯导线，如图3-14和图3-15所示。

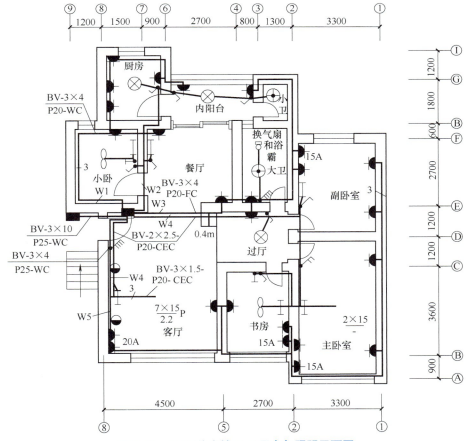

图3-14　A-12住宅楼1~6层电气照明平面图

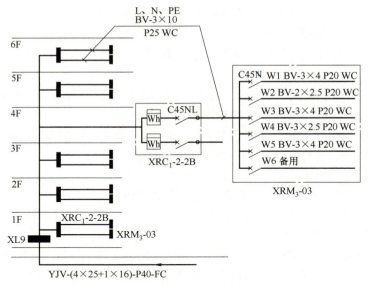

图 3-15 A-12 住宅楼电气照明系统图

2. 计算过程（见表 3-31）

表 3-31 A-12 住宅楼工程量计算表

序号	分部分项工程名称	计算式及其说明	单位	数量
1	进户电缆			
	全塑电缆 YJV-$4 \times 25 + 1 \times 16$	暂按 41m 计算，验收后以实际长度为准	m	41.00
	PVC DN40	1.8（配电箱高）+0.3（室外地坪差）+0.9（沟深度）+2×1.2（轴号数）+3.6（同前）+0.9（沟深）+0.15（墙厚）+1（定额穿基础外）=11.05	m	11.05
	电缆头（$25mm^2$）	干包式电缆头	个	1
2	配电箱			
	总配电箱 XL9	1×1（层）=1	台	1
	层照明电表箱 XRC1	1×6（层）=6	台	6
	户照明配电箱 XRM3	2×6（层）=12	台	12
3	总箱至层箱	配管、配线		
	PVC DN40	3（层高）×5（层）=15.00	m	15.00
	穿线 BV-1×16	5×3×1=15.00 加预留 (0.32+0.42)×11+(1.165+1.065)×1=10.37 共 25.37	m	15.00 25.37
	穿线 BV-4×25	15×4=60.00 加预留总长 4×25.37=101.48	m	60.00 101.48
	压铜接线端子 16	1×12=12	个	12
	压铜接线端子 25	4×12=48	个	48

（续）

序号	分部分项工程名称	计算式及其说明	单位	数量
4	层箱至户箱	配管配线		
	PVC DN25	1.2 + 1.5 ÷ 2 = 1.95 1.95 × 2 户 × 6 层 =23.40	m	23.40
	穿线 BV-3 × 10	1.95 × 3 根 × 2 户 × 6 层 =70.20 加预留［1.95+（0.32+0.42）+（0.18+0.32）］× 3 根 × 2 户 × 6 层 =114.84	m	70.20 114.84
5	W1 回路	插座回路配管、配线从户箱起沿 E、9、B、8、I 等轴至阳台 6		
	PVC DN20	（3−1.8）垂直 +1.5 ÷ 2（8 轴）+1.2（9 轴）+2.7（F 轴）+0.6（B 轴）+1.2（9~8 轴）+1.5（8~7 轴）+0.9 ÷ 2（7~6 轴）+1.8（B~G 轴）+1.2（G~I 轴）+1.5（8~7 轴）+0.9（7~6 轴）+1.2（I~G 轴）+0.3（6~4 轴小段）+（3−0.3）× 2+（3−1.3）× 4+（3−1.8）=29.90 29.90 × 2 户 × 6 层 =358.80 插座及底盒 7 套，分线盒 7（9）个	m	358.80
	穿线 BV-3 × 4	29.90 × 3 × 2 户 × 6 层 =1076.40 加预留［29.90+（0.18+0.32）］× 3 × 2 户 × 6 层 =1094.40	m	1076.40 1094.40
6	W2 回路	照明回路配管、配线从户箱起沿 E、7、B、6、阳台至小卫		
	PVC DN20	（3−1.8）垂直 +1.5 ÷ 2（8~7 轴）+2.7（E~F 轴）+0.6（F~B 轴）+0.9 ÷ 2（7~6 轴）+1.8（B~G 轴）+（1.5+0.9）÷ 2（6~8 轴）+2.7（6~4 轴）+0.8（4~3 轴）+1.3 ÷ 2（3~2 轴）+（1.5+1.2）÷ 2（9~7 轴风扇）+（3−1.3）× 5=22.70 22.70 × 2 户 × 6 层 =272.40 开关及底盒 6 套，灯头盒 6 个，分线盒 9 个	m	272.40
	穿线 BV-2 × 2.5	22.70 × 2 × 2 户 × 6 层 =544.80 加预留［22.70+（0.18+0.32）］× 2 × 2 户 × 6 层 =556.80	m	544.80 556.80
7	W3 回路	插座回路配管、配线从户箱起沿 E、大卫、2、G 等轴至阳台插座		
	PVC DN20	（3−1.8）垂直 +1.5 ÷ 2（8~7 轴）+0.9（7~6 轴）+2.7（6~4 轴）+0.8（4~3 轴）+1.3（3~2 轴）+2.7（E~F 轴）+0.6（F~B 轴）+1.8（B~G 轴）+1.3（2~3 轴）+0.5（2~3 轴）+2.7（卫 E~F 轴）+（3−0.3）× 2 插座 +（3−1.3）× 2 卫开关 +（3−0.3）× 2 副卧插座 =31.45 31.45 × 2 户 × 6 层 =377.40 插座及底盒 6 套，浴霸线盒 2 个，分线盒 6 个	m	377.40
	穿线 BV-3 × 4	31.45 × 3 × 2 户 × 6 层 =1132.20 加预留［31.45+（0.18+0.32）］× 3 × 2 户 × 6 层 =1150.20	m	1132.20 1150.20

（续）

序号	分部分项工程名称	计算式及其说明	单位	数量
8	W4 回路	照明回路配管、配线从户箱起沿客厅灯、E、2 至副卧、主卧灯		
	PVC DN20	（3-1.8）垂直 +1.5÷2（8~7 轴）+0.9（7~6 轴）+2.7（6~4 轴）+0.8（4~3 轴）+1.3（3~2 轴）+（少 2 轴上段荧光灯线）+1.2（E~D 轴）+1.2（D~C 轴）+3.6÷2（C~B 轴）+3.3÷2（2~1 轴 灯）+2.7÷2×2（2~3 轴风扇开关）+1.8（B 中 ~C 轴）+（1.2+1.2）÷2（8~E~C 轴）+1.5÷2（7~8 轴）+（3.6+1.2+1.2）÷2×3（8~E~C 轴）+4.5÷2（客厅 8~5 轴）+（3-1.3）×5 开关 +（3-2）×4 荧光灯 +（3-2.2）×2 壁灯 =45.30 45.30×2 户 ×6 层 =543.60 开关及底盒 5 套，灯头盒 10 个，分线盒 7 个	m	543.60
	穿线 BV-2×2.5	45.30×2×2 户 ×6 层 =1087.20 加预留［45.30+（0.18+0.32）］×2×2 户 ×6 层 =1099.20	m	1087.20 1099.20
9	W5 回路	插座回路配管、配线从户箱起沿 E、8、B、A、1 等轴至副卧插座止		
	PVC DN20	（3-1.8）垂直 +1.5÷2（7~8 轴）+（1.2+1.2）（E~C 轴）+3.6（C~B 轴）+4.5（8~5 轴）+3.6÷2（5 轴分上）+2.7（5~2 轴）+0.8（2 轴分上）+0.9（B~A 轴）+3.3（2~1 轴）+0.9（A~B 轴）+3.6（B~C 轴）+（1.2+1.2）（C~E 轴）+（2.7-1）+（3-0.3）×12 壁灯 =62.95 62.95×2 户 ×6 层 =755.40 插座及底盒 12 套，分线盒 10 个	m	755.40
	穿线 BV-3×4	62.95×3×2 户 ×6 层 =2266.20 加预留［63+（0.18+0.32）］×3×2 户 ×6 层 =2286.00	m	2266.20 2286.00
10	楼梯间照明回路	层箱至声控开关、至楼梯平台顶吸顶灯		
	PVC DN20	（3-1.8）垂直 +（1.2×2）（9~8 轴，E~D 轴）+（1.2+3.6+1.2÷2）（D~ 休息平台中轴）+（5 层 ×3 层高 ×2 台段）+（3-2.2）×2 个声控开关 +1.2 平台中 ×6 层 ×2 段 =55 开关及底盒 12 套，灯头盒 12 个，分线盒 18 个	m	55
	穿线 BV-2×2.5	55×2 根 =110.00 加预留［55+（1.165+1.065）］×2 根 =114.50	m	110.00 114.50
11	插座	单相 3 孔多功能插座　25×2 户 ×6 层 =300	套	300
12	开关	大板翘板单联单控开关　8×2×6=96	套	96
		大板翘板双联单控开关　1×2×6=12	套	12
		大拇指四联单控开关　2×2×6=24	套	24
	声控开关	声控开关 R86KYD100	套	12
13	荧光灯	乳白胶片暗装灯盘荧光灯 40W　6×2×6=72	套	72
	艺术吊灯	客厅　玻璃罩艺术吊灯直径 900mm　1×2×6=12	套	12
	艺术吸顶灯	主卧　挂片式艺术吸顶灯直径 500mm　1×2×6=12	套	12
	普通吸顶灯	扁圆形吸顶直径 300mm　3×2×6+ 楼梯间 12=48	套	48
	壁灯	郁金香型单壁灯 60W　2×2×6=24	套	24

（续）

序号	分部分项工程名称	计算式及其说明	单位	数量
14	浴霸	红外线浴霸 2 光源、4 光源　各 $1 \times 2 \times 6$	套	各 12
15	吊风扇	吊风扇直径 600mm 带调速开关　$2 \times 2 \times 6$	台	24
16	换气扇	轴流式排风扇直径 300mm　$2 \times 2 \times 6$	台	24

3. 编制依据

1）《江西省通用安装工程消耗量定额及统一基价表》（2017 年）、《江西省建筑与装饰、通用安装、市政工程费用定额》（2017 年）、江西省建设厅赣建价〔2009〕19 号文、江西省建设厅赣建价发〔2009〕32 号文。

2）施工图以及现行的有关法律、法规、规章制度等。

4. 施工图预算编制（见表 3-32 和表 3-33）

表 3-32　A-12 住宅楼工程造价取费表

序号	费用名称	计算式	费率（%）	金额（元）
	安装工程			
一	直接工程费	$\sum$（工程量 × 消耗量定额基价）		29068.87
1.1	其中：定额人工费	$\sum$（工日消耗量 × 定额人工单价）		23908.63
1.2	其中：定额机械费	$\sum$（机械消耗量 × 定额机械台班单价）		84.55
二	技术措施费	$\sum$（工程量 × 消耗量定额基价）		
2.1	其中：定额人工费	$\sum$（工日消耗量 × 定额人工单价）		
2.2	其中：定额机械费	$\sum$（机械消耗量 × 定额机械台班单价）		
三	未计价材料	主材设备费		
四	其他项目费	$\sum$其他项目费		
五	组织措施费	（5.1）+（5.2）		3665.19
5.1	安全文明施工措施费	（5.1.1）+（5.1.2）		2943.15
5.1.1	安全文明环保费	［（1.1）+（2.1）］× 费率	8.62	2060.92
5.1.2	临时设施费	［（1.1）+（2.1）］× 费率	3.69	882.23
5.2	其他总价措施费	［（1.1）+（2.1）］× 费率	3.02	722.04
六	管理费	（6.1）+（6.2）		3579.12
6.1	企业管理费	［（1.1）+（2.1）］× 费率	13.12	3136.81
6.2	附加税	［（1.1）+（2.1）］× 费率	1.85	442.31
七	利润	［（1.1）+（2.1）］× 费率	11.13	2595.82
八	人材机价差	$\sum$（数量 × 价差）		1647.44
九	规费	（9.1）+（9.2）+（9.3）		3795.72
9.1	社会保险费	［（1.1）+（1.2）+（2.1）+（2.2）］× 费率	12.5	2999.15
9.2	住房公积金	［（1.1）+（1.2）+（2.1）+（2.2）］× 费率	3.16	758.18

（续）

序号	费用名称	计算式	费率（%）	金额（元）
9.3	工程排污费	[（1.1）+（1.2）+（2.1）+（2.2）]×费率	0.16	38.39
十	税金	[（一）+（二）+（三）+（四）+（五）+（六）+（七）+（八）+（九）]×费率	9.00	3997.56
十一	工程总造价	（一）+（二）+（三）+（四）+（五）+（六）+（七）+（八）+（九）+（十）		48414.94
	工程总造价	肆万捌仟肆佰壹拾肆元玖角肆分		48414.94

表 3-33　A-12 住宅楼安装工程预算表

序号	编码	名称	单位	数量	单价（元）		合价（元）	
					单价	工资	总价	工资
		电气设备安装工程						
1	4-2-75	成套配电箱安装　悬挂、嵌入式（半周长）0.5m	台	12	76.72	58.06	920.64	696.72
	Z00167	成套配电箱　悬挂、嵌入式（半周长）0.5m	台	12			0.00	0.00
2	4-2-76	成套配电箱安装　悬挂、嵌入式（半周长）1.0m	台	6	109.94	86.96	659.64	521.76
	Z00168	成套配电箱　悬挂、嵌入式（半周长）1.0m	台	6			0.00	0.00
3	4-2-78	成套配电箱安装　悬挂、嵌入式（半周长）2.5m	台	1	179.2	135.32	179.20	135.32
	Z00170	成套配电箱　悬挂、嵌入式（半周长）2.5m	台	1			0.00	0.00
4	4-9-135 换	电缆沟（隧）道内电力电缆敷设　电缆截面（mm²）≤120　五芯　单价×1.15	10m	4.1	79.14	56.3	324.47	230.83
	28110000Z@2	电力电缆	m	41.41			0.00	0.00
5	4-9-246	电力电缆终端头制作与安装 1kV 以下室内干包式铜芯电力电缆　电缆截面（mm²）≤35	个	1	80.52	37.57	80.52	37.57
6	4-12-148	半硬质塑料管敷设　砖、混凝土结构暗配　外径（mm）20	10m	222.20	43.91	42.84	9756.80	9519.05
	17250161Z@1	半硬质塑料管	m	2285.572			0.00	0.00
7	4-12-149	半硬质塑料管敷设　砖、混凝土结构暗配　外径（mm）25	10m	2.34	54.57	53.55	127.69	125.31
	17250161Z@2	半硬质塑料管	m	24.804			0.00	0.00
8	4-12-151	半硬质塑料管敷设　砖、混凝土结构暗配　外径（mm）40	10m	1.5	71.51	70.38	107.27	105.57
	17250161Z@3	半硬质塑料管	m	15.9			0.00	0.00

（续）

序号	编码	名称	单位	数量	单价（元）		合价（元）	
					单价	工资	总价	工资
9	4-12-163	半硬质塑料管敷设　埋地敷设　外径（mm）40	10m	1.105	46.26	45.9	51.12	50.72
	17250161Z@3	半硬质塑料管	m	11.713			0.00	0.00
10	4-13-5	管内穿线　穿照明线　铜芯导线截面（mm²）≤2.5	10m	176.05	8.22	6.89	1447.13	1212.98
	28031431Z@6	绝缘电线	m	1650.1			0.00	0.00
11	4-13-6	管内穿线　穿照明线　铜芯导线截面（mm²）≤4	10m	453.06	5.89	4.59	2668.52	2079.55
	28031431Z@5	绝缘电线	m	4837.14			0.00	0.00
12	4-13-27	管内穿线　穿动力线　铜芯导线截面（mm²）≤10	10m	11.484	8.21	6.89	94.28	79.12
	28031431Z@4	绝缘电线	m	120.582			0.00	0.00
13	4-13-28	管内穿线　穿动力线　铜芯导线截面（mm²）≤16	10m	2.537	8.24	6.89	20.90	17.48
	28031431Z@2	绝缘电线	m	26.6385			0.00	0.00
14	4-13-29	管内穿线　穿动力线　铜芯导线截面（mm²）≤25	10m	10.148	9.9	8.42	100.47	85.45
	28031431Z@3	绝缘电线	m	106.554			0.00	0.00
15	4-13-180	明装普通接线盒	个	137	5.41	4.68	741.17	641.16
	29110207Z@1	接线盒	个	139.74			0.00	0.00
16	4-14-2	吸顶灯具安装　灯罩周长（mm）≤1100	套	48	15.44	11.73	741.12	563.04
	25000001Z@4	成套灯具	套	48.48			0.00	0.00
17	4-14-8	其他普通灯具安装　普通壁灯	套	24	13.88	11.05	333.12	265.20
	25000001Z@5	成套灯具	套	24.24			0.00	0.00
18	4-14-46	吊式玻璃装饰罩灯　灯体直径（mm）≤900 灯体垂吊长度（mm）≤500	套	12	61.2	43.86	734.40	526.32
	25000001Z@2	成套灯具	套	12.12			0.00	0.00
19	4-14-79	圆形吸顶式挂片灯　灯体直径（mm）≤600 灯体垂吊长度（mm）≤500	套	12	109.83	93.25	1317.96	1119.00
	25000001Z@3	成套灯具	套	12.12			0.00	0.00
20	4-14-198	荧光灯具安装　吊链式　单管	套	72	34.57	12.5	2489.04	900.00
	25000001Z@1	成套灯具	套	72.72			0.00	0.00
21	4-14-378	跷板开关　明装	套	96	6.85	4.34	657.60	416.64
	26010101Z@1	照明开关	套	97.92			0.00	0.00

（续）

序号	编码	名称	单位	数量	单价（元）单价	单价（元）工资	合价（元）总价	合价（元）工资
22	4-14-379	跷板暗开关 单控≤3联	套	12	5.66	4.85	67.92	58.20
	26010101Z@2	照明开关	套	12.24			0.00	0.00
23	4-14-380	跷板暗开关 单控≤6联	套	24	7.48	5.95	179.52	142.80
	26010101Z@3	照明开关	套	24.48			0.00	0.00
24	4-14-388	声控延时开关	套	12	5.18	4.59	62.16	55.08
	26090101Z	声控延时开关（红外线感应）	套	12.24			0.00	0.00
25	4-14-395	单相带接地 明插座电流（A）≤15	套	300	7.51	5.78	2253.00	1734.00
	26410171Z@1	成套插座	套	306			0.00	0.00
26	4-15-71	风扇安装 吊风扇	台	24	34.24	30.94	821.76	742.56
	50330106Z	吊风扇	台	24			0.00	0.00
27	4-15-73	风扇安装 排气扇	台	24	48.67	46.16	1168.08	1107.84
	50350101Z	排气扇	台	24			0.00	0.00
28	4-15-76	红外线浴霸安装≤3灯	套	12	30.93	29.33	371.16	351.96
	52130106Z@1	红外线浴霸	套	12			0.00	0.00
29	4-15-77	红外线浴霸安装≤6灯	套	12	49.35	31.45	592.20	377.40
	52130106Z@2	红外线浴霸	套	12			0.00	0.00
合计							29068.87	23908.63

3.4.2 工程量清单计价示例

1. 编制依据

1）《建设工程工程量清单计价规范》（GB 50500—2013）。

2）《江西省通用安装工程消耗量定额及统一基价表》（2017 年）、《江西省建筑与装饰、通用安装、市政工程费用定额》（2017 年）、江西省建设厅赣建价〔2009〕19 号文、江西省建设厅赣建价发〔2009〕32 号文。

3）施工图以及现行的有关法律、法规、规章制度等。

2. 示例

工程量清单计价表及综合单价分析表见表 3-34~ 表 3-40。

表 3-34　A-12 住宅楼分部分项工程量清单与计价表

序号	项目编码	项目名称	项目特征描述	计量单位	工程量	金额（元）综合单价	金额（元）综合合价
		整个项目					36170.23
1	030404017001	配电箱	1. 名称：户配电箱 XRM3 2. 规格：180×320	台	12	95.96	1151.52

（续）

序号	项 目 编 码	项目名称	项目特征描述	计量单位	工程量	金额（元）	
						综合单价	综合合价
2	030404017002	配电箱	1. 名称：层照明电表箱 XRC1 2. 型号：320×420	台	6	138.77	832.62
3	030404017003	配电箱	1. 名称：总配电箱 XL9 2. 型号：1165×1065	台	1	224.06	224.06
4	030408001001	电力电缆	1. 名称：全塑电缆 2. 型号：YJV-4×25+1×16	m	41	9.82	402.62
5	030408006001	电力电缆头	1. 名称：干包式电缆头 2. 规格：（25mm^2）	个	1	92.98	92.98
6	030411001001	配管	1. 名称：电线管 2. 材质：PVC 3. 规格：DN20 4. 安装部位：WC	m	2262	5.82	13164.84
7	030411001002	配管	1. 名称：电线管 2. 材质：PVC 3. 规格：DN25 4. 安装部位：WC	m	23.4	7.23	169.18
8	030411001003	配管	1. 名称：电线管 2. 材质：PVC 3. 规格：DN40 4. 安装部位：WC	m	15	9.48	142.2
9	030411001004	配管	1. 名称：电线管 2. 材质：PVC 3. 规格：DN40 4. 安装部位：埋地敷设 FC	m	11.05	6.15	67.96
10	030411004001	配线	1. 名称：电线 2. 规格：BV-2.5 3. 材质：铜芯 4. 配线部位：管	m	1470.5	1.05	1859.03
11	030411004002	配线	1. 名称：电线 2. 规格：BV-4.0 3. 材质：铜芯 4. 配线部位：管	m	4530.6	0.74	3352.64
12	030411004003	配线	1. 名称：电线 2. 规格：BV-10 3. 材质：铜芯 4. 配线部位：管	m	114.84	1.05	120.58
13	030411004004	配线	1. 名称：电线 2. 规格：BV-16 3. 材质：铜芯 4. 配线部位：管	m	25.37	1.05	26.64

（续）

序号	项目编码	项目名称	项目特征描述	计量单位	工程量	金额（元）	
						综合单价	综合合价
14	030411004005	配线	1. 名称：电线 2. 规格：BV-25 3. 材质：铜芯 4. 配线部位：管	m	101.48	1.27	128.88
15	030411006001	接线盒	名称：接线盒	个	137	6.96	953.52
16	030412001001	普通灯具	1. 名称：普通吸顶灯 2. 规格：扁圆形吸顶灯直径300mm	套	48	19.34	928.32
17	030412001002	普通灯具	1. 名称：壁灯 2. 类型：郁金香型单壁灯60W	套	24	17.54	420.96
18	030412004001	装饰灯	1. 名称：艺术吊灯 2. 规格：玻璃罩艺术吊灯直径900mm	套	12	75.74	908.88
19	030412004002	装饰灯	1. 名称：艺术吸顶灯 2. 规格：挂片式艺术吸顶灯直径500mm	套	12	140.75	1689
20	030412004003	装饰灯	1. 名称：荧光灯 2. 规格：乳白胶片暗装灯盘荧光灯40W	套	72	38.71	2787.12
21	030404034001	照明开关	1. 名称：开关 2. 材质：大板翘板单联单控开关	个	96	8.28	794.88
22	030404034002	照明开关	1. 名称：开关 2. 材质：大板翘板双联单控开关	个	12	7.27	87.24
23	030404034003	照明开关	1. 名称：开关 2. 材质：大拇指四联单控开关	个	24	9.45	226.8
24	030404034004	照明开关	1. 名称：声控开关 2. 规格：声控开关R86KYD100	个	12	6.69	80.28
25	030404035001	插座	1. 名称：插座 2. 规格：单相3孔多功能插座	个	300	9.43	2829
26	030404033001	风扇	1. 名称：吊风扇 2. 规格：吊风扇直径600mm带调速开关	台	24	44.49	1067.76
27	030404033002	风扇	1. 名称：换气扇 2. 规格：轴流式排风扇直径300mm	台	24	63.97	1535.28
28	030404036001	其他电器	1. 名称：红外线浴霸 2. 规格：2光源	套	12	40.65	487.8
29	030404036002	其他电器	1. 名称：红外线浴霸 2. 规格：4光源	套	12	59.78	717.36
合计							37249.95

表 3-35 A-12 住宅楼措施项目清单与计价表（一）

序 号	项目编码	项 目 名 称	计算基础	费率（%）	金额（元）
1	一	安装工程总价措施项目			3575.38
2	1	安全文明施工措施费			2871.03
3	1.1	安全文明环保费（环境保护、文明施工、安全施工费）	定额人工费	8.62	2010.42
4	1.2	临时设施费	定额人工费	3.69	860.61
5	2	其他总价措施费	定额人工费	3.02	704.35

表 3-36 A-12 住宅楼措施项目清单与计价表（二）

序号	项目编码	项 目 名 称	项目特征	计量单位	工程量	金额（元）	
						综合单价	合价
1	2-10-32	脚手架搭拆费［安装］		项	1	20301.6	20301.6
		合计					20301.6

表 3-37 A-12 住宅楼规费、税金项目清单与计价表

序号	项 目 名 称	计 算 基 础	计算基数	计算费率（%）	金额（元）
1	规费	专业规费合计	3703.03		3703.03
1.1	安装工程规费	社会保险费 + 住房公积金 + 工程排污费	3703.03		3703.03
1.1.1	社会保险费	定额人工费 + 定额机械费	23407.31	12.5	2925.91
1.1.2	住房公积金	定额人工费 + 定额机械费	23407.31	3.16	739.67
1.1.3	工程排污费	定额人工费 + 定额机械费	23407.31	0.16	37.45
2	税金	分部分项 + 措施项目 + 其他项目 + 规费	44528.36	9	4007.55

表 3-38 A-12 住宅楼主要材料及价差汇总表

序号	定额编号	名称	单位	数量	定额价	市场价	价格差	合价
		人工价差（小计）						1647.44
1	00010104	综合工日	工日	274.353	85.00	91.00	6.00	1646.12
2	RG	机械人工	工日	0.220	85.00	91.00	6.00	1.32
		合计						1647.44

表 3-39 A-12 住宅楼单位工程招标控制价汇总表

序 号	汇 总 内 容	金额（元）
一	分部分项工程量清单计价合计	37249.95
1.1	其中：定额人工费	23322.76
1.2	其中：定额机械费	84.55

（续）

序　号	汇 总 内 容	金额（元）
二	单价措施项目清单计价合计	
2.1	其中：定额人工费	
2.2	其中：定额机械费	
三	总价措施项目清单计价合计	3575.38
3.1	安全文明施工措施费	2871.03
3.1.1	安全文明环保费	2010.42
3.1.2	临时设施费	860.61
3.2	其他总价措施费	704.35
3.3	扬尘治理措施费	
四	其他项目清单计价合计	
五	规费	3703.03
5.1	安装工程规费	3703.03
5.1.1	社会保险费	2925.91
5.1.2	住房公积金	739.67
5.1.3	工程排污费	37.45
六	税金	4007.55
七	工程总造价	48535.91

表 3-40　A-12 住宅楼分部分项工程量清单综合单价分析表

序号	项目编码	项目名称	项目特征	人工费	材料费	机械费	管理费	利润	综合单价（元）
1	030404017001	配电箱	1. 名称：户配电箱 XRM3 2. 规格：180×320	62.15	18.66		8.69	6.46	95.96
2	030404017002	配电箱	1. 名称：层照明电表箱 XRC1 2. 型号：320×420	93.09	22.98		13.02	9.68	138.77
3	030404017003	配电箱	1. 名称：总配电箱 XL9 2. 型号：1165×1065	144.87	37.48	6.40	20.25	15.06	224.06
4	030408001001	电力电缆	1. 名称：全塑电缆 2. 型号：YJV-4×25+1×16	6.03	0.38	1.94	0.84	0.63	9.82
5	030408006001	电力电缆头	1. 名称：干包式电缆头 2. 规格：（25mm²）	40.22	42.95		5.63	4.18	92.98
6	030411001001	配管	1. 名称：电线管 2. 材质：PVC 3. 规格：DN20 4. 安装部位：WC	4.59	0.11		0.64	0.48	5.82
7	030411001002	配管	1. 名称：电线管 2. 材质：PVC 3. 规格：DN25 4. 安装部位：WC	5.73	0.10		0.80	0.60	7.23

（续）

序号	项目编码	项目名称	项目特征	综合单价组成（元）					综合单价（元）
				人工费	材料费	机械费	管理费	利润	
8	030411001003	配管	1. 名称：电线管 2. 材质：PVC 3. 规格：DN40 4. 安装部位：WC	7.54	0.11		1.05	0.78	9.48
9	030411001004	配管	1. 名称：电线管 2. 材质：PVC 3. 规格：DN40 4. 安装部位：埋地敷设 FC	4.91	0.04		0.69	0.51	6.15
10	030411004001	配线	1. 名称：电线 2. 规格：BV-2.5 3. 材质：铜芯 4. 配线部位：管	0.74	0.13		0.10	0.08	1.05
11	030411004002	配线	1. 名称：电线 2. 规格：BV-4.0 3. 材质：铜芯 4. 配线部位：管	0.49	0.13		0.07	0.05	0.74
12	030411004003	配线	1. 名称：电线 2. 规格：BV-10 3. 材质：铜芯 4. 配线部位：管	0.74	0.13		0.10	0.08	1.05
13	030411004004	配线	1. 名称：电线 2. 规格：BV-16 3. 材质：铜芯 4. 配线部位：管	0.74	0.13		0.10	0.08	1.05
14	030411004005	配线	1. 名称：电线 2. 规格：BV-25 3. 材质：铜芯 4. 配线部位：管	0.9	0.15		0.13	0.09	1.27
15	030411006001	接线盒	名称：接线盒	5.01	0.73		0.70	0.52	6.96
16	030412001001	普通灯具	1. 名称：普通吸顶灯 2. 规格：扁圆形吸顶灯直径300mm	12.56	3.71		1.76	1.31	19.34
17	030412001002	普通灯具	1. 名称：壁灯 2. 类型：郁金香型单壁灯 60W	11.83	2.83		1.65	1.23	17.54
18	030412004001	装饰灯	1. 名称：艺术吊灯 2. 规格：玻璃罩艺术吊灯直径900mm	46.96	17.34		6.56	4.88	75.74
19	030412004002	装饰灯	1. 名称：艺术吸顶灯 2. 规格：挂片式艺术吸顶灯直径500mm	99.83	16.58		13.96	10.38	140.75

（续）

序号	项目编码	项目名称	项目特征	综合单价组成（元）					综合单价（元）
				人工费	材料费	机械费	管理费	利润	
20	030412004003	装饰灯	1. 名称：荧光灯 2. 规格：乳白胶片暗装灯盘荧光灯 40W	13.38	22.07		1.87	1.39	38.71
21	030404034001	照明开关	1. 名称：开关 2. 材质：大板翘板单联单控开关	4.64	2.51		0.65	0.48	8.28
22	030404034002	照明开关	1. 名称：开关 2. 材质：大板翘板双联单控开关	5.19	0.81		0.73	0.54	7.27
23	030404034003	照明开关	1. 名称：开关 2. 材质：大拇指四联单控开关	6.37	1.53		0.89	0.66	9.45
24	030404034004	照明开关	1. 名称：声控开关 2. 规格：声控开关 R86KYD100	4.91	0.59		0.68	0.51	6.69
25	030404035001	插座	1. 名称：插座 2. 规格：单相 3 孔多功能插座	6.19	1.73		0.87	0.64	9.43
26	030404033001	风扇	1. 名称：吊风扇 2. 规格：吊风扇直径 600mm 带调速开关	33.12	3.30		4.63	3.44	44.49
27	030404033002	风扇	1. 名称：换气扇 2. 规格：轴流式排风扇直径 300mm	49.41	2.51		6.91	5.14	63.97
28	030404036001	其他电器	1. 名称：红外线浴霸 2. 规格：2 光源	31.40	1.60		4.39	3.26	40.65
29	030404036002	其他电器	1. 名称：红外线浴霸 2. 规格：4 光源	33.67	17.9		4.71	3.50	59.78

3.5 防雷及接地装置工程内容

3.5.1 防雷接地装置

防雷接地装置一般是指为了防止雷击对建筑物、构筑物电气设备等的危害以及为了预防人体接触电压及跨步电压，保证电气装置可靠运行等设置的防雷及接地设施，一般由接地极、接地母线、避雷针、避雷网、避雷引下线等组成。

按《建筑物防雷设计规范》（GB 50057—2010）的规定，将建筑物的防雷等级分为三类，相应的防雷接地装置也分为三类：

第一类建筑物防雷保护。对炸药库、乙醚车间、二甲苯车间、高级首长办公室、迎宾馆等，一般采用独立避雷针或避雷线保护。它们距建筑物和各种金属物（管道、电缆灯等）的距离不得小于 3m。

第二类建筑物防雷保护。对储藏易燃物用的密闭储罐、储槽、汽油库、乙炔库、大型体育馆、展览馆、大型火车站、国际机场等的防雷接地装置可直接安装在被保护的建筑物上，接地电阻应小于 10Ω。

第三类建筑物防雷保护。对不属于一类、二类的一般建筑物（高于 15m 以上），如烟囱、水塔等的防雷接地装置直接安装在被保护的建筑物上，接地电阻应小于 20Ω。

3.5.2　接地系统类型

现代民用建筑中为了保障人身安全、供电的可靠性以及用电设备的正常运行，特别是现代智能建筑越来越多的电子设备都要求有一个完整的、可靠的接地系统，这些建筑需要接地的设备及构件很多而且接地的要求也不一样，但从接地系统的作用划分可以分为以下四种：

（1）工作接地　为了保证电气设备在正常和发生事故的情况下可靠地运行，将电路中的某一点与大地作电气上的连接，如三相变压器中性点的接地、防雷接地等，接地电阻不应大于 4Ω。

（2）保护接地　为了防止人体触及带电外壳而触电，将与电气设备带电部分相绝缘的金属外壳与接地体作电气连接，如电机的外壳、管路等，接地电阻不应大于 4Ω。

（3）重复接地　将零线上的一点或几点再次接地，接地电阻不应大于 10Ω。

（4）接零　将电机、电器的金属外壳和构架与中性点直接接地系统中的零线相连接。

3.5.3　防雷接地装置的安装

1. 材料要求

镀锌钢材有扁钢、圆钢和钢管等，使用时应注意是采用冷镀锌材料还是采用热镀锌材料，应符合设计规定。产品应有材质检验证明及产品出厂合格证。

2. 施工工艺

施工工艺流程如图 3-16 所示。

（1）接地体（极）安装　应符合以下四点规定：

1）接地体（极）的最小尺寸应符合表 3-41 的要求。

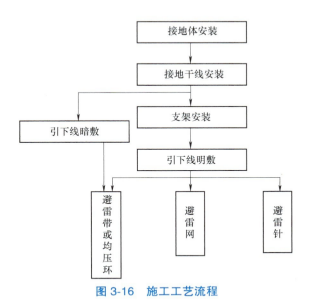

图 3-16　施工工艺流程

2）垂直接地体长度不应小于 2.5m，其相互之间间距一般不应小于 5m。

3）接地体埋设位置距建筑物不宜小于 1.5m，遇在垃圾灰渣等埋设接地体时，应换土，并分层夯实。

4）所有金属部件应镀锌。操作时，注意保护镀锌层。

表 3-41 钢接地体和接地线的最小规格

种类、规格		地　　上		地　　下	
		室　内	室　外	交流电流回路	直流电流回路
圆钢直径 /mm		6	8	10	12
扁钢	截面面积 /mm²	60	100	100	100
	厚度 /mm	3	4	4	6
角钢厚度 /mm		2	2.5	4	6
钢管管壁厚度 /mm		2.5	2.5	3.5	4.5

（2）接地体（极）安装工作内容

1）接地体的加工。根据设计要求的数量、材料规格进行加工，材料一般采用钢管和角钢切割。

2）挖沟。根据设计图要求，对接地体（网）的线路进行测量放线，在此线路上挖掘深为 0.8~1m，宽为 0.5m 的沟，沟上部稍宽，底部如有石子应清除，如图 3-17 所示。

3）安装接地体（极）。沟挖好后，应立即安装接地体和敷设接地扁钢，防止土方坍塌。先将接地体放在沟的中心线上，打入地中，应与地面保持垂直，当接地体顶端距离地 600mm 时停止打入。

4）接地体间的扁钢敷设。扁钢敷设前应调直，然后将扁钢放置在沟内，依次将扁钢与接地体用电焊（气焊）焊接。扁钢应侧放而不可放平，侧放时散流电阻较小。扁钢与钢管连接的位置距接地体最高点约 100mm。焊接时应将扁钢拉直，焊好后清除药皮，刷沥青做防腐处理，并将接地线引出至需要位置，留有足够的连接长度，以待使用，如图 3-18 所示。

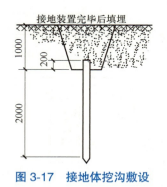

图 3-17　接地体挖沟敷设

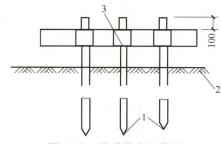

图 3-18　接地体扁钢敷设

1—接地体　2—自然地坪　3—接地卡子焊接处

（3）接地干线安装　接地干线应与接地体连接的扁钢相连接，它分为室内与室外连接两种，室外接地干线与支线一般敷设在沟内。室内的接地干线多为明敷，但部分设备连接的支线需经过地面，也可以埋设在混凝土内。本节主要介绍室外接地干线敷设安装方法。

1）首先进行接地干线的调直、测位、打眼、煨弯，并将断接卡子及接地端子装好。

2）敷设前按设计要求的尺寸位置先挖沟。然后将扁钢放平埋入。回填土应压实但不需打夯，接地干线末端露出地面应不超过 0.5m，以便接引地线。

（4）避雷针制作与安装　避雷针制作与安装时所有金属部件必须镀锌，操作时注意保护镀锌层。采用镀锌钢管制作针尖，管壁厚度不得小于 3mm，针尖刷锌长度不得小于 70mm。避雷针应垂直安装牢固，垂直度允许偏差为 3/1000。避雷针安装：先将支座钢板的底板固定在预埋的地脚螺栓上，焊上一块肋板，再将避雷针立起，找直、找正后，进行点焊，然后加以校正，焊上其他三块肋板。最后将引下线焊在底板上，清除药皮刷防锈漆。

（5）支架安装　支架安装应符合下列规定：角钢支架应有燕尾，其埋置深度不小于100mm，扁钢和圆钢支架埋深不小于 80mm；支架水平间距不大于 1m（混凝土支座不大于2m）；垂直间距不大于 1.5m。支架等铁件均应做防腐处理。支架安装时，应尽可能随结构施工预埋支架或铁件。

（6）避雷引下线暗敷

1）避雷引下线暗敷应符合下列规定：引下线扁钢截面不得小于 25mm×4mm；圆钢直径不得小于 12mm；引下线必须在距地面 1.5~1.8m 处做断接卡子或测试点。利用主筋作暗敷引下线时，每条引下线不得少于 2 根主筋；现浇混凝土内敷设引下线不做防腐处理；建筑物的金属构件（如消防梯、烟囱的铁爬梯等）可作为引下线，但所有金属部件之间均应连成电气通路；引下线应躲开建筑物的出入口和行人较易接触到的地点，以免发生危险。

2）避雷引下线暗敷做法：利用主筋（直径不小于 16mm）作引下线时，按设计要求找出全部主筋位置，用油漆做好标记，距室外地坪 1.8m 处焊好测试点，随钢筋逐层串联焊接至顶层，焊接出一定长度的引下线，搭接长度不应小于 100mm，做完后请有关人员进行隐检，做好隐检记录。

（7）避雷网安装　避雷线如为扁钢，可放在平板上用手锤调直；如为圆钢，可将圆钢放开，一端固定在牢固地锚的夹具上，另一端固定在绞磨（或倒链）的夹具上，进行冷拉调直。将调直的避雷线运到安装地点。将避雷线用大绳提升到顶部、顺直，敷设、卡固、焊接连成一体，同引下线焊好，焊接处的药皮应敲掉，进行局部调直后刷防锈漆及铅油（或银粉）。

3.6　防雷及接地装置工程量计算及定额应用

3.6.1　防雷及接地装置定额应用

《电气设备安装工程》第十章内容包括：避雷针制作与安装、避雷引下线敷设、避雷网安装、接地极（板）制作与安装、接地母线敷设、接地跨接线安装、桩承台接地、设备防雷装置安装、阴极保护接地、等电位装置安装及接地系统测试等。

1. 防雷及接地装置工程定额有关问题说明

1）本章定额适用于建筑物与构筑物的防雷接地、变配电系统接地、设备接地以及避雷针（塔）接地等装置安装。

2）接地极安装与接地母线敷设定额不包括采用爆破法施工、接地电阻率高的土质换土、接地电阻测定工作。工程实际发生时，执行相关定额。

3）避雷针制作、安装定额不包括避雷针底座及埋件的制作与安装。工程实际发生时，应根据设计划分，分别执行相关定额。

4）避雷针安装定额综合考虑了高空作业因素，执行定额时不做调整。避雷针安装在木杆和水泥杆上时，包括了其避雷引下线安装。

5）独立避雷针安装包括避雷针塔架、避雷引下线安装，不包括基础浇筑。塔架制作执行《电气设备安装工程》第七章"金属构件、穿墙套板安装工程"相关定额。

6）利用建筑结构钢筋作为接地引下线安装定额是按照每根柱子内焊接两根主筋编制的，当焊接主筋超过两根时，可按照比例调整定额安装费。防雷均压环是利用建筑物梁内主筋作为防雷接地连接线考虑的，每一梁内按焊接两根主筋编制，当焊接主筋数超过两根时，可按比例调整定额安装费。如果采用单独扁钢或圆钢明敷作为均压环，可执行户内接地母线敷设相关定额。

7）利用铜绞线作为接地引下线时，其配管、穿铜绞线执行同规格相关定额。

8）高层建筑物屋顶防雷接地装置安装应执行避雷网安装定额。避雷网安装沿折板支架敷设定额包括支架制作与安装，不得另行计算。电缆支架的接地线安装执行"户内接地母线敷设"定额。

9）利用基础梁内两根主筋焊接连通作为接地母线时，执行"均压环敷设"定额。

10）户外接地母线敷设定额是按照室外整平标高和一般土质综合编制的，包括地沟挖填土和夯实，执行定额时不再计算土方工程量。户外接地沟挖深为 0.75m，每米沟长土方量为 0.34m³。如设计要求埋设深度与定额不同，应按照实际土方量调整。如遇有石方、矿渣、积水、障碍物等情况时应另行计算。

11）利用建（构）筑物梁、柱、桩承台等接地时，柱内主筋与梁、柱内主筋与桩承台跨接不另行计算，其工作量已经综合在相应项目中。

12）阴极保护接地等定额适用于接地电阻率高的土质地区接地施工，包括挖接地井、安装接地电极、安装接地模块、换填降阻剂、安装电解质离子接地极等。

13）本章定额不包括固定防雷接地设施所用的预制混凝土块制作（或购置混凝土块）与安装费用。工程实际发生时，执行《房屋建筑与装饰工程消耗量定额》相应项目。

2. 防雷及接地装置工程定额工程量计算规则

（1）接地极（板）制作安装　接地极包括钢管、角钢、圆钢、铜板、钢板接地极。接地极制作安装项目已包含制作和安装两项内容。工作内容包括：下料、尖端加工、焊接刷漆、打入地下。定额中不包括钢管、角钢、圆钢、钢板、镀锌扁钢、紫铜板、裸铜线价值，应另行计算。

1）钢管、角钢、圆钢接地极。以"根"为计量单位，并区分普通土、坚土，分别套相应定额，设计无规定时，每根长度按 2.5m 计算。

2）铜板、钢板接地极。以"块"为计量单位计算工程量，区分不同土质，套用相应定额子目。

（2）接地母线敷设　按施工图设计长度另加 3.9% 附加长度（指转弯、上下波动、避绕障碍物、搭接头所占长度），以"m"为计量单位计算工程量，并区分明敷、暗敷两种敷设方式，分别套用定额子目。计算公式为

接地母线长度 = 按施工图设计尺寸计算的长度 ×（1+3.9%）

计算时注意以下问题：

1）工作内容包括：挖地沟、接地线平直、下料、测位、钻孔、埋卡子、敷设焊接、回填土、夯实、刷漆。

2）接地母线一般采用镀锌圆钢、镀锌扁钢或铜绞线，其材料本身价值另行计算。

3）母线地沟内的挖方量是按（自然沟底宽 0.4m，上口宽 0.5m，深 0.75m）每米沟长 0.34m³ 综合在定额内的。如设计要求埋设深度与定额不同或沟内遇有石方、矿渣、积水、障碍物等情况时，应另行调整土方量。

（3）接地跨接线以"10 处"为计量单位计算工作量　按规范规定凡需要作接地跨接线的工程内容，每跨接一次按一处计算。户外配电装置构架均需接地，每副构架按一处计算。

（4）避雷针制作、安装

1）避雷针制作。避雷针制作根据材质及针长，按照设计图示安装成品数量以"根"为计量单位。

2）避雷针安装。避雷针、避雷小短针安装根据安装地点及针长，按照设计图示安装成品数量以"根"为计量单位。

装在烟囱上，区分安装高度（25m、50m、75m、100m、150m、250m 以内）套用相应定额；装在建筑物上，区分平屋面上和墙上，并区分针高（2m、5m、7m、10m、12m、14m 以内）套用相应定额；装在金属容器上，区分容器顶上和容器壁上，并区分针长（3m、7m 以内）套用相应定额；装在构筑物上，区分杆上、水泥杆上、金属构架上套用相应定额。

3）独立避雷针安装根据安装高度，按照设计图示安装成品数量以"基"为计量单位。

（5）避雷引下线敷设工程量　避雷引下线敷设区分利用金属构件引下、沿建筑物、构筑物引下，利用建筑物内主筋引下，均以"m"为计量单位。

工作内容包括平直、下料、测位、钻孔、埋卡子、焊接、固定刷漆。

1）利用建筑物内主筋引下线敷设。每一根柱内按焊接两根主筋考虑，如果焊接主筋数超过两根，按比例调整。

2）沿建筑物、构筑物引下线敷设。其长度按垂直规定长度另加 3.9% 的附加长度（指转弯、避绕障碍物搭接头所占长度）。计算公式为

引下线长度 = 按施工图设计的引下线敷设长度 ×（1+3.9%）

另外，引下线支持卡子的制作与埋设已包含在定额内，不得另计。

3）断接卡子制作与安装按照设计规定装设的断接卡子数量以"套"为计量单位。检查井内接地的断接卡子安装按照每井一套计算。

（6）避雷网（带）安装工程量计算

1）避雷网安装区分安装位置（沿混凝土块敷设、沿折板支架敷设），以"m"为计量单位。避雷网（带）计算公式为

避雷网（带）长度 = 按施工图设计长度的尺寸 ×（1+3.9%）

式中，3.9% 为避雷网转弯、避绕障碍物搭接头所占长度附加值。

2）均压环敷设长度按照设计需要作为均压接地梁的中心线长度以"m"为计量单位。均压环敷设时工程量计算时，主要考虑利用圈梁内主筋作均压环接地连线，按焊接两根主筋

考虑，超过两根时，可按比例调整。以"m"为计量单位，按设计需要作均压接地的各层圈梁中心线长度，以延长米计算。具体焊接数量（层数），可根据设计图的说明计算；若无说明，则按有关规范规定的要求计算。

　　3）柱子主筋与圈梁钢筋焊接工程量。每处按两根主筋与两根圈梁钢筋分别焊接连接考虑。如果焊接主筋和圈梁钢筋超过两根，可按比例调整，需要连接的柱子主筋和圈梁钢筋处数按设计规定计算。按设计规定以"处"为计量单位。

　　（7）桩承台接地　桩承台接地根据桩连接根数，按照设计图示数量以"基"为计量单位。

　　（8）电子设备防雷接地装置安装　电子设备防雷接地装置安装根据需要避雷的设备，按照个数计算工程量。

　　（9）阴极保护接地　阴极保护接地根据设计采取的措施，按照设计用量计算工程量。

　　（10）等电位装置安装　等电位装置安装根据接地系统布置，按照安装数量以"套"为计量单位。

　　（11）接地网测试

　　1）工程项目连成一个母网时，按照一个系统计算测试工程量；单项工程或单位工程自成母网不与工程项目母网相连的独立接地网，单独计算一个系统测试工程量。

　　2）工厂、车间、大型建筑群各自有独立的接地网（按照设计要求），在最后将各接地网连在一起时，需要根据具体的测试情况计算系统测试工程量。

3.6.2　防雷及接地装置清单工程量计算规则

　　防雷及接地装置清单工程量计算规则见表3-42。

表 3-42　防雷及接地装置清单工程量计算规则（编码：030409）

项目编码	项目名称	项目特征	计量单位	工程量计算规则	工作内容
030409001	接地极	1. 名称 2. 材质 3. 规格 4. 土质 5. 基础接地形式	根（块）	按设计图示数量计算	1. 接地极（板、桩）制作、安装 2. 基础接地网安装 3. 补刷（喷）油漆
030409002	接地母线	1. 名称 2. 材质 3. 规格 4. 安装部位 5. 安装形式	m	按设计图示尺寸以长度计算（含附加长度）	1. 接地母线制作、安装 2. 补刷（喷）油漆
030409003	避雷引下线	1. 名称 2. 材质 3. 规格 4. 安装部位 5. 安装形式 6. 断接卡子、箱材质、规格			1. 避雷引下线制作、安装 2. 断接卡子、箱制作、安装 3. 利用主钢筋焊接 4. 补刷（喷）油漆

（续）

项目编码	项目名称	项 目 特 征	计量单位	工程量计算规则	工 作 内 容
030409004	均压环	1. 名称 2. 材质 3. 规格 4. 安装形式	m	按设计图示尺寸以长度计算（含附加长度）	1. 均压环敷设 2. 钢铝窗接地 3. 柱主筋与圈梁焊接 4. 利用圈梁钢筋焊接 5. 补刷（喷）油漆
030409005	避雷网	1. 名称 2. 材质 3. 规格 4. 安装形式 5. 混凝土块标号①			1. 避雷网制作、安装 2. 跨接 3. 混凝土块制作 4. 补刷（喷）油漆
030409006	避雷针	1. 名称 2. 材质 3. 规格 4. 安装形式、高度	根	按设计图示数量计算	1. 避雷针制作、安装 2. 跨接 3. 补刷（喷）油漆
030409007	半导体少长针消雷装置	1. 型号 2. 高度	套		本体安装
030409008	等电位端子箱、测试板	1. 名称 2. 材质 3. 规格	台（块）		
030409009	绝缘垫		m²	按设计图示尺寸以展开面积计算	1. 制作 2. 安装
030409010	涌浪保护器	1. 名称 2. 规格 3. 安装形式 4. 防雷等级	个	按设计图示数量计算	1. 本体安装 2. 接线 3. 接地
030409011	降阻剂	1. 名称 2. 类型	kg	按设计图示以质量计算	1. 挖土 2. 施放降阻剂 3. 回填土 4. 运输

注：1. 利用桩基础作接地极，应描述桩台下桩的根数，每桩台下需焊接柱筋根数，其工程量按柱引下线计算；利用基础钢筋作接地极按均压环项目编码列项。

　　2. 利用柱筋作引下线的，需描述柱筋焊接根数。

　　3. 利用圈梁作均压环的，需描述圈梁焊接根数。

① 标号指强度等级。

3.7 防雷及接地装置工程预算示例

3.7.1 定额计价示例

1. 电气设计说明

（1）设计依据

1）建筑概况：综合楼，地上三层，建筑高度 14.4m；总建筑面积 1954.83m²，建筑为框架结构。

2）相关专业提供的工程设计资料。

3）建设单位提供的设计任务书及设计要求。

4）中华人民共和国现行主要标准及法规：《民用建筑电气设计规范》（JGJ 16）；《低压配电设计规范》（GB 50054）；《建筑物防雷设计规范》（GB 50057）；《有线电视系统工程技术规范》（GB 50200）；《综合布线系统工程设计规范》（GB 50311）；其他有关的现行规程、规范及标准。

（2）设计范围　本工程设计主要包括以下内容：建筑物防雷、接地系统及安全措施。

（3）建筑物防雷、接地系统及安全措施

1）防雷：本工程按三类防雷标准设计，采用避雷带作为防雷保护。具体做法如下：

防雷接闪器：沿建筑物女儿墙及屋脊处 ϕ10mm 镀锌圆钢作为防雷接闪器。避雷带高出屋面或女儿墙 0.1m，每隔 1m 设一支持卡，转弯处加密至 0.5m。避雷带、接地线过伸缩缝处应做弹性连接，具体做法参见《国家建筑标准设计图集　建筑物防雷设施安装》（99D501-1）。

本工程采用联合接地体。利用基础地梁内上下两层各两根主筋焊通作为接地体，并与被利用作为避雷引下线的柱内的两根主筋焊接连通形成电气闭合通路。

利用结构柱内两根不小于 ϕ16mm 的主筋作为避雷引下线，避雷引下线的主筋应通长焊接，不得错焊、漏焊。顶端与避雷带焊接，下部与基础底板联合接地体可靠焊接。

在建筑物四周距室外地面 0.5m 处与柱内的主筋焊接 100mm×100mm×6mm 镀锌钢板做测试卡。

所有凸出屋面的金属物体及露台处金属栏杆均应与避雷带可靠连接。不同标高屋面避雷带应通过柱筋或明装 ϕ10mm 镀锌圆钢可靠连接。

2）电气保护：本工程配电系统在总进线箱内做重复接地，并进行总等电位联结。所有进出大楼的金属管道均应与总等电位可靠连接，卫生间做局部等电位联结。具体做法参见《国家建筑标准设计图集　等电位联结安装》（15D502）。

3）接地：防雷接地、电源进户重复接地。弱电设备接地以及其他需要接地的设备，采用共用接地装置，接地电阻值要求不大于 1Ω，测试达不到要求时应补做人工接地极。

4）过电压保护：在总配电柜内装电涌保护器（SPD）。

5）电梯井内沿墙面通长明敷─40×4 镀锌扁钢作为接地干线，接地干线与接地基础可靠连接。

6）各种接地端子板距地 0.3m。具体做法参见《国家建筑标准设计图集　建筑物防雷设施安装》（99D501-1）。

2. 施工图

某工程防雷接地平面布置图、屋顶防雷平面图分别如图 3-19 和图 3-20 所示。

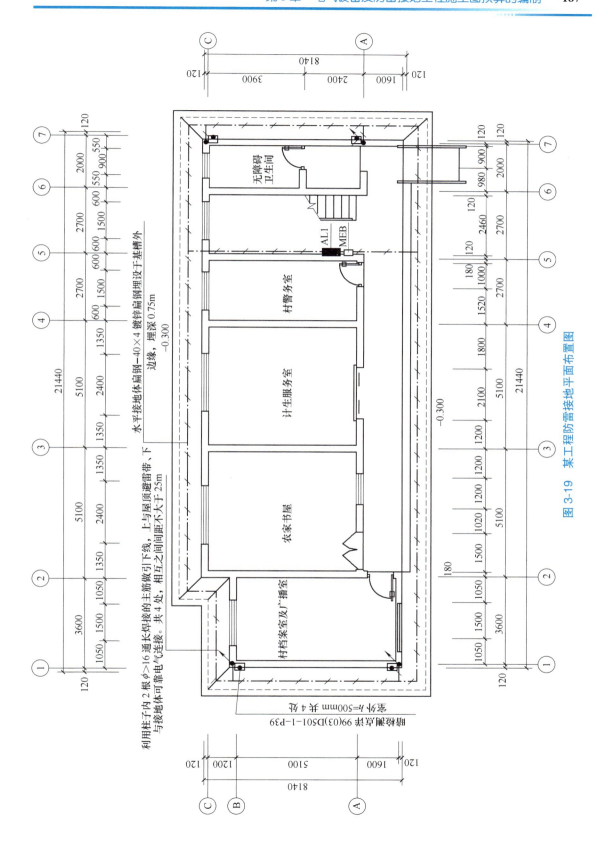

图 3-19　某工程防雷接地平面布置图

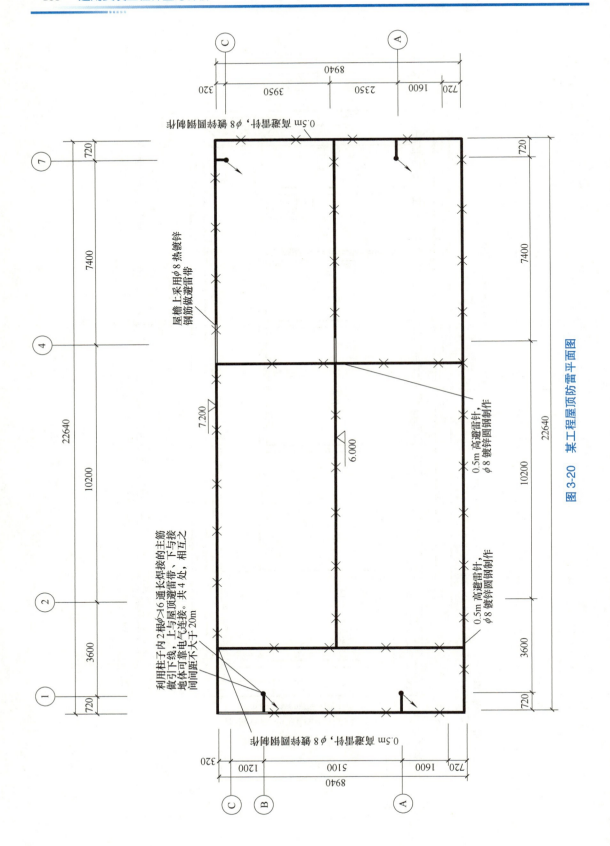

图 3-20　某工程屋顶防雷平面图

3. 工程量计算（见表 3-43）

表 3-43　工程量计算表

序号	分部分项工程名称	单位	数量	计　算　式	图名或部位
1	一40×4 镀锌扁钢接地母线	m	36.6	［0.3+0.45+（1+2+0.45）×10］×（1+0.039）	基础接地平面图
2	水平接地线利用基础梁内主筋	m	266.5	（25.44×2+18+7.2+14.78×3+8.1×2+5.28+2.7+3.2+15.6+18.6×2+15.68×3+8.85）×（1+0.039）	基础接地平面图
3	镀锌钢板 100mm×100mm×6mm 测试卡	套	5		基础接地平面图
4	总等电位端子箱	套	1		
5	局部等电位端子箱	套	10		
6	ϕ10mm 避雷网	m	237.6	15.3×3+（21.301-2.701）×2+15.6+5.275+2.701+14.4×2+14.4+（14.4-10.8）+（0.9+5.1+2.1）+6.2+1.6+17.85+25.2×2	屋顶防雷平面图
7	ϕ16mm 主筋引下线	m	148.5	（14.4+0.45）×10	屋顶防雷平面图
8	接地跨接线	处	10		
9	接地网调试	系统	1		

4. 编制依据

1）《江西省通用安装工程消耗量定额及统一基价表》（2017 年）、《江西省建筑与装饰、通用安装、市政工程费用定额》（2017 年）、江西省建设厅赣建价〔2009〕19 号文、赣建价发〔2009〕32 号文。

2）施工图以及现行的有关法律、法规、规章制度等。

5. 施工图预算编制（见表 3-44～表 3-46）

表 3-44　工程造价取费表

序号	费用名称	计　算　式	费率（%）	金额（元）
	安装工程			
一	直接工程费	∑（工程量 × 消耗量定额基价）		28776.42
1.1	其中：定额人工费	∑（工日消耗量 × 定额人工单价）		12896.46
1.2	其中：定额机械费	∑（机械消耗量 × 定额机械台班单价）		4607.08
二	单价措施费	∑（工程量 × 消耗量定额基价）		
2.1	其中：定额人工费	∑（工日消耗量 × 定额人工单价）		
2.2	其中：定额机械费	∑（机械消耗量 × 定额机械台班单价）		
三	未计价材料			
四	其他项目费	∑其他项目费		
五	总价措施费	（5.1）+（5.2）		1977.02

（续）

序号	费用名称	计 算 式	费率（%）	金额（元）
5.1	安全文明施工措施费	（5.1.1）+（5.1.2）		1587.55
5.1.1	安全文明环保费	［（1.1）+（2.1）］×费率	8.62	1111.67
5.1.2	临时设施费	［（1.1）+（2.1）］×费率	3.69	475.88
5.2	其他总价措施费	［（1.1）+（2.1）］×费率	3.02	389.47
六	管理费	（6.1）+（6.2）		1930.60
6.1	企业管理费	［（1.1）+（2.1）］×费率	13.12	1692.02
6.2	附加税	［（1.1）+（2.1）］×费率	1.85	238.58
七	利润	［（1.1）+（2.1）］×费率	11.13	1435.38
八	人材机价差	∑（数量×价差）		994.07
九	规费	（9.1）+（9.2）+（9.3）		2769.06
9.1	社会保险费	［（1.1）+（1.2）+（2.1）+（2.2）］×费率	12.5	2187.94
9.2	住房公积金	［（1.1）+（1.2）+（2.1）+（2.2）］×费率	3.16	553.11
9.3	工程排污费	［（1.1）+（1.2）+（2.1）+（2.2）］×费率	0.16	28.01
十	税金	［（一）+（二）+（三）+（四）+（五）+（六）+（七）+（八）+（九）］×费率	9.00	3409.43
十一	工程总造价	（一）+（二）+（三）+（四）+（五）+（六）+（七）+（八）+（九）+（十）		41291.98
	安装总造价	肆万壹仟贰佰玖拾壹元玖角捌分		41291.98

表 3-45 工程预算表

序号	编码	名称	单位	数量	单价	合价
1	4-10-56	户内接地母线敷设—40×4	m	36.6	14.32	524.11
2	4-10-56	水平接地线利用基础梁	m	266.5	14.32	3816.28
3	4-10-76	接地测试卡 100mm×100mm×6mm	处	5	10.97	54.85
4	4-10-59	接地跨接线安装	处	10	13.95	139.50
5	4-4-12	卫生间等电位联结端子箱安装，户内	台	10	232.29	2322.90
6	4-10-77	总等电位联结端子箱安装，户内	台	1	12.85	12.85
7	4-10-45	避雷网安装，沿折板支架敷设	m	237.6	28.83	6850.01
8	4-10-42	避雷引下线敷设，利用建筑物主筋引下	m	148.5	13.20	1960.20
9	4-10-79	接地系统测试，接地网	系统	1	1150.09	1150.09
10	2-10-32	脚手架搭拆费（第二册）	元	1	24460.10	24460.10
合计						41290.89

表 3-46　价差汇总表

序号	定额编号	名称	单位	数量	定额价（元）	市场价（元）	价差（元）	合价（元）
一		人工						910.28
1	00010104	综合工日	工日	151.714	85	91	6	910.28
三		机械						83.79
1	RG	人工	工日	13.965	85	91	6	83.79
			合计					994.07

3.7.2　工程量清单计价示例

1. 编制依据

1)《建设工程工程量清单计价规范》（GB 50500—2013）。

2)《江西省通用安装工程消耗量定额及统一基价表》（2017 年）、《江西省建筑与装饰、通用安装、市政工程费用定额》（2017 年）、江西省建设厅赣建价〔2009〕19 号文、赣建价发〔2009〕32 号文。

3) 施工图以及现行的有关法律、法规、规章制度等。

2. 示例

工程量清单计价表及综合单价分析表见表 3-47~ 表 3-52。

表 3-47　分部分项工程量清单与计价表

序号	项目编码	项目名称	项目特征描述	计量单位	工程量	综合单价	综合合价
		整个项目					12832.61
1	030414011001	接地装置	户内接地母线敷设—40×4 镀锌扁钢：36.6m 水平接地线利用基础梁：266.5m 接地测试卡 100mm×100mm×6mm：5 处 接地跨接线安装：10 处 卫生间等电位联结端子箱安装，户内：10 台 总等电位联结端子箱安装，户内：1 台	组	1	5246.50	5246.50
2	030409006001	避雷装置	避雷网安装，沿折板支架敷设：237.6m 避雷引下线敷设，利用建筑物主筋：148.5m	项	1	6711.32	6711.32
3	030414011002	接地装置调试	类别：接地网调试	系统	1	874.79	874.79
			合计				12832.61

表 3-48　措施项目清单与计价表（一）

序号	项目编码	项目名称	计算基础	费率（%）	金额（元）
1	一	安装工程总价措施项目			1977.02
2	1	安全文明施工措施费			1587.55
3	1.1	安全文明环保费（环境保护、文明施工、安全施工费）	人工费	8.62	1111.67
4	1.2	临时设施费	人工费	3.69	475.88
5	2	其他总价措施费	人工费	3.02	389.47

表 3-49　措施项目清单与计价表（二）

序号	项目编码	项目名称	项目特征	计量单位	工程量	金额（元）	
						综合单价	合价
1	2-10-32	脚手架搭拆费［安装］		项	1	20301.6	20301.6
合计							20301.6

表 3-50　规费、税金项目清单与计价表

序号	项目名称	计算基础	计算基数	费率（%）	金额（元）
1	规费	专业规费合计	2769.06		2769.06
1.1	安装工程规费	社会保险费＋住房公积金＋工程排污费	2769.06		2769.06
1.1.1	社会保险费	定额人工费＋定额机械费	17503.54	12.5	2187.94
1.1.2	住房公积金	定额人工费＋定额机械费	17503.54	3.16	553.11
1.1.3	工程排污费	定额人工费＋定额机械费	17503.54	0.16	28.01
2	税金	分部分项＋措施项目＋其他项目＋规费	37882.55	9	3409.23

表 3-51　单位工程招标控制价汇总表

序　号	汇总内容	金额（元）
一	分部分项工程量清单计价合计	12832.61
1.1	其中：定额人工费	7595.26
1.2	其中：定额机械费	1525.24
二	单价措施项目清单计价合计	20301.6
2.1	其中：定额人工费	5301.2
2.2	其中：定额机械费	3081.84
三	总价措施项目清单计价合计	1977.02
3.1	安全文明施工措施费	1587.55
3.1.1	安全文明环保费	1111.67
3.1.2	临时设施费	475.88

（续）

序　号	汇 总 内 容	金额（元）
3.2	其他总价措施费	389.47
3.3	扬尘治理措施费	
四	其他项目清单计价合计	
五	规费	2769.06
5.1	安装工程规费	2769.06
5.1.1	社会保险费	2187.94
5.1.2	住房公积金	553.11
5.1.3	工程排污费	28.01
六	税金	3409.23
七	工程费用	41289.52
	单位清单工程总价	41289.52
	单项清单工程造价合计	41289.52

表 3-52　分部分项工程量清单综合单价分析表

序号	编　码	名称	项 目 特 征	综合单价组成（元）					综合单价（元）
				人工费	材料费	机械费	管理费	利润	
1	030414011001	接地装置	户内接地母线敷设—40×4镀锌扁钢：36.6m 水平接地线利用基础梁：266.5m 接地测试卡100mm×100mm×6mm：5处 接地跨接线安装：10处 卫生间等电位联结端子箱安装，户内：10台 总等电位联结端子箱安装，户内：1台	3467.53	627.90	305.44	483.88	361.75	5246.50
2	030409006001	避雷装置	避雷网安装，沿折板支架敷设：237.6m 避雷引下线敷设，利用建筑物主筋：148.5m	4164.53	536.98	994.95	583.02	431.84	6711.32
3	030414011002	接地装置调试	类别：接地网调试	497.59	31.04	224.85	69.58	51.73	874.79
	合计			5675.40	10076.96	3165.63	793.59	590.02	20301.60

思 考 题

1. 木制配电箱只有制作定额，其内部配电元件安装如何使用定额？
2. 配电屏柜的安装是否包括基础槽钢、角钢的制作安装？如果不包括，应使用什么定额？
3. 焊（压）接线端子定额的适用范围是什么？
4. 电机检查接线定额不包含焊（压）接线端子的工作内容，编制预算时应如何处理？
5. 配管、配线中如何考虑接线盒的数量？
6. 线槽配线项目是按单根导线考虑的，若为多芯导线（导线截面面积 2.5mm² 以内）时如何执行定额？
7. 塑料护套线在穿管敷设时，执行什么定额？
8. 一般电缆敷设定额都综合了哪些敷设方式？
9. 管内穿电缆是否可以套用套内穿动力线？按电缆单芯截面计算还是三芯截面计算？
10. 定额中电力电缆敷设及电缆头制作安装的截面是怎样计算的？
11. 厂家供应的配电箱没有安装的电器元件，如空气开关，到现场后才能安装，应如何计算费用？
12. 卫生间的等电位接地如何使用定额？
13. 焊接为一体的独立基础钢筋作为接地装置时，如何使用定额？
14. 接地跨接线的含义是什么？
15. 户外接地母线的敷设每米包含多少土方工程量？
16. 利用基础底板内钢筋作接地，使用什么定额？
17. 防雷接地装置的主要组成部分是什么？
18. 什么是断接卡子？如何计算其工程量？
19. 什么是均压环？如何计算其工程量？
20. 引下线安装的工程量如何考虑？
21. 避雷网长度如何计算？

4

第 4 章
工业管道工程施工图预算的编制

4.1 工业管道工程基础知识

工业管道工程在工业建设中非常重要，在石油化工和冶金工业中尤为重要。工业建设的安装工程中，除了设备的安装以外，最多的就是工业管道的安装。从厂内到厂外，把厂区各个生产装置、各个工段、各种不同的设备连接起来，在石油、化工生产过程中，从原料的投入到产品的产出，几乎每道生产工序都离不开工业管道。

工业管道安装工程所需的各种管材、阀门、法兰和管件等，大多数价格比较高，都以主材费的形式计入安装工程直接费，在整个安装工程费用中占很大比例。

工业管道安装的主要图样是管道布置图，主要表达车间或装置内管道和管件、阀、仪表控制点的空间位置、尺寸和规格，以及与有关设备的连接关系。本章扼要介绍工业管道工程常用材料、施工方法等基本知识，并系统介绍工业管道工程量计算规则和方法及定额应用。

4.1.1 工业管道常用管材

工业管道安装所用的管材种类很多，按压力等级可以分为低压管道、中压管道、高压管道；按材质可以分为钢管、铸铁管、有色金属管材和非金属管材。

管道规格的表示方法：镀锌焊接钢管、不镀锌焊接钢管、铸铁管、硬聚氯乙烯管等，管径以公称直径 DN 表示（如 DN15、DN100 等）；耐酸陶瓷管、混凝土管、钢筋混凝土管、陶土管等，管径以内径 d 表示（如 $d230mm$、$d380mm$ 等）；焊接直缝管、无缝钢管等，管径以外径 × 壁厚表示（如 $D108mm \times 4mm$、$D159mm \times 4.5mm$ 等）。

1. 钢管

（1）焊接钢管　焊接钢管又称有缝钢管或水煤气输送钢管。焊接钢管是采用焊接加工制造的，有镀锌（称为白铁管）和不镀锌（称为黑铁管）两种，镀锌焊接钢管用于输送要求比较洁净的介质，如给水、洁净空气等；不镀锌焊接钢管用于输送蒸汽、煤气、压缩空气和冷凝水等。

（2）无缝钢管　无缝钢管是工业生产中最常用的一种管材，品种繁多，使用数量大。无缝钢管以常用材质划分为碳素结构钢、低合金结构钢、不锈耐酸钢。

1）碳素结构钢：适用于温度在 475℃以下，输送各种对钢材无腐蚀的介质，如输送蒸汽、氧气、压缩空气和油品等。

2）低合金结构钢：通常是指含一定比例铬钼金属的合金钢管，也称为铬钼钢。适用温度为 −201~650℃，可输送各种温度较高的油品、油气和腐蚀性不强的介质，如盐水、低浓度的有机酸等。

3）不锈耐酸钢：根据铬、镍、钛各种金属的不同含量，有很多种品种。适用温度为 800℃ 以下，可输送腐蚀性较强的介质，如硝酸、醋酸、尿素等。

2. 铸铁管（工业用铸铁管）

铸铁管均为法兰连接，由于表面与介质接触层由氧化硅保护膜制成，能抗腐蚀，因而可用来输送腐蚀性强的介质，如硫酸和碱类。

3. 有色金属管材

（1）铝管 铝管的操作温度为 200℃ 以下，当温度高于 160℃ 时，不宜在压力下使用。铝管的规格用外径 × 壁厚表示，常用规格范围有：$D14mm \times 2mm \sim D120mm \times 5mm$，直径超过 120mm 的铝管，需要用 3~8mm 厚的铝板卷制。

铝管的特点是质量轻，不生锈，但机械强度较差，不能承受较高压力，适用于输送脂肪酸、硫化氢、二氧化碳、硝酸和醋酸，但不适用于输送盐酸和碱液。

（2）铜管 铜管的制造方法分为拉制和挤制两种，适用于工作温度在 250℃ 以下，多用于油管道、保温伴热管和空分氧气管道。

（3）钛管 钛管具有质量轻、强度高、耐腐蚀性强和耐低温的特点，常用于其他管材无法胜任的工艺部位。适用温度范围为 −140~250℃，当温度超过 250℃ 时，其力学性能下降。钛管虽然具有很多优点，但因为价格昂贵，焊接难度大，还没有被广泛采用。

4. 非金属管材

（1）硬聚氯乙烯管 硬聚氯乙烯管具有良好的化学稳定性，除强氧化剂［如浓度（质量分数）大于 50% 硝酸、发烟硝酸等］以及芳香族碳氢化合物、氯代碳氢化合物（如苯、甲苯、氯苯、酮类等）外，几乎能耐任何浓度的各类酸、碱、盐及有机溶剂的腐蚀。它还具有机械加工性能好、成型方便，以及焊接性和一定的机械强度、密度小（约为钢的 1/5）等优点。

（2）玻璃管 玻璃管的耐腐蚀性能好，除氢氟酸、氟硅酸、热磷酸及强碱外，能输送多种无机酸、有机酸及有机溶剂等介质。其特点是化学稳定性高、透明、光滑和耐磨。

（3）玻璃钢管 玻璃钢管是以玻璃纤维及其制品（如玻璃布、玻璃带、玻璃毡）为增强材料。以合成树脂为黏合剂，经过一定的成型工艺制作而成。它质量轻、强度高、容易操作、耐腐蚀性好、电绝缘性好、流速大、浸透性好。使用温度为 150℃ 以下，使用压力为 3.0MPa。

（4）混凝土管 混凝土管有预应力钢筋混凝土管和自应力钢筋混凝土管，主要用于输水管道，管道采用承插连接，钢筋混凝土管可以代替铸铁管和钢管输送低压给水、气等。

（5）衬里管道 衬里管道一般是指在碳钢管的内壁衬上耐腐蚀性强的材质，使管道既机械强度高，有一定的受压能力，又有较好的防腐蚀性。常用的衬里管道有衬橡胶管、衬铅管、衬塑料管和衬搪瓷管。为了衬里时操作方便，衬里的碳钢管多采用法兰连接，而且每根管不能很长。

4.1.2　工业管道常用管件、阀门、法兰和附件

1. 工业管道常用管件

管件是工业管道工程中的主要配件，是管道系统中起连接、控制、变向、分流、密封、支撑等作用的零部件的统称。多用与管道相同的材料制成。

按连接方式不同，管件可分为承插式管件、螺纹管件、法兰管件和焊接管件四类；按直管与管件焊接时的焊接方式不同，可将管件分为两大类：对焊类（BW）、承插（SW）及螺纹（TH）类；按管件表面是否带有焊缝，可将管件分为有缝管件和无缝管件两大类；按管件的承压能力不同，可将管件分为低压管件、中压管件和高压管件。

管件的名称分为：弯头、法兰、三通、大小头、管帽、异径管、各种管接头。弯头用于管道转弯的地方；法兰用于使管子与管子相互连接的零件，连接于管端；三通管用于三根管子汇集的地方；四通管用于四根管子汇集的地方；异径管用于不同管径的两根管子相连接的地方。

常用的螺纹连接管件见第 5 章给排水内容，本章主要介绍中、低压无缝钢管管件。无缝钢管管件，大多是冲压或焊制，一般做成弯头、异径管和三通等。

（1）弯头　无缝钢管管道使用的弯头，按制造方法不同分为冲压弯头、推制弯头、煨制弯头和焊接弯头。

冲压弯头有两种做法：一种是直径在 200mm 以下的，直接用无缝钢管压制，一次成形，不需要焊接，又称为无缝弯头；另一种是直径在 200mm 以上的，则采用 10 钢、20 钢或 16Mn 钢板冲压成两半，再组对焊接成形，也称为冲压焊接弯头。

推制弯头是用无缝钢管推制成形，其成形钢管壁厚比冲压无缝弯头大，质量也比冲压弯头好。

煨制弯头是以管材直接煨制而成，一般用于小口径管道或弯曲半径没有要求的管道上。

焊接弯头是用钢板卷制或用钢管焊接（俗称虾体弯）制成，常用于低压管道上。

（2）异径管　异径管是在管道上起变更管径的作用，有同心异径管和偏心异径管之分，一般多在施工现场焊接。在实际施工中，常将大口径管收口缩制成异径管，故称为摔制异径管。

（3）三通　无缝钢管和其他大口径的钢板卷管在安装中需从主管上接出支管时，多采用焊接三通，或直接在主管道上开孔焊接（挖眼三通）而成。

（4）封头　封头是用于管端起封闭作用的堵头，常用的有椭圆形封头和平盖形封头两种。椭圆形封头也称为管帽，多用于中低压管道上；平盖形封头多用于压力较低的管道上。

（5）凸台　凸台也称为管嘴，是自控仪表专业在工艺管道上的一种部件，其规格范围为 DN15~DN200，高、中、低压管道都使用。

（6）盲板　其作用是把管道内介质切断，根据使用压力和法兰密封面的形式可分为光滑面盲板、凸面盲板、梯形槽面盲板、"8" 字盲板等。

（7）弯管　在管道安装中，除采用定型弯头改变管道的方向外，有时还采用煨制弯管，这种弯管一般都是在施工现场制作。弯管的煨制可分为冷煨和热煨两种形式。

冷煨弯管，弯曲半径不应小于管子直径的 4 倍，煨制时一般不用装砂子，通常使用手动弯管器或电动弯管机来煨制。冷煨弯管的直径一般在 150mm 以下，这种煨制方法除煨制碳

钢管以外，还常用来煨制不锈钢管、铝管和铜管。

热煨弯管，有人工煨制和机械煨制两种。热煨弯管的弯曲半径不应小于管子直径的 3.5 倍。人工煨制，大部分是在施工现场进行，通常采用烘炉焦炭加热或氧乙炔加热方法来煨制。煨制前管子内要装干砂并打实，防止管子在弯曲时因受力使圆形截面变形。管子装好砂子以后，按煨制弧长进行加热，加热到一定温度，将管子移至操作平台上进行煨制，达到所要求的弯曲度即可。机械煨制时，通常采用晶闸管中频加热弯管机和氧乙炔加热的大功率火焰弯管机。机械煨制弯管速度快、质量好，煨制时管内不需装砂子，但造价较高。

2. 工业管道常用阀门

阀门是用来调节管道或设备内介质流量，能够随时开启或关闭的活门。阀门的种类很多，按公称压力分为三种：不大于 1.6MPa（包括 1.6MPa）的低压阀门，2.5~10MPa 的中压阀门，10~80.0MPa 的高压阀门；按材质分有铸铁阀、碳钢阀、铜阀、不锈钢阀以及各种非金属阀等；按阀门的连接方式分有法兰阀门、螺纹阀门、焊接阀门等；按阀门的驱动方式分有手动阀、电动阀、液动阀和气动阀。

阀门是工业管道上非常重要的部件，它对管内所输送的介质起开和关的作用，因此必须保证阀门的安装质量。阀门从出厂到现场安装，一般都是经过多次装卸运输和长时间的存放，故在安装以前必须对阀门进行检查、清洗、试压，必要时还需进行研磨。

（1）阀门检查　阀门在安装前先要进行外观检查，检查阀体、密封面、阀杆等是否有制造缺陷或撞伤。根据阀门出厂合格证，如果出厂日期较短，外观检查也没有发现问题，对此类同厂同批生产的阀门可进行比例抽查；但对出厂时间和存放时间都比较长的阀门以及密封度要求较严的阀门，一定要做解体检查。

（2）阀门水压试验　经内部解体检查的阀门，应进行强度和严密性试验，一般都是进行水压试验。强度试验压力一般为阀门公称压力的 1.5 倍。进行强度试验时，阀门应处于开启状态，等阀门内灌满水以后再封闭，缓慢升压到试验压力，停压 5min 以后，进行检查，如果表压不下降，阀体和填料无渗漏现象，强度试验即为合格。然后将阀门关闭，关闭时手轮上不许加任何器械，只靠人工手力把阀门关好，缓慢降压至工作压力，停压不少于 5min，如果表压不降，密封圈和填料处无渗漏，则严密性试验即为合格。

（3）阀门研磨　阀门在严密性试验时，如发现密封圈渗漏，则应重新解体，详细检查密封接合面的缺陷，如有沟槽之处，其深度小于 0.05mm 时，可用研磨方法来消除，如果沟槽深度不小于 0.05mm 时，应用车床车平。沟深很严重的要进行补焊，然后予以车平，再进行研磨。研磨时，研磨面要涂一层很细的研磨剂，也称为凡尔砂。

阀门经过研磨、清洗、组装以后，再进行水压严密性试验，合格后方可使用。

3. 工业管道常用法兰、垫片及螺栓

（1）法兰　法兰是工业管道上起连接作用的一种部件，可连接两根直管，也可将设备、阀门（法兰阀门）与管路连接起来。法兰紧密性可靠，装卸方便。

法兰有很多种分类方式，按压力分为低压法兰、中压法兰、高压法兰；按材质分为铸铁法兰、铸钢法兰、碳钢法兰、耐酸钢法兰；按连接形式分为平焊法兰、对焊法兰、螺纹法兰、活套法兰；按法兰接触面形式分为平面法兰、榫槽面法兰、凸凹面法兰及法兰盖。工业管道所输送的介质，种类繁多，温度和压力也各不相同，所以对法兰的强度和密封，有不同的要求。

由于密封面形式不同，法兰的加工制造成本相差悬殊，因此，法兰本身的价格，在编制预算时要特别注意。

1）管口翻边活动法兰，也称为卷边松套法兰。这种法兰与管道不直接焊在一起，而是以管口翻边为密封接触面，松套法兰起坚固作用，多用于铜、铝和铅等有色金属及不锈耐酸钢管道上。其最大的优点是由于法兰可以自由活动，法兰穿螺栓时非常方便；缺点是不能承受较大的压力。这种法兰适用于公称压力 0.6MPa 以下的管道连接，规格范围为 DN10~DN500，法兰材料为 Q235 钢。

2）焊环活动法兰，也称为焊环松套法兰，它是将与管子相同材质的焊环直接焊在管端，利用焊环作密封面，其密封面有光滑式和榫槽式两种。焊环活动法兰多用于管壁较厚的不锈钢管和铜管法兰的连接。

3）螺纹法兰，是用螺纹与管端连接的法兰，有高压和低压两种。随着工业的发展，低压螺纹法兰已被平焊法兰代替，除特殊情况外，基本不采用。高压螺纹法兰被广泛应用于现代工业管道的连接。

4）对焊翻边短管活动法兰，其结构形式与翻边活动法兰基本相同，不同之处是它不在管端直接翻边，而是在管端焊一个成品翻边短管，其优点是翻边的质量较好，密封面平整。这种法兰适用于公称压力在 2.5MPa 以下的管道连接。

5）插入焊法兰，其结构形式与平焊法兰基本相同，不同之处在于法兰内口有一环形凸台，平焊法兰没有这个凸台。

6）铸铁两半式活法兰，这种法兰可灵活拆卸，随时更换。它是利用管端两个平面紧密结合以达到密封效果。适用于压力较低的管道，如陶瓷管道的连接。

7）法兰盖，是与法兰配套使用的部件，它和封头一样在管端起封闭作用，其规格和适用压力范围与配套法兰一致。

（2）法兰用垫片　法兰垫片是法兰连接时起密封作用的材料。根据管道输送介质的腐蚀性、温度、压力以及法兰密封面的形式，可以选择不同材料的法兰垫片。

1）橡胶石棉垫片，是法兰连接中用量最多的垫片，适用于输送空气、蒸汽、煤气、酸和碱等管道上。橡胶石棉垫片的厚度，各专业不统一，通常为 3mm 厚。

2）橡胶垫片，是用橡胶板制作的垫片，具有一定的耐腐蚀性，适用于温度在60℃以下，输送水、酸和碱等低压管道上，因橡胶垫片具有弹性，故密封性能较好。

3）塑料垫片，多用于输送酸和碱的管道上，常用的有软聚氯乙烯垫片、聚四氟乙烯垫片和聚乙烯垫片等。

4）缠绕式垫片，是用金属钢带及非金属填料带缠绕而成。这种垫片具有制造简单、价格低廉、材料能被充分利用、密封性能较好等优点，在石油化工工艺管道上被广泛应用。

垫片的选用应根据管道所输送介质的温度、压力、腐蚀性和连接法兰的密封面形式确定。对于高压管道的法兰连接，《全国统一安装工程预算定额》第六册《工业管道工程》是按透镜垫来考虑的；对于各种中低压管道的法兰连接，采用什么垫片，不能一一确定，所以定额中是按橡胶石棉垫片来考虑的，若实际的垫片与定额规定有出入时，垫片的价格可以换算。

（3）法兰用螺栓　螺栓是起连接法兰的作用，有单头螺栓和双头螺栓两种，其螺纹一般都是三角形公制粗螺纹。单头螺栓也称为六角头螺栓，又分为半精制和精制两种，在中低压工艺管道上使用最多的是半精制单头螺栓。工艺管道上所用的双头螺栓，多数采用等长双头精制螺栓，适用于温度和压力较高的法兰连接。

4. 工业管道常用附件和管架

工业管道安装工程中，除了有大量的管件和阀门以外，还有管道附件和管架。

（1）管道附件　管道附件在管道上安装的数量虽不是很多，但所起的作用是其他阀件代替不了的。管道附件包括过滤器、阻火器、视镜、阀门操纵装置、补偿器、套管等。

1）过滤器，多用于泵、仪表（如流量计）、疏水阀前的液体管路上，要求安装在便于清理的地方。其作用是防止管道所输送的介质中的杂质进入传动设备或精密部位，避免生产发生故障或影响产品的质量。其结构形式有 Y 形过滤器、锥形过滤器、直角式过滤器和高压过滤器四种。

2）阻火器，是一种防止火焰蔓延的安全装置，通常安装在易燃易爆气体管路上，常用的阻火器种类有砾石阻火器、金属丝网阻火器和波形散热式阻火器。阻火器适用于压力较低的管道上。

3）视镜，多用于排液前的回流、冷却水等液体管路上，以观察液体流动情况。常用的有直通玻璃板式、三通玻璃板式和直通玻璃管式三种。

4）阀门操纵装置，包括阀门伸长杆，都是为了在适当的位置，能操纵比较远的阀门而设置的一种装置，如隔楼板、隔墙操纵管道上的阀门。

5）补偿器，也称为膨胀节或"胀力"，其作用是消除管道因温度变化而产生膨胀或收缩应力对管道的影响。常用的补偿器有方形和圆形两种，是用无缝钢管煨制而成，现在有了成品管件，方形补偿器也可以用弯头焊接。这类补偿器一般都是在施工现场或加工厂制作，它的伸缩性能好，补偿能力大，但阻力也大，空间所占位置也比较大，所以多用于室外架空管道上。

波形补偿器包括波形、盘形、鼓形等，是利用波形金属曲折面的变形起到补偿作用的。其外形体积较小，适用于装置内设备之间的管道上，但因制作比较困难，补偿能力小，所以有时采用多波才能达到补偿能力。

填料式补偿器也称为套管式补偿器，是利用外管套以内管，在两管空隙之间用填料密封，内管可以随着温度变化自由活动，从而起到补偿作用。它的结构紧凑、体积较小、补偿能力大，但填料容易损坏发生泄漏，多用于铸铁、陶瓷和塑料管道上。

6）套管，常用的有柔性防水套管、刚性防水套管、一般钢套管和镀锌薄钢板套管。当管道穿过楼板等时可起保护作用。

（2）管架（管道支架）　管架起支承和固定管道的作用，常用的管架有滑动支架、固定支架、导向支架和吊架等，每种支架又有多种结构形式。

1）滑动支架，一般安装在水平敷设的管道上，它一方面承受管道的质量，另一方面是允许管道受温度影响发生膨胀或收缩时，沿轴向前后滑动。此种管架一般安装在输送介质温度较高的管道上，且在两个固定管架之间。

2）固定支架，它安装在要求管道不允许有任何位移的地方。如较长的管道上，为了使每个补偿器都起到应有的作用，就必须在一定长度范围内设一个固定支架，使支架两侧管道的伸缩作用在补偿器上。

3）导向支架，是允许管道向一定方向活动的支架。在水平管道上安装的导向支架，既起导向作用，也起支承作用；在垂直管道上安装的导向支架，只能起导向作用。

以上三种支架，如安装在保温管道上，还必须安装管托。管托一般都直接与管道固定在一起，管托下面接触管架。不保温的管道可直接安装在钢支架上。

4）吊架，是使管道悬垂于空间的管架，有普通吊架和弹簧吊架两种，弹簧吊架适用于有垂直位移的管道，管道受力以后，吊架本身可以起调节作用。

除此之外，还有大量的管托架和管卡子，管托根据管径大小，有单支承和双支承等多种。管卡子是 U 形圆钢卡子，用量最多。

4.1.3　工业管道布置图的标注

1. 管道标注

（1）尺寸单位　管子公称直径一律以 mm 为单位，标高、坐标以 m 为单位，小数点后取三位数，其余的尺寸一律以 mm 为单位，只注数字，不注单位。

（2）标注方法　管道标注方法如图 4-1 和图 4-2 所示。

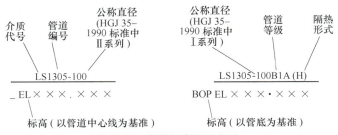

图 4-1　管道标高标注方法

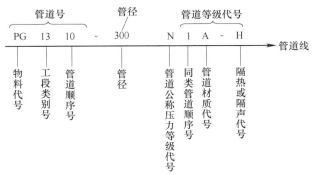

图 4-2　管道标注方法

1）物料代号，见表 4-1。

表 4-1　物料代号

代号	PA	PG	PGL	PGS	PL	PLS	PS	PW
物料	工艺空气	工艺气体	气液两相流工艺物料	气固两相流工艺物料	工艺液体	液固两相流工艺物料	工艺固体	工艺水

2）工段类别号，工程建设项目统一规定的编号，采用两位数字，从 01 开始到 99 结束。

3）管道顺序号，根据物料类别分类编号，相同类别的物料在同一工段内流向先后为序，按顺序编号。采用两位数字，从 01 开始到 99 结束。

4）管径，一律以公称直径标注，以 mm 为单位，只注数字，不注单位。如 300 表示公称直径 300mm。

5）管道公称压力等级代号如下：

L——1.0MPa   S——16.0MPa   M——1.6MPa   T——20.0MPa   N——2.5MPa
U——22.0MPa   P——4.0MPa   V——25.0MPa   Q——6.4MPa   W——32.0MPa
R——10.0MPa

6）管道材质代号如下：

A——铸铁   B——碳钢   C——普通低合金钢   D——合金钢
E——不锈钢   F——有色金属   G——非金属   H——衬里及内防腐

7）隔热或隔声代号，见表 4-2。

表 4-2 隔热或隔声代号

代 号	功能类别	备 注	代 号	功能类别	备 注
H	保温	采用保温材料	S	蒸汽伴热	采用蒸汽伴管和保温材料
C	保冷	采用保冷材料	W	热水伴热	采用热水伴管和保温材料
P	人身防护	采用保温材料	O	热油伴热	采用热油伴管和保温材料
D	防结露	采用保冷材料	J	夹套伴热	采用夹套管和保温材料
E	电伴热	采用电热带和保温材料	N	隔声	采用隔声材料

2. 管件标注

一般不标注定位尺寸；对某些有特殊要求的管件，应标注出某些要求与说明。

3. 阀门标注

一般不标注定位尺寸，只要在立面剖视图上注出安装标高；当管道中阀门类型较多时，应在阀门符号旁注明其编号及公称尺寸。阀门型号表示方法如图 4-3 所示。

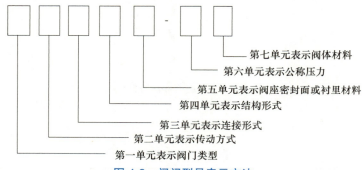

图 4-3 阀门型号表示方法

这七个单元分别以数字或字母表示，在计算工程量及套价的过程中，只有第一单元、第二单元、第三单元有直接关系，所以仅介绍这三个单元代号的意义。

（1）第一单元 阀门类型代号意义见表 4-3。

表 4-3　阀门类型代号

类型	闸阀	截止阀	节流阀	球阀	蝶阀	隔膜阀
代号	Z	J	L	Q	D	G
类型	旋塞阀	止回阀和底阀	安全阀	减压阀	疏水阀	排污阀
代号	X	H	A	Y	S	P

（2）第二单元　传动方式代号意义见表 4-4。

表 4-4　传动方式代号

传动方式	电磁动	电磁—液	电—液	蜗轮	正齿轮
代号	0	1	2	3	4
传动方式	伞齿轮	气动	液动	气—液	电动
代号	5	6	7	8	9

（3）第三单元　连接形式代号意义见表 4-5。

表 4-5　连接形式代号

连接形式	内螺纹	外螺纹	法兰	焊接	对夹	卡箍	卡套
代号	1	2	4	6	7	8	9

4. 管架标注

水平向管道的支架标注定位尺寸；垂直向管道的支架标注支架顶面或支承面的标高；在管道布置图中每个管架应标注一个独立的管架编号；

管架编号由 5 个部分组成，如图 4-4 所示。

图 4-4　管架标注

1）管架类别及代号，见表 4-6。

表 4-6　管架类别及代号

序号	管架类别	代号	序号	管架类别	代号
1	固定架	A	5	弹簧吊架	S
2	导向架	G	6	弹簧支座	P
3	滑动架	R	7	特殊架	E
4	吊架	H	8	轴向限位架	T

2）管架生根部位的结构及代号，见表 4-7。

表 4-7　管架生根部位的结构及代号

序号	管架生根部位的结构	代号	序号	管架生根部位的结构	代号
1	混凝土结构	C	4	设备	V
2	地面基础	F	5	墙	W
3	钢结构	S			

4.2 工业管道工程的工程量计算及定额应用

《全国统一安装工程预算定额》第六册《工业管道工程》(简称"本册定额")适用于新建、扩建工程，且设计压力不大于 42MPa、设计温度不超过材料允许使用温度的工业金属管道工程；适用于厂区范围内的车间、装置、站、罐区及其相互之间各种生产用介质输送管道；适用于厂区第一个连接点以内的生产用（包括生产与生活共用）给水、排水、蒸汽、煤气输送管道。给水以入口水表井为界，排水以厂区围墙外第一个污水井为界，蒸汽和煤气以入口第一个计量表（阀门）为界，锅炉房、水泵房以墙皮为界。不适用核能装置的专用管道、矿井专用管道、长输管道，不适用大于 42MPa 的超高压管道，设备本体所属管道，民用给排水、采暖、卫生、煤气输送管道。

下列内容执行《全国统一安装工程预算定额》其他册相应定额：单件质量 100kg 以上的管道支架、管道预制钢平台的搭拆均执行第五册《静置设备与工艺金属结构制作安装工程》相应项目；管道刷油、绝热、防腐蚀、衬里等执行第十一册《刷油、防腐蚀、绝热工程》相应项目；设备本体管道，随设备带来的，并已预制成形，其安装包括在设备安装定额内；主机与附属设备之间连接的管道，按材料或半成品进货的，执行本定额；生产、生活共用的给水、排水、蒸汽、煤气输送管道，执行"本定额"；民用的各种介质管道执行第八册《给排水、采暖、燃气工程》相应项目。

第六册《工业管道工程》定额共八章 3091 个子目，包括管道安装、管件连接、阀门安装、法兰安装、板卷管制作与管件制作、管道压力试验、吹扫与清洗、无损探伤与焊口热处理及其他。

该册定额管道压力等级的划分：低压，$0<p\leqslant 1.6$MPa；中压，1.6MPa$<p\leqslant 10$MPa；高压，10MPa$<p\leqslant 42$MPa；蒸汽管道 $p\geqslant 9$MPa，工作温度 $\geqslant 500$℃时为高压。

4.2.1 工业管道安装工程

工业管道的安装包括碳钢管、不锈钢管、合金钢管及有色金属管、非金属管、生产用铸铁管的安装。

《工业管道工程》预算定额中各类管道适用材质范围：

1）碳钢管适用于焊接钢管、无缝钢管、16Mn（Q355）钢管。

2）不锈钢管除超低碳不锈钢管按章说明外，适用于各种材质。

3）碳钢板卷管安装适用于低压螺旋卷管、16Mn 钢板卷管。

4）铜管适用于纯铜、黄铜、青铜管。

5）管件、阀门、法兰参照管道材质适用范围。

6）合金钢管除高合金钢管按章说明计算外，适用于各种材质。

1. 工业管道安装工程量计算

1）管道安装按压力等级、材质、焊接形式分别列项，以"10m"为计量单位。

2）各种管道安装均按设计管道中心长度计算，不扣除阀门及各种管件所占长度。材料应按定额用量计算，定额用量已含损耗量。

3）加热套管安装按内管、外管分别计算工程量，执行相应定额项目。

2. 工业管道安装定额使用的注意事项

套用第六册《工业管道工程》预算定额第一章管道安装定额时，需要注意以下几个问题：

1）定额的管道壁厚是考虑了压力等级所涉及到的壁厚范围综合取定的。执行定额时不区分管道壁厚，即使管道壁厚超出了正常范围，也不再调整，均按工作介质的设计压力及材质、规格执行定额。

2）管道规格与实际不符时，按接近规格。中间值按较大者计算。

3）方形补偿器安装，直管部分可按延长米计算，套用第一章管道安装相应定额；弯头可套用第二章管件连接定额相应项目。

4）碳钢管、不锈钢管、合金钢管及有色金属管、非金属管、生产用铸铁管安装均不包括管件的安装，管件安装按设计数量执行第二章相应子目。

5）衬里钢管预制安装，管件按成品，弯头两端按接短管焊法兰考虑，定额中包括了直管、管件、法兰全部安装工作内容（二次安装、一次拆除），但不包括衬里及场外运输。

6）有缝钢管螺纹连接项目已包括封头、补芯安装内容，不得另行计算。

7）伴热管项目已包括煨弯工序内容，不得另行计算。其中购置配件、阀门以及挖眼接管三通，另行计算，套用《工业管道工程》相关子目。

8）加热套管安装按内管、外管分别计算工程量，执行定额相应项目。例如，内管直径为76mm，外套管直径为108mm，两种规格的管道应分别计算。

9）超低碳不锈钢管执行不锈钢管项目，其人工和机械乘以系数1.15，焊条单价按定额消耗量换算。

10）高合金钢管执行合金钢管项目，其人工和机械乘以系数1.15，焊条单价按定额消耗量换算。

4.2.2　管件连接

管件连接定额与《工业管道工程》预算定额第一章管道安装定额配套使用，适用范围与管道安装相对应。管件连接包括了弯头（含冲压、煨制、焊接弯头）、三通、四通、异径管、管接头、管帽等管件与直管的连接。管件安装的工作内容包括：管子切口、套丝、坡口、管口组对、连接或焊接，不锈钢管件焊缝钝化，铝管件焊缝酸洗，铜管件（氧乙炔焊）的焊前预热。

1. 管件连接工程量计算

不区分管件的种类，按压力等级、材质、焊接形式，计取相应的数量，以"10个"为计量单位。

2. 管件连接定额的使用

套用第六册《工业管道工程》预算定额第二章管件连接定额。

1）管件连接已综合考虑了弯头、三通、异径管、管帽、管接头等管口含量的差异，应按设计图用量，执行相应项目。

2）现场加工的各种管道，在主管上挖眼接管三通、摔制异径管，均应按不同压力、材质、规格，以主管径执行管件连接相应项目，不另计制作费和主材费。

3）挖眼接管三通支线管径小于主管径1/2时，不计算管件工程量；在主管上挖眼焊接管接头、凸台等配件，按配件管径计算管件工程量。

4）管件用法兰连接时，执行法兰安装相应项目，管件本身安装不再计算安装费。

5）全加热套管的外套管件安装，估价表按两半管件考虑的，包括二道纵缝和两个环缝。两半封闭短管可执行两半弯头项目。

6）半加热外套管摔口后焊在内套管上，每个焊口按一个管件计算。外套碳钢管如焊在不锈钢管内套管上时，焊口间需加不锈钢短管衬垫，每处焊口按两个管件计算，衬垫短管按设计长度计算，如设计无规定时，可按 50mm 长度计算。

7）在管道上安装的仪表一次部件由管道安装单位负责安装，执行本章管件连接相应项目乘以系数 0.7。

8）仪表的温度计扩大管制作安装，执行本章管件连接估价表乘以系数 1.5，工程量按大口径计算。

9）本定额只适用于管件安装，管件制作执行《工业管道工程》第五章相应项目。

4.2.3 阀门安装

阀门安装包括低、中、高压管道上的各种阀门安装，也适用于螺纹连接、焊接（对焊、承插焊）、或法兰连接形式的减压阀、疏水阀、除污器、阻火器、窥视镜、水表等阀件、配件的安装。

1. 阀门安装工程量计算

各种低、中、高压阀门的安装不区分种类，按不同压力、连接形式，计取相应的数量，以"个"为计量单位。

2. 阀门安装定额的使用

套用第六册《工业管道工程》预算定额第三章阀门安装定额。

1）各种法兰、阀门安装与配套法兰的安装，应分别计算工程量；螺栓与透镜垫的安装费已包括在定额内，其本身价值另行计算；螺栓的规格数量，如设计未作规定时，可根据法兰阀门的压力和法兰密封形式，按本册附录的"法兰螺栓质量表"计算。定额中只包括了一个垫片（或透镜垫）和一副法兰用的螺栓。

2）减压阀直径按高压侧计算。

3）电动阀门安装包括电动机安装。检查接线应执行《全国统一安装工程预算定额》第二册有关子目。

4）阀门安装综合考虑了壳体压力试验（包括强度试验和严密性试验）、解体研磨工序内容，执行定额时不得因现场情况不同而调整。

5）阀门壳体液压试验介质是按普通水考虑的，如设计要求用其他介质时，可做调整。

6）阀门安装不包括阀体磁粉探伤、密封做气密性试验、阀杆密封填料的更换等特殊要求的工作内容。

7）直接安装在管道上的仪表流量计执行阀门安装相应项目乘以系数 0.7。

8）高压对焊阀门是按碳钢焊接考虑的，如设计要求其他材质，其电焊条价格可换算，其他不变。本项目不包括壳体压力试验、解体研磨工序，发生时另行计算。

9）调节阀门安装项目仅包括安装工序内容，不包括配合仪表安装的工料。

10）安全阀安装包括壳体压力试验及调试内容。

4.2.4　法兰安装

法兰安装包括低、中、高压管道、管件、法兰阀门上使用的各种材质的法兰安装。法兰种类有螺纹法兰、平焊法兰、对焊法兰、翻边活动法兰等。

1. 法兰安装工程量计算

低、中、高压管道、管件、法兰阀门上使用的各种材质的法兰安装，按不同压力、材质、规格和种类计取数量，以"副"为计量单位。

2. 法兰安装定额的使用

1）不锈钢、有色金属的焊环活动法兰安装，可执行翻边活动法兰安装相应项目，但应将项目中的翻边短管换为焊环，并另行计算其价值。

2）中、低压法兰安装的垫片的材质是综合考虑的，不做调整，各种法兰安装子目只包括一个垫片和一副法兰用的螺栓。

3）法兰安装不包括安装后系统调试运转中的冷、热态紧固内容，发生时可另行计算。

4）高压碳钢螺纹法兰安装，包括了螺栓涂二硫化钼工作内容。

5）高压对焊法兰安装包括了密封面涂机油工作内容，不包括螺栓涂二硫化钼、石墨机油或石墨粉。硬度检查应按设计要求另行计算。

6）中压螺纹法兰安装，按低压螺纹法兰项目乘以系数 1.2。

7）用法兰连接的管道安装，管道与法兰分别计算工程量，执行相应项目。

8）在管道上安装的节流装置，已包括短管装拆工作内容，执行法兰安装相应子目乘以系数 0.8。

9）配法兰的盲板只计算主材费，安装费已包括在单片法兰安装中。

10）焊接盲板（封头）执行管件连接相应项目乘以系数 0.6。

11）中压平焊法兰执行低压平焊法兰项目乘以系数 1.2。

12）全加热套管法兰安装，按内套管法兰管径套用相应子目，乘以系数 2.0。

13）由于法兰安装以"副"为计量单位，如需以"个"计算时，估价表乘以系数 0.61，螺栓数量不变。

4.2.5　板卷管制作与管件制作

板卷管制作适于用碳钢板、不锈钢板、铝板直管制作，管件制作适于用各种材质成品板或成品管制作的弯头、三通、异径管以及管子煨弯等。定额还列出了三通补强圈、塑料法兰的制作安装。

1. 板卷管制作

（1）板卷管制作工程量计算　按不同材质、规格，以"t"为计量单位。

（2）板卷管制作定额的使用　套用第六册《工业管道工程》预算定额第五章板卷管制作定额。

1）主材用量应包括规定的损耗量。各种板卷直管的主材数量应按扣除管件所占长度计算，其计算公式为

$$主材用量 = 图示卷管延长米 \times (1 + 安装损耗量) - 管件长度$$

2）各种板卷管制作，其焊缝均按透油试漏考虑，不包括单件压力试验和无损探伤。

3）各种板卷管是按在结构（加工）厂制作考虑的，不包括原材料（板材）及成品的水平运输、卷筒钢板展开、分段切割、平直工作内容，发生时应按相应项目另行计算。

2. 管件制作（包括弯头制作、三通制作和异径管制作）

（1）管件制作工程量计算　分板卷管管件和成品管材制作管件，均按不同材质、规格、种类以"t"为计量单位。

（2）管件制作定额的使用　套第六册《工业管道工程》预算定额第五章弯头制作、三通制作和异径管制作定额。

1）各种板卷管件制作，其焊缝均按透油试漏考虑，不包括单件压力试验和无损探伤。

2）各种板卷管件是按在结构（加工）厂制作考虑的，不包括原材料（板材）及成品的水平运输、卷筒钢板展开、分段切割、平直工作内容，发生时应按相应项目另行计算。

3）三通不分同径或异径，均按主管径计算。

4）异径管不分同心或偏心，按大管径计算；各种板材异径管制作，不分同心或偏心，均执行同一定额。

5）用管材制作管件项目，其焊缝均不包括试漏和无损探伤工作内容，应按相应管道类别要求计算探伤费用。

6）中频煨弯项目不包括煨制时胎具更换内容。

7）合金钢板制管与管件制作，可执行碳钢板制管与管件制作定额，其人工乘以系数 1.20。

8）煨弯角度均按 90° 考虑，煨弯 180° 时定额基价乘以系数 1.50。

3. 三通补强圈制作安装

按不同材质、规格，以"10 个"为计量单位。套第六册《工业管道工程》预算定额第五章三通补强圈制作安装定额。

4. 塑料法兰的制作安装

按管外径分档，以"副"为计量单位。

4.2.6　管道压力试验、吹扫与清洗

1. 工程量计算

包括管道压力试验、管道系统吹扫和管道系统清洗，均按不同压力、规格，不分材质，以"100m"为计量单位。

2. 定额的使用

1）项目内均已包括临时用空压机和水泵作动力进行试压、吹扫、清洗管道连接的临时管线、盲板、阀门、螺栓等材料摊销量；不包括管道之间的串通临时管口及管道排放口至排放点的临时管，其工程量应按施工方案另行计算。

2）调节阀等临时短管制作装拆项目，适用于管道系统试压、吹扫时需要拆除的阀件以临时短管代替连通管道，其工作内容包括完工后短管拆除和原阀件复位等。

3）水压试验和气压试验已包括强度试验和严密性试验工作内容。

4）泄漏性试验适用于输送剧毒、有毒及可燃介质的管道，按压力、规格，不分材质以"100m"为计量单位。

5）当管道与设备作为一个系统进行试验时，如管道的试验压力等于或小于设备的试验

压力，则按管道的试验压力进行试验；如管道试验压力超过设备的试验压力，且设备的试验压力不低于管道设计压力的 115% 时，可按设备的试验压力进行试验。

6）管道液压试验是按普通水考虑的，如试压介质有特殊要求，介质可按实际调整。

4.2.7　无损探伤与焊口热处理

管道的无损探伤适用于工业管道焊缝及母材的无损探伤；管道的预热与热处理适用于碳钢、低合金钢各种施工方法的焊前预热或焊后热处理。

1. 工程量计算

1）管材表面磁粉探伤和超声波探伤，不分材质、壁厚以"m"为计量单位。

2）焊缝 X 射线、γ 射线探伤，按管壁厚不分规格、材质以"张"为计量单位。

3）焊缝超声波、磁粉及渗透探伤，按规格不分材质、壁厚以"口"为计量单位。

2. 定额的使用

1）计算 X 射线、γ 射线探伤工程量时，按管材的双壁厚执行相应定额项目。

2）管材对接焊接过程中的渗透探伤检验及管材表面的渗透探伤检验，执行管材对接焊缝渗透探伤项目。

3）管道焊缝采用超声波无损探伤时，其检测范围内的打磨工程量按展开长度计算。

4）无损探伤项目已综合考虑高空作业降效因素。

5）无损探伤项目中不包括固定射线探伤仪器适用的各种支架的制作。超声波探伤所需的各种对比试块的制作，发生时可根据现场实际情况另行计算。

6）管道焊缝应按照设计要求的检验方法和数量进行无损探伤。当设计无规定时，管道焊缝的射线照相检验比例应符合规范规定。管口射线片子数量按现场实际拍片张数计算。

7）焊前预热和焊后热处理，按不同材质、规格及施工方法以"口"为计量单位。

8）热处理的有效时间是依据《工业金属管道工程施工规范》（GB 50235—2010）规定的加热速率、温度下的恒温时间及冷却速率公式计算的，并考虑必要的辅助时间、拆除和回收用料等工作内容。

9）执行焊前预热和焊后热处理定额时，如施焊后立即进行焊口局部热处理，人工乘以系数 0.87。

10）电加热片加热进行焊前预热或焊后局部热处理时，如要求增加一层石棉布保温，石棉布的消耗量与高硅（氧）布相同，人工不再增加。

11）用电加热片或电感应法加热进行焊前预热或焊后局部处理的项目中，除石棉布和高硅（氧）布为一次性消耗材料外，其他各种材料均按摊销量计入定额中。

12）电加热片是按履带式考虑的，如与实际不符可按实际调整。

4.2.8　其他

1. 管架制作安装

适用于单件质量在 100kg 以内的管架制作安装，单件质量大于 100kg 的管架制作安装执行《全国统一安装工程预算定额》第五册《静置设备与工艺金属结构制作安装工程》相应定额项目。

（1）工程量计算　按管架的类型（一般管架、木垫式管架、弹簧式管架）分档，以

"100kg"为计量单位。

（2）定额的使用　使用定额时需要注意以下问题：

1）木垫式管架质量中不包括木垫质量，但木垫安装已包括在定额内。

2）弹簧式管架制作，不包括弹簧本身价格，应另行计算。

3）除木垫式管架、弹簧式管架外，其他类型管架均执行一般管架定额。

4）有色金属管、非金属管的管架制作安装，按一般管架子目乘以系数1.1。

5）采用成形钢管焊接的异形管架制作安装，按一般管架子目乘以系数1.3，其中不锈钢用焊条可做调整。

6）管架制作安装已包括除锈与刷防锈漆，如发生刷面漆应按设计要求套用定额第十一册《刷油、防腐蚀、绝热工程》。

2. 管口焊接充氩保护

（1）工程量计算　按不同的规格分管内、外，以"10口"为计量单位。

（2）定额的使用　管道焊接焊口充氩保护，适用于各种材质氩弧焊接或氩电联焊焊接方法的项目，按不同的规格和充氩部位，不分材质以"10口"为计量单位。

3. 冷排管制作安装

（1）工程量计算　按排管每排根数及长度分档，以"100m"为计量单位。

（2）定额的使用　使用定额时需要注意以下问题：

1）项目内包括煨弯、组对、焊接、钢带的轧绞、绕片工作内容；不包括钢带退火和冲、套翅片，其工程量应另行计算。

2）冷排管的刷油及支架制作、安装、刷油应按相应定额规定另行计算。

4. 蒸汽分汽缸制作安装

（1）蒸汽分汽缸制作　按选用的材料（钢管制、钢板制）及质量分档，以"100kg"为计量单位。

（2）蒸汽分汽缸安装　按质量分档，以"个"为计量单位。

（3）定额的使用　钢管制作是缸体采用无缝钢管制作，钢板制作是缸体采用钢板进行卷制，封头均采用钢板制作。定额不包括其附件制作安装，可按相应定额另行计算。

5. 集气罐制作安装

（1）集气罐制作　按公称直径分档，以"个"为计量单位。

（2）集气罐安装　按公称直径分档，以"个"为计量单位。

（3）定额的使用　定额内不包括其附件制作安装，可按相应定额另行计算。

6. 空气分气筒制作安装

空气分气筒均按采用无缝钢管制作考虑，按其规格分档，以"个"为计量单位。

7. 空气调节器喷雾管安装

按不同的型号分档，以"组"为计量单位。

8. 钢制排水漏斗制作安装

按公称直径分档，以"个"为计量单位。

9. 套管制作与安装

（1）工程量计算　按不同规格，分一般穿墙套管和柔性套管、刚性套管，以"个"为计量单位。

（2）定额的使用　使用定额时需要注意以下问题：

1）制作所需的钢管和钢板已包括在制作定额内，执行定额时应按设计及规范要求选用相应项目。套管的除锈和刷防锈漆已包括在定额内。

2）一般穿墙套管适用于各种管道穿墙或穿楼板需用的碳钢保护管。

3）套管的规格是以套管内穿过的介质管道直径确定的，而不是指现场制作的套管实际直径。

10. 水位计安装

水位计安装仅适用于管式和板式两种类型的水位计，包括了全套组件的安装，以"组"为计量单位。

11. 手摇泵安装

按公称直径分档，以"个"为计量单位。

12. 阀门操纵装置安装

以"100kg"为计量单位。

13. 调节阀临时短管制作装拆

（1）工程量计算　按调节阀公称直径分档，以"个"为计量单位。

（2）定额的使用　调节阀临时短管制作装拆项目，适用于管道系统试压、吹扫时需要拆除阀件而以临时短管代替连通管道，其工作内容包括完工后短管拆除和原阀件复位等；也适用于同类情况的其他阀件临时短管的装拆。

4.3　工业管道工程的工程量清单项目设置及计价

《通用安装工程工程量计算规范》（GB 50856—2013）中附录 H 工业管道工程的工程量清单项目设置有：H.1 低压管道（030801）、H.2 中压管道（030802）、H.3 高压管道（030803）、H.4 低压管件（030804）、H.5 中压管件（030805）、H.6 高压管件（030806）、H.7 低压阀门（030807）、H.8 中压阀门（030808）、H.9 高压阀门（030809）、H.10 低压法兰（030810）、H.11 中压法兰（030811）、H.12 高压法兰（030812）、H.13 板卷管制作（030813）、H.14 管件制作（030814）、H.15 管架制作安装（030815）、H.16 无损探伤与热处理（030816）、H.17 其他项目制作安装（030817），共 129 个清单项目。

4.3.1　工业管道安装工程工程量清单编制与计价

1. 工业管道安装工程工程量清单编制应注意问题

1）管道安装清单工程量按设计图示管道中心线长度以延长米计算，不扣除阀门、管件所占长度，遇弯管时，按两管交叉的中心线交点计算。方形补偿器以其所占长度按管道安装工程量计算。

2）用法兰连接的管道（管材本身带有法兰的除外，如法兰铸铁管）应按管道安装与法兰安装分别编制清单列项。

3）工业管道安装，应按压力等级（低、中、高）、管径、材质（碳钢、铸铁、不锈钢、合金钢、铝、铜、非金属）、连接形式（螺纹连接、焊接、法兰连接、承插连接、胶圈接口）及管道压力试验、吹扫、清洗方式等不同特征而设置清单项目，编制工程量清单时应明确描述以下各项特征：

压力等级：低压（$0<p \leqslant 1.6MPa$）、中压（$1.6MPa<p \leqslant 10MPa$）、高压（$10MPa<p \leqslant 42MPa$）。对于蒸汽管道，$p \geqslant 9MPa$、工作温度 $\geqslant 500℃$ 时为高压。

材质：工程量清单项目必须明确描述材质的种类、型号。如焊接钢管应标出一般管或加厚管；无缝钢管应标出冷拔、热轧、一般石油裂化管；合金钢管应标出 16Mn、15MnV 等；塑料管应标出 PVC、UPVC、PPC、PPR、PE 等，以便投标人正确确定主材价格。

管径：焊接钢管、铸铁管、玻璃管、玻璃钢管、预应力混凝土管按公称直径表示，无缝钢管（碳素钢、合金钢、不锈钢、铝、铜）、塑料管应以外径表示。用外径表示的应标出管材的厚度。

连接形式：应按图样或规范要求明确指出管道安装时的连接形式。连接形式包括螺纹连接、焊接、承插连接（膨胀水泥、石棉水泥、青铅）、法兰连接等。焊接的还应标出氧乙炔焊、手工电弧焊、埋弧自动焊、氩弧焊等。

管道压力试验、吹扫、清洗方式应做出明确规定。如压力采用液压、气压、泄漏性试验或真空试验；吹扫采用水冲洗、空气吹扫、蒸汽吹扫；清洗采用碱洗、酸洗、油清洗等。

除锈标准、刷油、防腐、绝热及保护层设计要求：应按图样或规范要求标出锈蚀等级、防腐采用的防腐材料种类、绝热方式及材料种类，如岩棉瓦块、矿棉瓦块、超细玻璃棉毡缠裹绝热、碳酸盐类材料涂抹等。

套管形式：安装套管时采用穿墙套管、刚性套管或柔性套管。

2. 工业管道安装工程量清单项目设置及工程量计算规则

工业管道安装工程量清单项目设置及工程量计算规则见表 4-8~ 表 4-10。

表 4-8　H.1 低压管道（编码：030801）

项目编码	项目名称	项目特征	计量单位	工程量计算规则	工作内容
030801001	低压碳钢管	1. 材质 2. 规格 3. 连接形式、焊接方法 4. 压力试验、吹扫与清洗设计要求 5. 脱脂设计要求	m	按设计图示管道中心线以长度计算	1. 安装 2. 压力试验 3. 吹扫、清洗 4. 脱脂
030801002	低压碳钢伴热管	1. 材质 2. 规格 3. 连接形式 4. 安装位置 5. 压力试验、吹扫与清洗设计要求		按设计图示管道中心线长度以延长米计算	1. 安装 2. 压力试验 3. 吹扫
030801003	衬里钢管预制安装	1. 材质 2. 规格 3. 安装方式（预制安装或成品管道） 4. 连接形式 5. 压力试验、吹扫与清洗设计要求			1. 管道、管件及法兰安装 2. 管道、管件拆除 3. 压力试验 4. 吹扫、清洗

（续）

项目编码	项目名称	项 目 特 征	计量单位	工程量计算规则	工 作 内 容
030801004	低压不锈钢伴热管	1. 材质 2. 规格 3. 连接形式 4. 安装位置 5. 压力试验、吹扫与清洗设计要求	m	按设计图示管道中心线长度以延长米计算	1. 安装 2. 压力试验 3. 吹扫、清洗
030801005	低压碳钢板卷管	1. 材质 2. 规格 3. 焊接方法 4. 压力试验、吹扫与清洗设计要求 5. 脱脂设计要求		按设计图示管道中心线以延长米计算	1. 安装 2. 压力试验 3. 吹扫、清洗 4. 脱脂
030801006	低压不锈钢管	1. 材质 2. 规格 3. 焊接方法 4. 充氩保护方式、部位 5. 压力试验、吹扫与清洗设计要求 6. 脱脂设计要求			1. 安装 2. 焊口充氩保护 3. 压力试验 4. 吹扫、清洗 5. 脱脂
030801007	低压不锈钢板卷管				
030801008	低压合金钢管	1. 材质 2. 规格 3. 焊接方法 4. 压力试验、吹扫与清洗设计要求 5. 脱脂设计要求			1. 安装 2. 压力试验 3. 吹扫、清洗 4. 脱脂
030801009	低压钛及钛合金管	1. 材质 2. 规格 3. 焊接方法 4. 充氩保护方式、部位 5. 压力试验、吹扫与清洗设计要求 6. 脱脂设计要求			1. 安装 2. 焊口充氩保护 3. 压力试验 4. 吹扫、清洗 5. 脱脂
030801010	低压镍及镍合金管理				
030801011	低压锆及锆合金管				
030801012	低压铝及铝合金管				
030801013	低压铝及铝合金板卷管				
030801014	低压铜及铜合金管	1. 材质 2. 规格 3. 焊接方法 4. 压力试验、吹扫与清洗设计要求 5. 脱脂设计要求			1. 安装 2. 压力试验 3. 吹扫、清洗 4. 脱脂
030801015	低压铜及铜合金板卷管				

（续）

项目编码	项目名称	项目特征	计量单位	工程量计算规则	工作内容
030801016	低压塑料管	1. 材质 2. 规格 3. 连接形式 4. 压力试验、吹扫设计要求 5. 脱脂设计要求	m	按设计图示管道中心线以延长米计算	1. 安装 2. 压力试验 3. 吹扫 4. 脱脂
030801017	金属骨架复合管				
030801018	低压玻璃钢管				
030801019	低压铸铁管	1. 材质 2. 规格 3. 连接形式 4. 接口材料 5. 压力试验、吹扫设计要求 6. 脱脂设计要求		按设计图示管道中心线长度以延长米计算	1. 安装 2. 压力试验 3. 吹扫 4. 脱脂
030801020	低压预应力混凝土管				

注：1. 管道工程量计算不扣除阀门、管件所占长度；室外埋设管道不扣除附属构筑物（井）所占长度；方形补偿器以其所占长度列入管道安装工程量。
2. 衬里钢管预制安装包括直管、管件及法兰的预安装与拆除。
3. 压力试验按设计要求描述试验方法，如水压试验、气压试验、泄漏性试验、真空试验等。
4. 吹扫与清洗按设计要求描述吹扫与清洗方法和介质，如水冲洗、空气吹扫、蒸汽吹扫、化学清洗、油清洗等。
5. 脱脂按设计要求描述脱脂介质各类，如二氯乙烷、三氯乙烯、四氯化碳、动力苯、丙酮或酒精等。

表 4-9 H.2 中压管道（编码：030802）

项目编码	项目名称	项目特征	计量单位	工程量计算规则	工作内容
030802001	中压碳钢管	1. 材质 2. 规格 3. 连接形式、焊接方法 4. 压力试验、吹扫与清洗设计要求 5. 脱脂设计要求	m	按设计图示管道中心线以长度计算	1. 安装 2. 压力试验 3. 吹扫、清洗 4. 脱脂
030802002	中压螺旋卷管				
030802003	中压不锈钢管	1. 材质 2. 规格 3. 焊接方法 4. 充氩保护方式、部位 5. 压力试验、吹扫与清洗设计要求 6. 脱脂设计要求			1. 安装 2. 焊口充氩保护 3. 压力试验 4. 吹扫、清洗 5. 脱脂
030802004	中压合金钢管				
030802005	中压铜及铜合金管	1. 材质 2. 规格 3. 焊接方法 4. 压力试验、吹扫与清洗设计要求 5. 脱脂设计要求			1. 安装 2. 压力试验 3. 吹扫、清洗 4. 脱脂

（续）

项目编码	项目名称	项 目 特 征	计量单位	工程量计算规则	工 作 内 容
030802006	中压钛及钛合金管	1. 材质 2. 规格 3. 焊接方法 4. 充氩保护方式、部位 5. 压力试验、吹扫与清洗设计要求 6. 脱脂设计要求	m	按设计图示管道中心线以长度计算	1. 安装 2. 焊口充氩保护 3. 压力试验 4. 吹扫、清洗 5. 脱脂
030802007	中压锆及锆合金管				
030802008	中压镍及镍合金管				

表 4-10　H.3 高压管道（编码：030803）

项目编码	项目名称	项 目 特 征	计量单位	工程量计算规则	工 作 内 容
030803001	高压碳钢管	1. 材质 2. 规格 3. 连接形式、焊接方法 4. 充氩保护方式、部位 5. 压力试验、吹扫与清洗设计要求 6. 脱脂设计要求	m	按设计图示管道中心线以长度计算	1. 安装 2. 焊口充氩保护 3. 压力试验 4. 吹扫、清洗 5. 脱脂
030803002	高压合金钢管				
030803003	高压不锈钢管				

3. 工业管道安装工程量清单编制及计价示例

【例 4-1】　某车间工业管道安装，招标人依据《建设工程工程量清单计价规范》编制的分部分项工程量清单见表 4-11。

表 4-11　分部分项工程量清单

工程名称：某车间工业管道安装工程　　　　　　　　　　　　　　　　　　　第　页　共　页

序　号	项 目 编 码	项 目 名 称	计 量 单 位	工 程 量
1	030801001001	低压碳钢 ϕ219mm×8mm 无缝钢管安装，热轧 20 号钢、手工电弧焊、安装一般钢套管、水压试验、水冲洗、刷防锈漆两遍、硅酸盐涂抹绝热 δ=50mm	m	315
2	030801006001	低压 ϕ159mm×5mm 不锈钢管安装，热轧 Cr18Ni9Ti、氩弧焊、水压试验、酸洗、四氯化碳脱脂、超细玻璃棉毡绝热 δ=50mm、镀锌薄钢板保护层		230
3	030804001001	低压碳钢 DN200 管件安装，电弧焊、弯头 15 个、三通 10 个	个	25
4	030804003001	低压不锈钢 DN150 管件安装，氩弧焊、弯头 15 个、三通 3 个	个	18
5	030807003001	低压碳钢 DN200 法兰阀门安装，J41H-25-150	个	5
6	030807003002	低压不锈钢 DN150 法兰阀门安装，J41W-25P-150	个	3
7	030810002001	低压碳钢 DN200 平焊法兰安装，电弧焊 2.5MPa	副	5

（续）

序 号	项目编码	项 目 名 称	计量单位	工 程 量
8	030810004001	低压不锈钢 DN150 平焊法兰安装，氩弧焊 2.5MPa	副	3
9	030816003001	焊缝 X 射线探伤（80mm×300mm）	张	50
10	030815001001	管架制作安装，一般支架、人工除锈、刷一遍防锈漆、两遍调和漆	kg	200

【例4-2】已知某车间工业管道安装，低压碳钢 $\phi219mm×8mm$ 无缝钢管安装（315m），热轧 20 号钢、手工电弧焊、安装一般钢套管、水压试验、水冲洗、除轻锈、刷防锈漆两遍，请确定清单项目的综合单价。

解：该项目的工程量清单综合单价计算见表 4-12。

表 4-12　分部分项工程工程量清单综合单价计算表

工程名称：某车间工业管道安装　　　　　　　　　　　　　　　　　　　第　页　共　页

项目编码	030801001001		项目名称	无缝钢管 $\phi219mm×8mm$，手工电弧焊	计量单位	m

清单综合单价组成明细

定额编号	项目名称	定额单位	数量	人工费	材料费	机械费	管理费和利润	人工费	材料费	机械费	管理费和利润
				单价（元）				合价（元）			
8-1-25	碳钢管电弧焊	10m	31.5	202.22	33.37	128.86	49.04	6369.93	1051.16	4059.09	1544.76
8-7-107	套管制作安装	个	5	150.88	108.03	41.30	36.59	754.40	540.15	206.50	182.95
8-5-4	管道水压试验	100m	3.15	651.95	214.62	13.28	158.10	2053.64	676.05	41.83	498.02
8-5-54	管道水冲洗	100m	3.15	391.09	206.11	23.35	94.84	1231.93	649.25	73.55	298.75
清单项目综合单价								64.23 元			

项目编码	031201001001		项目名称	管道刷油	计量单位	m²

清单综合单价组成明细

定额编号	项目名称	定额单位	数量	人工费	材料费	机械费	管理费和利润	人工费	材料费	机械费	管理费和利润
				单价（元）				合价（元）			
12-1-1	手工除锈管道轻锈	10m²	21.7	25.76	3.41	0.00	6.25	558.99	73.99	0.00	135.63
12-2-207	刷防锈漆第一遍	10m²	21.7	6.12	0.96	13.86	1.48	132.80	20.83	300.76	32.12
12-2-208	刷防锈漆第二遍	10m²	21.7	6.12	0.85	11.09	1.48	132.80	18.45	240.65	32.12
清单项目综合单价								7.74 元			

4.3.2　管件连接工程量清单编制与计价

1. 管件连接工程量清单编制应注意的问题

1）管件包括弯头、三通、四通、异径管、管接头、管上焊接管接头、管帽、方形补偿器弯头、管道上仪表一次部件、仪表温度计扩大管制作安装等。

2）管件安装工程工程量清单按压力等级、材质、规格、口径、连接形式及焊接方式不同分别列项编制；在编制管件安装工程工程量清单时，应明确确定该项目的特征，以便投标人计算主材价格。具体包括：

① 压力等级：低压、中压、高压。压力等级划分方法同管道。

② 材质：低压碳钢管件（包括焊接钢管管件、无缝钢管管件）、不锈钢管件、合金钢管件、铸铁管件（一般铸铁、球墨铸铁、硅铁等）、铜管件、铝管件、塑料管件等。

③ 连接形式：螺纹连接、焊接（氧乙炔焊、电弧焊、氢弧焊、氢电联焊）、承插连接（膨胀水泥、石棉水泥、青铅）等。

④ 型号及规格：碳钢管件、不锈钢管件、合金钢管件、预应力管件、玻璃钢管件、玻璃管件、铸铁管件按公称直径；铝管件、铜管件、塑料管件按管外径。

⑤ 管件名称：弯头、三通、四通、异径管等。

3）管件压力试验、吹扫、清洗、脱脂、除锈、刷油、防腐、保温及其补口均包括在管道安装中，上述工程内容不需单列清单项目。

4）在主管上挖眼接管的三通和摔制异径管，均以主管径按管件安装项目设置工程量清单，不另设三通和摔制异径管制作的清单项目；挖眼接管的三通支线管径小于主管径1/2时，不计算管件安装工程量；在主管上挖眼接管的焊接接头等配件，按配件管径计算管件工程量。

5）三通、四通、异径管的规格均按大管径计算。

6）管件用法兰连接时，按法兰安装设置清单项目，管件本身安装不再另设清单项目。

7）半加热外套管摔口后焊接在内套管上，每处焊口按一个管件计算；外套碳钢管如焊接不锈钢内套管上时，焊口间需加不锈钢短管衬垫，每处焊口按两个管件计算。

2. 管件连接工程量清单项目设置及工程量计算规则

管件连接工程量清单项目设置及工程量计算规则见表 4-13~ 表 4-15。

表 4-13　H.4 低压管件（编码：030804）

项目编码	项目名称	项目特征	计量单位	工程量计算规则	工作内容
030804001	低压碳钢管件	1. 材质 2. 规格 3. 连接形式 4. 补强圈材质、规格	个	按设计图示数量计算	1. 安装 2. 三通补强圈制作、安装
030804002	低压碳钢板卷管件				
030804003	低压不锈钢管件	1. 材质 2. 规格 3. 焊接方法 4. 补强圈材质、规格 5. 充氩保护方式、部位			1. 安装 2. 管件焊口充氩保护 3. 三通补强圈制作、安装
030804004	低压不锈钢板卷管件				
030804005	低压合金钢管件				

（续）

项目编码	项目名称	项目特征	计量单位	工程量计算规则	工作内容
030804006	低压加热外套碳钢管件（两半）	1. 材质 2. 规格 3. 连接形式	个	按设计图示数量计算	安装
030804007	低压加热外套不锈钢管件（两半）				
030804008	低压铝及铝合金管件	1. 材质 2. 规格 3. 焊接方法 4. 补强圈材质、规格			1. 安装 2. 三通补强圈制作、安装
030804009	低压铝及铝合金板卷管件				
0308040010	低压铜及铜合金管件	1. 材质 2. 规格 3. 焊接方法			安装
0308040011	低压钛及钛合金管件	1. 材质 2. 规格 3. 焊接方法 4. 充氩保护方式、部位			1. 安装 2. 管件焊口充氩保护
0308040012	低压锆及锆合金管件				
0308040013	低压镍及镍合金管件				
0308040014	低压塑料管件	1. 材质 2. 规格 3. 连接形式 4. 接口材料			安装
0308040015	金属骨架复合管件				
0308040016	低压玻璃钢管件				
0308040017	低压铸铁管件				
0308040018	低压预应力混凝土转换件				

注：1. 管件包括弯头、三通、四通、异径管、管接头、管帽、方形补偿器弯头、管道上仪表一次部件、仪表温度计扩大管制作安装等。

2. 管件压力试验、吹扫、清洗均包括在管道安装中。

3. 在主管上挖眼接管的三通和摔制异径管，均以主管径按管件安装工程量计算，不另计制作费和主材费；挖眼接管的三通支线管径小于主管径 1/2 时，不计算管件安装工程量；在主管上挖眼接管的焊接接头、凸台等配件，按配件管径计算管件工程量。

4. 三通、四通、异径管均按大管径计算。

5. 管件用法兰连接时执行法兰安装项目，管件本身安装不再计算安装。

6. 半加热外套管摔口后焊接在内套管上，每处焊口按一个管件计算；外套碳钢管如焊接不锈钢内套管上时，焊口间需加不锈钢短管衬垫，每处焊口按两个管件计算。

表 4-14　H.5 中压管件（编码：030805）

项目编码	项目名称	项目特征	计量单位	工程量计算规则	工作内容
030805001	中压碳钢管件	1. 材质 2. 规格 3. 焊接方法 4. 补强圈材质、规格	个	按设计图示数量计算	1. 安装 2. 三通补强圈制作、安装
030805002	中压螺旋卷管件				

（续）

项 目 编 码	项 目 名 称	项 目 特 征	计量单位	工程量计算规则	工 作 内 容
030805003	中压不锈钢管件	1. 材质 2. 规格 3. 焊接方法 4. 充氩保护方式、部位	个	按设计图示数量计算	1. 安装 2. 管件焊口充氩保护
030805004	中压合金钢管件	1. 材质 2. 规格 3. 焊接方法 4. 充氩保护方式 5. 补强圈材质、规格			1. 安装 2. 三通补强圈制作、安装
030805005	中压铜及铜合金管件	1. 材质 2. 规格 3. 焊接方法			安装
030805006	中压钛及钛合金管件	1. 材质 2. 规格 3. 焊接方法 4. 充氩保护方式、部位			1. 安装 2. 管件焊口充氩保护
030805007	中压锆及锆合金管件				
030805008	中压镍及镍合金管件				

注：1. 管件包括弯头、三通、四通、异径管、管接头、管帽、方形补偿器弯头、管道上仪表一次部件、仪表温度计扩大管制作安装等。

2. 管件压力试验、吹扫、清洗、脱脂均包括在管道安装中。

3. 在主管上挖眼接管的三通和摔制异径管，均以主管径按管件安装工程量计算，不另计制作费和主材费；挖眼接管的三通支线管径小于主管径 1/2 时，不计算管件安装工程量；在主管上挖眼接管的焊接接头、凸台等配件，按配件管径计算管件工程量。

4. 三通、四通、异径管均按大管径计算。

5. 管件用法兰连接时执行法兰安装项目，管件本身安装不再计算安装。

6. 半加热外套管摔口后焊接在内套管上，每处焊口按一个管件计算；外套碳钢管如焊接不锈钢内套管上时，焊口间需加不锈钢短管衬垫，每处焊口按两个管件计算。

表 4-15　H.6 高压管件（编码：030806）

项 目 编 码	项 目 名 称	项 目 特 征	计量单位	工程量计算规则	工 作 内 容
030806001	高压碳钢管件	1. 材质 2. 规格 3. 连接形式、焊接方法 4. 充氩保护方式、部位	个	按设计图示数量计算	1. 安装 2. 管件焊口充氩保护
030806002	高压不锈钢管件				
030806003	高压合金钢管件				

注：1. 管件包括弯头、三通、异径管、管接头、管帽、方形补偿器弯头、管道上仪表一次部件、仪表温度计扩大管制作安装等。

2. 管件压力试验、吹扫、清洗、脱脂均包括在管道安装中。

3. 三通、四通、异径管均按大管径计算。

4. 管件用法兰连接时执行法兰安装项目，管件本身安装不再计算安装。

5. 半加热外套管摔口后焊接在内套管上，每处焊口按一个管件计算；外套碳钢管如焊接不锈钢内套管上时，焊口间需加不锈钢短管衬垫，每处焊口按两个管件计算。

4.3.3　阀门安装工程量清单编制与计价

1. 阀门安装工程量清单编制应注意问题

1）阀门安装，按压力、材质、规格、型号、连接形式及绝热、保护层等不同分别列项设置清单项目。

2）除方形补偿器外的各种形式补偿器、仪表流量计、可曲挠橡胶接头均按阀门安装设置清单项目。清单工程量按图示数量计算。

3）单体安装的减压器、疏水器，可按阀门安装设置清单项目，清单工程量按图示数量计算。减压阀直径按高压侧计算。

4）电动阀门包括电动机安装，电动机安装不需另设清单项目，但电动机检查接线工程量应另行设置清单项目。

5）各种法兰、阀门安装与配套法兰的安装，应分别设置清单项目，并分别计算清单工程量。

2. 阀门安装工程量清单项目设置及工程量计算规则

阀门安装工程量清单项目设置及工程量计算规则见表 4-16~ 表 4-18。

表 4-16　H.7 低压阀门（编码：030807）

项目编码	项目名称	项目特征	计量单位	工程量计算规则	工作内容
030807001	低压螺纹阀门	1. 名称 2. 材质 3. 型号、规格 4. 连接形式 5. 焊接方法	个	按设计图示数量计算	1. 安装 2. 操纵装置安装 3. 壳体压力试验、解体检查及研磨 4. 调试
030807002	低压焊接阀门				
030807003	低压法兰阀门				
030807004	低压齿轮、液压传动、电动阀门				1. 安装 2. 壳体压力试验、解体检查及研磨 3. 调试
030807005	低压安全阀门				
030807006	低压调节阀门	1. 名称 2. 材质 3. 型号、规格 4. 连接形式			1. 安装 2. 临时短管装拆 3. 壳体压力试验、解体检查及研磨 4. 调试

注：1. 减压阀直径按高压侧计算。

　　2. 电动阀门包括电动机安装。

　　3. 操纵装置安装按规范或设计技术要求计算。

4.3.4　法兰安装工程量清单编制与计价

1. 法兰安装工程量清单编制应注意问题

1）法兰安装，按压力、材质、规格、型号、连接形式及绝热、保护层等不同分别列项编制清单项目。

2）单片法兰、焊接盲板和封头按法兰安装列项编制清单项目，但法兰盲板安装不需编制清单项目。

表 4-17　H.8 中压阀门（编码：030808）

项目编码	项目名称	项目特征	计量单位	工程量计算规则	工作内容
030808001	中压螺纹阀门	1. 名称 2. 材质 3. 型号、规格 4. 连接形式 5. 焊接方法	个	按设计图示数量计算	1. 安装 2. 操纵装置安装 3. 壳体压力试验、解体检查及研磨 4. 调试
030808002	中压焊接阀门				
030808003	中压法兰阀门				
030808004	中压齿轮、液压传动、电动阀门				1. 安装 2. 壳体压力试验、解体检查及研磨 3. 调试
030808005	中压安全阀门				
030808006	中压调节阀门				1. 安装 2. 临时短管装拆 3. 壳体压力试验、解体检查及研磨 4. 调试

注：1. 减压阀直径按高压侧计算。
　　2. 电动阀门包括电动机安装。
　　3. 操纵装置安装按规范或设计技术要求计算。

表 4-18　H.9 高压阀门（编码：030809）

项目编码	项目名称	项目特征	计量单位	工程量计算规则	工作内容
030809001	高压螺纹阀门	1. 名称 2. 材质 3. 型号、规格 4. 连接形式 5. 法兰垫片材质	个	按设计图示数量计算	1. 安装 2. 壳体压力试验、解体检查及研磨
030809002	高压法兰阀门				
030809003	高压焊接阀门				1. 安装 2. 焊口充氩保护 3. 壳体压力试验、解体检查及研磨

注：减压阀直径按高压侧计算。

3）不锈钢、有色金属材质的焊环活动法兰按翻边活动法兰安装编制工程量清单。

4）用法兰连接的管道（管材本身带有法兰的除外，如法兰铸铁管）应按管道安装与法兰安装分别编制清单列项。

2. 法兰安装工程量清单项目设置及工程量计算规则

法兰安装工程量清单项目设置及工程量计算规则见表 4-19~ 表 4-21。

4.3.5　板卷管与管件制作工程量清单编制与计价

1. 板卷管与管件制作工程量清单编制应注意的问题

1）板卷管制作，按材质、规格（碳钢管、不锈钢管按公称直径表示，铝板管按管外径表示）、焊接方法、壁厚等不同分别列项设置清单项目。

表 4-19　H.10 低压法兰（编码：030810）

项目编码	项目名称	项目特征	计量单位	工程量计算规则	工作内容
030810001	低压碳钢螺纹法兰	1. 材质 2. 结构形式 3. 型号、规格	副（片）	按设计图示数量计算	1. 安装 2. 翻边活动法兰短管制作
030810002	低压碳钢焊接法兰	1. 材质 2. 结构形式 3. 型号、规格 4. 连接形式 5. 焊接方法			
030810003	低压铜及铜合金法兰				
030810004	低压不锈钢法兰	1. 材质 2. 结构形式 3. 型号、规格 4. 连接形式 5. 焊接方法 6. 充氩保护方式、部位			1. 安装 2. 翻边活动法兰短管制作 3. 焊口充氩保护
030810005	低压合金钢法兰				
030810006	低压铝及铝合金法兰				
030810007	低压钛及钛合金法兰				
030810008	低压锆及锆合金法兰				
030810009	低压镍及镍合金法兰				
0308100010	钢骨架复合塑料法兰	1. 材质 2. 规格 3. 连接形式 4. 法兰垫片材质			安装

注：1. 法兰焊接时，要在项目特征中描述法兰的连接形式（平焊法兰、对焊法兰、翻边活动法兰及焊环活动法兰等），不同连接形式应分别列项。
　　2. 配法兰的盲板不计安装工程量。
　　3. 焊接盲板（封头）按管件连接计算工程量。

表 4-20　H.11 中压法兰（编码：030811）

项目编码	项目名称	项目特征	计量单位	工程量计算规则	工作内容
030811001	中压碳钢螺纹法兰	1. 材质 2. 结构形式 3. 型号、规格	副（片）	按设计图示数量计算	1. 安装 2. 翻边活动法兰短管制作
030811002	中压碳钢焊接法兰	1. 材质 2. 结构形式 3. 型号、规格 4. 连接形式 5. 焊接方法			
030811003	中压铜及铜合金法兰				
030811004	中压不锈钢法兰	1. 材质 2. 结构形式 3. 型号、规格 4. 连接形式 5. 焊接方法 6. 充氩保护方式、部位			1. 安装 2. 焊口充氩保护 3. 翻边活动法兰短管制作
030811005	中压合金钢法兰				
030811006	中压钛及钛合金法兰				
030811007	中压锆及锆合金法兰				
030811008	中压镍及镍合金法兰				

注：1. 法兰焊接时，要在项目特征中描述法兰的连接形式（平焊法兰、对焊法兰等），不同连接形式应分别列项。
　　2. 配法兰的盲板不计安装工程量。
　　3. 焊接盲板（封头）按管件连接计算工程量。

表 4-21　H.12 高压法兰（编码：030812）

项目编码	项 目 名 称	项 目 特 征	计量单位	工程量计算规则	工 作 内 容
030812001	高压碳钢螺纹法兰	1. 材质 2. 结构形式 3. 型号、规格 4. 法兰垫片材质	副（片）	按设计图示数量计算	安装
030812002	高压碳钢焊接法兰	1. 材质 2. 结构形式 3. 型号、规格 4. 焊接方法 5. 充氩保护方式、部位 6. 法兰垫片材质			1. 安装 2. 焊口充氩保护
030812003	高压不锈钢焊接法兰				
030812004	高压合金钢焊接法兰				

注：1. 配法兰的盲板不计安装工程量。
　　2. 焊接盲板（封头）按管件连接计算工程量。

2）管件制作，按管件压力、材质、焊接方法、规格、制作方式等不同分别列项设置清单项目。

3）异径管规格按大头口径计算，三通规格按主管口径计算。

4）若管件由现场制作，管件制作和管件安装分别编制工程量清单。

5）在主管上挖眼接管三通和摔制异径管，均以主管径按管件安装项目设置工程量清单，不另设三通和摔制异径管制作的清单项目；挖眼接管三通支线管径小于主管径 1/2 时，不计算管件安装工程量。

6）管件制作方式不同，清单工程量的计量单位不同。用板卷管制作时，其计量单位是"t"，用成品管材焊接或煨制时，其计量单位是"个"。

2. 板卷管与管件制作工程量清单项目设置及工程量计算规则

板卷管与管件制作工程量清单项目设置及工程量计算规则见表 4-22 和表 4-23。

表 4-22　H.13 板卷管制作（编码：030813）

项目编码	项 目 名 称	项 目 特 征	计量单位	工程量计算规则	工 作 内 容
030813001	碳钢板直管制作	1. 材质 2. 规格 3. 焊接方法	t	按设计图示质量计算	1. 制作 2. 卷筒式板材开卷及平直
030813002	不锈钢板直管制作	1. 材质 2. 规格 3. 焊接方法 4. 充氩保护方式、部位			1. 制作 2. 焊口充氩保护
030813003	铝及铝合金直管制作				

4.3.6　管架制作安装工程量清单编制与计价

管架制作适用于工业管道的管架制作安装，不适用于生活用给排水、采暖、燃气管道，也不适用于消防管道。

表 4-23　H.14 管件制作（编码：030814）

项目编码	项目名称	项目特征	计量单位	工程量计算规则	工作内容
030814001	碳钢板管件制作	1. 材质 2. 规格 3. 焊接方法	t	按设计图示质量计算	1. 制作 2. 卷筒式板材开卷及平直
030814002	不锈钢板管件制作	1. 材质 2. 规格 3. 焊接方法 4. 充氩保护方式、部位			1. 制作 2. 焊口充氩保护
030814003	铝及铝合金板管件制作	1. 材质 2. 规格 3. 焊接方法			制作
030814004	碳钢管虾体弯制作	1. 材质 2. 规格 3. 焊接方法	个	按设计图示数量计算	制作
030814005	中压螺旋卷管虾体弯制作				
030814006	不锈钢管虾体弯制作	1. 材质 2. 规格 3. 焊接方法 4. 充氩保护方式、部位			1. 制作 2. 焊口充氩保护
030814007	铝及铝合金管虾体弯制作	1. 材质 2. 规格 3. 焊接方法			制作
030814008	铜及铜合金管虾体弯制作				
030814009	管道机械煨弯	1. 压力 2. 材质 3. 型号、规格			煨弯
0308140010	管道中频煨弯				
0308140011	塑料管煨弯	1. 材质 2. 型号、规格			

在编制管架制作安装工程量清单时，应按管架的材质、形式不同列项，并说明除锈、刷油的设计要求。管架的形式有：一般管架、木垫式管架、弹簧式管架。

单件支架质量有 100kg 以下和 100kg 以上时，应分别列项。

管架制作安装工程量清单项目设置及工程量计算规则见表 4-24。

表 4-24　H.15 管架制作安装（编码：030815）

项目编码	项目名称	项目特征	计量单位	工程量计算规则	工作内容
030815001	管架制作安装	1. 单件支架质量 2. 材质 3. 管架形式 4. 支架衬垫材质 5. 减震器形式及做法	kg	按设计图示质量计算	1. 制作、安装 2. 弹簧管架物理性试验

注：1. 单件支架质量 100kg 以内的管支架。

2. 支架衬垫需注明采用何种衬垫，如防腐木垫、不锈钢衬垫、铝衬垫等。

3. 采用弹簧减震器时需注明是否做相应试验。

4.3.7 无损探伤与热处理工程量清单编制与计价

无损探伤与热处理工程量清单编制，应按探伤的种类、探伤的管材规格或底片规格及壁厚等不同特征分别列项设置工程量清单。无损探伤与热处理按规范设计技术要求进行。

无损探伤与热处理工程量清单项目设置及工程量计算规则见表4-25。

表4-25　H.16 无损探伤与热处理（编码：030816）

项目编码	项目名称	项目特征	计量单位	工程量计算规则	工作内容
030816001	管材表面超声波探伤	1. 名称 2. 规格	1. m 2. m²	1. 以米计量，按管材无损探伤长度计算 2. 以平方米计量，按管材表面探伤检测面积计算	探伤
030816002	管材表面磁粉探伤				
030816003	焊缝 X 射线探伤	1. 名称 2. 底片规格 3. 管壁厚度	张（口）	按规范或设计技术要求计算	
030816004	焊缝 γ 射线探伤				
030816005	焊缝超声波探伤	1. 名称 2. 管道规格 3. 对比试块设计要求	口		1. 探伤 2. 对比试块的制作
030816006	焊缝磁粉探伤	1. 名称 2. 管道规格			探伤
030816007	焊缝渗透探伤				
030816008	焊前预热、后热处理	1. 材质 2. 规格及管壁厚度 3. 压力等级 4. 热处理方法 5. 硬度测定设计要求			1. 热处理 2. 硬度测定
030816009	焊口热处理				

注：探伤项目包括固定探伤仪支架的制作、安装。

4.3.8 其他项目制作安装工程量清单编制与计价

其他项目制作安装工程量清单，按各自的项目特征列项设置清单项目，按各自的工程量计算规则确定清单工程量。

若蒸汽气缸、集气罐为成品，确定蒸汽气缸、集气罐制作安装清单综合单价时，则不综合蒸汽气缸、集气罐制作费用。钢制排水漏斗制作安装，其口径规格应按下口公称直径计算。其他项目制作安装工程量清单设置及计算规则见表4-26。

表 4-26　H.17 其他项目制作安装（编码：030817）

项目编码	项目名称	项目特征	计量单位	工程量计算规则	工作内容
030817001	冷排管制作安装	1. 排管形式 2. 组合长度	m	按设计图示以长度计算	1. 制作、安装 2. 钢带退火 3. 加氨 4. 冲、套翅片
030817002	分、集汽（水）缸制作安装	1. 质量 2. 材质、规格 3. 安装方式	台		1. 制作 2. 安装
030817003	空气分气筒制作安装	1. 材质 2. 规格	组		
030817004	空气调节喷雾管安装				安装
030817005	钢制排水漏斗制作安装	1. 形式、材质 2. 口径规格	个	按设计图示数量计算	1. 制作 2. 安装
030817006	水位计安装	1. 规格 2. 型号	组		安装
030817007	手摇泵安装		个		1. 安装 2. 调试
030817008	套管制作安装	1. 类型 2. 材质 3. 规格 4. 填料材质	台		1. 制作 2. 安装 3. 除锈、刷油

注：1. 冷排管制作安装项目中包括钢带退火，加氨，冲、套翅片，按设计要求计算。
　　2. 钢制排水漏斗制作安装，其口径规格按下口公称直径描述。
　　3. 套管制作安装，适用于穿基础、墙、楼板等部位的防水套管、一般钢套管及防火套管等，应分别列项。

4.4　工业管道预算示例

4.4.1　背景资料

某油泵车间工业管道施工图预算。工程概况：

1）采用热轧无缝钢管，手工电弧焊连接，焊缝不进行无损探伤，公称压力为 1.6MPa，要求压缩空气吹扫和液压试验。

2）管道中的阀门为法兰截止阀（J41T1.6）、法兰止回阀（H44T1.6），采用碳钢平焊法兰连接。

3）三通为主管现场挖制，大小头为成品大小头，弯头为成品冲压弯头。

4）管道支架综合计算为 86kg（支架计算：根据型钢规格、长度查材料设备手册或五金手册，换算成质量）。

5）本示例暂不计主材费、管道除锈、刷油、保温等内容。

6）图中标高以米计，其余以毫米计。

7）未尽事宜均参照有关标准或规范执行。

8）本示例油泵车间设备及管线平面图、A—A 剖视图分别如图 4-5 和图 4-6 所示。

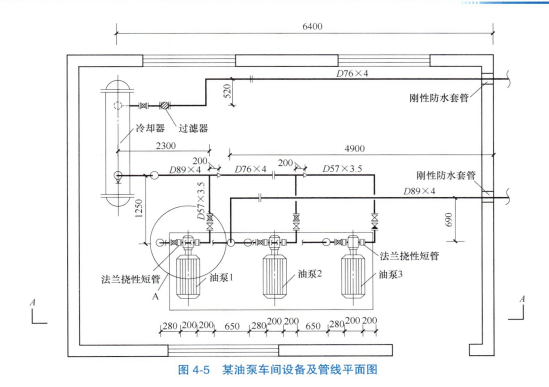

图 4-5　某油泵车间设备及管线平面图

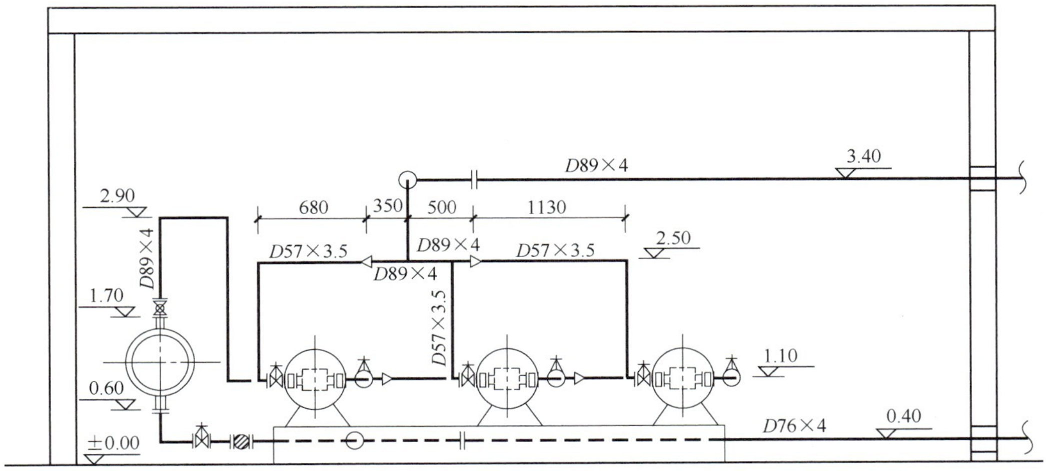

图 4-6　某油泵车间设备及管线 *A—A* 剖视图

4.4.2　定额计价示例

定额采用《江西省建筑与装饰、通用安装、市政工程费用定额》和《江西省通用安装工程消耗量定额及统一基价表》(2017 年)第八册《工业管道工程》中的有关内容。工程量计算结果见表 4-27，直接工程与单价措施预算表见表 4-28，价差汇总表见表 4-29，单位工程定额计费程序表（以人工费为计费基础）见表 4-30。

表 4-27　工程量计算结果

序号	分部分项工程名称	单位	工程量	计 算 过 程
1	热轧无缝钢管（焊接）$D89 \times 4$	m	12.84	$4.90+0.69+（3.40-2.50）+0.35+0.50+（2.90-1.70）+2.30+0.20+（2.90-1.10）$
2	热轧无缝钢管（焊接）$D76 \times 4$	m	8.45	$6.40+0.52+（0.60-0.40）+0.65-0.20+0.28+0.20+0.20+0.20$
3	热轧无缝钢管（焊接）$D57 \times 3.5$	m	12.33	$0.68+1.13+（2.50-1.10）\times 3+0.28 \times 3+0.20 \times 3+1.25 \times 3+0.65-0.2+0.28+0.20+0.20$
4	挖眼三通 $D89 \times 89$	个	1	
5	挖眼三通 $D89 \times 57$	个	2	
6	挖眼三通 $D76 \times 57$	个	1	
7	成品大小头 $D89 \times 76$	个	1	
8	成品大小头 $D89 \times 57$	个	2	
9	成品大小头 $D76 \times 57$	个	1	
10	冲压弯头 $D89$	个	5	
11	冲压弯头 $D76$	个	3	
12	冲压弯头 $D57$	个	9	
13	法兰截止阀 DN80	个	1	
14	法兰截止阀 DN65	个	1	
15	法兰截止阀 DN50	个	6	
16	法兰止回阀 DN50	个	3	
17	法兰过滤器 DN70	个	1	
18	法兰挠性短管 DN50	根	6	
19	碳钢平焊法兰 DN80	副	1	
20	碳钢平焊法兰 DN80	片	1	
21	碳钢平焊法兰 DN70	副	4	
22	碳钢平焊法兰 DN70	片	1	
23	碳钢平焊法兰 DN50	副	3	
24	碳钢平焊法兰 DN50	片	6	
25	管道液压试压 DN100 以内	m	33.62	$12.84+8.45+12.33$
26	管道空气吹扫 DN50 以内	m	12.33	
27	管道空气吹扫 DN100 以内	m	21.29	$12.84+8.45$
28	刚性防水套管 DN80 以内	个	2	
29	一般管架制作安装	kg	86	

表 4-28　直接工程与单价措施预算表

序号	定额编号	项 目 名 称	单位	数量	单价（元）		总价（元）	
					单价	工资	总价	工资
1	C8-1-18	碳钢管（电弧焊接）D50 以内	10m	1.233	69.89	59.59	86.17	73.47
		热轧无缝钢管 D57×3.5	m	11.09	11.77		130.53	
2	C8-1-19	碳钢管（电弧焊接）D65 以内	10m	0.845	92.34	76.33	78.03	64.50
		热轧无缝钢管 D76×4	m	7.60	13.55		102.98	
3	C8-1-20	碳钢管（电弧焊接）D80 以内	10m	1.284	109.27	90.19	140.30	115.80
		热轧无缝钢管（焊接）D89×4	m	11.55	20.30		234.47	
4	C8-2-19	碳钢管件（电弧焊）DN65 以内	10 个	0.1	480.24	306.85	48.02	30.69
		低压碳钢对焊管件 D76×57	个	1				
5	C8-2-20	碳钢管件（电弧焊）DN80 以内	10 个	0.2	565.57	349.27	113.11	69.85
		低压碳钢对焊管件 D89×57	个	2				
6	C8-2-20	碳钢管件（电弧焊）DN80 以内	10 个	0.1	565.57	349.27	56.56	34.93
		低压碳钢对焊管件 D89×89	个	1				
7	C8-2-19	碳钢管件（电弧焊）DN65 以内	10 个	0.1	480.24	306.85	48.02	30.69
		低压碳钢对焊管件 成品大小头 D76×57	个	1				
8	C8-2-20	碳钢管件（电弧焊）DN80 以内	10 个	0.2	565.57	349.27	113.11	69.85
		低压碳钢对焊管件 成品大小头 D89×57	个	2				
9	C8-2-20	碳钢管件（电弧焊）DN80 以内	10 个	0.1	565.57	349.27	56.56	34.93
		低压碳钢对焊管件 成品大小头 D89×76	个	1				
10	C8-2-18	碳钢管件（电弧焊）DN50 以内	10 个	0.9	347.94	242.76	313.15	218.48
		低压碳钢对焊管件 冲压弯头 D57	个	9				
11	C8-2-19	碳钢管件（电弧焊）DN65 以内	10 个	0.3	480.24	306.85	144.07	92.06
		低压碳钢对焊管件 冲压弯头 D76	个	3				
12	C8-2-20	碳钢管件（电弧焊）DN80 以内	10 个	0.5	565.57	349.27	282.79	174.64
		低压碳钢对焊管件 冲压弯头 D89	个	5				
13	C8-3-18	法兰阀门 DN50 以内	个	6	36.03	27.63	216.18	165.78
		低压法兰阀门　截止阀 DN50	个	6				
14	C8-3-18	法兰阀门 DN50 以内	个	3	36.03	27.63	108.09	82.89
		低压法兰阀门　止回阀 DN50	个	3				
15	C8-3-19	法兰阀门 DN65 以内	个	1	49.03	40.38	49.03	40.38
		低压法兰阀门　截止阀 DN65	个	1				

（续）

序号	定额编号	项目名称	单位	数量	单价（元）单价	单价（元）工资	总价（元）总价	总价（元）工资
16	C8-3-20	法兰阀门 DN80 以内	个	1	53.68	43.86	53.68	43.86
		低压法兰阀门 截止阀 DN80	个	1				
17	C8-3-19	法兰阀门 DN65 以内	个	1	49.03	40.38	49.03	40.38
		低压法兰阀门 过滤器	个	1				
18	C8-1-312	金属软管安装（法兰连接）DN50 以内	根	6	64.25	58.40	385.50	350.4
		金属软管 挠性接头	根	6				
19	C8-4-15	碳钢平焊法兰（电弧焊）DN50 以内	副	3	41.72	30.43	125.16	91.29
		低压碳钢平焊法兰 DN50	片	6				
20	C8-4-15	碳钢平焊法兰（电弧焊）DN50 以内／单片法兰（0.61 倍）	副	6	25.45	18.56	152.7	111.36
		低压碳钢平焊法兰 DN50	片	6				
21	C8-4-16	碳钢平焊法兰（电弧焊）DN65 以内	副	4	50.01	35.28	200.04	141.12
		低压碳钢平焊法兰 DN65	片	8				
22	C8-4-16	碳钢平焊法兰（电弧焊）DN65 以内／单片法兰（0.61 倍）	副	1	30.51	21.52	30.51	21.52
		低压碳钢平焊法兰 DN65	片	1				
23	C8-4-17	碳钢平焊法兰（电弧焊）DN80 以内	副	1	57.36	39.19	57.36	39.19
		低压碳钢平焊法兰 DN80	片	2				
24	C8-4-17	碳钢平焊法兰（电弧焊）DN80 以内／单片法兰（0.61 倍）	副	1	34.99	24.35	34.99	24.35
		低压碳钢平焊法兰 DN80	片	1				
25	C8-5-2	低中压管道液压试验 DN100 以内	100m	0.336	467.91	393.55	157.22	132.23
26	C8-5-58	管道空气吹扫 DN50 以内	100m	0.123	198.79	123.25	24.45	15.16
27	C8-5-59	管道空气吹扫 DN100 以内	100m	0.213	239.76	146.20	51.07	31.14
28	C8-7-102	刚性防水套管制作 DN80 以内	个	2	109.18	57.46	218.36	114.92
29	C8-7-121	刚性防水套管安装 DN80 以内	个	2	65.23	52.11	130.46	104.22
30	C8-7-1	一般管架制作安装	100kg	0.860	708.80	509.83	609.57	438.45
		型钢	kg	91.16	2.80		255.25	
合计							4856.52	2998.53
31	子目	工业管道工程脚手架搭拆费（人工×10%，其中人工费占35%）	元	1 项			299.85	104.95
合计							5156.37	3103.48

表4-29　价差汇总表

工程名称：　　　　　　　　　　　　　　建筑面积：　　　　　　　　　　　　第　页　共　页

序号	定额编号	名　　称	单位	数量	定额价	市场价	价格差	合价
1	10	综合人工	工日	36.45	85	100	15	546.75
2	30	机械人工	工日	0	85	100	15	0
合计								546.75

表4-30　单位工程定额计费程序表（以人工费为计费基础）

序号	费用项目	计算方法	金额（元）
一	直接工程费	$\sum$定额基价 × 相应工程量（其中人工费为 A）	4856.52
二	单价措施费	$\sum$定额基价 × 相应工程量（其中人工费为 B）	299.85
三	总价措施费	(1)+(2)（其中人工费为 $C=C_1+C_2=31.24$ 元）	783.95
1	安全防护、文明施工措施费	① + ②	690.22
①	临时设施费	$(A+B)$ × 费率（其中15% 为人工费 C_1）3.69%	114.52
②	环保、文明、安全施工费	[（一）+（二）+①+(2)+（六）+（七）+（八）]× 费率　费率为 8.62%	575.70
2	检验试验等六项费	$(A+B)$ × 费率（其中15% 为人工费 C_2）3.02%	93.73
四	价差	价差 × 相应数量	546.75
五	估价	不含税	假定 1000
六	企业管理费	$(A+B+C)$ × 费率　14.97%	469.27
七	利润	$(A+B+C)$ × 费率　11.13%	348.89
八	规费	$(A+B+C)$ × 费率　综合15.82%	495.91
九	其他费（不含税）	按规定计算	暂定 0
十	增值税（进项税额）	(3)+(4)+(5)+(6)	650
3	其中：材料费的进项税额	分类材料费 × 平均税率 ÷(1+ 平均税率)	假定 300
4	机械费的进项税额	根据机械费组成计算进项税额	假定 200
5	总价措施费的进项税额	总价措施费 × 平均税率 ÷(1+ 平均税率)	假定 50
6	企业管理费的进项税额	企业管理费 × 平均税率 ÷（1+ 平均税率）	假定 100
十一	增值税（销项税额）	[（一）+（二）+（三）+（四）+（五）+（六）+（七）+（八）+（九）–（十）]× 11%	896.63
十二	总造价	（一）+（二）+（三）+（四）+（五）+（六）+（七）+（八）+（九）–（十）+（十一）	9047.77

4.4.3　工程量清单计价示例

采用《江西省建筑与装饰、通用安装、市政工程费用定额》和《江西省通用安装工程消耗量定额及统一基价表》（2017 年）第八册《工业管道工程》中的有关内容。工程量清单计价计费程序（以人工费为计费基础）见表4-31，分部分项工程和单价措施项目清单与计价表见表 4-32，工程量清单综合单价分析表见表 4-33，总价措施项目清单与计价表见表 4-34，单位工程定额计费程序表（以人工费为计费基础）见表 4-30，其他项目清单与计价汇总表见表 4-35，规费、税金项目清单与计价表见表 4-36。

表 4-31　工程量清单计价计费程序（以人工费为计费基础）

序号	费用项目	计算方法	金额（元）
一	含税分部分项工程项目	$\sum[(6)\times$ 清单工程量　其中人工费为 A，为 2668.90 元]	19443.58
I	不含税分部分项工程项目	$\sum[(8)\times$ 清单工程量]	17443.58
1	工料机费（直接工程费）	$\sum$（人工费＋材料费＋机械费）　其中人工费为 a	
2	企业管理费	$a\times$ 费率	
3	利润	$a\times$ 费率	
4	价差	价差 × 相应数量	0
5	风险	根据市场情况自行确定	0
6	含税综合单价	[（1）＋（2）＋（3）＋（4）＋（5）]/清单工程量	
7	增值税（进项税额）	$\sum$（材料费进项税额＋机械费进项税额＋企业管理费进项税额）/清单工程量	假定增值税总合价 2000
8	不含税综合单价	（6）－（7）	
二	含税单价措施项目费	$\sum[(14)\times$ 清单工程量　其中人工费为 B，为 93.41 元]	266.89
II	不含税单价措施项目费	$\sum[(16)\times$ 清单工程量]	246.89
9	工料机费	$\sum$（人工费＋材料费＋机械费）　其中人工费为 b	
10	企业管理费	$b\times$ 费率	
11	利润	$b\times$ 费率	
12	价差	价差 × 相应数量	0
13	风险	根据市场情况自行确定	0
14	含税综合单价	[（9）＋（10）＋（11）＋（12）＋（13）]/清单工程量	
15	增值税（进项税额）	$\sum$（材料费进项税额＋机械费进项税额＋企业管理费进项税额）/清单工程量	假定增值税总合价 20
16	不含税综合单价	（14）－（15）	
三	含税总价措施费	（17）＋（18）　（其中人工费为 $C=C_1+C_2=52.87$ 元）	3885.13
III	不含税总价措施费	（17）＋（18）－（19）	3865.13
17	安全防护、文明施工措施费	①＋②	3638.36
①	临时设施费	[（$A+B$）× 费率]＋[（$A+B$）× 费率 ×15%]×（企业管理费费率＋利润率）　（其中人工费 C_1 为临时设施费的 15%：15.85 元）	105.64
②	环保、文明、安全施工费	｛[（一）＋（二）＋①＋（18）＋（四）＋（五）]－$\sum$[（4）＋（5）＋（12）＋（13）]｝× 费率	3532.72
18	检验试验等六项费	[（$A+B$）× 费率]＋[（$A+B$）× 费率 ×15%]×（企业管理费费率＋利润率）　（其中人工费 C_2 为六项费的 15%：37.02 元）	246.77
19	增值税（进项税额）	$\sum$总价措施费进项税额	假定 20

（续）

序号	费 用 项 目	计 算 方 法	金额（元）
四	其他项目费（不含税）	（20）+（21）+（22）+（23）	20000
20	暂列金额	按规定计算	暂定 10000
21	专业工程暂估价	按规定计算	0
22	计日工	按规定计算	0
23	总包服务费	按不含税的分包工程 × 费率	暂定 10000
五	规费	$[A+B+C] \times$ 费率	919.96
六	增值税（销项税额）	$[（Ⅰ）+（Ⅱ）+（Ⅲ）+（四）+（五）] \times 11\%$	4672.31
七	总造价	（Ⅰ）+（Ⅱ）+（Ⅲ）+（四）+（五）+（六）	47147.87

注：费用定额中，单价措施按定额人工费的10%计算，2668.90元×10%=266.89元，其中人工费占35%为93.41元。临时设施费费率为3.69%，安全文明环保费费率为8.62%，企业管理费费率为13.12%，利润率为11.13%，规费费率为15.82%。假定定额机械费汇总为3000元。其中假定表中人工费 C_1、C_2 的取费费率均为15%。

表 4-32 分部分项工程和单价措施项目清单与计价表

工程名称： 标段： 第 页 共 页

序号	项目编码	项目名称	项目特征	计量单位	工程量	金额（元）		
						综合单价	合价	其中：人工
1	030801001001	低压碳钢管 DN80	热轧无缝钢管，DN80，手工电弧焊	m	12.84	49.97	641.61	115.80
2	030801001002	低压碳钢管 DN65	热轧无缝钢管，DN65，手工电弧焊	m	8.45	41.25	348.56	64.50
3	030801001003	低压碳钢管 DN50	热轧无缝钢管，DN50，手工电弧焊	m	12.33	24.78	305.54	73.47
4	030804001001	低压碳钢管件 $D89 \times 89$	挖眼三通碳钢管件，DN80，焊接	个	3	87.42	262.26	104.78
5	030804001002	低压碳钢管件 $D76 \times 57$	挖眼三通碳钢管件，DN65，焊接	个	1	75.55	75.55	30.69
6	030804001003	低压碳钢管件 $D89$	成品大小头碳钢管件，DN80，焊接	个	3	85.11	255.33	104.78
7	030804001004	低压碳钢管件 $D76$	成品大小头碳钢管件，DN65，焊接	个	1	64.70	64.70	30.69
8	030804001005	低压碳钢管件 DN80	冲压弯头碳钢管件，$D89$，焊接	个	5	87.53	437.65	174.64
9	030804001006	低压碳钢管件 DN65	冲压弯头碳钢管件，$D76$，焊接	个	3	66.62	199.86	92.06

（续）

序号	项目编码	项目名称	项目特征	计量单位	工程量	金额（元）		
						综合单价	合价	其中：人工
10	030804001007	低压碳钢管件 DN50	冲压弯头碳钢管件，*D*57，焊接	个	9	44.55	400.95	218.48
11	030807003001	低压法兰阀门 DN80	法兰截止阀，DN80	个	1	2052.17	2052.17	43.86
12	030807003002	低压法兰阀门 DN65	法兰截止阀，DN65	个	2	968.70	1937.40	80.76
13	030807003003	低压法兰阀门 DN50	法兰截止阀和止回阀，DN50	个	9	787.47	7087.23	248.67
14	031003010001	软接头（软管）	法兰挠性短管，*D*50	个（组）	6	286.27	1717.62	228.00
15	030810002001	低压碳钢焊接法兰 DN50	手工电弧焊，DN50	副	3	154.40	463.20	91.29
16	030810002002	低压碳钢焊接法兰 DN50	手工电弧焊，DN50，单片	片	6	77.20	463.20	91.29
17	030810002003	低压碳钢焊接法兰 DN65	手工电弧焊，DN65	副	4	193.97	775.88	141.12
18	030810002004	低压碳钢焊接法兰 DN65	手工电弧焊，DN65，单片	片	1	96.99	96.99	17.64
19	030810002005	低压碳钢焊接法兰 DN80	手工电弧焊，DN80	副	1	232.52	232.52	39.19
20	030810002006	低压碳钢焊接法兰 DN80	手工电弧焊，DN80，单片	片	1	116.26	116.26	19.60
21	030817008001	套管制作安装	刚性防水套管制作安装，DN80	台	2	232.53	465.06	219.14
22	030815001001	管架制作安装	一般管架制作安装	kg	86	12.14	1044.04	438.45
本页合计							19443.58	2668.90
合计							19443.58	2668.90

注：为计取规费等的使用，可在表中增设其中："定额人工费"。

表 4-33　工程量清单综合单价分析表

工程名称：　　　　　　　　　　标段：　　　　　　　　　　第　页　共　页

项目编码	030801001001	项目名称	低压碳钢管 DN80	计量单位	m

清单综合单价组成明细

定额编号	定额名称	定额单位	数量	单价（元）				合价（元）			
				人工费	材料费	机械费	管理费和利润	人工费	材料费	机械费	管理费和利润
1	C8-1-20	10m	1.284	90.19	8.43	10.65	21.87	115.80	10.82	13.67	28.08
	风险费用		0								
	人工单价		小计					115.80	10.82	13.67	28.08
	元/工日		未计价材料费（元）					473.20			
	清单项目综合单价（元）							49.96			

材料费明细	主要材料名称、规格、型号	单位	数量	单价（元）	合价（元）	暂估单价（元）	暂估合价（元）
	热轧无缝钢管 D89mm×4mm	m	11.55	40.97	473.20		
	其他材料费（元）				0		
	材料费小计（元）				473.20		

注：1. 如不使用省级或行业建设主管部门发布的计价依据，可不填定额项目、编号等。

2. 招标文件提供了暂估单价的材料，按暂估的单价填入表内"暂估单价"栏及"暂估合价"栏。

表 4-34　总价措施项目清单与计价表

工程名称：　　　　　　　　　　标段：　　　　　　　　　　第　页　共　页

序号	项目名称	计算基础	费率（%）	金额（元）	调整费率（%）	调整后金额（元）	备注
1	安全文明施工费	见表4-31	8.62	3532.72			
2	临时设施费	见表4-31	3.69	105.64			
3	检验试验等六项费	见表4-31		246.77			

编制人（造价人员）：　　　　　　　　　　　　　复核人（造价工程师）：

注：1."计算基础"中安全文明施工费可为"定额基价""定额人工费"或"定额人工费+定额机械费"，其他项目可为"定额人工费"或"定额人工费+定额机械费"。

2. 按施工方案计算的措施费，若无"计算基础"和"费率"的数值，也可只填"金额"数值，但应在备注栏说明施工方案出处或计算方法。

表 4-35　其他项目清单与计价汇总表

工程名称：　　　　　　　　　　标段：　　　　　　　　　　　第　页　共　页

序号	项 目 名 称	计 量 单 位	金额（元）	备　注
1	暂列金额		10000	明细详见表 1-26
2	暂估价			
2.1	材料暂估价			明细详见表 1-27
2.2	专业工程暂估价			明细详见表 1-28
3	计日工			明细详见表 1-29
4	总承包服务费		10000	明细详见表 1-30
5				
	合计			

注：材料暂估单价进入清单项目综合单价，此处不汇总。

表 4-36　规费、税金项目清单与计价表

工程名称：　　　　　　　　　　标段：　　　　　　　　　　　第　页　共　页

序号	项 目 名 称	计 算 基 础	计 算 基 数	费率（%）	金额（元）
1	规费				467.56
1.1	社会保险费	定额人工费＋定额机械费	2955.47	12.50	369.43
1.2	住房公积金		2955.47	3.16	93.39
1.3	工程排污费		2955.47	0.16	4.73
2	税金	不含进项税税前工程总造价		11.00	
	合计				

思　考　题

1. 《工业管道工程》定额适用范围如何界定？
2. 管道压力等级是如何划分的？
3. 管件的含义及内容是什么？
4. 管道安装定额子目中，每安装 10m 工程量而主材用量却低于 10m，如何理解？

5. 方形补偿器如何使用定额?
6. 定额中管道压力试验与泄漏性试验有什么区别?
7. 阀门安装是否包括壳体压力试验和密封试验?
8. 钢板卷管及管件制作主材用量如何计算?
9. 管件指哪些种类? 如何使用定额?
10. 管道安装项目中, 是否包括配合无损探伤用工?

第 5 章

室内给排水及采暖、燃气工程施工图预算的编制

给排水工程由给水工程和排水工程两大部分组成。给水工程分为建筑内部给水和室外给水两部分，其任务是从水源取水，按照用户对水质的要求进行处理，以符合要求的水质和水压，将水输送到用户区，并向用户供水，满足人们生活和生产的需要。排水工程也分为建筑内部排水和室外排水两部分，其任务是将污、废水等收集起来并及时输送至适当地点，妥善处理后排放或再利用。

室外给水工程是指向民用和工业生产部门提供用水而建造的构筑物和输配水管网等工程设施，一般包括取水构筑物、水处理构筑物、泵站、输水管渠和管网及调节构筑物；室外排水工程是指把室内排出的生活污水、生产废水及雨水和冰雪融化水等，按一定系统组织起来，经过处理达到排放标准后再排入天然水体，一般包括排水设备、检查井、管渠、水泵站、污水处理构筑物等。

本章只介绍室内给水系统与排水系统内容。

5.1 室内给排水系统施工图预算的编制

5.1.1 室内给排水工程概述

1. 室内给排水系统分类

室内给水系统的任务是在满足各用水点对水量、水压和水质的要求下，将城镇给水管网或自备水源给水管网的水引入室内，经配水管送至生活、生产和消防用水设备。按其供水对象的不同，室内给水系统可分为三类：

1）生活给水系统：供生活、洗涤用水。

2）生产给水系统：供生产设备所需用水。

3）消防给水系统：供消防设备用水。

室内排水系统是将建筑内部人们在日常生活和工业生产中使用过的水以及屋面上的雨、雪水加以收集，及时排到室外。按其所排除污水的性质不同，室内排水系统可分为几类：

1）生活污（废）水的排水系统：排除居住建筑、公共建筑及工厂生活间的污（废）水。

2）生产污（废）水的排水系统：排除工艺生产过程中产生的污（废）水。

3）雨水排水系统：收集排除降落到多跨工业厂房、大屋面建筑和高层建筑屋面上的雨雪水。

2. 室内给排水系统的组成

（1）室内给水系统　如图 5-1 所示，室内给水系统一般由以下几部分组成：

1）引入管。引入管是指由建筑物外第一个给水阀门引至室内给水总阀门或室内进户总水表之间的管段，是室外给水管网与室内给水管网之间的联络管段，也称为进户管。它多埋设于室内外地面以下。

2）水表节点。水表节点是指引入管上装设的水表及在其前后设置的阀门、泄水装置、旁通管等的总称。水表节点有设旁通管的水表节点和不设旁通管的水表节点，如图 5-2 和图 5-3 所示。

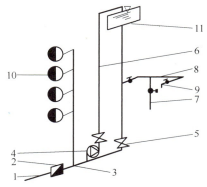

图 5-1　室内给水系统组成示意图

1—引入管　2—水表节点　3—给水干管　4—水泵
5—阀门　6—给水立管　7—大便器冲洗管　8—给水横支管
9—水龙头　10—室内消火栓　11—水箱

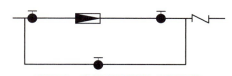

图 5-2　设有旁通管的水表节点

图 5-3　不设旁通管的水表节点

3）给水管道系统。室内给水管道系统由水平的或垂直的干管、立管及横支管等组成。

4）给水附件。给水附件是指给水管道系统上装设的阀门、止回阀、消火栓及各式配水水嘴等。它主要用于控制管道中的水流，以满足用户的使用要求。

5）升压和贮水设备。当用户对水压的稳定性和供水的可靠性要求较高时，室内给水系统中通常还需要设置水池、水泵、水箱、气压给水装置等。

（2）室内排水系统　如图 5-4 所示，室内排水系统一般由以下几部分组成：

1）污水收集设备。常见的污水收集设备主要为卫生器具。

2）排水管道系统。它主要由排出管、排水立管、排水横管组成。

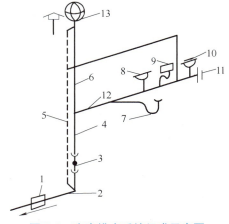

图 5-4　室内排水系统组成示意图

1—室外排水检查井　2—排出管　3—检查口　4—排水立管
5—主通气立管　6—伸顶通气立管　7、8、9、10—卫生器
具排水支管　11—清扫口　12—排水横管　13—通气帽

3）通气装置。通气装置通常由通气管、透气帽等组成。一般建筑物内只设普通通气管，即排水立管向上延伸出建筑物屋面。透气帽设置在通气管顶端，防止杂物落入管中。

4）清通设备。清通设备主要有检查口、清扫口及检查井等。清扫口的主要形式有两种，即地面清扫口和横管丝堵清扫口。

5）排水管附件。主要有排水栓、存水弯等。排水栓一般设在盥洗槽、污水盆的下水口处，防止大颗粒的污染物堵塞管道。存水弯一般设在排水支立管上，防止管道内的污浊空气进入室内。

3. 给排水工程常用管材、管件及附件

（1）管材、管件及附件的公称直径　为了使管道、管件和阀门之间具有互换性，规定了一种通用直径，称为公称直径，用 DN 表示，单位是 mm。公称直径是控制管材设计及制造规格的一种标准直径，管材的公称直径与管内径相接近，但它既不等于管道或配件的实际内径，也不等于管道或配件的外径，而只是一种公认的称呼直径。不论管道或配件的内径和外径为多大，只要公称直径一样，就能相互连接，且具有互换性。

（2）管材、管件及附件的压力　管道及其管件的压力可分为公称压力、试验压力和工作压力三种。

1）公称压力。一般以介质温度20℃时，管道或附件所能承受的压力作为耐压强度标准，称为公称压力，记为"p_g"，压力单位为兆帕（MPa）。管道公称压力按等级不同可划分为低压管道（≤ 1.6MPa）、中压管道（1.6~10MPa）和高压管道（>10MPa）。

2）试验压力。试验压力是对管道进行水压或严密性试验而规定的压力，记为"p_s"。试验压力又分为水压试验和气压试验两种。

水压试验：p_s= 设计工作压力 × 试验的安全系数（安装规范为 1.5 倍）

气压试验：p_s= 设计工作压力 × 试验的安全系数（安装规范为 1.25 倍）

3）工作压力。工作压力是表明管材质量的一种参数，是根据管道输送介质的各级温度所规定的最大压力。工作压力用"p"表示，并在 p 的右下角注明介质最高温度数值，其数值是以 10 除以介质最高温度所得的整数。例如，介质最高温度为 250℃，则工作压力记为 p_{25}。

（3）室内给水工程常用管材、管件及附件　给水管道常用的管材按制造材质分，可分为钢管、铸铁管和塑料管；按制造方法分，可分为有缝管和无缝管。

1）无缝钢管。通常用在需要承受较大压力的管道上，一般生产、工艺用水管道常用无缝钢管，或者使用在自动喷水灭火系统的给水管上。

2）有缝钢管。有缝钢管又称为焊接钢管，分为镀锌钢管（白铁管）和非镀锌钢管（黑铁管）两种。镀锌钢管和非镀锌钢管相比，具有耐腐蚀、不易生锈、使用寿命长等特点。生活给水管管径≥ 150mm 时，应采用热浸锌工艺生产的镀锌钢管；生产、消防公用给水系统应采用镀锌钢管。

钢管连接方法有螺纹连接、焊接和法兰连接，为避免焊接时锌层破坏，镀锌钢管必须用螺纹连接。

3）给水铸铁管。与钢管相比，其优点是耐腐蚀，使用寿命长，价格较低。多用于室外给水工程和室内的给水管道。例如，管径大于 150mm 的生活给水管，可采用给水铸铁管；埋地管管径≥ 75mm 时，宜采用给水铸铁管；生产和消火栓给水系统可采用非镀锌钢管和

给水铸铁管。给水铸铁管按其连接方式可分为承插式和法兰式两种，接口材料有石棉水泥接口、膨胀水泥接口、青铅接口等。给水铸铁管的配件有承插渐缩管、三承三通、三承四通、双盘三通、双盘四通等。

4）给水塑料管。常用的给水塑料管有硬聚氯乙烯管、聚乙烯管、聚丙烯管和聚丁烯管等。塑料管具有耐化学腐蚀性强，水流阻力小，质量轻，运输安装方便等优点。

5）管道附件。管道附件可分为配水附件和控制附件。配水附件是指装在给水支管末端，供给各类卫生器具和用水设备的配水龙头和生产、消防等用水设备。控制附件是指控制水流方向，调节水量、水压以及关断水流，便于管道、仪表和设备检修的各类阀门。

（4）室内排水工程常用管材、管件及附件 排水管道常用的管材主要有排水铸铁管、排水塑料管、带釉陶土管、清通设备等。

1）排水铸铁管。不同于给水铸铁管，排水铸铁管的管壁较薄，不能承受高压，主要作为生活污水、雨水以及一般工业废水管用。

2）排水塑料管。目前建筑内广泛使用的排水塑料管是硬聚氯乙烯塑料管（简称 UPVC 管），具有光滑、质量轻、耐腐蚀、加工方便、便于安装等特点。

3）带釉陶土管。该管材耐酸碱腐蚀，主要用于排放腐蚀性工业废水，室内生活污水埋地管也可用陶土管。

4）清通设备。为使排水管道排水畅通，需在横支管上设清扫口或带清扫门的 90° 弯头和三通，在立管上设检查口，在室内埋地横干管上设检查口井。

4. 给排水施工图的组成及识读

室内给排水施工图通常由施工及设计说明、平面图（总平面图或底层平面图、标准层平面图、顶层平面图）、系统图（轴测图）、详图及标准图组成。

（1）施工及设计说明 主要包括工程概况，所用设备、材料品种及要求，工程做法，卫生器具种类和型号，采用的标准图集名称、代号、编号和图例等内容。

（2）平面图 室内给排水平面图是以建筑物各层平面为依据绘制的，是施工图中最基本和最重要的图样，常用的比例有 1∶100 和 1∶50 两种。平面图主要表明管道在各楼层的平面位置及编号，管道和设备器具的规格型号，以及给水引入管和排水出户管与室外给排水管网的关系。这种图样上的线条都是示意性的，管配件（如管箍、活接头等）不直接画在图纸上。

1）查明卫生器具、用水设备及升压设备的类型、数量、安装位置、定位尺寸。卫生设备和其他设备通常用图例表示，只能说明器具和设备的类型，不能表示各部分的具体结构和外部尺寸。所以，必须参考技术资料和有关详图，将其构造、配管方式、安装尺寸等弄清，便于准确地计算工程量和施工。

2）查明给水引入管和污水排出管的平面位置、走向、定位尺寸、管径、坡度以及与室外管网的连接方式等。给水引入管上一般都装设阀门，若阀门设在室外阀门井中，在平面图上就能表示出来，要查明阀门的规格型号及离建筑物的距离。污水排出管与室外排水管的连接，是通过检查井来实现的，要了解排出管的管径、埋深及离建筑物的距离。

3）查明给排水干管、立管、支管的平面位置、走向、管径及立管编号。平面图上的管线虽然是示意性的，但是它还是按照一定比例绘制的，因此，在计算平面图的工程量时，可以结合详图、图注尺寸或用比例尺进行计算。在计算时，每一个立管都要进行编号，且要与引入（出）管的编号统一。

4）消防给水管道则要查明消火栓的布置、口径大小及消防箱的形式与安装位置。若图中设有自动喷水消防系统或水幕灭火系统，则要查明喷头的型号、构造、安装方式及安装要求。

5）查明水表的安装位置、型号、水表前后阀门的设置情况，以及所采用的安装标准图号。

6）室内排水管道要查明检查井进出管的连接方向以及清通口、清扫口的布置情况；对于雨水管道，要查明雨水斗的型号、数量及布置情况，结合详图弄清雨水斗与天沟的连接方式。

（3）系统图　室内管道系统图是用轴测投影的方法绘制的，主要反映管道在室内空间的走向和标高位置，系统中各管道和设备器具的上下、左右、前后之间的空间位置及相互连接关系，在系统图中标注有管道的直径尺寸、立管的编号、管道的标高和排水管的坡度。

1）明确各部分给水管道的空间走向、标高、管道直径及其变化情况，阀门的设置位置和规格、数量，引入管、干管和各支管的标高。识读时，可按引入管→干管→支管→给水配件及附件的顺序进行阅读和计算。

2）明确各部分排水管道的空间走向、管路分支情况、管道直径及其变化情况，弄清横管的坡度、管道各部分的标高、存水弯的形式、清通设施的设置情况。识读时，可按卫生设备器具→卫生器具排水管→排水横支管→立管→出户管的顺序进行阅读计算。

一般来说，识读给排水施工图时，应首先查看设计及施工说明，明确设计要求，然后将给水和排水分开阅读，把平面图和系统图对照起来看，最后阅读详图和标准图。

在给排水施工图上一般不表示管道支架，但在识图时要按照有关规定，确定其数量和位置。给水管道支架一般采用管卡、钩钉、吊环和角钢托架；铸铁排水立管通常用铸铁立管卡子，固定在承口下面，排水横管上则采用吊卡，一般为每根管一个，最多不超过2m。

（4）详图　详图又称为大样图，是详细标明用水设备、器具和管道节点的详细构造、尺寸与安装要求的图样。详图分为标准详图与非标准详图。详图是用正投影法绘制的，图中标注的尺寸可供计算工程量时使用。

5.1.2　给排水工程工程量计算及定额应用

1.《给排水、采暖、燃气工程》定额简介

《全国统一安装工程预算定额》第八册《给排水、采暖、燃气工程》适用于新建、扩建项目中的生活用给水、排水、燃气、采暖热源管道以及附件配件安装，小型容器制作安装。对于工业管道、生产生活共用的管道、锅炉房和泵类配管以及高层建筑物内加压泵间的管道执行《全国统一安装工程预算定额》第六册《工业管道工程》相应项目。刷油、防腐蚀、绝热工程执行《全国统一安装工程预算定额》第十一册《刷油、防腐蚀、绝热工程》相应项目。

（1）定额的划分界线　第八册《给排水、采暖、燃气工程》定额中给排水管道的划分界线为：

1）给水管道：室内外界线以建筑物外墙皮 1.5m 为界；入口外设阀门者以阀门为界；与市政管道界线以水表井为界；无水表井者，以与市政管道碰头点为界。

2）排水管道：室内外以出户第一个排水检查井为界；室外管道与市政管道以室外管道与市政管道碰头井为界。

（2）主要取费规定　定额中对于各项费用的规定主要包括：

1）脚手架搭拆费按人工费的 5% 计算，其中人工工资占 25%。

2）设置于管道间、管廊内的管道、阀门、法兰、支架安装，人工乘以系数 1.3。

3）主体结构为现场浇注采用钢模施工的工程，内外浇注的人工乘以系数 1.05，内浇外砌的人工乘以系数 1.03。

（3）定额的主要项目设置　《江西省通用安装工程消耗量定额及统一基价表》（2017 年）设置了如下项目：①管道安装（包括室外管道安装、室内管道安装、法兰安装、伸缩器制作安装、管道消毒冲洗、管道压力试验）；②阀门、水位标尺安装（包括阀门安装、浮标液面计、水塔及水池浮漂水位标尺制作安装）；③低压器具、水表组成与安装（包括减压器组成安装、疏水器组成安装带旁通管及旁通阀、水表组成、安装）；④卫生器具制作安装；⑤供暖器具安装；⑥小型容器制作安装；⑦燃气管道附件器具安装共七节。

1）第一章"管道安装"，适用于室内外生活用给水、排水、雨水、采暖热源管道、法兰、套管、伸缩器等的安装。

该章定额包括以下工作内容：①管道及接头零件安装；②水压试验或灌水试验；③室内 DN32 以内钢管包括管卡及托钩制作安装，该管道如需要安装支架，允许换算；④钢管包括弯管制作与安装（伸缩器除外），无论是现场煨制或成品弯管均不得换算；⑤铸铁排水管、雨水管及塑料排水管均包括管卡及托吊支架、臭气帽、雨水漏斗制作安装；⑥穿墙及过楼板铁皮套管安装人工。

该章定额不包括以下工作内容：①管道安装中不包括法兰、阀门及伸缩器的制作安装，执行定额时按相应项目另计；②室内外给水、雨水铸铁管包括接头零件所需的人工，但接头零件价格应另行计算；③ DN32 以上的钢管支架按本章管道支架另行计算；④过楼板及穿墙的一般钢套管的制作、安装套用第六册《工业管道工程》一般穿墙套管制作安装项目。

2）第二章"阀门、水位标尺安装"，该章定额中的螺纹阀门安装适用于各种内外螺纹连接的阀门安装；法兰阀门安装适用于各种法兰阀门的安装，如仅为一侧法兰连接时，定额中的法兰、带螺母（帽）螺栓及钢垫圈数量减半；各种法兰连接用垫片均按石棉橡胶板计算。如用其他材料，不做调整。

3）第三章"低压器具、水表组成与安装"，法兰水表安装是按《全国通用给水排水标准图集》（S145）编制的。定额内包括旁通管及止回阀，如实际安装形式与此不同时，阀门及止回阀可按实际调整，其余不变。

4）第四章"卫生器具制作安装"，该章所有卫生器具安装项目均参照《全国通用给水排水标准图集》中有关标准图集计算，设计无特殊要求均不做调整。

需注意以下几点：①成组安装的卫生器具，定额均已按标准图计算了与给水、排水管道连接的人工和材料；②浴盆安装适用于各种型号的浴盆，但浴盆支座和浴盆周边的砌砖、瓷砖粘贴应另行计算；洗脸盆、洗手盆、洗涤盆适用于各种型号；③洗脸盆肘式开关安装不分单双把均执行同一项目；④脚踏开关安装包括弯管和喷头的安装人工和材料；⑤淋浴器铜制品安装适用于各种成品淋浴器安装；⑥小便槽冲洗管制作安装定额中，不包括阀门安装，可按相应项目另行计算。大、小便槽水箱托架安装已按标准图集计算在定额内，不得另行计算。

5）第六章"小型容器制作安装"，该章参照《全国通用给水排水标准图集》（S151、S342）及《全国通用采暖通风空调标准图集》（T905、T906）编制，适用于给排水、采暖系统中一般低压碳钢容器的制作和安装。

需注意以下几点：①各种水箱连接管，均未包括在定额内，可执行室内管道安装的相应项目；②各类水箱均未包括支架制作安装，如为型钢支架，执行该册定额"一般管道支架"项目，混凝土或砖支座可按土建相应项目执行；③水箱制作包括水箱本身及人孔的质量。水位计、内外人梯均未包括在定额内，如发生时，可另行计算。

（4）清单工程量项目设置　《通用安装工程工程量计算规范》（GB 50856—2013）附录K 给排水、采暖、燃气工程中设置了 K.1 给排水、采暖、燃气管道，K.2 支架及其他，K.3 管道附件，K.4 卫生器具，K.5 供暖器具，K.6 采暖、给排水设备，K.7 燃气器具及其他，K.8 医疗气体设备及附件，K.9 采暖、空调水工程系统调试共 101 个项目。

2. 给排水管道工程量计算及定额应用

按《通用安装工程工程量计算规范》附录 K.1 规定，其清单工程量项目设置及清单工程量计算要求详见表 5-1。

表 5-1　K.1 给排水、采暖、燃气管道（编码：031001）

项目编码	项目名称	项 目 特 征	计量单位	工程量计算规则	工 作 内 容
031001001	镀锌钢管	1. 安装部位 2. 输送介质 3. 规格、压力等级 4. 连接形式 5. 压力试验及吹、洗设计要求 6. 警示带形式	m	按设计图示管道中心线以长度计算	1. 管道安装 2. 管件制作、安装 3. 压力试验 4. 吹扫、冲洗 5. 警示带铺设
031001002	钢管				
031001003	不锈钢管				
031001004	铜管				
031001005	铸铁管	1. 安装部位 2. 输送介质 3. 材质、规格 4. 连接形式 5. 接口材料 6. 压力试验及吹、洗设计要求 7. 警示带形式			1. 管道安装 2. 管件安装 3. 压力试验 4. 吹扫、冲洗 5. 警示带铺设
031001006	塑料管	1. 安装部位 2. 输送介质 3. 材质、规格 4. 连接形式 5. 阻火圈设计要求 6. 压力试验及吹、洗设计要求 7. 警示带形式			1. 管道安装 2. 管件安装 3. 塑料卡固定 4. 阻火圈安装 5. 压力试验 6. 吹扫、冲洗 7. 警示带铺设

（续）

项目编码	项目名称	项 目 特 征	计量单位	工程量计算规则	工 作 内 容
031001007	复合管	1. 安装部位 2. 输送介质 3. 材质、规格 4. 连接形式 5. 压力试验及吹、洗设计要求 6. 警示带形式	m	按设计图示管道中心线以长度计算	1. 管道安装 2. 管件安装 3. 塑料卡固定 4. 压力试验 5. 吹扫、冲洗 6. 警示带铺设
031001008	直埋式预制保温管	1. 埋设深度 2. 介质 3. 管道材质、规格 4. 连接形式 5. 接口保温材料 6. 压力试验及吹、洗设计要求 7. 警示带形式			1. 管道安装 2. 管件安装 3. 接口保温 4. 压力试验 5. 吹扫、冲洗 6. 警示带铺设
031001009	承插陶瓷缸瓦管	1. 埋设深度 2. 规格			1. 管道安装 2. 管件安装 3. 压力试验 4. 吹扫、冲洗 5. 警示带铺设
031001010	承插水泥管	3. 接口方式及材料 4. 压力试验及吹、洗设计要求 5. 警示带形式			
031001011	室外管道碰头	1. 介质 2. 碰头形式 3. 材质、规格 4. 连接形式 5. 防腐、绝热设计要求	处	按设计图示以处计算	1. 挖填工作坑或暖气沟拆除及修复 2. 碰头 3. 接口处防腐 4. 接口处绝热及保护层

表5-1中的有关术语说明如下："安装部位"指管道安装在室内、室外；"输送介质"包括给水、排水、中水、雨水、热媒体、燃气、空调水等；方形补偿器制作安装含在管道安装综合单价中；铸铁管安装项目适用于承插铸铁管、球墨铸铁管、柔性抗振铸铁管等；塑料管安装项目适用于UPVC、PVC、PP-C、PP-R、PE、PB管等；塑料管安装的项目特征应描述是否设置阻火圈或止水环；复合管安装适用于钢塑复合管、铝塑复合管、钢骨架复合管等；排水管道安装包括立管检查口、透气帽。

凡涉及管沟及井类的土石方开挖、垫层、基础、砌筑、井盖板预制安装、回填、管道支墩等，应按《房屋建筑与装饰工程工程量计算规范》（GB 50854—2013）相关项目编码列项。凡涉及管道热处理、无损探伤的工作内容，按工业管道工程相关项目编码列项。医疗气体管道及附件，按工业管道工程相关项目编码列项。凡涉及管道、设备及支架除锈、刷油、保温的工作内容除注明者外，均按刷油、防腐蚀、绝热工程相关项目编码列项。凿槽（沟）、打洞项目，应按电气设备安装工程相关项目编码列项。

给排水管道清单项目包括以下计价内容：

（1）管道工程量计算及定额应用　各种管道均以施工图所示中心长度，以"m"为计量单位，不扣除阀门、管件（包括减压器、疏水器、水表、伸缩器等组成安装）所占的长度。

1）管道长度的确定：水平管道以施工平面图所注尺寸计算，可用比例尺度量；垂直管道，按系统图上管道标高差计算。计算各种规格管道长度时，要注意管道的变径点（一般在三通处）。一般按立管的编号顺序计算，不容易漏项。

2）当施工图标注不全时，给水支管按 0.1m 计算，排水支管按 0.4~0.5m 计算。

3）依据《全国统一安装工程预算定额》规定，管道安装区分管道材质（镀锌钢管、PPR 管、UPVC 管、铝塑复合管等）、连接方式（螺纹连接、焊接、法兰连接等）、安装部位（室内、室外）分类，以管径规格大小分档套用第八册《给排水、采暖、燃气工程》中相应定额子目。

4）管道安装的未计价材料是管材，应按下式计算其价值：

管材未计价价值 = 按施工图计算的工程量 × 管材定额消耗量 × 相应的管材单价

（2）管件工程量计算及定额应用　依据定额组成，不同材质的管道其管件的计算和计价是不同的。归纳如下：

1）镀锌钢管、给水 PVC 管的管道安装定额基价中已包含其管件的数量和价格，故不另计算其管件的费用。

2）PPR 管的嵌铜管件、铝塑复合管、不锈钢管、铜管的全部管件要按施工图计算数量和按市场价计算主材费，但不用计算其管件的安装费，因为管道安装定额基价中已包含管件的安装费。

3）消防镀锌钢管沟槽式卡箍连接管件，需按施工图计算其不同管件的数量，套用第七册《消防及安全防范设备安装工程》补充定额中相应子目计算安装费，并按市场价计算其未计价材料费。

4）法兰安装，可按不同材质（铸铁、碳钢）、连接方式（螺纹连接、焊接）、管道公称直径，分别以"副"为单位计量，执行《全国统一安装工程预算定额》第八册《给排水、采暖、燃气工程》中法兰安装定额子目。

（3）套管工程量计算及定额应用　管道在穿越建筑物基础、楼板、屋面板和防水墙体，应设置一般钢套管或刚性防水套管、柔性防水套管（按设计要求分类计算）。

1）上述三类套管均执行《全国统一安装工程预算定额》第六册《工业管道工程》第八章相应子目。

2）钢套管的管径比其穿越管道的管径大两号，计量单位为"个"。

3）镀锌薄钢板套管制作以"个"为计量单位，其安装已包括在管道安装定额内，不得另行计算。

（4）管道除锈、刷油、防腐工程量计算及定额应用　钢管按管道展开外表面积计算工程量，以"m²"为计量单位。

套用定额时，按设计图要求刷漆种类和遍数，执行《全国统一安装工程预算定额》第十一册《刷油、防腐蚀、绝热工程》相应子目。若设计中无明确要求刷漆种类和遍数时，一般明装钢管刷防锈底漆两遍，调和漆或银粉漆面漆两遍；埋地或暗装钢管刷沥青漆两遍。

（5）管道绝热及保护层工程量计算及定额应用　管道绝热按保温层的体积计算，以"m³"为计量单位。

1）绝热保护层以保温层外表面积计算，计量单位为"m²"。

2）该部分执行《全国统一安装工程预算定额》第十一册《刷油、防腐蚀、绝热工程》相应子目。

（6）给水管道的消毒、冲洗工程量及定额应用　室内给水管道的消毒、冲洗均按管道公称直径分档，以长度"m"为计量单位。工程量计算时不扣除阀门、管件所占长度。

执行《全国统一安装工程预算定额》第八册《给排水、采暖、燃气工程》中管道消毒、冲洗项目。

（7）给水管道的压力试验及定额应用　管道安装定额子目中已包括压力试验，一般不执行该项目，只有当遇到特殊情况，如停工时间较长后再进行安装，或有特殊要求需进行二次打压试验时，才可执行第八册中相应子目。

其工程量计算同消毒冲洗工程量。

3. 支架及其他工程量计算及定额应用

按《通用安装工程工程量计算规范》（GB 50856—2013）附录 K.2 规定，其清单工程量项目设置及清单工程量计算要求详见表 5-2。

表 5-2　K.2 支架及其他（编码：031002）

项 目 编 码	项 目 名 称	项 目 特 征	计 量 单 位	工程量计算规则	工 作 内 容
031002001	管道支架	1. 材质 2. 管架形式	1. kg 2. 套	1. 以千克计量，按设计图示质量计算 2. 以套计量，按设计图示数量计算	1. 制作 2. 安装
031002002	设备支架	1. 材质 2. 形式			
031002003	套管	1. 类型 2. 材质 3. 规格 4. 填料材质	个	按设计图示数量计算	1. 制作 2. 安装 3. 除锈、刷油

应用表 5-2 时注意，单件支架质量 100kg 以上的管道支吊架执行设备支吊架制作安装项目；成品支吊架安装执行相应项目，不再计取制作费，支吊架本身价值含在综合单价中；套管制作安装项目适用于穿基础、墙、楼板等部位的防水套管、填料套管、无填料套管及防火套管等，应分别列项。

管道支架清单项目包括以下计价内容：

（1）管道支架制作安装定额应用及工程量计算　应根据支架的结构形式、规格，以"kg"为计量单位，执行《全国统一安装工程预算定额》第八册《给排水、采暖、燃气工程》中管道支架制作、安装定额项目。

工程量计算公式为

管道支架工程量 = $\sum$ 某种结构形式单个支架的质量 × 支架的个数

支架个数 = 某规格的管道长度 ÷ 该规格管道支架的间距

计算的得数有小数时，四舍五入取整。

单个支架的质量要区分管道的种类及安装部位、管道支架的间距均可参考设计要求或相应的规范要求。

（2）管道支架的除锈、油漆工程量及定额应用　同制作工程量，以"kg"为计量单位，并按照设计图中要求的刷漆种类和遍数，套用《全国统一安装工程预算定额》第十一册《刷油、防腐蚀、绝热工程》相应子目。

4. 管道附件清单工程量计算及定额应用

按《通用安装工程工程量计算规范》（GB 50856—2013）附录 K.3 规定，其清单工程量项目设置及清单工程量计算要求详见表 5-3。

表 5-3　K.3 管道附件（编码：031003）

项目编码	项目名称	项目特征	计量单位	工程量计算规则	工作内容
031003001	螺纹阀门	1. 类型 2. 材质 3. 规格、压力等级 4. 连接形式 5. 焊接方法	个	按设计图示数量计算	1. 安装 2. 电气接线 3. 调试
031003002	螺纹法兰阀门				
031003003	焊接法兰阀门				
031003004	带短管甲乙阀门	1. 材质 2. 规格、压力等级 3. 连接形式 4. 接口方式及材质	个		1. 安装 2. 电气接线 3. 调试
031003005	塑料阀门	1. 规格 2. 连接形式			1. 安装 2. 调试
031003006	减压阀	1. 材质 2. 规格、压力等级 3. 连接形式 4. 附件名称、规格、数量	组		组装
031003007	疏水器				
031003008	除污器（过滤器）	1. 材质 2. 规格、压力等级 3. 连接形式			安装
031003009	补偿器	1. 类型 2. 材质 3. 规格、压力等级 4. 连接形式	个		安装
031003010	软接头	1. 材质 2. 规格 3. 连接形式	个（组）		
031003011	法兰	1. 材质 2. 规格、压力等级 3. 连接形式	副（片）		
031003012	倒流防止器	1. 材质 2. 型号、规格 3. 连接形式	套		
031003013	水表	1. 安装部位（室内外） 2. 型号、规格 3. 连接形式 4. 附件名称、规格、数量	组（个）		组装

(续)

项目编码	项目名称	项目特征	计量单位	工程量计算规则	工作内容
031003014	热量表	1. 类型 2. 型号、规格 3. 连接形式	块	按设计图示数量计算	安装
031003015	塑料排水管消声器	1. 规格 2. 连接形式	个		
031003016	浮标液面计		组		
031003017	浮漂水位标尺	1. 用途 2. 规格	套		

（1）阀门安装工程量计算及定额应用　各种阀门安装工程量应按其不同类别、规格型号、公称直径和连接方式，分别以"个"为单位计算。法兰阀门安装包括法兰安装，不得另计；阀门安装如仅为一侧法兰连接时，应在项目特征中描述。

执行《全国统一安装工程预算定额》第八册《给排水、采暖、燃气工程》相应定额子目时，以阀门的连接方式和规格大小的不同分别计算安装费，各种阀门为未计价材料。

（2）浮标液面计，水塔、水池浮漂水位标尺制作安装工程量及定额应用　浮标液面计的安装以"组"为计量单位。套用《全国统一安装工程预算定额》第八册《给排水、采暖、燃气工程》相应定额，浮标液面计为未计价材料。

水塔、水池浮漂水位标尺制作安装均以"套"为计量单位。

（3）水表工程量计算及定额应用　水表是一种计量建筑物或设备用水量的仪表，定额根据连接方式及管道直径不同分为螺纹水表（见图 5-5）及法兰水表（见图 5-6）两种。

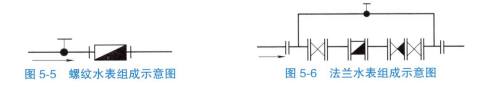

图 5-5　螺纹水表组成示意图　　　图 5-6　法兰水表组成示意图

螺纹水表安装定额子目，不仅包括水表本身的安装，还包括水表前一个螺纹阀门的安装和材料费。

法兰水表安装定额子目，不仅包括水表本身的安装，还包括水表前后三个闸阀和一个止回阀的安装和材料费，如实际组成与标准图集不同时按实调整阀门的数量，其他不变。

（4）减压阀组、疏水器组安装工程量　按其连接方式和公称直径的不同，以"组"为计量单位计算；减压阀按高压侧的直径计算。

当减压阀组、疏水器组的组成与定额含量不同时，可调整阀门与压力表的数量，其余不变。

（5）管道伸缩器制作安装　管道伸缩器包括螺纹连接法兰式套筒伸缩器、焊接法兰式套筒伸缩器、方形伸缩器的制作安装。各种伸缩器制作安装均按以"个"为计量单位。

方形伸缩器除按伸缩器部分计算外，还应把伸缩器所占长度计入管道安装长度内。

5. 卫生器具清单工程量计算及计价

按《通用安装工程工程量计算规范》（GB 50856—2013）附录 K.4 规定，其清单工程量项目设置及清单工程量计算要求详见表 5-4。

表 5-4　K.4 卫生器具（编码：031004）

项目编码	项目名称	项目特征	计量单位	工程量计算规则	工作内容
031004001	浴缸	1. 材质 2. 规格、类型 3. 组装形式 4. 附件名称、数量	组	按设计图示数量计算	1. 器具安装 2. 附件安装
031004002	净身盆				
031004003	洗脸盆				
031004004	洗涤盆				
031004005	化验盆				
031004006	大便器				
031004007	小便器				
031004008	其他成品卫生器具				
031004009	烘手器	1. 材质 2. 型号、规格	个		安装
031004010	淋浴器	1. 材质、规格 2. 组装形式 3. 附件名称、数量	套		1. 器具安装 2. 附件安装
031004011	淋浴间				
031004012	桑拿浴房				
031004013	大、小便槽自动冲洗水箱	1. 材质、类型 2. 规格 3. 水箱配件 4. 支架形式及做法 5. 器具及支架除锈、刷油设计要求			1. 制作 2. 安装 3. 支架制作、安装 4. 除锈、刷油
031004014	给、排水附件	1. 材质 2. 型号、规格 3. 安装方式	个（组）		安装
031004015	小便槽冲洗管	1. 材质 2. 规格	m	按设计图示长度计算	1. 制作 2. 安装
031004016	蒸汽-水加热器	1. 类型 2. 型号、规格 3. 安装方式	套	按设计图示数量计算	
031004017	冷热水混合器				
031004018	饮水器				
031004019	隔油器	1. 类型 2. 型号、规格 3. 安装部位			安装

表 5-4 中的成品卫生器具项目中的附件安装，主要指给水附件包括水嘴、阀门、喷头等，排水配件包括存水弯、排水栓、下水口等以及配备的连接管。功能性浴缸不含电机接线和调试。给、排水附（配）件是指独立安装的水嘴、地漏、地面扫出口等。

（1）浴盆安装　浴盆安装的范围与管道系统分界点为：

1）给水的分界点为水平管与支管的交接处，水平管的安装高度按 750mm 考虑。若水平管的设计高度与其不符时，则需增加引下（上）管，该增加部分管的长度计入室内给水管道的安装中，以下类同。

2）排水的分界点为排水管道的存水弯处。具体安装范围如图 5-7 所示。

3）浴盆本体、其配套的上下水材料、水嘴、喷头等为未计材料。

4）浴盆支架及浴盆周边的砌砖、粘贴瓷板，应执行土建项目。

（2）洗脸（手）盆安装　洗脸（手）盆安装的范围与管道系统分界点为：给水的分界点为水平管与支管的交接处，水平管的安装高度按 530mm 考虑。若水平管的设计高度与其不符时，则需增加引下（上）管，增加部分管的长度计入室内给水管道的安装中。排水的分界点为存水弯与排水支管（或短管交接处）。具体安装范围如图 5-8 所示。

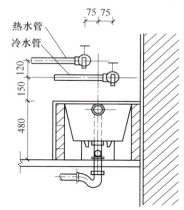

图 5-7　浴盆安装范围示意图

（3）洗涤盆安装　分界点的划分同浴盆，洗涤盆定额中水平管的安装高度按 900mm 考虑。安装工作包括上下水管的连接和试水、安装洗涤盆、盆托架，不包括地漏的安装。具体安装范围如图 5-9 所示。

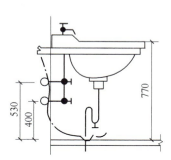

图 5-8　洗脸（手）盆安装范围示意图

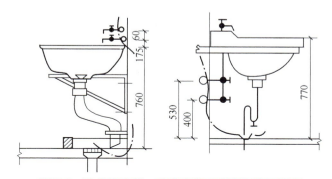

图 5-9　冷热洗涤盆、单冷洗涤盆安装范围示意图

（4）淋浴器的组成与安装　淋浴器组成与安装按钢管组成或钢管制品（成品）分冷水、冷热水。以"10 组"为计量单位。执行《全国统一安装工程预算定额》第八册第四章"淋浴器组成安装"定额子目。

给水的分界点为水平管与支管的交接处，定额中水平管的安装高度按 1000mm 考虑，如水平管的设计高度与其不符时，则需增加引上管，引上管的长度计入室内给水管道的安装工程量中，如图 5-10 所示。未计价材料为莲蓬喷头、单双管成品淋浴器。

（5）大便器安装　大便器安装按其形式（蹲式、坐式）、冲洗方式（瓷高水箱、瓷低水箱、普通冲洗阀、手压阀冲洗、脚踏阀冲洗、自闭冲洗阀）、接管材料等不同，以"套"为计量单位。

1）蹲式大便器。以冲洗方式划分子目，定额单位为"10套"。给水的分界点为水平管与支管交接处，定额中考虑的水平管的安装高度为：高位水箱2200mm，普通阀门冲洗交叉点标高为1500mm，其余为1000mm。

"排水"计算到存水弯与排水支管交接处。蹲式大便器安装包括了固定大便器的垫砖，但不含蹲式大便器的砌筑。冲洗管式和高位水箱式安装范围示意图如图5-11、图5-12所示。

2）坐式大便器。按冲洗方式划分子目，定额以"10套"为计量单位。给水分界点为水平管与连接水箱支管交接处，定额中水平管安装高度按250mm考虑。排水计算到坐式大便器存水弯与排水支管交接处，如图5-13所示。

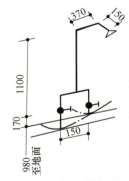

图 5-10　淋浴器安装范围示意图

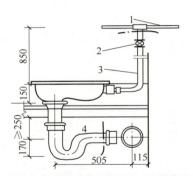

图 5-11　蹲式大便器（冲洗管式）安装范围示意图
1—水平支管　2—冲洗阀　3—冲洗管　4—存水弯

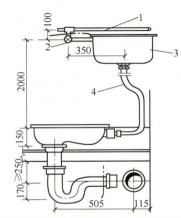

图 5-12　蹲式大便器（高位水箱式）安装范围示意图
1—水平支管　2—进水阀　3—高位水箱　4—冲洗管

（6）小便器安装　小便器安装根据其形式（挂斗式、立式）、冲洗方式（普通冲洗、自动冲洗）、联数（一联、二联、三联）不同，分别以"套"为计量单位。安装范围分界点为水平管与支管交接处，其水平管高度为1200mm，自动冲洗水箱的水平管为2000mm，如图5-14~图5-16所示。

（7）其他安装项目　主要包括以下几个内容：

1）大便槽、小便槽自动冲洗水箱安装。定额均以"10套"为计量单位，未计价材料为钢板制自动冲洗水箱，但定额已包括自动冲洗阀门及水箱托架制作、安装。

2）小便槽冲洗管制作、安装。定额以"10m"为计量单位。定额中不包括阀门安装，其工程量按相应定额另行计算。

3）水龙头安装。按公称直径，以"个"为计量单位。

4）地漏安装。根据其公称直径的不同，分别以"个"为计量单位，地漏为未计价材料。

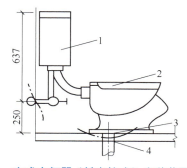

图 5-13　坐式大便器（低水箱式）安装范围示意图

1—低水箱管　2—坐便器　3—接口　4—排水管

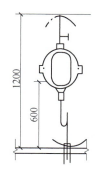

图 5-14　挂斗式小便器

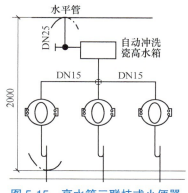

图 5-15　高水箱三联挂式小便器

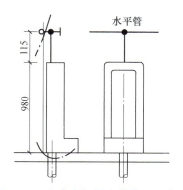

图 5-16　立式小便器安装范围示意图

5）地面扫除口安装。按规格以"个"为计量单位，未计价材为扫除口。

6）排水栓安装。定额中排水栓分带存水弯和不带存水弯两项，按规格（直径）划分子目，以"组"为计量单位，排水栓带链堵为未计价材料。盥洗池、槽执行土建预算定额。

7）冷热水混合器安装。以"套"为计量单位，未计价材为冷热水混合器。

8）蒸汽 - 水加热器安装。以"台"为计量单位，包括蓬头安装，未计价材料为蒸汽式水加热器。

9）容积式换热器安装。以"台"为计量单位，未计价材为容器式水加热器。

10）电热水器、电开水炉安装。以"台"为计量单位，未计价材料为电热器。

11）饮水器安装。以"台"为计量单位，未计价材为饮水器。

12）钢板水箱制作。定额根据水箱的不同形式（圆形或矩形）及箱质量不同划分子目。钢板水箱制作工程量按施工图所示尺寸，不扣除人孔、手孔质量，以"kg"为计量单位。

13）钢板水箱安装。按国家标准图集水箱容量，执行《全国统一安装工程预算定额》第八册第五章"水箱安装"定额子目。各种小箱安装均以"个"为计量单位。

5.1.3　室内给排水工程量清单及计价预算实例

某办公楼给排水工程施工图及定额计价如下:

1. 某办公楼给排水工程施工图

建筑给排水设计说明:

(1) 给水部分

1) 生活供水方式:市政管网直接供给。

2) 管材:采用 PP-R 给水管,热熔连接,管道承压不小于 1.0MPa。

3) 室外给水管埋设在非车行道下时,管顶覆土不小于 500mm;埋设在车行道下时,管顶覆土不小于 800mm。

室内给水管管顶覆土不小于 300mm。

(2) 排水部分

1) 生活污水经化粪池处理达标后排入市政下水道。

2) 排水管管材采用 UPVC 排水管,严格执行其现行规范。

3) 卫生器具及配件为优质卫生器具和配件,颜色与建筑物相协调,卫生间采用普通地漏。

该建筑给排水工程施工图如图 5-17~ 图 5-21 所示。

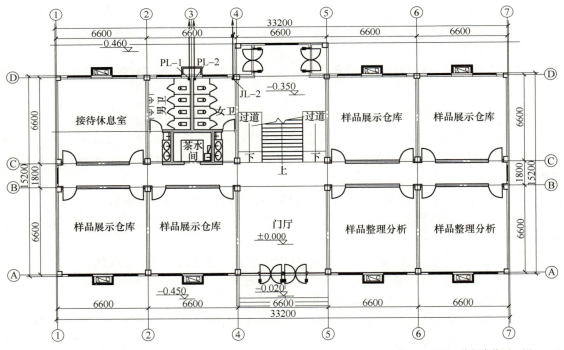

注: 1. 二层卫生间定位同一层。
　　2. 伸顶通气管伸出屋面 0.5m。

图 5-17　一层给排水平面图

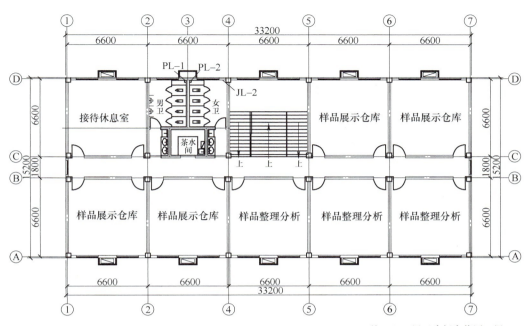

注：1. 二层卫生间定位同一层。
　　2. 伸顶通气管伸出屋面 0.5m。

图 5-18　二层给排水平面图

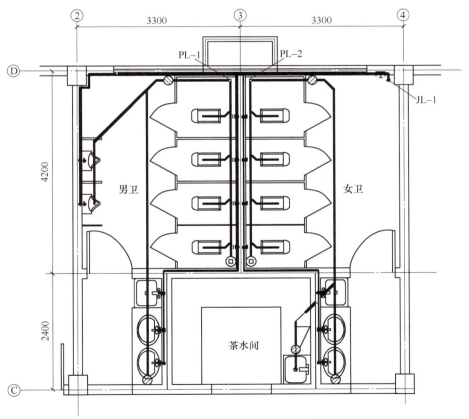

图 5-19　卫生间给排水详图

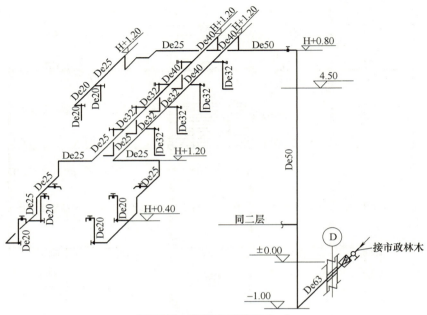

图 5-20 给排水系统图（一）

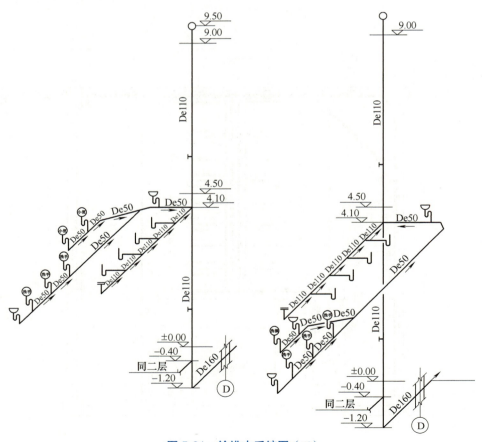

图 5-21 给排水系统图（二）

2. 该办公楼给排水工程施工图工程量计算

依据该工程设计施工图、《建设工程工程量清单计价规范》（GB 50500—2013）、《江西省通用安装工程消耗量定额及统一基价表》（2017 年）中工程量计算规则、工作内容及定额解释等，该工程的工程量计算式详见表 5-5。

表 5-5 某办公楼给排水工程工程量计算式

序号	项 目 名 称	单位	工程量计算式
一	室内给水管道		
1	PP-R 给水管 De63	m	引入管（1.5+0.24+0.1）+ 立管（1+0.8）=3.64
	PP-R 嵌铜件 De63	个	连接水表的内螺纹管件：1×2=2
	PP-R 给水管 De63 穿基础等刚性防水套管 DN80	个	1+1=2
2	PP-R 给水管 De50	m	立管：4.5+ 横管：[0.2+（3.3-0.3+0.1）×2 层]=10.9
	PP-R 给水管 De50 穿楼板刚性防水套管 DN65	个	1
3	PP-R 给水管 De40	m	横管：[（1.2-0.8）+1.95]×2 侧 ×2 层 =9.4
4	PP-R 给水管 De32	m	横管：1.8×2 侧 ×2 层 + 蹲便器支管：0.1×16 个 =8.8
	PP-R 嵌铜件 De32	个	连接蹲便器的内螺纹管件：4×2×2=16
5	PP-R 给水管 De25	m	连接蹲便器横管：[0.4+1.5+（1.2-0.4）+1.2]×2 侧 ×2 层 + 连接小便器横管 [3+（1.2-0.8）+1.8]×2 层 =26
6	PP-R 给水管 De20	m	横管：[0.6×2 侧 +1]×2 层 + 卫生器具支管：0.1×16 个 =6
	PP-R 嵌铜件 De20	个	连接洗脸盆 / 洗涤盆 / 小便器的内螺纹管件：4+4+8=16
注：管道消毒冲洗工程量同相应管径的工程量；PP-R 给水管无油漆、绝热保温措施，故不计。			
二	给水附件		
1	螺纹水表 DN50	套	引入管处：1
2	PP-R 截止阀 De50	个	1×2 层 =2
三	室内排水管道		
1	UPVC 排水塑料管 DN50	m	PL-1：支管：0.4×7×2 层 + 横管：（1.5+2+6+1.4）×2 层 =27.4 PL-2：支管：0.4×7×2 层 + 横管：（1+1.1+6.3+1.7）×2 层 =25.8 小计：27.4+25.8=53.2

（续）

序号	项 目 名 称	单位	工程量计算式
2	UPVC 排水塑料管 DN100	m	PL-1、PL-2 相同：支管：[（0.4+0.5）×4个 +0.4×1个]×2 侧 ×2 层 =16 横管：3.8×2 侧 ×2 层 =15.2 立管：（9.5+1.2）×2 根 =21.4 小计：16+15.2+21.4=52.6
	UPVC 排水塑料管 DN100 穿楼板刚性防水套管 DN150	个	1×3 层 ×2 根 =6
3	UPVC 排水塑料管 DN160	m	排出管：3×2 根 =6
	UPVC 排水塑料管 DN160 穿基础刚性防水套管 DN200	个	1×2 根 =2
四	卫生器具		
1	洗脸盆（单冷）	套	4×2 层 =8
2	洗涤盆	套	2×2 层 =4
3	蹲便器（自闭式冲洗阀 DN25）	套	8×2 层 =16
4	立式小便器（自闭式冲洗阀 DN15）	套	2×2 层 =4
5	不锈钢地漏 DN50	个	5×2=10
6	地面扫除口 DN100	个	2×2 层 =4

注：室内给排水工程各个清单项目的计量单位及计算规则，与相应定额子目的计量单位及计算规则相同。

3. 该办公楼室内给排水工程定额计价

根据《江西省通用安装工程消耗量定额及统一基价表》（2017 年）及其配套的费用定额，及上节计算的工程量，编制该办公楼给排水定额计价文件如下：

（1）封面 见表 5-6。

（2）编制说明 见表 5-7。

（3）安装工程预算表 见表 5-8。

（4）人工费调差表 见表 5-9。

（5）其他项目费表 见表 5-10。

（6）单位工程取费表 见表 5-11。

4. 该办公楼室内给排水工程清单计价

根据《建设工程工程量清单计价规范》（GB 50500—2013）规定，及本小节计算的某办公楼给排水工程工程量，编制该办公楼给排水工程量清单计价文件，如下：

（1）单位工程招标控制价汇总表 见表 5-12。

表 5-6　封面

工 程 预 算 书

工程名称：某办公楼给排水工程预算（定额计价）

预算造价（大写）：贰万肆仟伍佰捌拾陆元肆角肆分
（小写）：24586.44 元

法定代表人或其授权人：_____
　　　　　　　　　　　　（签字或盖章）

编　制　人：_____
　　　　　　　（造价人员签字盖专用章）

编制时间：　　× 年　× 月　× 日

表 5-7　编制说明

工程名称：某办公楼给排水工程（定额计价）

编 制 说 明

1. 工程概况：该项目为一栋二层办公楼公共卫生间的给排水工程。
2. 本工程的工程量依据该工程设计施工图和《江西省通用安装工程消耗量定额及统一基价表》（2017 年）及其配套的费用定额编制。
3. 本工程按安装三类工程取费；主要材料价格按南昌市建设工程造价信息 201×-10 期的材料信息价计取，信息价中没列出的主材单价按市场中档材料价格计取。
4. 考虑到施工中可能发生的设计或价格变更，本预算预留金为 2000 元。
5. 其他未尽事宜详见该工程设计施工图及附后的工程预算书。

表 5-8 安装工程预算表

序号	定额编号	项目名称及规格	单位	数量	单价（元） 基价	单价（元） 其中 工资	总价（元） 合价	总价（元） 其中 工资	主材设备 名称	主材设备 单位	主材设备 数量	主材设备 单价（元）	主材 设备费（元）
1	C10-1-328	室内聚丙烯塑料给水管安装 De63	10m	0.364	151.19	147.90	55.03	53.84	给水聚丙烯塑料管 De63	m	3.713	26.10	96.90
2	C10-1-327	室内聚丙烯塑料给水管安装 De50	10m	1.09	138.16	135.32	150.59	147.50	给水聚丙烯塑料管 De50	m	11.118	16.20	180.11
3	C10-1-326	室内聚丙烯塑料给水管安装 De40	10m	0.94	118.88	116.28	111.75	109.30	给水聚丙烯塑料管 De40	m	9.588	11.40	109.30
4	C10-1-325	室内聚丙烯塑料给水管安装 De32	10m	0.88	105.63	103.45	92.95	91.04	给水聚丙烯塑料管 De32	m	8.976	7.70	69.12
5	C10-1-324	室内聚丙烯塑料给水管安装 De25	10m	2.6	97.66	95.80	253.92	249.08	给水聚丙烯塑料管 De25	m	26.52	5.19	137.64
6	C10-1-323	室内聚丙烯塑料给水管安装 De20	10m	0.6	87.95	86.28	52.77	51.77	给水聚丙烯塑料管 De20	m	6.12	3.09	18.91
7	主材费	PP-R 嵌铜管件 De63	个	2					PP-R 嵌铜管件 De63	个	2	85.00	170.00
8	主材费	PP-R 嵌铜管件 De32	个	16					PP-R 嵌铜管件 De32	个	16	16.20	259.20
9	主材费	PP-R 嵌铜管件 De20	个	16					PP-R 嵌铜管件 De20	个	16	7.70	123.20

10	C10-11-141	管道消毒、冲洗，DN50	100m	0.647	48.22	44.20	31.20	28.60					
11	C10-1-368	承插塑料排水管（零件粘接，DN150）安装	10m	0.6	244.42	224.15	146.65	134.49	承插塑料排水管 DN150	m	5.682	28.30	160.80
									承插塑料排水管件 DN150	个	4.188	22.00	92.14
12	C10-1-367	承插塑料排水管（零件粘接，DN100）安装	10m	5.26	168.96	158.95	888.73	836.08	承插塑料排水管 DN100	m	44.815	14.60	654.30
									承插塑料排水管件 DN100	个	59.859	10.20	610.56
13	C10-1-365	承插塑料排水管（零件粘接，DN50）安装	10m	5.32	110.00	106.51	585.20	566.63	承插塑料排水管 DN50	m	51.444	5.60	288.09
									承插塑料排水管件 DN50	个	47.986	1.80	86.38
14	C10-11-74	刚性防水套管制作，DN200 以内	个	2	203.79	121.04	407.58	242.08	焊接钢管	kg	27.56	4.80	132.29
15	C10-11-86	刚性防水套管制作，DN200 以内	个	2	96.90	64.26	193.80	128.52					
16	C10-11-73	刚性防水套管制作，DN150 以内	个	6	150.59	98.26	903.54	589.56	焊接钢管	kg	56.76	4.80	272.45
17	C10-11-70	刚性防水套管制作，DN80	个	2	100.82	59.25	201.64	118.50	焊接钢管	kg	8.04	4.80	38.59
18	C10-11-70	刚性防水套管制作，DN65	个	1	100.82	59.25	100.82	59.25	焊接钢管	kg	4.02	4.80	19.30

（续）

序号	定额编号	项目名称及规格	单位	数量	单价（元）基价	单价（元）其中工资	总价（元）合价	总价（元）其中工资	主材设备 名称	主材设备 单位	主材设备 数量	主材设备 单价（元）	主材设备费（元）
19	C10-11-85	刚性防水套管安装，DN150以内	个	9	88.25	57.55	794.25	517.95					
20	C10-5-6	螺纹阀安装，DN50	个	2	49.03	22.95	98.06	45.90	PP-R 螺纹截止阀 De50	个	2.02	65.80	132.92
21	C10-5-303	螺纹水表组成与安装，DN50	组	1	131.83	94.35	131.83	94.35	螺纹水表 DN50	个	1	112.00	112.00
22	C10-6-12	洗脸盆安装钢管组成冷水	10组	0.8	406.90	329.80	325.52	263.84	洗脸盆	个	8.08	220.00	1777.60
23	C10-6-23	洗涤盆安装单嘴	10组	0.4	324.34	272.00	129.74	108.80	洗涤盆	个	4.04	60.00	242.40
24	C10-6-35	蹲式大便器安装自闭式冲洗 DN25	10套	1.6	566.97	413.95	907.15	662.32	瓷蹲式大便器	个	16.16	90.00	1454.40
									自闭式冲洗阀 DN25	个	16.16	72.78	1176.12
25	C10-6-43	挂斗式小便器安装普通式	10套	0.4	303.39	234.60	121.36	93.84	挂斗式小便器	个	4.04	180.00	727.20
26	C10-6-90	地漏安装 φ50mm	10个	1	130.84	128.35	130.84	128.35	不锈钢地漏 DN50	个	10	9.20	92.00
27	C10-6-94	地面扫除口安装 φ100mm	10个	0.4	61.14	58.65	24.46	23.46	地面扫除口 DN100	个	4	7.60	30.40
28	B8001-1	脚手架搭拆费（第八册）	元	1	61.90	15.48	61.90	15.48					
		合计					6901.28	5360.52					9264.31

表 5-9　人工费调差表

工程名称：某办公楼给排水工程预算（定额计价）

序号	定额编号	名　称	单　位	数　量	定额价（元）	市场价（元）	价格差（元）	合价（元）
1	10	综合工日	工日	74.281	23.50	36.50	13.00	965.65
2	30	机械人工	工日	4.89	23.50	36.50	13.00	63.57
			合计					1029.22

表 5-10　其他项目费表

工程名称：某办公楼给排水工程预算（定额计价）

序号	项　目　名　称	计量单位	金额（元）	备　注
1	预留金	项	2000	
	其他项目费合计		2000	

表 5-11　单位工程取费表

工程名称：某办公楼给排水工程预算（定额计价）

序　号	费用名称	计　算　式	费率（%）	金额（元）
	安装工程部分			
一	直接工程费	$\sum$工程量 × 消耗量定额基价		6839.38
1	其中：人工费	$\sum$（工日数 × 人工单价）		5345.04
二	技术措施费	$\sum$（工程量 × 消耗量定额基价）		61.90
2	其中：人工费	$\sum$（工日数 × 人工单价）或按人工费比例计算		15.48
三	未计价材	主材设备费		8711.95
四	组织措施费	(4)+(5)[不含环保安全文明费]		769.78
3	其中：人工费	（四）× 费率	15	115.47
4	其中：临时设施费	[(1)+(2)]× 费率	5.61	300.73
5	检验试验费等六项	[(1)+(2)]× 费率	8.75	469.05
五	价差	按有关规定计算		1029.22
六	企业管理费	[(1)+(2)+(3)]× 费率	23.76	1301.10
七	利润	[(1)+(2)+(3)]× 费率	20.52	1123.67
八	估价部分	估价项目		552.40
6	社保等四项	[(1)+(2)+(3)]× 费率	35.66	1952.74
7	上级（行业）管理费	[（一）+（二）+（三）+（四）]× 费率	0.6	98.30
AW	环保安全文明措施费	[（一）+（二）+（三）+（四）+（六）+（七）+(6)+(7)]× 费率	0.7	146.01
FW	安全防护文明施工费	（AW）+(4)		446.74
九	规费	(6)+(7)		2051.04
十	其他项目费	其他项目费（预留金）		2000.00
十一	税金	[（一）~（九）+（AW）+QT]× 费率	3.413	770.88
十二	工程费用	（一）~（十）+（AW）+QT		24586.44
	安装工程总造价	贰万肆仟伍佰捌拾陆元肆角肆分		24586.44

表 5-12　单位工程招标控制价汇总表

工程名称：某办公楼给排水工程

序　号	汇 总 内 容	金额（元）	其中：暂估价（元）
	安装工程部分		
一	分部分项工程	13703.21	4201.60
1	其中：人工费	1745.79	
二	技术措施费	68.77	
2	其中：人工费	15.48	
三	组织措施费	393.65	
3	其中：人工费	37.60	
LS	其中：临时设施费	104.44	
AW	其中：环保安全文明费	126.32	
FW	安全文明施工费（LS+AW）	230.76	
四	其他项目费	2000	
4	其中：人工费	300	
5	价差部分	1029.23	
6	风险部分		
7	社会保障等四项	641.48	
8	上级（行业）管理费	76.82	
五	规费	718.30	
六	税金	673.15	
七	工程费用	17894.35	
	单位工程清单总价	17894.35	

（2）分部分项工程工程量清单与计价表　见表 5-13。

表 5-13　分部分项工程工程量清单与计价表

序号	项目编码	项目名称	项目特征描述	计量单位	工程量	综合单价	合价	其中：暂估价
			分部分项工程项目				13703.21	4201.60
			K 给排水、采暖、燃气工程（0310）				13703.21	4201.60
1	031001006001	塑料管（PP-R 管）	室内给水 PP-R 管 De63 连接方式：热熔 PP-R 嵌铜管件 De63：2 个 刚性防水套管 DN80：2 个 管道消毒、冲洗	m	3.64	227.94	829.70	

（续）

序号	项目编码	项目名称	项目特征描述	计量单位	工程量	金额（元）		
						综合单价	合价	其中：暂估价
2	031001006002	塑料管（PP-R 管）	室内给水 PP-R 管 De50 连接方式：热熔 刚性防水套管 DN65：1 个 管道消毒、冲洗	m	10.9	42.64	464.78	
3	031001006003	塑料管（PP-R 管）	室内给水 PP-R 管 De40 连接方式：热熔 管道消毒、冲洗	m	9.4	22.24	209.06	
4	031001006004	塑料管（PP-R 管）	室内给水 PP-R 管 De32 连接方式：热熔 PP-R 嵌铜管件 De32：16 个 管道消毒、冲洗	m	8.8	46.65	410.52	
5	031001006005	塑料管（PP-R 管）	室内给水 PP-R 管 De25 连接方式：热熔 管道消毒、冲洗	m	26	14.72	382.72	
6	031001006006	塑料管（PP-R 管）	室内给水 PP-R 管 De20 连接方式：热熔 PP-R 嵌铜管件 De20：16 个 管道消毒、冲洗	m	6	33.11	198.66	
7	031001006007	塑料管（UPVC 管）	室内排水 UPVC 管 De50 连接方式：粘接	m	53.2	23.93	1273.08	
8	031001006008	塑料管（UPVC 管）	室内排水 UPVC 管 De110 连接方式：粘接 刚性防水套管 DN150：6 个	m	52.6	52.86	2780.44	
9	031001006009	塑料管（UPVC 管）	室内排水 UPVC 管 De160 连接方式：粘接 刚性防水套管 DN200：2 个	m	6	175.58	1053.48	
10	031003001001	螺纹阀门	PP-R 螺纹截止阀 De50	个	2	89.96	179.92	
11	031003013001	水表	LXS-50 螺纹水表组成	组	1	173.61	173.61	
12	031004003001	洗脸盆	单冷	组	8	320.55	2564.40	1777.60
13	031004004001	洗涤盆	单嘴	组	4	129.52	518.08	242.40
14	031004006001	大便器	蹲式，自闭式冲洗 25	套	16	239.13	3826.08	1454.40
15	031004007001	小便器	挂斗式小便器 自闭式冲洗 20	套	4	276.75	1107.00	727.20
16	031004008001	地漏	不锈钢地漏 φ50	个	10	18.44	184.40	
17	031004008002	地面扫除口	φ100	个	4	12.32	49.28	
合计							13703.21	4201.60

（3）措施项目清单与计价表　见表 5-14、表 5-15。

表 5-14　措施项目清单与计价表（一）

序　号	项目名称	计算基础	费率（%）	金额（元）
	组织措施项目（以"项"计价的措施项目）			393.65
1	环保安全文明措施费（综合）［安装工程］			126.32
2	临时设施费［安装工程］			104.44
3	夜间施工等六项费［安装工程］			162.89
	合计			393.65

表 5-15　措施项目清单与计价表（二）

序号	项目编码	项目名称	项目特征	计量单位	工程量	金额（元）	
						综合单价	合价
1	03.1.3	脚手架搭拆费［安装］		项	1	68.77	68.77
		合计					68.77

（4）其他相关表格暂列金额明细表　见表 5-16~ 表 5-20，主材价格仅供参考。

表 5-16　其他项目清单与计价表

序　号	项目名称	计量单位	金额（元）	备　注
	其他项目清单与计价			
1	暂列金额	项	2000	
2	暂估价	项	4201.60	
2.1	材料暂估价	项	4201.60	
2.2	专业工程暂估价	项		
3	计日工	项		
4	工程总承包服务费	项		
5				
	其他项目费合计		2000	

表 5-17　暂列金额明细表

序　号	项目名称	计量单位	合价（元）	备　注
1	可能发生的设计或价格变更而预留	项	2000	
2				
	暂列金额合计		2000	

表 5-18　材料暂估表

序　号	材料名称、规格、型号	计量单位	数　量	金额（元）		备　注
				单　价	合　价	
1	瓷蹲式大便器	个	16.16	90	1454.40	
2	挂斗式小便器	个	4.04	180	727.20	
3	洗涤盆	个	4.04	60	242.40	
4	洗脸盆	个	8.08	220	1777.60	
合计					4201.60	

表 5-19　规费、税金项目清单与计价表

序　号	项目名称	计算基础	费率（%）	金额（元）
	安装工程部分			
1	规费	人工费		844.46
1.1	工程排污费	人工费	0.33	6.93
1.2	社会保险费	人工费	29.27	614.33
（1）	养老保险费	人工费	21.67	454.82
（2）	失业保险费	人工费	1.07	22.46
（3）	医疗保险费	人工费	6.53	137.05
1.3	住房公积金	人工费	5.40	113.34
1.4	危险作业意外伤害保险	人工费	0.66	13.85
1.5	上级（行业）管理费	人工费	0.50	96.01
2	税金	分部分项工程费＋措施项目费用＋价差＋其他项目费＋规费	3.413	677.46
规费、税金合计		壹仟伍佰贰拾壹元玖角贰分		1521.92

表 5-20　主要材料价格表

序　号	编　号	名　称	单　位	市场价（元）
	*rg	人工价差（小计）		
1	0000010	综合工日	工日	36.50
2	0000030	机械人工	工日	36.50
	*zc	主材价差（小计）		
3	6000630	承插塑料排水管 DN50	m	5.60

（续）

序　号	编　号	名　称	单　位	市场价（元）
4	6000650	承插塑料排水管 DN100	m	14.60
5	6000660	承插塑料排水管 DN150	m	28.30
6	6000670	承插塑料排水管件 DN50	个	1.80
7	6000690	承插塑料排水管件 DN100	个	10.20
8	6000700	承插塑料排水管件 DN150	个	22.00
9	6001000	瓷蹲式大便器	个	90.00
10	6001620	不锈钢地漏 DN50	个	9.20
11	6001660	地面扫除口 DN100	个	7.60
12	6004000	给水聚丙烯塑料管 De20	m	3.09
13	6004000	给水聚丙烯塑料管 De25	m	5.19
14	6004000	给水聚丙烯塑料管 De32	m	7.70
15	6004000	给水聚丙烯塑料管 De40	m	11.40
16	6004000	给水聚丙烯塑料管 De50	m	16.20
17	6004000	给水聚丙烯塑料管 De63	m	26.10
18	6004080	挂斗式小便器	个	180.00
19	6004540	焊接钢管	kg	4.80
20	6006450	PP-R 螺纹截止阀 De50	个	65.80
21	6006770	螺纹水表 DN50	个	112.00
22	6009520	洗涤盆	个	60.00
23	6009530	洗脸盆	个	220.00
24	6011150	自闭式冲洗阀 DN25	个	72.78
合计				

（5）工程量清单综合单价分析表　由于《建设工程工程量清单计价规范》（GB 50500—2013）中的表 -09 的工程清单综合单价分析表的篇幅过大，故仅提供以下五个分部分项工程清单项目及技术措施项目的"工程量清单综合单价分析表"供大家参考（见表 5-21~表 5-26）。

工程名称：某办公楼给排水工程预算

表 5-21　工程量清单综合单价分析表（一）

项目编码	030801005001	项目名称		塑料管（PP-R 管）	计量单位	m	第　页　共　页

清单综合单价组成明细表

定额编号	定额名称	定额单位	数量	单价（元）人工费	单价（元）材料费	单价（元）机械费	单价（元）管理费和利润	合价（元）人工费	合价（元）材料费	合价（元）机械费	合价（元）管理费和利润
C10-1-328	室内聚丙烯塑料给水管安装	10m	0.100	147.90	3.07	0.22	65.49	14.79	0.31	0.02	6.55
主材费	PP-R 嵌铜管件 De63	个	0.549	0.00	170.00		0.00	0.00	93.33	0.00	
C10-11-70	刚性防水套管制作，DN80	个	0.163	59.25	24.37	17.2	26.24	32.53	13.38	9.44	4.29
C10-11-85	刚性防水套管安装，DN150 以内	个	0.163	57.55	30.70		25.48	31.59	16.85	0.00	4.17
C10-11-141	管道消毒、冲洗，DN50	100m	0.01	44.20	4.02		19.57	0.44	0.04	0.00	0.20
人工单价 36.50 元/工日	风险费用				53.20	635.69			14.62	174.64	
	小计							79.36	123.91	9.46	15.21
	未计价材料费（元）								37.23		
	清单项目综合单价								227.94		

序号	主要材料名称、规格、型号	单位	数量	单价（元）	合价（元）	暂估单价（元）	暂估合价（元）
	给水聚丙烯塑料管 De63	m	1.020	26.10	26.62		
	焊接钢管	kg	2.209	4.80	10.60		
	水	m³	0.049	2.00	0.10		
	其他材料费			—	287.65		
	材料费小计			—	324.97		

注：1. 如不使用省级或行业建设主管部门发布的计价依据，可不填定额项目、编号等。
　　2. 招标文件提供了暂估单价的材料，按暂估的单价填入表内"暂估单价"栏及"暂估合价"栏。

表 5-22 工程量清单综合单价分析表（二）

工程名称：某办公楼给排水工程预算　　　　　　　　　　　　　　　　　　　　　　　　　　　　第　页　共　页

项目编码	031001006002	项目名称	塑料管（PP-R管）	计量单位	m

清单综合单价组成明细表

定额编号	定额名称	定额单位	数量	单价（元）				合价（元）			
				人工费	材料费	机械费	管理费和利润	人工费	材料费	机械费	管理费和利润
C10-1-327	室内聚丙烯塑料给水管安装	10m	0.1	135.32	2.62	0.22	59.92	13.53	0.26	0.02	5.99
C10-11-70	刚性防水套料管制作，DN65	个	0.092	59.25	24.37	17.2	26.24	5.45	2.24	1.58	2.41
C10-11-85	刚性防水套管安装，DN150以内	个	0.092	57.55	30.7		25.48	5.29	2.82		2.34
C10-11-141	管道消毒、冲洗，DN50	100m	0.01	44.2	4.02	455.42	19.57	0.44	0.04	41.78	0.20
人工单价		小计		42.12				24.72	5.37 / 3.86	1.60	10.95
36.50元/工日		未计价材料费（元）							18.29		
		清单项目综合单价									42.64

序号	主要材料名称、规格、型号	单位	数量	单价（元）	合价（元）	暂估单价（元）	暂估合价（元）
	给水聚丙烯塑料管 De63	m	1.020	16.20	16.52		
	焊接钢管	kg	0.369	4.80	1.77		
	水	m³	0.050	2.00	0.10		
	其他材料费			—	105.30		
	材料费小计			—	123.69		

注：1. 如不使用省级或行业建设主管部门发布的计价依据，可不填定额项目、编号等。

2. 招标文件提供了暂估单价的材料，按暂估的单价填入表内"暂估单价"栏及"暂估合价"栏。

表 5-23 工程量清单综合单价分析表（三）

工程名称：某办公楼给排水工程预算　　　　第　页　共　页

项目编码	031001006007	项目名称	塑料管（UPVC 管）	计量单位	m

清单综合单价组成明细表											
定额编号	定额名称	定额单位	数量	单价（元）				合价（元）			
				人工费	材料费	机械费	管理费和利润	人工费	材料费	机械费	管理费和利润
C10-1-367	承插塑料排水管（零件粘接）安装，DN50	10m	0.1	158.95	9.93	0.08	70.38	15.90	0.99	0.01	7.04
风险费用					106.68	770.77			2.01	14.49	
人工单价		小计						15.90	0.99	0.01	7.04
36.50 元 / 工日		未计价材料费（元）						7.04			
清单项目综合单价								23.93			
序号	主要材料名称、规格、型号					单位	数量	单价（元）	合价（元）	暂估单价（元）	暂估合价（元）
	承插塑料排水管，DN50					m	0.967	5.60	5.42		
	承插塑料排水管件，DN50					个	0.902	1.80	1.62		
	水					m^3	0.016	2.00	0.03		
	其他材料费							—	88.58		
	材料费小计							—	95.65		

注：1. 如不使用省级或行业建设主管部门发布的计价依据，可不填定额项目、编号等。

2. 招标文件提供了暂估单价的材料，按暂估的单价填入表内“暂估单价”栏及“暂估合价”栏。

表5-24 工程量清单综合单价分析表（四）

工程名称：某办公楼给排水工程预算　　　　　　　　　　　　　　　　　　　　　　　第 页 共 页

项目编码	031001006008		项目名称		塑料管（UPVC管）		计量单位		m

清单综合单价组成明细表

定额编号	定额名称	定额单位	数量	单价（元）				合价（元）			
				人工费	材料费	机械费	管理费和利润	人工费	材料费	机械费	管理费和利润
C10-1-367	承插塑料排水管（零件粘接）安装，DN100	10m	0.100	158.95	9.93	0.08	36.39	15.90	0.99	0.01	3.64
C10-11-73	刚性防水套管制作，DN150以内	个	0.114	98.26	35.29	26.04	22.50	11.20	4.02	2.97	2.56
C10-11-85	刚性防水套管安装，DN150以内	个	0.114	57.55	30.7		13.18	6.56	3.50		1.50
人工单价			小计	352.55		3394.24		33.66	8.52	2.98	7.71
36.50元/工日			未计价材料费（元）						29.23		
清单项目综合单价									52.86		

序号	主要材料名称、规格、型号	单位	数量	单价（元）	合价（元）	暂估单价（元）	暂估合价（元）
	承插塑料排水管，DN100	m	0.852	14.60	12.44		
	承插塑料排水管件，DN50	个	1.138	10.20	11.61		
	焊接钢管	kg	1.079	4.80	5.18		
	水	m³	0.031	2.00	0.06		
	其他材料费			—	705.12		
	材料费小计			—	734.41		

注：1. 如不使用省级或行业建设主管部门发布的计价依据，可不填定额项目、编号等。

2. 招标文件提供了暂估单价的材料，按暂估的单价填入表内"暂估单价"栏及"暂估合价"栏。

表 5-25 工程量清单综合单价分析表（五）

工程名称：某办公楼给排水工程预算

项目编码	031003013001	项目名称	水表	计量单位	组	第　页　共　页

清单综合单价组成明细表

定额编号	定额名称	定额单位	数量	单价（元）人工费	单价（元）材料费	单价（元）机械费	单价（元）管理费和利润	合价（元）人工费	合价（元）材料费	合价（元）机械费	合价（元）管理费和利润
C10-5-303	螺纹水表组成与安装，DN50	组	1.000	94.35	31.59	5.89	41.78	94.35	31.59	5.89	41.78
	风险费用				10.40	190.03			10.40	190.03	
人工单价	人工费			94.35				94.35	31.59	5.89	41.78
36.50 元/工日	小计										
	未计价材料费（元）							112.00			
	清单项目综合单价（元）							173.61			

序号	主要材料名称、规格、型号	单位	数量	单价（元）	合价（元）	暂估单价（元）	暂估合价（元）
	螺纹水表 DN50	个	1.000	112.00	112.00	—	—
	其他材料费						—
	材料费小计				48.83		—

注：1. 如不使用省级或行业建设主管部门发布的计价依据，可不填定额项目、编号等。

　　2. 招标文件提供了暂估单价的材料，按暂估的单价填入表内"暂估单价"栏及"暂估合价"栏。

表 5-26　技术措施项目清单综合单价分析表（六）

工程名称：某办公楼给排水工程预算　　　　　　　　　　　　　　　　　第 页　共 页

项目编码	03.1.3	项目名称	脚手架搭拆费［安装］	计量单位	项

清单综合单价组成明细表

定额编号	定额名称	定额单位	数量	单价（元）				合价（元）			
				人工费	材料费	机械费	管理费和利润	人工费	材料费	机械费	管理费和利润
C8009-1	脚手架搭拆费（第八册）	元	1.000	15.48	46.43		6.86	15.48	46.43		6.86
风险费用						61.91				61.91	
人工单价											
36.50 元/工日			小计					15.48	46.43	61.91	6.86
			未计价材料费（元）								
		清单项目综合单价								68.77	

序号	主要材料名称、规格、型号	单位	数量	单价（元）	合价（元）	暂估单价（元）	暂估合价（元）
	其他材料费			—			46.43
	材料费小计			—	46.43	—	46.43

注：
1. 如不使用省级或行业建设主管部门发布的计价依据，可不填定额项目、编号等。
2. 招标文件提供了暂估单价的材料，按暂估单价计入综合单价，可不填单价列填入表内"暂估单价"栏及"暂估合价"栏。

5.2 采暖工程概述

5.2.1 采暖工程基本组成

1. 室内采暖系统

室内采暖系统根据室内供热管网输送的介质不同，可分为热水采暖系统、蒸汽采暖系统和热风采暖系统三大类。

（1）热水采暖系统　热水采暖系统是指以热水作为热媒的采暖系统。热水采暖系统按供水温度不同，可分为一般热水采暖（供水温度95℃，回水温度70℃）和高温热水采暖（供水温度96~130℃，回水温度70℃）两种；按水在系统内循环的动力不同，可分为自然循环系统（靠水的重力进行循环）和机械循环系统（靠水泵力进行循环）两种，分别如图5-22和图5-23所示。

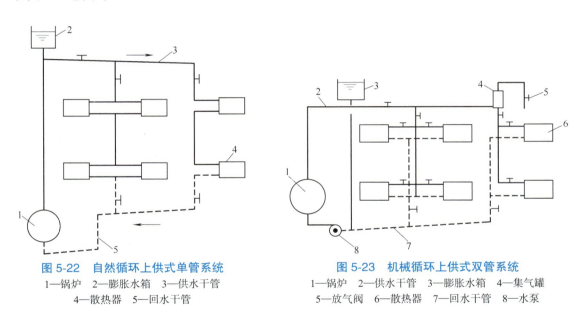

图 5-22　自然循环上供式单管系统　　　　图 5-23　机械循环上供式双管系统
1—锅炉　2—膨胀水箱　3—供水干管　　　1—锅炉　2—供水干管　3—膨胀水箱　4—集气罐
4—散热器　5—回水干管　　　　　　　　5—放气阀　6—散热器　7—回水干管　8—水泵

（2）蒸汽采暖系统　蒸汽采暖系统是指以蒸汽作为热媒的采暖系统。蒸汽采暖系统按压力不同，可分为低压蒸汽采暖（蒸汽工作压力≤0.07MPa）和高压蒸汽采暖（蒸汽工作压力>0.07MPa）两种；按凝结水回水方式不同，可分为重力回水式蒸汽采暖系统和机械回水式蒸汽采暖系统两种，分别如图5-24和图5-25所示。

（3）热风采暖系统　热风采暖系统是以空气为热媒的采暖系统，根据送风加热装置安设位置的不同，分为集中送风系统和暖风机系统。

热风采暖是使用设在地下室内的暖风机将室外的冷空气加热后，经设在墙内的风管送到卧室、起居室，这部分空气分别再经过厨房、卫生间排至室外，是有组织的通风系统。一般卧室、起居室换气次数为2次/小时，以保证人们在冬季拥有足够的新鲜空气。空气经卧室、起居室再排到厨房、卫生间，不致使有污染的空气回流到卧室、起居室。

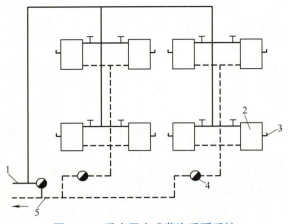

图 5-24　重力回水式蒸汽采暖系统
1—供汽干管　2—散热器　3—放气阀
4—疏水器　5—凝水干管

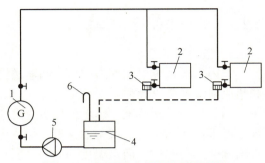

图 5-25　机械回水式蒸汽采暖系统
1—蒸汽锅炉　2—散热器　3—疏水器
4—凝结水箱　5—凝水泵　6—空气管

2. 地面辐射供暖系统

地面辐射供暖按照供热方式的不同主要分为水暖和电暖，电暖又有发热电缆采暖和电热膜采暖之分。

（1）水暖　即低温热水地面辐射供暖是以温度不高于 60℃ 的热水为热媒，在加热管内循环流动，加热地板，通过地面以辐射和对流的传热方式向室内供热的供暖方式。

（2）发热电缆采暖　发热电缆采暖是以低温发热电缆为热源，加热地板，通过地面以辐射和对流的传热方式向室内供热的供暖方式。常用发热电缆分为单芯电缆和双芯电缆。

（3）电热膜采暖　它是一种通电后能发热的半透明聚酯薄膜，由可导电的特制油墨、金属载流条经加工、热压在绝缘聚酯薄膜间制成。工作时以碳基油墨为发热体，将热量以辐射的形式送入空间，使人体得到温暖。

5.2.2　室内采暖系统的组成

室内采暖系统由入口装置、室内采暖管道、管道附件、散热器等组成。

1. 入口装置

室内采暖系统与室外供热管网相连接处的阀门、仪表和减压装置统称为采暖系统入口装置。

在采暖系统的入口处常设减压器与疏水器。减压器是靠阀孔的启闭对通过介质进行节流达到减压的，减压器的安装一般以阀组的形式出现。疏水器与减压阀相类似，一般是由疏水器和前后的控制阀、旁通装置、冲洗和检查装置等组成的阀组。但减压阀、疏水器、安全阀等根据需要也可单体安装。图 5-26 所示是热水采暖系统设调压板的入口装置；图 5-27 所示是蒸汽采暖系统设减压阀的入口装置；图 5-28 所示是疏水器组；图 5-29 所示是单体安装的减压阀、疏水器、安全阀、压力表。

2. 室内采暖管道

室内采暖管道是由供水（汽）干管、立管及支管组成的。其管道安装要求基本上同给水管道。

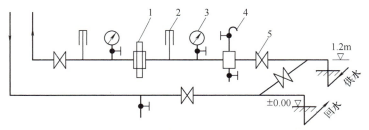

图 5-26 热水采暖系统设调压板的入口装置示意图
1—调压板 2—温度计 3—压力表 4—除污计 5—阀门

3. 管道附件

采暖管道上的附件有阀门、放气阀、集气罐、膨胀水箱、伸缩器、分汽缸、集水器、分水器等。

采暖系统常用到的阀门主要有截止阀、闸阀（或闸板阀）、蝶阀、球阀、逆止阀（止回阀）等。

（1）集气罐 集气罐是热水采暖系统的排气装置之一。它是比与其连接管路断面大的闭封短管，一般可用厚 4~5mm 的钢板卷成或用 DN100~DN250 的钢管焊成，

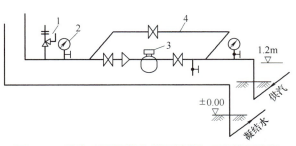

图 5-27 蒸汽采暖系统设减压阀的入口装置示意图
1—安全阀 2—压力表 3—减压阀 4—旁通管

它分为立式和卧式两种。水流经集气罐时因断面扩大，流速降低，水中含有的空气便有机会与水分离，积聚在集气罐的顶部，定时通过罐顶装置的放气管和放气阀把空气排出。集气罐一般放在上部干管的最高点位置。

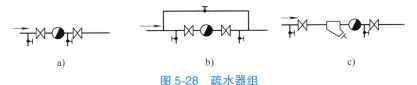

a) b) c)

图 5-28 疏水器组
a）不带旁通管 b）带旁通管 c）带滤清器

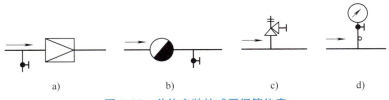

a) b) c) d)

图 5-29 单体安装的减压阀等仪表
a）减压阀 b）疏水器 c）安全阀 d）压力表

（2）自动排气阀 自动排气阀是采暖管网中的排气设备，自动排气阀设在系统的最高处，对热水采暖系统最好设在干管末端最高处。自动排气阀靠本体内的自动机构使系统中的空气自动排出系统外。自动排气阀形式较多，外形美观，体积较小，且管理方便。

（3）冷风阀　冷风阀又称为放气旋塞，也称为手动放气阀，大多用在水平式和下供下回式系统中，它旋紧在散热器上部专设的螺纹孔上，以手动方式排出空气。

（4）膨胀水箱　膨胀水箱也称为开式高位膨胀水箱，设置在采暖系统的最高点，通过膨胀管与系统连通。自然循环系统膨胀管接在供水总立管的顶端；机械循环系统一般多连接在系统循环水泵吸入口附近的回水总管上。当建筑物顶部设置高位水箱有困难时，可采用气压罐方式，称为闭式低位膨胀水箱。

膨胀水箱一般用钢板制作，通常是圆形或矩形。膨胀水箱上除了连接有膨胀管外，还有溢流管、信号管、泄水管及循环管。

（5）管道伸缩器（补偿器）　主要有管道的自然补偿及人工补偿。人工补偿是利用管道伸缩器（补偿器）来吸收热变形的补偿方式，常用的有方形伸缩器（补偿器）、波纹管伸缩器（补偿器）、套筒伸缩器（补偿器）等。

自然补偿是利用管路几何形状所具有的弹性来吸收热变形。最常见的管道自然补偿法是将管道两端以任意角度相接，多为两管道垂直相交。自然伸缩器（补偿器）分为 L 形和 Z 形两种，安装时应正确确定弯管两端固定支架的位置。

（6）分汽缸、分水器和集水器　当需从总管接出两个以上分支环路时，考虑各环路之间的压力平衡和流量分配及调节，宜用分汽缸、分水器和集水器。分汽缸用于供汽管路上，分水器用于供水管路上，集水器用于回水管路上。分汽缸、分水器、集水器一般应安装压力表和温度计，并应保温。分汽缸上应安装安全阀，其下应设置疏水装置。分汽缸、分水器、集水器按工程具体情况选用墙上或落地安装；一般直径较大时宜采用落地安装；当封头采用法兰堵板时，其位置应根据实际情况设在便于维修的一侧。

4. 散热器

散热器是将热水或蒸汽的热能散发到室内空间，使室内气温升高的设备。散热器的种类很多，常用的有铸铁散热器、闭式钢串片式散热器、钢制板式散热器、钢制光排管式散热器、钢制柱型散热器等。

（1）铸铁散热器　铸铁散热器分柱型和圆翼型、长翼型三种。柱型又有二柱、四柱、五柱和六柱等，如图 5-30 所示。

二柱型散热器的规格以宽度表示，例如 M-132 型，其宽度为 132mm。四柱型、五柱型、六柱型散热器的规格以高度表示，分带足和不带足两种，例如四柱 813 型，其高度为813mm。长翼型散热器是根据高度及翼片多少分为大 60 和小 60 两种，大 60 是指每片散热器长 280mm，共 14 个翼片；小 60 是指每片散热器长 200mm，共 10 个翼片，它们的高度均为 600mm。圆翼型散热器按长度可分为 1000mm、750mm 两种。

柱型散热器每片的散热面积小，安装前应按照设计的规定，将数片散热器组对成一组散热器，然后进行水压试验。

（2）闭式钢串片式散热器　它由钢管、钢串片、联箱、放气阀及管接头组成，如图 5-31 所示。

（3）钢制板式散热器　它由面板、背板、对流片和进出水管接头等部件组成。散热器高度有 380mm、480mm、580mm、680mm 等，长度有 600mm、800mm、1200mm、1400mm、1600mm 等，如图 5-32 所示。

（4）钢制光排管式散热器　钢制光排管式散热器由焊接钢管焊制而成，依据不同管径区分不同规格，如图 5-33 所示（A 型、B 型）。

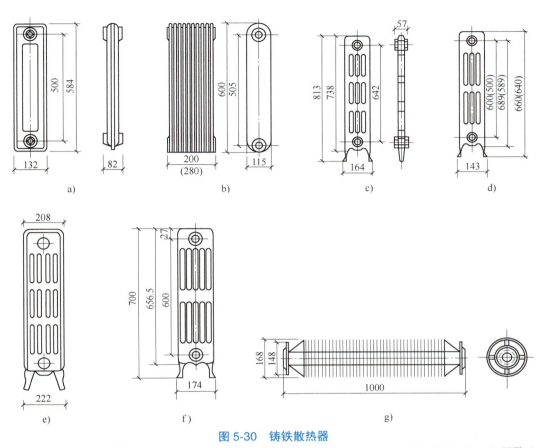

图 5-30　铸铁散热器

a）M132 型　b）长翼型　c）四柱 813 型　d）四柱 760（640）型　e）五柱型　f）六细柱 700 型　g）圆翼型

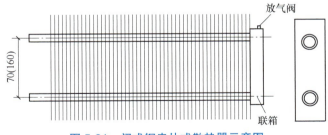

图 5-31　闭式钢串片式散热器示意图

（5）钢制柱型散热器　钢制柱型散热器是仿铸铁散热器形状的钢制散热器。该散热器是将钢板冲压成所需的形状，再经焊接，组成散热器片，如图 5-34 所示。

散热器通常安装在室内外墙的窗台下（居中）、走廊和楼梯间等处。安装一般先栽托架（钩），然后将散热器组挂在托架上，如果是带足柱式散热器，直接搁置在地面或楼面上。

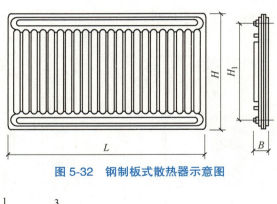

图 5-32　钢制板式散热器示意图

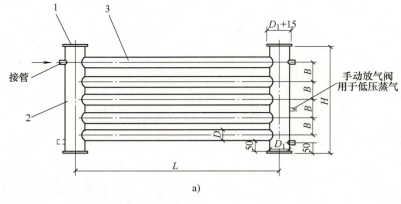

a)

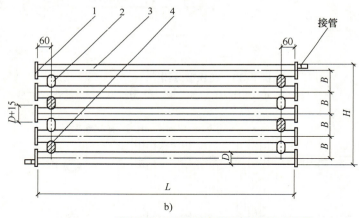

b)

图 5-33　钢制光排管式散热器示意图

1—堵板　2—立管　3—排管　4—支撑管

5.2.3　地面热水辐射供暖系统

1. 低温热水地面辐射供暖系统的材料

材料：XPAP（铝塑复合管）、PB（聚丁烯管）、PE-X（交联聚乙烯管）、PP-R（无规共聚聚丙烯管）、PP-B（嵌段共聚聚丙烯管）。

2. 低温热水地面辐射供暖系统的组成

1）混凝土层：钢筋混凝土楼板。

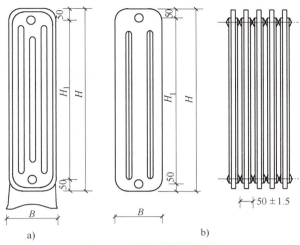

图 5-34　钢制柱型散热器

a）有足式　b）无足式

2）热反射层：无纺布基铝箔材料，具有单向传热、保温和防水的功能。

3）保温层：一般要求厚度不小于 30mm 的 YX 泡沫混凝土用于隔热。

4）地热管线：分为 PEX-A 交联聚乙烯管材（水热）或者发热电缆（电热）两种不同的供热方式。

5）砂粒：固定地热管线，均匀辐射热量，避免局部温度过高。

6）水泥砂浆填充层，普通房屋的水泥地面。

7）铺地材料及防潮材料：例如木地板和瓷砖等。

地面采暖设置 YX 泡沫混凝土保温层，主要是为了防止和减少热量向地下散失，提高热利用率。设置 30mm 厚 YX 泡沫混凝土保温层，热量损失可减少 80%，采用 50mmYX 泡沫混凝土保温层，热量损失可减少 90% 以上，因此，YX 泡沫混凝土保温层对提高室内温度具有重要作用。

5.3　室内采暖工程工程量计算及定额应用

5.3.1　采暖管道界线划分

采暖管道按所处位置，可分为室内采暖管道和室外采暖管道；按执行定额册不同可分为执行《全国统一安装工程预算定额》第八册定额的管道（生活管道）和执行第六册定额的管道（工业管道）。生产、生活共用的采暖管道、锅炉房和泵站房内的管道，以及高层建筑内加压泵房内的管道均属工业管道的范围。具体划分界线是：

1）室内外管道划分规定：以入口处阀门或建筑物外墙皮外 1.5m 为界。

2）生活管道与工业管道划分规定：以锅炉房或泵站外墙皮外 1.5m 为界。

3）工厂车间内采暖管道以车间采暖系统与工业管道碰头点为界。

4）设在高层建筑内的加压泵间管道以泵间外墙皮为界，泵间管道执行工业管道定额。

5.3.2 采暖管道安装

1. 工程量计算

（1）工程量计算规则 采暖管道工程量不分干管、支管，均按不同管材、公称直径、连接方法分别以"m"为计量单位。计算管道长度时，均以图示中心线的长度为准，不扣除阀门及管件所占长度。管道中成组成套的附件（如减压阀、疏水器等）、伸缩器所占长度，定额中已综合考虑，也不扣除。

采暖立管、支管上如有缩墙、躲管的灯叉弯、半圆弯时（见图 5-35），其增加的工程量应计入管道工程量中。增加长度可参照表 5-27 中的数值计取。

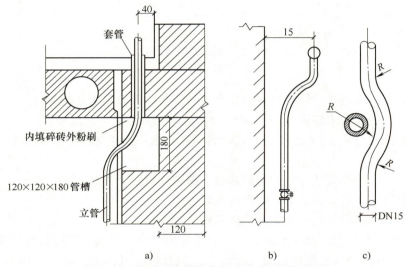

图 5-35 缩墙、躲管的灯叉弯、半圆弯示意图

a）、b）缩墙 c）躲管

表 5-27 灯叉弯、半圆弯增加长度 　　　　　　　　（单位：mm）

管　　别	灯　叉　弯	半　圆　弯
支管	35	50
立管	60	60

（2）采暖管道立管、支管工程量计算示例

1）立管。采暖系统立管应按管道系统图中的立管标高以及立管的布置形式（单管式、双管式）计算工程量。在施工图中，立管中间变径时，分别计算工程量。供水管变径点在散热器的进口处，回水管变径点在散热器的出口处。

① 单管顺流。图 5-36 所示是柱型散热器单管顺流式立管、支管安装示意图。计算示例如表 5-28 所示（立管与支管有一段距离）。

② 双管式。图 5-37 所示是柱型散热器双管式立管、支管安装示意图。计算示例见表 5-29。

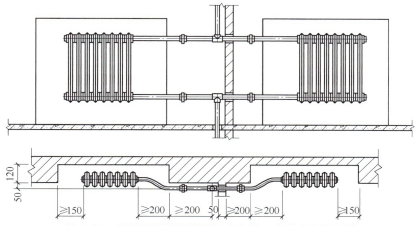

图 5-36　柱型散热器单管顺流式立管、支管安装示意图

表 5-28　单管顺流式立管长度计算

图　　示	计　　算
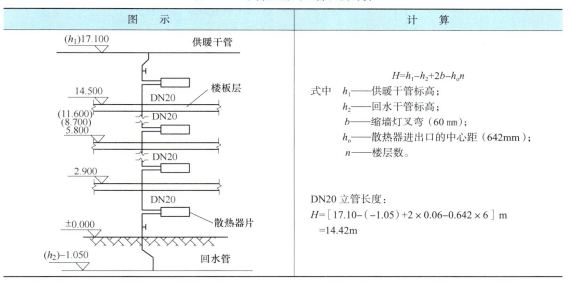	$H = h_1 - h_2 + 2b - h_o n$ 式中　h_1——供暖干管标高； 　　　h_2——回水干管标高； 　　　b——缩墙灯叉弯（60 mm）； 　　　h_o——散热器进出口的中心距（642mm）； 　　　n——楼层数。 DN20 立管长度： $H = [17.10 - (-1.05) + 2 \times 0.06 - 0.642 \times 6]$ m 　　$= 14.42$m

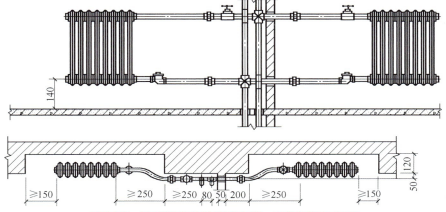

图 5-37　柱型散热器双管式立管、支管安装示意图

表 5-29　双管式立管长度计算

图　　　示	计　　　算
	1. 供水立管: DN20 立管长度: $H=(17.71-6.00-0.642-0.20+3\times0.06)$ m 　　$=11.05$m DN15 立管长度: $H=(6.00+2\times0.06)$ m$=6.12$m 式中 0.06 为缩墙灯叉弯长度(60mm), 0.642 为散热器进出口的中心距(642mm) 2. 回水立管: DN20 立管长度: $H=(15.00-6.00)$ m$=9$m DN15 立管长度: $H=(6.00+0.20-0.10)$ m$=6.10$m

注: 如果回水管敷设在地沟中, 由于地沟内管道的防腐和绝热与明敷管道不同, 为了套用定额方便, 可按地下、地上分别列项, 工程量计算时应以 ±0.000 为界。

2) 支管。连接立管与散热器进、出口的水平管段称为采暖管道系统中的水平支管。水平支管的计算比较复杂, 在采暖系统中, 由于各房间散热器的大小不同、立管和散热器的安装位置不同, 水平支管的计算就不同。为了使计算长度尽可能接近实际安装长度, 水平支管的计算一般应按建筑平面图上各房间的细部尺寸, 结合立管及散热器的安装位置分别进行。下面就双立管式中几种常见的布置形式计算支管工程量。

① 立管在墙角, 散热器在窗中安装, 见表 5-30。

表 5-30　立管在墙角, 散热器在窗中安装的支管

图　　　示	计　　　算
	$L=\left[a+b/2-(d+c)-l/2+35\text{mm}\right]\times2\times n$ 式中　L——供、回水管总长度; 　　　n——楼层数; 　　　l——散热器长度; 　　　a——窗边距墙中心的长度; 　　　b——窗宽度; 　　　c——半墙厚度; 　　　d——两个立管中心点至墙边的距离; 35mm——缩墙灯叉弯增加长度。

注: 当散热器是若干片组成一组的, $L=$ 每片厚度 × 总片数

② 立管在墙角，散热器在窗边安装，见表 5-31。

表 5-31　立管在墙角，散热器在窗边安装的支管

图　示	计　算
	$L=[a-(d+c)]\times 2\times n$ 式中　L——供、回水管总长度； 　　　n——楼层数； 　　　a——窗边距墙中心的长度； 　　　c——半墙厚度； 　　　d——两个立管中心点至墙边的距离。

③ 立管在墙角，两边带散热器在窗中安装，见表 5-32。

表 5-32　立管在墙角，两边带散热器在窗中安装的支管

图　示	计　算公式
	$L=(2a+2\times b/2-2\times l/2)\times 2\times n$ 式中　L——供、回水管总长度； 　　　n——楼层数； 　　　l——散热器长度； 　　　a——窗边距墙中心的长度； 　　　b——窗宽度。

立管和支管的布置还有其他多种形式，这里就不再一一列举，编制预算时，应灵活掌握。

2. 定额套用

室内采暖系统管道和给水管道套用同样的定额项目，其定额套用规定和方法相同。

5.3.3　供暖设备与器具及附件安装

1. 工程量计算规则

（1）散热器　区分散热器不同类型，按以下规则进行计量：

1）铸铁散热器：铸铁散热器安装分落地安装、挂式安装。铸铁散热器组对安装以"10片"为计量单位；成组铸铁散热器安装按每组片数以"组"为计量单位。

2）钢制散热器安装：钢制柱式散热器安装按每组片数以"组"为计量单位；闭式散热器安装以"片"为计量单位，其他成品散热器安装以"组"为计量单位。

3）光排管式散热器制作分 A 型、B 型，区分排管公称直径，按图示散热器长度计算排管长度以"10m"为计量单位，其中联管、支撑管不计入排管工程量；光排管式散热器安装不分 A 型、B 型，区分排管公称直径，按光排管式散热器长度以"组"为计量单位。

4）艺术造型散热器按与墙面的正投影（高 × 长）计算面积，以"组"为计量单位。不规则形状以正投影轮廓的最大高度乘以最大长度计算面积。

（2）管路组件组成与安装　成组的减压器、疏水器以"组"为计量单位，单体的减压阀和疏水阀以"个"为计量单位。

（3）管道伸缩器安装　伸缩器制作安装，定额按不同形式分法兰式套筒伸缩器安装（分螺纹连接和焊接）和方形伸缩器制作安装。

各种伸缩器制作安装均以"个"为计量单位。方形伸缩器两臂，按其臂长的两倍，加算在同管径的管道延长米内。

方形伸缩器（补偿器）按外伸垂直臂 H 和平行臂 B 的比值不同分成四类，如图 5-38 所示。

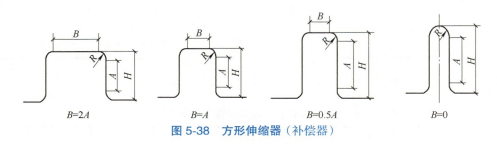

| $B=2A$ | $B=A$ | $B=0.5A$ | $B=0$ |

图 5-38　方形伸缩器（补偿器）

螺纹法兰式套筒伸缩器安装为包括法兰及带螺母螺栓的费用，应另外计算。焊接法兰式套筒伸缩器已包括法兰、螺栓、螺母、垫片，不再另行计算。套筒伸缩器在计算管道长度时所占长度不扣除，套筒伸缩器为未计价材料。

（4）管道支架制作安装　管道支架制作和安装定额按一般管架编制。型钢支架套用一般支架定额。

支架定额中已包括制作和安装用的螺栓、螺母和垫片，不再另行计算。

管道支架制作安装，室内管道 DN32 以内的定额已包括在内，不再计算，DN32 以上的按图示尺寸以"100kg"为计量单位。

管道支架的总质量 = $\sum$（某种规格的管道支架个数 × 该规格管道支架的每个质量）

水平管道支架间距同给水设置方法，垂直管道支架可按楼层每层设置一个。计算公式如下：

$$G_n = G_理 L \times (1 + 损耗率)$$

式中　G_n——型钢的质量（kg）；

　　　$G_理$——型钢的理论质量（kg/m）；

　　　L——型钢的图示尺寸（m）；

损耗率——一般为 5%。

（5）套管制作安装　套管可分为柔性套管、刚性套管、钢管套管及镀锌薄钢板套管。柔性及刚性套管适用于管道穿过建筑物时管道必须要密封的部位，如管道穿过屋面板、水池水箱壁、地下室壁、防暴车间的墙等需要安装套管。穿水池、地下室壁及屋面的刚性及柔性防水套管制作安装工程量以"个"为计量单位，执行《全国统一安装工程预算定额》第六册相应定额子目。

穿墙及过楼板钢套管的制作安装，按室外管道中钢管（焊接）项目计算，钢套管规格一般比管道直径大 1~2 号，工程量计算规定同给水管道部分。

镀锌薄钢板套管制作，以"个"为计量单位，其安装已包括在管道定额内，不另行计算。

（6）管道消毒冲洗　管道消毒冲洗按施工图说明或技术规范要求套用相应定额，工程量按管道公称直径不同，不扣除阀门、管件所占长度，以"m"为计量单位。

（7）其他管道附件及阀门　其他管道附件及阀门的计算规定同给水工程。

2. 定额套用

（1）散热设备　主要包括各种散热器、暖风机、太阳能集热装置、光排管式散热器及热媒集配装置安装。

1）各种散热器。不分明装和暗装，按类型分别选用相应子目，柱型散热器若是无足支撑，需挂装时，可套用 M-132 型散热器定额子目；钢制闭式散热器定额中不包括托钩的价格；所有散热器安装子目中均不含散热器的价格，散热器应按未计价材进行处理。

2）暖风机安装。按暖风机不同质量（分 50kg、100kg、150kg……2000kg ），以"台"为计量单位。

3）太阳能集热装置安装。分平板式、全玻璃真空管两类，以"m²"为计量单位。

4）光排管式散热器安装。光排管式散热器制作分 A 型、B 型，以排管公称直径（50mm、65mm、80mm、100mm、125mm、150mm）区分，按图示散热器长度计算排管长度以"10m"为计量单位，其中联管、支撑管不计入排管工程量；光排管式散热器安装不分 A 型、B 型，区分排管公称直径，按光排管式散热器长度以"组"为计量单位。

5）热媒集配装置安装区分带箱、不带箱，按分支管环路数以"组"为计量单位。

（2）其他内容套用

1）地板辐射采暖管道区分管道外径，按设计图示中心线长度计算，以"10m"为计量单位。保护层（铝箔）、隔热板、钢丝网按设计图示尺寸计算实际铺设面积，以"10m²"为计量单位。边界保温带按设计图示长度以"10m"为计量单位。

2）地面辐射采暖管道安装时下设聚苯乙烯保温板及填充层混凝土浇筑，可使用土建工程中相应定额子目计算。屋内保温隔层中保护层、隔热板和钢丝网以"10m²"为计量单位。

3）减压器、疏水器成组安装时，以"组"为单位套用定额。减压器、疏水器组成与安装是按 N108《采暖通风国家标准图集》编制的，如实际组成与此不同时，阀门和压力表数量可按实际调整，其余不变。

如果是单体安装，按阀门部分项目套用子目。

4）压力表、温度计以"个"为计量单位，套用《全国统一安装工程预算定额》第十册《自动化控制仪表安装工程》相应定额子目。

在套用定额时一定要注意定额中的未计价材料，按未计价材料的计算规定计算。

5）集气罐的制作与安装应按公称直径不同，以"个"为计量单位，套用《全国统一安装工程预算定额》第六册定额《工业管道工程》中相应的规定执行。

6）膨胀水箱安装工程量以水箱的总容量（m³），以"个"为计量单位，制作工程量按图示尺寸以"100kg"为计量单位，分别套用《全国统一安装工程预算定额》第八册小型容器制作安装中钢板水箱的相应子目计算其制作安装费。

7）除污器组成安装依据国家建筑标准设计图集《除污器》（03R402），适用于立式、卧式和旋流式除污器安装。单个过滤器安装执行阀门安装相应项目人工乘以系数 1.2。

5.3.4 管道、设备的除锈、刷油、绝热工程

室内采暖工程中，还应根据设计情况对采暖管道、金属支架、铸铁散热器片的除锈、刷油、保温费用进行计算。

1. 工程量计算规则

（1）除锈工程量计算

1）管道除锈工程按管道表面展开面积以"10m²"为计量单位，同给水管道计算方法。

2）金属支架除锈用人工和喷砂除锈时，以"100kg"为计量单位；若用砂轮和化学除锈，以"10m²"为计量单位，可按金属结构每100kg折成7.25m²面积计算。

3）散热器除锈工程量按散热器散热面积计算。常用铸铁散热器散热面积见表5-33。

表 5-33　常用铸铁散热器散热面积表

散热器型号		外形尺寸 /mm	散热器面积 /m²
柱型	四柱 813	813 × 164 × 57	0.28
	四柱 760	760 × 116 × 51	0.235
	五柱 813	813 × 208 × 57	0.37
	M-132	584 × 132 × 200	0.24
长翼型	大 60	600 × 115 × 280	1.17
	小 60	600 × 132 × 200	0.80
圆翼型	D75	168 × 168 × 1000	1.80

（2）刷油工程量计算

1）管道表面刷油按管道表面积以"10m²"为计量单位，工程量计算同除锈工程量。管道漆标志色环等零星刷油，执行相应定额子目，其人工乘以系数2.0。

2）金属支架刷油以"100kg"为计量单位，按每"100kg"折算7.25m²计算。

3）铸铁散热器刷油工程量同散热器除锈工程量。

（3）绝热保温工程量计算

1）管道保温工程量按下式以"m³"为计量单位，不扣除法兰、阀门所占长度。其计算公式为

$$V_{管} = L\pi(D+\delta+\delta \times 3.3\%)(\delta+\delta \times 3.3\%)$$

或

$$V_{管} = L\pi(D+1.033\delta) \times 1.033\delta$$

式中　D——管道外径；

δ——保温层厚度；

3.3%——保温（冷）层偏差。

2）管道保温瓦块制作工程量按下式计算：

$$V_{制} = 瓦块安装工程量 \times (1+加工损耗率)$$

加工损耗率按5%~8%考虑。

3）绝热层各种材料的加工制作套用相应子目，但如为外购成品，则按地区商品价格计算。

4）阀门、法兰保温工程量以"个"为计量单位，主材单价按实调整。

5）保温层的保护层制作工程量以"m²"为计量单位，其计算公式如下：

$$S=\pi(D+2.1\delta+0.082\text{m})L$$

式中　2.1——调整系数；

0.082m——捆扎线直径或钢带厚；

D——管道外径；

δ——保护层厚度；

L——管道长度。

管道表面刷油按刷的遍数、油漆的种类及管道保温层表面的不同材料，套用相应子目。

2. 定额套用

1）定额中喷砂除锈按二级标准确定，如变更级别，一级按人工、材料、机械乘以系数 1.1，三级、四级乘以系数 0.9，具体级别划分标准见《全国统一安装工程预算定额》第十一册《刷油、防腐蚀、绝热工程》第一章说明。

2）定额不包括除微锈（标准氧化皮完全紧附，仅有少量锈点），微锈发生时按轻锈定额的人工、材料、机械乘以系数 0.2。

3）因施工发生的二次除锈，其工程量另行计算。

4）定额按安装地点就地刷（喷）油漆考虑，如安装前集中刷油，人工乘以系数 0.7（暖气片除外）。

5）定额中没有列第三遍刷油的子目，若同一种油漆，设计需刷第三遍油漆时，可套用刷第二遍油漆的子目。

6）管道绝热工程，除法兰、阀门外，均包括其他各种管件绝热。

① 阀门绝热工程量计算公式为

$$V=\pi(D+1.033\delta)\times2.5D\times1.033\delta\times1.05N$$

式中　D——管道直径；

1.033——调整系数；

δ——绝热层厚度；

1.05——系数；

N——阀门个数。

② 法兰绝热工程量计算公式为

$$V=\pi(D+1.033\delta)\times1.5D\times1.033\delta\times1.05N$$

式中符号含义与前式相同。

7）保温层厚度大于 100mm 时，按两层施工计算工程量。

8）聚氨酯泡沫塑料发泡工程是按现场直喷无模具考虑的，若采用有模具施工，其模具制作安装以施工方案另计。

9）设备、管道绝热均按现场先安装后绝热考虑，若先绝热后安装时，其人工乘以系数 0.9。

5.3.5　其他费用的计算

（1）脚手架搭拆费　脚手架搭拆费按人工费的 7%（刷油防腐蚀）、10%（绝热工程）计算，其中人工工资占 35%。

（2）采暖工程系统调试费　采暖工程系统调整费按采暖工程人工费的 10% 计算，其中人工工资占 35%。

（3）超高增加费　超高增加费的计算规定同给排水工程部分。

（4）高层建筑增加费　高层建筑增加费的计算规定同给排水工程部分。

5.4　室内燃气工程工程量计算及定额应用

5.4.1　燃气工程概述

燃气是由可燃成分和不可燃成分组成的气体混合物。可燃成分有氢、一氧化碳、硫化氢、甲烷和少量的其他碳氢化合物等；不可燃成分主要有氮、二氧化碳、水蒸气及助燃气体氧等。

1. 燃气的分类

燃气按来源分为天然燃气和人工燃气，其中天然燃气又分为天然气和石油伴生气；人工燃气主要有干馏燃气、裂化燃气、气化燃气和液化燃气，现在很多城市使用的都是人工燃气，而随着对于环保的要求，我国实施了西气东输工程，使得很多城市使用上了天然气，天然气燃烧值要比人工燃气高，燃气中所含的杂质也少，所以天然气比人工燃气更加环保、更加经济，逐渐在我国得到广泛的推广和应用。

2. 燃气的性质

燃气的主要性质就是易燃、易爆、有毒。

城镇燃气供应方式主要有两种：管道输送和瓶装供应。本书只介绍管道输送方式的民用燃气室内管道系统的施工图预算编制。

燃气经净化后通过管网输送至城镇燃气管网系统。城镇管网系统常包括市政管网系统、室外管网系统及室内管道系统三部分。三部分的分界线是：室外管网和市政管网的分界点为两者的碰头点；室内管道和室外管网的分界有两种情况，一是由地下引入室内的管道以室内第一个阀门为界，如图 5-39 所示，二是由地上引入室内的管道以墙外三通为界，如图 5-40 所示。

地上引入适用于温暖地区，而地下引入适用于寒冷地区，这样在温度较低的情况下，管道内的介质就不会因为温度低而冻结，导致燃气运行受阻。

5.4.2　民用燃气管道、管道附件及常用燃气用具安装

室内民用燃气系统由进户管道（引入管）、室内管道（干管、立管、支管）、阀门、燃气计量表和燃气用具设备等五大部分组成，如图 5-41 所示。

1. 进户管道（引入管）

自室外管网至用户总阀门为止，这段管道称为进户管道（引入管）。

引入管直接引入用气房间（如厨房）内，但不得敷设在卧室、浴室、厕所。当引入管穿越房屋基础或管沟时，应预留孔洞，加套管，间隙用油麻、沥青或环氧树脂填塞；引入管应尽量在室外穿出地面，然后再穿墙进入室内。在立管上设三通、丝堵来代替弯头。

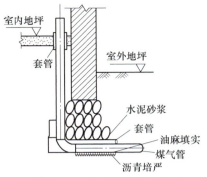

图 5-39　地下引入管道示意图

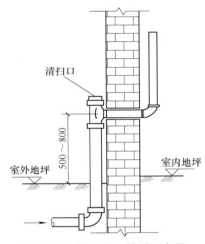

图 5-40　地上引入管道示意图

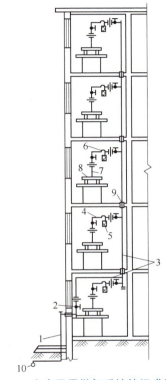

图 5-41　室内民用燃气系统的组成示意图

1—进户管道（引入管）　2—入口总阀门
3—水平干管及立管　4—用户支管　5—计量表
6—软管　7—用具连接管　8—燃气用具
9—套管　10—室外管网

2. 室内管道

自用户总阀门起至燃气表或用气设备的管道称为室内管道。室内管道分为水平干管、立管、用户支管等。

（1）水平干管　引入管连接多根立管时，应设水平干管。水平干管可沿楼梯间或辅助房间的墙壁明敷，管道经过的房间应有良好的通风。

（2）立管　立管是将燃气由水平干管（或引入管）分送到各的管道。立管一般敷设在厨房、走廊或楼梯间内。立管通过各楼层时应设套管。套管高出地面至少 50mm，套管与立管之间的间隙用油麻填堵，沥青封口。立管在一幢建筑中一般不改变管径，直通上面各层。

（3）用户支管　由立管引向各层单独用户计量表及煤气用具的管道为用户支管，支管穿墙时也应有套管保护。

3. 常用管材及连接方式

埋地管道通常用铸铁管或焊接钢管，采用柔性机械咬口或焊接连接，室内明装管道采用镀锌钢管，螺纹连接；铝塑复合管，螺纹连接或者插接，以生料带或厚白漆为填料。不得使用麻丝作填料。

4. 阀门安装

进户总阀门安装时，管径在 40~70mm 时，选用球阀，螺纹连接，阀后加设活接头。管径大于 80mm 时，选用法兰闸阀。

燃气表前的阀门宜采用接口式旋塞阀。表前阀一般装在离地面 2m 左右的水平支管上。现在很多住宅小区已经把燃气表集中安装在建筑物外墙的燃气表箱内，这样便于集中管理，所以表前阀现在也大部分集中于燃气表箱内，这部分一般由燃气公司专业施工队伍进行安装，需要单独计量。

燃气灶前阀门一般采用接口式旋塞，如用胶管与灶具相连接时，可用单头或双头燃气嘴，燃气旋塞阀如图 5-42 所示。

5. 燃气表安装

居民家庭用户应装一只燃气表。集体、企业、事业单位用户，每个单独核算的单位最少应装一只燃气表。目前居民家庭一般用皮膜式家用燃气表，工业建筑常用罗茨表，公共建筑

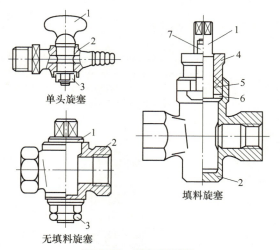

图 5-42　燃气旋塞阀
1—阀芯　2—阀体　3—拉紧螺母　4—填料压盖
5—填料　6—垫圈　7—螺栓螺母

用公商用燃气表等。计量民用室内燃气用量的燃气表一般属容积式计量。膜式燃气表是民用室内常用的容积式燃气表，气流量较小的为 1.5~3m³/h，对于公共建筑燃气用量较大的为 6~57m³/h，工业用的容积式罗茨燃气表气流量为 100~1000m³/h 等。

膜式燃气表分为单管和双管。双管是指燃气进口管和出口管接头均分别从燃气表引出，单管是指进口、出口都在此管接头上。

燃气表应设在便于安装、维修、抄表、清洁无湿气、无振动，并远离电气设备和远离明火的地方。

6. 燃气炉灶安装

燃气炉灶通常是放置在灶台上，灶台多用砖砌或者混凝土砌筑，随着技术的发展，采用整体橱柜将灶具嵌入到灶台上的做法也普遍使用，灶具的进气口与燃气表的出口（或出口短管）以橡胶软管连接。

7. 热水器安装

热水器通常安装在洗澡间外面的墙壁上，安装时，热水器的底部距地面 1.5~1.6m。

热水器一般分为直排式和强排式，常用的为强排式，其利用热水器内部风机将未燃尽的燃气通过排烟管排出去，以利于安全，排烟管伸出墙外。

冷水阀出口与热水器进口以及热水器出水口与莲蓬头进水口的管段，可采用胶管连接。热水器进气口的管段采用白铁管及胶管。

8. 燃气加热设备安装

定额中燃气加热设备安装有开水炉（JL-150 型、YL-150 型）；采暖炉型号有壁挂式采暖炉、落地式采暖炉；沸水器型号有容积式沸水器、自动沸水器、消毒器、快速热水器等。

燃气加热设备，按不同用途规定型号，分别以"台"为计量单位。

9. 燃气工程安装接点大样示例图

除前面内容中的入口做法外，穿墙及穿楼板、单管直联式燃气系统安装分别如图 5-43~图 5-45 所示。

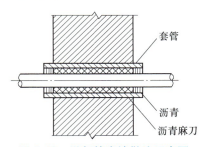

图 5-43　燃气管穿墙做法示意图

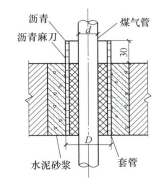

图 5-44　燃气管穿楼板做法示意图

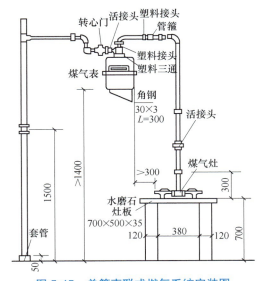

图 5-45　单管直联式燃气系统安装图

5.4.3　工程量计算及定额套用

1. 工程量计算

（1）室内外管道分界

1）地下引入室内的管道以室内第一个阀门为界。

2）地上引入室内的管道以墙外三通为界。

3）室外管道（包括生活用燃气管道、民用小区管网）和市政管道以两者的碰头点为界。

（2）管道安装　同给水管道部分，按管道的安装部位（室内或室外）、材质、连接方式和公称直径的不同分别列项计算。

（3）燃气热水器及其他加热设备　均以"台"为计量单位。

（4）燃气灶　以"台"为计量单位。燃气灶具按用途不同分为民用灶具和公用灶具安装，民用灶具根据安装方式不同分为台式和内嵌式，公用灶具根据进气管公称直径不同分列不同子项。

（5）燃气计量表安装　膜式燃气表安装按不同规格、型号以"块"为计量单位，不包括表托、支架、表底基础；燃气流量计安装区分不同管径，以"台"为计量单位；流量计控制器区分不同管径，以"个"为计量单位。

（6）长距离管道中的附件　例如抽水缸、调长器，按公称直径不同均以"个"为计量单位。

（7）燃气管道钢套管制作安装　以"个"为计量单位。燃气嘴安装以"个"为计量单位。钢套管及燃气嘴均为未计价材料，材料费另计。

2. 定额套用

（1）各种管道安装　套用第八册《给排水、采暖、燃气工程》第四章燃气管道的定额项目，其内容包括：①镀锌钢管安装；②钢管安装；③不锈钢管安装；④铜管安装；⑤铸铁管安装；⑥塑料管安装；⑦复合管安装。

定额项目中的钢管（焊接连接）适用于无缝钢管和焊接钢管。

（2）阀门、法兰安装　按第八册相应项目另行计算。

（3）穿墙套管　钢套管按第八册支架及其他相应项目执行。

（4）燃气计量表安装　区分民用燃气表、公商用燃气表及工业用罗茨表，根据不同规格、型号列项，定额中不包括表托、支架、表底基础，应套用其他定额项目计算。

（5）抽水缸安装　抽水缸是为了排除管道中的冷凝水和天然气管道中的轻质油而设置的燃气管道附属设备，定额中有铸铁抽水缸（0.005MPa以内）、碳钢抽水缸（0.005MPa以内）等内容。对于铸铁抽水缸安装已包括缸体、抽水管安装；对于碳钢抽水缸安装还包括了下料、焊接及缸体与抽水立管组装。抽水缸安装工程量按管道直径不同，以"套"为计量单位。

（6）调长器安装　燃气调长器也称为燃气波形补偿器，是采用普通碳钢的薄钢板经冷压或热压制成半波节，两段半波焊成波节，数波节与颈管、法兰、套管组对焊接而成波形补偿器，如图5-46所示。按其公称直径不同，按照图示和设计要求以"个"为计量单位，套用调长器安装定额。

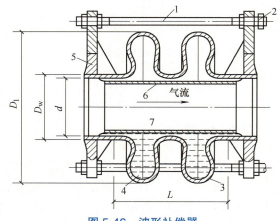

图5-46　波形补偿器
1—螺杆　2—螺母　3—波节　4—石油沥青
5—法兰　6—套管　7—注油机

3. 工程量计算及应用定额时应注意的问题

定额中燃气灶按用途不同分为民用和公用燃气灶，又根据燃气性质不同分为人工煤气、液化石油气以及天然气灶具等。定额中燃气嘴根据型号不同分为XW15型和XN15型，每个类型又分为单嘴和双嘴。

膜式燃气表安装项目适用于螺纹连接的民用或公用膜式燃气表，C卡膜式燃气表安装按膜式燃气表安装项目，其人工乘以系数1.1。膜式燃气表安装项目中列有2个表接头，如随燃气表配套表接头时，应扣除所列表接头。膜式燃气表安装项目中不包括表托架制作安装，发生时根据工程要求另行计算。

燃气流量计适用于法兰连接的腰轮（罗茨）燃气流量计、涡轮燃气流量计。

法兰式燃气流量计、流量计控制器、调压器、燃气管道调长器安装项目均包括与法兰连接一侧所用的螺栓、垫片。

1）燃气用具安装已考虑与燃气用具前阀门连接的短管在内，不得重复计算。

2）室外管道安装不分地上与地下，均执行同一子目；管道安装定额中均不包括管道支架、管卡、托钩等制作安装以及管道穿墙、楼板套管制作与安装、预留孔洞、堵洞、打洞、凿槽等工作内容，发生时，应按第八册《给排水、采暖、燃气工程》第十一章节相应项目另行计算。

3）阀门抹密封油、研磨已包括在管道安装中，不得另计。

4）调长器及调长器与阀门连接是将调长器一同安装在阀门井内，定额基价内包括了调长器安装，也包括了阀门按其接管直径不同安装，还包括了阀门、调长器与管道连接的一副法兰安装。

5）调长器及调长器与阀门连接，包括一副法兰安装，螺栓规格和数量以压力为 0.6MPa 的法兰装配，如压力不同时可按设计要求的数量、规格进行调整，其他不变。

6）定额中已包含燃气工程的气压试验，不再另行计算。

【例 5-1】　某六层住宅厨房燃气管道平面图及系统图，如图 5-47 所示。管道采用镀锌钢管螺纹连接，明敷设。燃气表采用民用燃气表（双表头）$3m^3/h$，燃气灶为 JZR-83 自动点火灶，采用 XW15 型单嘴外螺纹气嘴，燃气管道采用旋塞阀门。管道距墙为 40mm，连接燃气表支管长度为 0.9m。试计算其定额直接费。

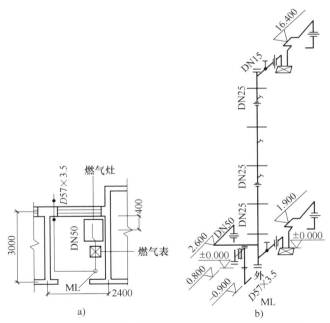

图 5-47　某六层住宅厨房燃气管道平面图及系统图
a）平面图　b）系统图

解：本例中工程量计算包括燃气管、燃气表、燃气灶、燃气嘴工程量。定额执行《全国统一安装工程预算定额》第八册相关子目。

1. 工程量计算

（1）管道工程量计算　本例中燃气管道的室内外分界线为进户三通。

1）DN50 镀锌钢管（进户管）：[0.04+0.28+0.04【穿墙管】+（2.6−0.8）【竖管】+（3−0.14−0.08−0.04−0.04）+（2.4−0.16−0.08）] m=7.02m=0.702（10m）

2）DN25 镀锌钢管（立管）：（16.4−1.9）m=14.5m=1.45（10m）

3）DN15 镀锌钢管（支管）：（3.0−0.28−0.04−0.4+0.9×2）m×6=24.48m=2.45（10m）

（2）燃气表　6 台

（3）燃气灶　6 台

（4）燃气嘴　6 个

（5）旋塞阀门　6 个

（6）钢套管　DN40　　　　5×0.21m=1.05m

　　　　　　DN80　　　　1×0.32m=0.32m

2. 定额直接费计算

定额直接费计算见表 5-34。

表 5-34　安装工程预算表

序号	定额编号	项 目 名 称	单位	数量	单价（元）	合价（元）	其中工人费（元）	
							单价	合价
1	10-1-12	DN15 镀锌钢管（螺纹连接）	10m	2.45	150.44	368.58	141.27	346.11
2	10-1-14	DN25 镀锌钢管（螺纹连接）	10m	1.45	193.77	280.97	177.74	257.72
3	10-1-17	DN50 镀锌钢管（螺纹连接）	10m	0.7	233.57	163.50	210.72	147.50
4	10-8-9	燃气表（3m³/h 双头表）	台	6	51.55	309.30	33.15	198.90
5	10-8-30	焦炉双眼灶 JZ-2 型	台	6	15.30	91.80	15.30	91.80
6	10-11-27	钢套管制作安装 DN40	10m	0.105	23.35	2.45	11.73	1.23
7	10-11-29	钢套管制作安装 DN80	10m	0.03	47.58	1.43	20.91	0.63
8	10-8-37	XW15 型单嘴外螺纹燃气嘴	个	6	4.65	27.90	4.59	27.54
9	10-5-1	DN15 旋塞阀门	个	6	14.71	88.26	7.65	45.90
		合计				1334.18		1117.34

5.4.4　采暖工程及室内燃气工程工程量清单计价

采暖工程、室内燃气工程使用的清单计价部分和给排水工程是同一分部，项目划分、项目特征、工作内容、工程量计算规则基本都是相同的，本章不再重复介绍。

不同于给排水工程的工程量清单计价部分的计算规则如下：

1）管道附件中自动排气阀、安全阀、减压器、疏水器、燃气表等根据不同的类型、规格型号以及连接方式等列项，按图示数量计算。

2）伸缩器根据不同的类型、材质、规格型号以及连接方式来列项计算；各种伸缩器以"个"为计量单位。

3）调长器、调长器与阀门连接根据型号和规格不同，以"个"为计量单位。

4）供暖器具根据规格型号不同，以及管径、质量、片数等分别列项计算，铸铁散热器工作内容包括安装、除锈和刷油；钢制散热器工作内容为安装；光排管式散热器工作内容包括制作、安装、除锈和刷油；钢制壁板式散热器、钢制柱型散热器、暖风机、热空气幕工作内容为安装。以上供暖器具根据图示数量计算。

5）燃气器具项目包括燃气开水炉、燃气采暖炉、燃气快速热水器、燃气灶具、气嘴等，根据各自不同的规格型号、公用民用、材质以及连接方式不同分别列项，按图示数量计算。

6）采暖工程系统调整费计算规则为按由采暖管道、管件、阀门、法兰、供暖器具组成的采暖工程系统计算，计量单位为"系统"。

5.5　室内采暖工程施工图预算编制示例

5.5.1　定额计价示例

1. 设计说明

某工程是一栋三层砖混结构办公楼，层高 3m，其采暖工程施工图如图 5-48~ 图 5-51所示。

1）该工程室内采暖管道均采用普通焊接钢管。管径大于 DN32 时，采用焊接连接（管道与阀门连接采用螺纹连接）；管径小于或等于 DN32 时，采用螺纹连接。室内供热管道均先除锈后刷防锈漆一遍，银粉漆两遍。室内采暖管道均不考虑保温措施。

2）采暖系统中，1~8 号立管管径为 DN20，所有支管管径为 DN15，其余管径见图中标注。

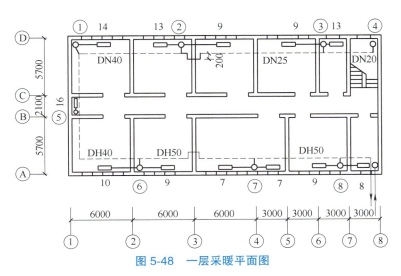

图 5-48　一层采暖平面图

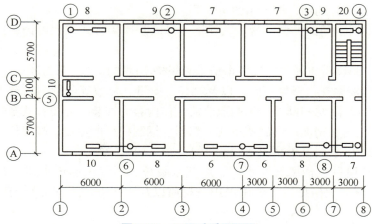

图 5-49 二层采暖平面图

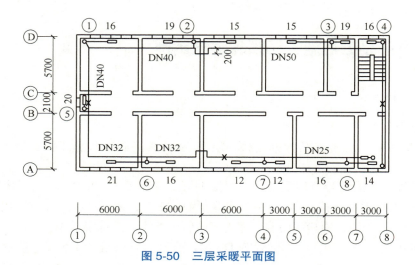

图 5-50 三层采暖平面图

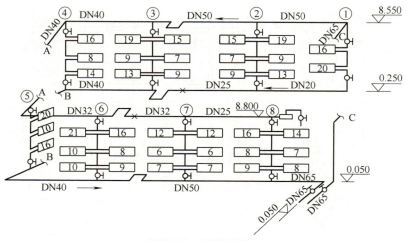

图 5-51 采暖系统图

3）散热器采用铸铁四柱 813 型，散热器在外墙内侧在房间内居中安装，一层散热器为挂装，二层、三层散热器立于地上。散热器除锈后均刷防锈漆一遍，银粉漆两遍。

4）集气罐采用 2 号（D=150mm），为成品安装，其放气管（管径为 DN15）接至室外散水处。

5）阀门入口处采用螺纹闸阀 Z15T-10；放气管阀门采用螺纹旋塞阀 X11T-16；其余采用螺纹截止阀 J11T-16。

6）管道采用角钢支架∠ 50×5，支架除锈后，均刷防锈漆一遍，银粉漆两遍。

7）穿墙及穿楼板套管选用镀锌薄钢板套管，规格比所穿管道大两个等级。

2. 工程量计算

（1）图样分析　由平面图与系统图可知该采暖系统是上供下回式单管垂直串联同程式系统。

引入管在一层的Ⓐ轴与⑧轴交叉处穿Ⓐ轴墙入室内接总立管（DN65）。总立管接供水干管在标高为 8.55m 处绕外墙一周，管径由大变小依次为 DN65、DN50、DN40、DN32、DN25，供水干管末端设有管径为 150mm 的 2 号集气罐。1、2、3、4 号立管分别设在Ⓐ轴线上的⑧、⑥、③、①轴处，5 号立管设在①轴线上Ⓐ轴处，6、7、8 号立管分别设在Ⓐ轴线上②、④、⑦轴线处。回水干管设在一层，回水干管始端标高为 0.25m，管径依次为 DN20、DN25、DN40、DN50、DN65。沿Ⓐ轴和Ⓐ轴的供回水干管中部均设有方形伸缩器。四柱 813 型铸铁散热器的规格为：柱高（含足高 75mm）813mm，进出口中心距 642mm，每小片厚 57mm。

（2）工程量计算　根据施工图，按分项依次计算工程量。建筑物墙厚（含抹灰层）取为 280mm，管道中心到墙表面的安装距离取为 65mm，散热器进出口中心距为 642mm，穿墙及楼板的管道采用比管道直径大两个等级的镀锌薄钢板套管。散热器表面除锈刷油工程量根据其型号，按散热面积计算，管道除锈刷油按其展开面积计算。该工程的工程量计算见表 5-35。

表 5-35　工程量计算表

序号	工程项目名称	单位	数量	计 算 公 式
一	采暖管道			
1	焊接钢管安装 螺纹连接 DN15	m	163.33	
（1）	散热器支管		154.37	① 号立管上支管： 2 层 ×2 根 ×（1.5-0.14 半墙厚 -0.065 立管中心距墙）-（0.057 每小片厚 ×36 总片数）=3.128 ② 号立管上支管： ［3 层 ×2 根 ×（1.5+3）-（0.057 每小片厚 ×72 总片数）]=22.896 ③ 号立管上支管： ［3 层 ×2 根 ×（3+3）-（0.057 每小片厚 ×72 总片数）]=31.896 ④ 号立管上支管： ［3 层 ×2 根 ×（3-0.14 半墙厚 -0.065 立管中心距墙）-（0.057 每小片厚 ×38 总片数）]=14.604 ⑤ 号立管上支管： ［3 层 ×2 根 ×（1.05-0.14 半墙厚 -0.065 立管中心距墙）-（0.057 每小片厚 ×46 总片数）]=2.448

（续）

序号	工程项目名称	单位	数量	计 算 公 式
（1）	散热器支管		154.37	⑥号立管上支管： ［3层×2根×（3+3）−（0.057每小片厚×74总片数）］=31.782 ⑦号立管上支管： ［3层×2根×（1.5+3）−（0.057每小片厚×50总片数）］=24.150 ⑧号立管上支管： ［3层×2根×（1.5+3）−（0.057每小片厚×62总片数）］=23.466
（2）	放气管		8.96	0.28（墙厚）+0.065×2（立管中心距墙）+8.55（排至室外散水处）=8.96
2	焊接钢管 螺纹连接 DN20	m	57.224	
（1）	①供水立管		7.016	（8.55−0.25）（立管上下端标高差）−0.642（散热器进出口中心距）×2=7.016
（2）	②~⑧供水立管		44.618	［（8.55−0.25）（立管上下端标高差）−0.642（散热器进出口中心距）×3］×7（立管数量）=44.618
（3）	回水干管		5.59	6.0（沿①轴）−0.28（两个半墙厚）−0.065×2（立管中心距墙）=5.59
3	焊接钢管 螺纹连接 DN25	m	22.45	
（1）	3层Ⓐ轴供水干管		9.64	按在⑦号立管处变径考虑： 3.0+3.0+3.0+0.14（半墙厚）+0.5（集气罐安装长度）=9.64
（2）	1层①轴回水干管		12.81	②、③号立管之间： 6.0+3.0+3.0+0.28（两个半墙厚）+0.065×2（立管中心距墙）+0.2×2（伸缩器侧增长）=12.81
4	焊接钢管 螺纹连接 DN32	m	23.90	
（1）	沿Ⓐ轴供水干管		18.20	6.0×3−0.14（半墙厚）−0.065（管中心距墙）0.2×2（伸缩器侧增长）=18.20
（2）	沿①轴供水干管		5.70	5.70
5	焊接钢管 焊接 DN40	m	49.66	
（1）	沿①轴供水干管		7.39	5.7+2.1−0.28（两个半墙厚）−0.065×2（立管中心距墙）=7.39
（2）	沿Ⓓ轴供水干管		11.59	6.0+6.0−0.28（两个半墙厚）−0.065×2（立管中心距墙）=11.59
（3）	回水干管		30.68	6.0×2（沿Ⓓ轴）−0.28（两个半墙厚）−0.065×2（立管中心距墙）+13.5（沿①轴）−0.28（两个半墙厚）−0.065×2（立管中心距墙）+6.0（沿Ⓐ轴）=30.68
6	焊接钢管 焊接 DN50	m	39.39	
（1）	沿Ⓓ轴供水干管		18.40	6.0+6.0+6.0+0.2×2（伸缩器侧增长）=18.40

（续）

序号	工程项目名称	单位	数量	计算公式
（2）	回水干管		20.99	6.0×3+3.0（沿Ⓐ轴）−0.28（两个半墙厚）−0.065×2（立管中心距墙）+0.2×2（伸缩器侧增长）=20.99
7	焊接钢管 焊接 DN65	m	28.28	
（1）	管道引入管		1.845	1.5（室内外采暖管道分界至外墙皮）+0.28（墙厚）+0.065（立管中心距墙）=1.845
（2）	供暖总立管		8.50	8.55−0.05=8.50（总立管上下端高差）
（3）	沿⑧轴总干管		13.09	13.5−0.28（墙厚）−0.065×2（立管中心距墙）=13.09
（4）	回水干管、排出管		4.845	3.0+0.065（立管中心距墙）+0.28（墙厚）+1.5（墙外皮至室内外分界点）=4.845
二	散热器	片	450	
	四柱 813 型散热器安装			1 层为挂装 124 片，2 层 115 片，3 层 211 片 合计挂装 124 片，立于地上 326 片
三	阀门			
（1）	闸阀安装 Z15T-10，DN65	个	（2）	2 个（入出口处）
（2）	截止阀安装 J11T-16，DN20	个	16	2（立管上下端）×8（立管数）=16
（3）	旋塞阀安装 X11T-16，DN15	个	1	集气罐放气阀 1 个
四	套管制作			
（1）	镀锌薄钢板套管制作 DN25	个	24	散热器支管 DN15 穿墙 4 处 ×3 层 ×2 根=24
（2）	镀锌薄钢板套管制作 DN32	个	16	立管 DN20 穿楼板 8 处 ×2 层=16
（3）	镀锌薄钢板套管制作 DN32	个	1	回水干管 DN20 穿墙 1 处
（4）	镀锌薄钢板套管制作 DN40	个	5	供回水干管 DN25 穿墙 5 处
（5）	镀锌薄钢板套管制作 DN50	个	3	供回水干管 DN32 穿墙 3 处
（6）	镀锌薄钢板套管制作 DN65	个	6	供回水干管 DN40 穿墙 6 处
（7）	镀锌薄钢板套管制作 DN80	个	9	供回水干管 DN50、DN65 穿墙 9 处
（8）	镀锌薄钢板套管制作 DN25	个	1	放气管 DN15 穿墙 1 处
五	其他			
（1）	集气罐制作安装 DN150	个	1	1
（2）	方形伸缩器制作 DN32	个	2	2
（3）	方形伸缩器制作 DN50	个	2	2
（4）	支架制作安装	kg	22.62	管径大于 DN32 的管道支架：采暖干管按 6 个，回水干管按 3 个，总立管按 3 个 固定支架：3 个 15 个（数量）×0.4m（支架长度）×3.77kg/m（理论质量）=22.62

（续）

序号	工程项目名称	单位	数量	计 算 公 式
六	除锈刷油			
（1）	焊接钢管人工除轻锈	m²	41.39	DN15：163.33×0.0213×3.14＝10.92 DN20：57.224×0.0268×3.14＝4.82 DN25：22.45×0.0335×3.14＝2.36 DN32：23.9×0.0423×3.14＝3.17 DN40：49.66×0.048×3.14＝7.48 DN50：33.39×0.06×3.14＝6.29 DN65：26.78×0.0755×3.14＝6.35
（2）	柱型散热器除锈	m²	126.00	0.28（每片散热面积）×450（总片数）＝126.00
（3）	焊接钢管刷防锈漆第一遍	m²	41.39	刷油面积＝除锈面积＝41.39
（4）	焊接钢管刷银粉漆第一遍	m²	41.39	刷油面积＝除锈面积＝41.39
（5）	焊接钢管刷银粉漆第二遍	m²	41.39	刷油面积＝除锈面积＝41.39
（6）	柱型散热器刷防锈漆第一遍	m²	126.00	刷油面积＝除锈面积＝126.00
（7）	柱型散热器刷银粉漆第一遍	m²	126.00	刷油面积＝除锈面积＝126.00
（8）	柱型散热器刷银粉漆第二遍	m²	126.00	刷油面积＝除锈面积＝126.00
（9）	角钢支架人工除轻锈	kg	22.62	除锈工程量＝支架质量
（10）	角钢支架刷防锈漆第一遍	kg	22.62	刷油工程量＝支架质量
（11）	角钢支架刷银粉漆第一遍	kg	22.62	刷油工程量＝支架质量
（12）	角钢支架刷银粉漆第二遍	kg	22.62	刷油工程量＝支架质量

3. 施工图预算

该工程的施工图预算书包括以下内容：

1）预算书封面，见表 5-36。

表 5-36　预算书封面

安装工程预算书

工程名称：某办公楼采暖工程

专业名称：室内采暖工程

结构类型：砖混结构

建筑面积：

工程造价：46563.53 元

单方造价：

施工单位：　　　　　　　　建设单位：

编制人：　　　　　　　　　审核人：

资格证号：　　　　　　　　资格证号：

年　　月　　日

2）预算书编制说明，见表 5-37。

表 5-37　预算书编制说明

编 制 说 明

一、编制依据
1. ×× 设计院设计的 ×× 办公楼室内采暖工程施工图以及有关设计说明。
2. 该工程地点在 ×× 市 ×× 区。
3.《江西省通用安装工程消耗量定额及统一基价表》（2017 年）第七册及第十册。
4.《江西省建筑与装饰、通用安装、市政工程费用定额》（2017 年）及相关规定。
5. 主要材料价格以工程所在地预算编制时市场价格综合取定。
二、主要材料来源
主要材料均由施工企业自行采购。
三、其他
施工时发生设计变更或其他问题涉及造价调整，双方根据施工协议书的约定进行调整。

3）工程取费表，见表 5-38。

表 5-38　工程取费表

安装工程费用汇总表

工程名称：某办公楼采暖工程

序号	费 用 名 称	取 费 基 数	费率（%）	金额（元）
1	综合基价合计	∑（分项工程量 × 分项子目综合基价）		11939.69
2	计价中人工费合计	∑（分项工程量 × 分项子目综合基价中人工费）		9448.28
3	未计价材料费用	主材费合计		17823.23
4	施工措施费	［5］+［6］		
5	施工技术措施费	其费用包含在 1 中		
6	施工组织措施费	该工程不计算		
7	安全文明施工增加费	（人工费合计）×7.00%	7.00	661.38
8	差价	［9~11］		
9	人工费差价	不调整		
10	材料差价	不调整		
11	机械差价	不调整		
12	专项费用	［13］+［14］		3212.42
13	社会保险费	［2］×33.00%	33.00	3117.93
14	工程定额测定费	［2］×1.00%	1.00	94.48

（续）

序号	费用名称	取费基数	费率（%）	金额（元）
15	工程成本	［1］+［3］+［4］+［8］+［12］		33195.69
16	利润	［2］×38.00%	38.00	3590.35
17	其他项目费	其他项目费		
18	税金	（［15］+［16］+［17］）×3.413%	3.413	1254.40
19	工程造价	［15~18］		38040.44
	含税工程造价	叁万捌仟零肆拾元肆角肆分		38040.44

4）主材价格表，见表5-39。

5）工程预算表，见表5-40。

表5-39　主材价格表
单位工程主材表

工程名称：某办公楼采暖工程

序　号	名称及规格	单　位	数　量	预算价（元）	合计（元）
1	集气罐	个	1.00	24.00	24.00
2	型钢∟50×5	kg	23.98	3.10	74.33
3	铸铁散热器 柱型	片	125.24	32.00	4007.68
4	铸铁散热器 柱型	片	225.27	32.00	7208.51
5	旋塞阀门 DN15	个	1.01	9.00	9.09
6	螺纹截止阀门 DN20	个	16.16	10.00	161.60
7	螺纹闸阀 DN65	个	2.02	70.00	141.40
8	焊接钢管 DN15	m	166.60	6.50	1082.88
9	焊接钢管 DN20	m	58.36	9.50	554.46
10	焊接钢管 DN25	m	22.90	13.00	297.69
11	焊接钢管 DN32	m	24.38	26.00	633.83
12	焊接钢管 DN40	m	50.65	24.50	1241.00
13	焊接钢管 DN50	m	40.29	27.00	1087.83
14	焊接钢管 DN65	m	28.85	38.00	1096.30
15	酚醛防锈漆	kg	17.76	11.40	202.47
	合计				17823.23

表 5-40　工程预算表

序号	定额编号	子目名称或费用名称	工程量 单位	工程量	定额直接费（元） 基价	定额直接费（元） 合价	其中：人工费（元） 基价	其中：人工费（元） 合价	未计价材料 材料名称	未计价材料 单位	未计价材料 材料用量	未计价材料 单价（元）	未计价材料 合价（元）
1	8-7-52	集气罐安装 公称直径（150mm以内）	个	1.000	22.7	22.70	22.7	22.70	集气罐	个	1.00	24.00	24.00
2	10-1-12	室内焊接钢管（螺纹连接） 公称直径（15mm以内）	10m	16.333	150.44	2457.14	141.24	2306.87	焊接钢管DN15	m	166.60	6.50	
3	10-1-13	室内焊接钢管（螺纹连接） 公称直径（20mm以内）	10m	5.722	158.06	904.42	147.82	845.83	焊接钢管DN20	m	58.36	9.50	554.42
4	10-1-14	室内焊接钢管（螺纹连接） 公称直径（25mm以内）	10m	2.245	193.77	435.01	177.74	399.03	焊接钢管DN25	m	22.90	13.00	297.69
5	10-1-15	室内焊接钢管（螺纹连接） 公称直径（32mm以内）	10m	2.390	211.19	504.74	192.19	459.33	焊接钢管DN32	m	24.38	26.00	633.88
6	10-1-16	室内钢管（焊接） 公称直径（40mm以内）	10m	4.966	216.65	1075.88	196.27	974.68	焊接钢管DN40	m	50.65	24.50	1240.92
7	10-1-17	室内钢管（焊接） 公称直径（50mm以内）	10m	3.939	233.77	920.82	210.72	830.03	焊接钢管DN50	m	40.29	27.00	1087.83
8	10-1-18	室内钢管（焊接） 公称直径（65mm以内）	10m	2.828	246.56	697.27	222.11	628.13	焊接钢管DN65	m	28.85	38.00	1096.30
9	10-11-26	室内镀锌薄钢板套管制作 公称直径（25mm以内）	个	25.000	15.82	395.50	8.25	206.25					
10	10-11-26	室内镀锌薄钢板套管制作 公称直径（32mm以内）	个	17.000	15.82	268.94	8.25	140.25					

（续）

序号	定额编号	子目名称或费用名称	工程量		定额直接费（元）		其中：人工费（元）		未计价材料				
			单位	工程量	基价	合价	基价	合价	材料名称	单位	材料用量	单价（元）	合价（元）
11	10-11-27	室内镀锌薄钢板套管制作 公称直径（40mm以内）	个	5.000	23.35	116.75	11.73	58.65					
12	10-11-27	室内镀锌薄钢板套管制作 公称直径（50mm以内）	个	3.000	23.35	70.05	11.73	35.19					
13	10-11-28	室内镀锌薄钢板套管制作 公称直径（65mm以内）	个	6.000	31.52	189.12	15.81	94.86					
14	10-11-29	室内镀锌薄钢板套管制作 公称直径（80mm以内）	个	9.000	47.58	428.22	20.91	188.19					
15	10-11-3	管道支架制作安装一般管架	100kg	0.226	888.58	200.82	536.85	121.33	型钢L 50×5	kg	23.98	3.10	74.33
16	10-5-376	方形伸缩器制作安装 公称直径（32mm以内）	个	2.000	76.23	152.46	43.35	86.70					
17	10-5-378	方形伸缩器制作安装 公称直径（50mm以内）	个	2.000	131.42	262.84	68.86	137.72					
18	10-5-1	螺纹阀 公称直径（15mm以内）	个	1.000	14.71	14.71	7.65	7.65	旋塞阀门 DN15	个	1.01	9.00	9.09
19	10-5-2	螺纹阀 公称直径（20mm以内）	个	16.000	17.16	274.56	8.50	136.00	螺纹截止阀门 DN20	个	16.16	10.00	161.60
20	10-5-7	螺纹阀 公称直径（65mm以内）	个	2.000	74.62	149.24	28.90	57.80	螺纹闸阀 DN65	个	2.02	70.00	141.40

序号	定额编号	项目名称	单位	数量	单价	合计	单价	合计	主材名称	单位	数量	单价	合计
21	10-7-10	铸铁散热器组成安装	10 片	45.000	53.84	2422.80	51.17	2302.65	铸铁散热器 M-132	片	125.24	32.00	4,007.68
22	10-7-12	柱型铸铁散热器组成安装	10 片	32.600	121.75	3969.05	47.26	1540.68	铸铁散热器柱型	片	225.27	32.00	7,208.51
23	12-1-1	手工除锈　管道轻锈	10m²	4.139	29.17	120.73	25.16	104.14					
24	12-1-5	手工除锈　角钢支架轻锈	100kg	0.226	36.39	8.22	25.76	5.82					
25	12-1-3	手工除锈　散热器轻锈	10m²	12.600	30.70	386.82	27.29	343.85					
26	12-2-3	管道刷油　防锈漆第一遍	10m²	4.139	19.21	79.51	18.45	76.36	酚醛防锈漆	kg	5.16	11.40	58.83
27	12-2-22	管道刷油　银粉漆第一遍	10m²	4.139	18.82	77.90	17.77	73.55	酚醛清漆	kg	1.42	9.24	13.10
28	12-2-23	管道刷油　银粉漆第二遍	10m²	4.139	17.79	73.63	17.09	70.74	酚醛清漆	kg	1.30	9.24	12.01
29	12-2-118	铸铁暖气片刷油　防锈漆一遍	10m²	12.60	25.87	325.96	25.08	316.01	酚醛防锈漆	kg	12.60	11.40	143.64
30	12-2-120	铸铁暖气片刷油　银粉漆第一遍	10m²	12.60	25.97	327.22	24.23	305.30	酚醛清漆	kg	5.40	9.24	49.90
31	12-2-121	铸铁暖气片刷油　银粉漆第二遍	10m²	12.60	24.99	314.87	23.46	295.60	酚醛清漆	kg	4.92	9.24	45.46
32		系统调整费（第八册）	元	1.000	53.84	53.84	51.17	51.17					
33		脚手架搭拆费（第八册）	元	1.000	121.75	121.75	47.26	47.26					
		合计	元			11939.69		9448.28					17943.47

5.5.2 采暖工程工程量清单计价示例

本示例以 5.5.1 节定额计价工程为例，其采暖工程图仍为上节内容的图，设计说明与上示例相同，本示例中不再重复叙述。

本示例以投标内容为主，介绍采暖工程工程量清单计价的计价方法。

本示例中不考虑其他项目费的计算。

工程量清单由招标人提供，本示例工程量清单根据上节内容可知。

依据工程量清单计价规范，可对该工程进行清单报价，内容包括：

1）总说明，见表 5-41。

2）单位工程费用汇总，见表 5-42。

3）措施项目清单计价，见表 5-43。

表 5-41　总说明

工程名称：某办公楼采暖工程

1. 编制说明：

　1.1　建设方提供的施工工程图、《某办公楼采暖工程投标邀请书》《投标须知》《某办公楼采暖工程招标答疑》等一系列招标文件。

　1.2　××市建设工程造价管理站××年第×期发布的材料价格，并参考市场价格。

2. 报价需要说明的问题

　2.1　该工程因无特殊要求，故采用一般施工方法。

　2.2　税金按 3.413% 计取。

表 5-42　单位工程费用汇总

工程名称：某办公楼采暖工程

序　　号	费 用 名 称	费用金额（元）
1	分部分项工程量清单计价合计	31735.51
2	措施项目清单计价合计	488.32
3	其他项目清单计价合计	
4	规费	946.28
5	税金	1120.41
	合计	34290.52

表 5-43　措施项目清单计价

工程名称：某办公楼采暖工程

序　　号	项 目 名 称	金额（元）
1	通用项目	488.32
1.1	环境保护	14.34
1.2	文明施工	57.35
1.3	安全施工	129.04
1.4	临时设施	229.40
1.5	夜间施工	

（续）

序　号	项目名称	金额（元）
1.6	二次搬运	
1.7	大型机械设备进出场及安拆	
1.8	混凝土、钢筋混凝土模板及支架	
1.9	脚手架	58.19
1.10	已完工程及设备保护	
1.11	施工排水、降水	
合计		488.32

4）分部分项工程量清单计价，见表 5-44。

表 5-44　分部分项工程量清单计价

工程名称：某办公楼采暖工程

序号	项目编码	项目名称	计价单位	工程数量	综合单价	合　价
					金额（元）	
		采暖工程				
1	031001002001	钢管	m	163.330	18.10	2956.27
2	031001002002	钢管	m	57.220	22.54	1289.74
3	031001002003	钢管	m	22.450	31.55	708.30
4	031001002004	钢管	m	23.900	42.77	1022.20
5	031001002005	钢管	m	49.660	37.45	1859.77
6	031001002006	钢管	m	39.390	42.35	1668.17
7	031001002007	钢管	m	28.280	58.09	1642.79
8	031002001001	管道支架	kg	22.620	13.55	306.50
9	031003001001	螺纹阀门	个	1.000	16.69	16.69
10	031003001002	螺纹阀门	个	16.000	19.10	305.60
11	031003001003	螺纹阀门	个	2.000	107.04	214.08
12	031003009001	伸缩器（补偿器）	个	2.000	174.79	349.58
13	031003009002	伸缩器（补偿器）	个	2.000	268.08	536.16
14	031005001001	铸铁散热器	片	450.000	41.60	18720.00
15	031009001001	采暖工程系统调试	系统	1.000	139.66	139.66
分部小计［采暖工程］						31735.51
合计						31735.51

5）工程量清单综合单价分析，见表 5-45。

6）主要材料价格，见表 5-46（仅供参考）。

由于篇幅所限，本例综合单价分析表只分析部分清单编码下的分部分项工程量清单综合单价计价内容。

表5-45 工程量清单综合单价分析

序号	项目编号	项目名称	单位	工程量	定额号	工程内容	单位	工程量	定额费用							综合单价（元）	综合合价（元）
									人工费（元）	材料费（元）	机械使用费（元）	主材设备（元）	管理费（元）	利润（元）	定额合价（元）		
1	031001002001	钢管	m	163.33	10-1-12	室内焊接钢管（螺纹连接）公称直径（15mm以内）	10m	16.33	141.27	13.60		66.30	38.23	14.60	171.17	18.10	2956.75
					12-1-1	手工除锈 管道轻锈	10m²	1.09	25.16	1.94			7.10	2.71	18.90		
					12-2-3	管道刷油 防锈漆第一遍	10m²	1.09	18.45	1.13		14.93	5.64	2.15	29.53		
					12-2-22	管道刷油 银粉漆第一遍	10m²	1.09	17.77	4.55		3.33	5.85	2.23	21.84		
					12-2-23	管道刷油 银粉漆第二遍	10m²	1.09	17.09	4.13		3.05	5.64	2.15	20.64		
					10-11-26	室内镀锌薄钢板套管制作 公称直径（25mm以内）	个	25.00	8.25	0.97			0.63	0.24	2.47		
					合计												
14	031005001001	铸铁散热器	片	450.00	10-7-10	铸铁散热器组成安装	10片	45.00	51.17	34.23		323.20	12.74	4.87	387.85	41.60	18718.66
					12-1-3	手工除锈 散热器轻锈	10m²	12.60	27.29	1.94			7.52	2.87	19.89		
					12-2-118	铸铁管、暖气片刷油 防锈漆一遍	10m²	12.60	25.08	1.19		11.97	6.89	2.63	29.62		
					12-2-120	铸铁管、暖气片刷油 银粉漆第一遍	10m²	12.60	24.23	5.08		4.16	7.10	2.71	26.19		
					12-2-121	铸铁管、暖气片刷油 银粉漆第二遍	10m²	12.60	23.46	4.48		3.79	6.89	2.63	24.73		
					合计												

表 5-46　主要材料价格

序号	材料名称	规格、型号等特殊要求	单位	数　量	单价（元）	合计（元）
1	铸铁散热器	M-132	片	454.500	32.00	14544.00
2	焊接钢管	DN40	m	50.653	24.50	1241.00
3	汽包对丝	DN38	个	834.300	1.30	1084.59
4	焊接钢管	DN15	m	166.597	6.50	1082.88
5	焊接钢管	DN65	m	27.316	38.00	1037.99
6	焊接钢管	DN50	m	34.058	27.00	919.56
7	焊接钢管	DN32	m	24.378	26.00	633.83
8	焊接钢管	DN20	m	58.364	9.50	554.46
9	方形伸缩器	DN50	个	2.000	180.00	360.00
10	焊接钢管	DN25	m	24.378	13.00	316.91
11	方形伸缩器	DN32	个	2.000	120.00	240.00
12	酚醛防锈漆各色		kg	17.735	11.40	202.18
13	螺纹阀门	DN20	个	16.160	10.00	161.60
14	焊接钢管接头零件	DN15 室内	个	277.008	0.58	160.66
16	螺纹闸阀	DN65	个	2.020	70.00	141.40
17	酚醛清漆各色		kg	13.434	9.24	124.13
合计						22805.19

5.5.3　采暖工程施工图预算编制总结

采暖工程包括室外供热管网和室内采暖系统两大部分。室内采暖系统根据室内供热管网输送的介质不同，可分为热水采暖系统和蒸汽采暖系统、热风采暖系统三大类。热水采暖系统按供水温度不同，可分为一般热水采暖和高温热水采暖；按水在系统内循环的动力不同，可分为自然循环系统和机械循环系统（靠水泵力进行循环）。蒸汽采暖系统按压力不同，可分为低压蒸汽采暖和高压蒸汽采暖；按凝结水回水方式不同，可分为重力回水式蒸汽采暖系统和机械回水式蒸汽采暖系统。室内采暖系统根据立管的敷设方式不同分为双管系统和单管系统。室内采暖系统是由入口装置、室内管道、管道附件、散热器等组成的。

在进行室内采暖系统施工图预算编制时，要根据采暖管道所处位置（室内采暖管道和室外采暖管道）、定额册的范围（《全国统一安装工程预算定额》第八册定额、第六册定额）划分编制范围。室内采暖系统一般是以建筑物入口处阀门或建筑物外墙皮外 1.5m 为界，入口处阀门或建筑物外墙皮外 1.5m 以内属于室内采暖系统。室内采暖系统施工图预算编制内容有：管道部分、供暖设备与器具、管道附件、管道除锈、管道刷油及绝热等。管道工程量计算时，根据不同管材、公称直径、连接方法划分项目，以图示管道中心线的长度为准（不扣除阀门及管件所占长度），按照图中管道的具体布置情况计算。散热器工程量计算时，应区分不同材质分别列项计算，要注意散热器计量单位的不同，有的项目是以"片"为计量单位，有的则是以"组"为计量单位，而光排管式散热器又是以排管的长度为计量单位。除了散热器以外，还有一些管道附件，如疏水器、集气罐、补偿器等，应根据工程量计算规定进行计算。管道、散热器等的除锈、刷油、绝热工程量计算时，应注意锈蚀等级、除锈的方法、刷油的种类及涂刷遍数等情况分别计算和套用定额，要特别注意铸铁散热器除锈、刷油工程量是按散热面积计算的，散热面积可以根据国家规范或者是生产厂家给定的参数查取。

　　燃气管网系统常包括市政管网系统、室外管网系统及室内管道系统三部分。三部分的分界线是：室外管网和市政管网的分界点为两者的碰头点；室内管道和室外管网的分界有两种情况，一是由地下引入室内的管道以室内第一个阀门为界，二是由地上引入室内的管道以墙外三通为界，本章主要讲述室内燃气管道系统。室内燃气管道系统由室内管道（进户管道、户内干管、立管、支管）、燃气计量表和燃气用具设备等组成。燃气管道部分的工程量计算方法基本和采暖管道系统相同，需要注意的是燃气用具根据具体情况按照工程量计算规定计算。定额中把燃气部分单独分章，注意不要错套定额。

思 考 题

1. 室内采暖系统如何分类？
2. 室内采暖系统由哪些部分组成？
3. 室内外采暖系统如何划分？
4. 室内采暖管道工程量如何计算？
5. 简述散热器工程量计算方法。
6. 管道、阀门、法兰保温工程量如何计算？其保护层的工程量如何计算？
7. 管道除锈、刷油工程量如何计算？
8. 简述室内民用燃气系统的组成。
9. 简述室内民用燃气部分项目套用定额时应注意的问题。

消防及安全防范工程施工图预算的编制

6.1　水灭火系统工程的基础知识

消防工程按区域划分，可分为室外消防工程和室内消防工程两种。室外消防工程一般为环状供水，进户供水管有两根以上，消火栓的布置要充分考虑灭火半径范围，可分为地上式和地下式两种；室内消防系统根据使用灭火剂的种类和灭火方式，可分为水消防灭火系统和非水灭火剂系统。其中水消防灭火系统又分为消火栓灭火系统和自动喷水灭火系统。

火灾统计资料表明，建筑物内发生的早期火灾，主要是用室内消防给水设备控制和扑灭的，也就是建筑物中设置的水灭火系统。

本节对应《全国统一安装工程预算定额》第七册《消防及安全防范设备安装工程》。

6.1.1　消火栓灭火系统

消火栓灭火系统是把室外给水系统提供的水量，在外网压力满足不了需要时，经过加压输送到用于扑灭建筑物内的火灾而设置的灭火系统。

室内消火栓灭火系统在建筑物内使用广泛，在低层建筑中，主要用于扑灭初期火灾，在高层建筑中除扑灭初期火灾外，还要扑灭较大火灾。

1. 消火栓灭火系统的组成

消火栓灭火系统主要包括以下几个组成部分：

1）消防水源，由室外给水管网、天然水源或消防水池供给。

2）消防给水管道系统，包括进户管、干管、立管、横支管。

3）消火栓，消火栓是一个带内螺纹接头的阀门，一端接消防管道，一端接水龙带。出水口直径为 50mm 或 65mm（见图 6-1）。

4）消防水龙带，两端带有消防接口，可与消火栓、消防水泵（车）配套，用于输送水或其他液体灭火剂，长度有 15m、20m、25m 和 30m 等规格。

5）消防水枪，产生灭火所需的充实水柱。喷口口径有 13mm、16mm、19mm 三种。口径 13mm 水枪，配 50mm 的水龙带和消火栓；口径 16mm 和 19mm 的水枪，配 65mm 的水龙带和消火栓。

6）消火栓箱，安装在建筑物内的消防给水管道上，配置有室内消火栓、消防水龙带、消防水枪等设备，消火栓箱还设有直接启动消防水泵的按钮，具有给水、灭火、控制、报警等功能。

7）水泵接合器，连接消防车向室内消防给水系统加压供水。

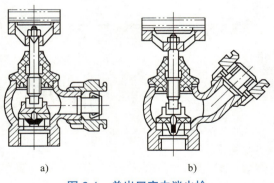

图 6-1　单出口室内消火栓

a）直角单出口式　b）45°角单出口式

2. 室内消火栓灭火系统的给水方式

根据建筑物高度，室外给水管网的水压和流量，以及室内消防管道对水压和流量的要求，室内消火栓灭火系统一般有以下几种给水方式：

（1）室外管网直接灭火的室内消火栓灭火系统　当室外给水管网的压力和流量在任何时候都能满足室内最不利配水点消火栓的设计水压和流量时，室内消火栓灭火系统宜设置室外管网直接给水的室内消火栓灭火系统，如图 6-2 所示。

（2）设加压水泵和水箱的室内消火栓灭火系统　当室外管网的压力和流量经常不能满足室内消防灭火系统所需的水量水压时，宜设置设加压水泵和水箱的室内消火栓灭火系统，如图 6-3 所示。

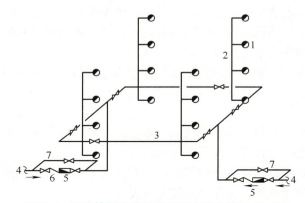

图 6-2　室外管网直接给水的室内消火栓灭火系统

1—室内消火栓　2—消防立管　3—干管　4—进户管
5—水表　6—止回阀　7—旁通管及阀门

（3）分区消火栓灭火系统　建筑物高度超过 50m，消防车已难以协助灭火，室内消火栓灭火系统应具有扑灭建筑物内大火的能力，当室内消火栓接口处的静水压力大于 1.0MPa 时，应采用分区的室内消火栓灭火系统，如图 6-4 所示。

6.1.2　自动喷水灭火系统

自动喷水灭火系统是能在发生火灾时自动喷水灭火，同时发出火警信号的灭火系统。一般由水源、加压贮水设备、喷头、管网、报警装置等组成。自动喷水灭火系统分为闭式自动喷水灭火系统和开式自动喷水灭火系统，在民用建筑中闭式自动喷水灭火系统使用最多。

1. 闭式自动喷水灭火系统的组成

（1）水系统　水系统包括以下几个部分：

1）消防水池。当生产、生活用水量达到最大时，市政给水管道、进水管或天然水源不能满足室内外消防用水量，或当市政给水管道为枝状或只有一条进水管，且消防用水量之和超过 25L/s 时，应设置消防水池。

2）消防水箱。消防水箱里的贮备水量用于扑救初期火灾，一般应贮存 10min 的室内消防供水量。

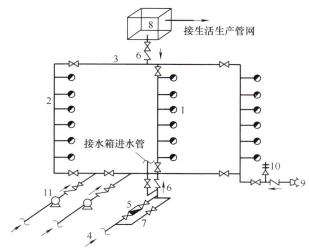

图 6-3　设加压水泵和水箱的室内消火栓灭火系统
1—室内消火栓　2—消防立管　3—干管　4—进户管
5—水表　6—旁通管及阀门　7—止回阀　8—水箱
9—水泵接合器　10—安全阀　11—水泵

3）消防水泵。由消防控制中心启动消防水泵，为自动喷水灭火系统提供灭火所需的水量和水压。

4）报警阀。用于开启和关闭管道系统中的水流，同时将控制信号传递给控制系统，驱动水力警铃直接报警。闭式自动喷水灭火系统中报警阀有湿式报警阀、干式报警阀、干湿两用报警阀。

5）水流指示器。由管网内水流作用启动，将水流信号转换为电信号传至报警控制器或控制中心，指示火灾发生的区域，通常安装在各楼层的配水干管或支管上。

6）消防管网。管网布置成环状，进水管不少于两条，包括湿式自动喷水灭火系统管网、干式自动喷水灭火系统管网、干湿式自动喷水灭火系统管网。

7）闭式喷头。由喷头架、溅水盘、喷水口堵水支撑等组成，常见有易熔合金锁片支撑型与玻璃

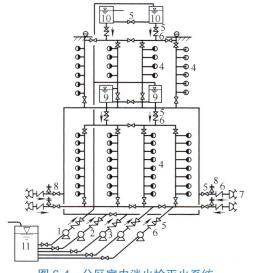

图 6-4　分区室内消火栓灭火系统
1、2、3—水泵　4—消火栓　5、6—阀门
7—水泵接合器　8—安全阀　9、10、11—水箱

球支撑型。

（2）电控系统　用于报警、联动控制水系统，包括以下几个部分：

1）探测器。具有火灾信号功能的关键部位。常用的有感烟探测器和感温探测器。

2）手动报警按钮。人工确定火灾后手动操作向消防控制室发出火灾报警信号或直接启动消防水泵的一种装置。

3）模块。分为控制模块和报警模块。控制模块接到控制器以编码方式传送来的动作指令时，模块内置继电器动作，启动或关闭现场设备。报警模块不起控制作用，只能起监视报警作用。

4）报警控制器：用于收集探测器发出的信号，发出本地报警信号，同时通过通信网络向接警中心发送特定的报警信息。

5）联动控制器：以微控制器为核心，存储现场编程信息，可实现远程联机及多种联动控制逻辑。

6）报警联动一体机：将远程报警、对抗、救援、远程监控管理、家电遥控等各种功能集为一体。

2. 湿式自动喷水灭火系统

湿式自动喷水灭火系统如图 6-5 所示，平时系统内充满水，发生火灾时，温度达到喷头动作温度后，喷头爆裂向外喷水灭火，同时管网内的水流向开启喷头，水流指示器动作，湿式报警阀动作报警。

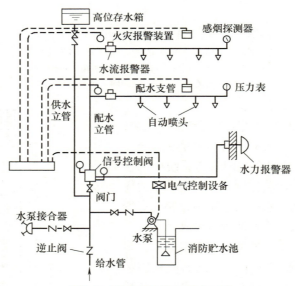

图 6-5　湿式自动喷水灭火系统

3. 干式自动喷水灭火系统

干式自动喷水灭火系统如图 6-6 所示，系统内平时充有压缩空气，只在报警阀前充满有压力的水，发生火灾时，喷头爆裂后打开，首先喷出压缩空气，配水管网内气压降低，利用压力差将干式报警阀打开，水流入配水管，再从喷头处喷出，同时水到达压力继电器令报警装置发出报警信号。

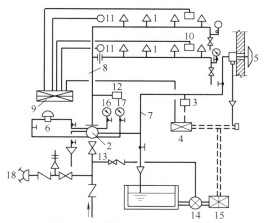

图 6-6　干式自动喷水灭火系统

1—闭式喷头　2—干式报警阀　3—压力继电器　4—电气自控箱　5—水力警铃　6—快开器
7—信号管　8—配水管　9—火灾收信机　10—感温感烟探测器　11—报警装置　12—气压保持器
13—阀门　14—消防水泵　15—电动机　16—阀后压力表　17—阀前压力表　18—水泵接合器

6.2　水灭火系统工程量计算及定额应用

《全国统一安装工程预算定额》第七册《消防及安全防范设备安装工程》适用于工业与民用建筑中新建、扩建和整体更新改造工程。该册定额共六章，包括：火灾自动报警系统安装、水灭火系统安装、气体灭火系统安装、泡沫灭火系统安装、消防系统调试、安全防范设备安装。本节仅介绍和水灭火系统相关的火灾自动报警系统安装、水灭火系统安装以及消防系统调试。

6.2.1　消火栓灭火系统工程量计算

1. 消火栓给水管道安装

（1）界线划分　室内外管道界线划分：以建筑物外墙皮 1.5m 为界，入口处设阀门者以阀门为界。

（2）消火栓给水管道工程量计算　管道以施工图所示管道中心线长度计，不扣除阀门及管件所占的长度。按管道材质（镀锌钢管、焊接钢管、承插铸铁给水管），接口方式（螺纹连接、焊接、承插接口、法兰接口）分类，以管径大小分档，以"10m"为计量单位。

（3）消火栓管道定额的使用　套用《全国统一安装工程预算定额》第八册《给排水、采暖、燃气工程》预算定额第一章管道安装中室内给水管道定额。

2. 管道支架制作安装

室内 DN32 以内的钢管包括管卡及托钩制作安装，DN32 以上的，按支架设计图示质量计算，以"100kg"为计量单位。套用《全国统一安装工程预算定额》第八册《给排水、采暖、燃气安装工程》预算定额第一章室内管道安装中管道支架制作安装定额。

3. 法兰安装

法兰安装按法兰材质（铸铁法兰、碳钢法兰）以及法兰与管道或阀门等设备的连接方式

（螺纹连接、焊接）分类，以公称直径分档，以"副"为计量单位。套用《全国统一安装工程预算定额》第八册《给排水、采暖、燃气工程》预算定额第一章室内管道安装中法兰安装定额。

4. 阀门安装

阀门安装工程量计算不区分阀门的种类，以阀门连接方式区分，按设计图示数量计算，以"个"为计量单位。套用《全国统一安装工程预算定额》第八册《给排水、采暖、燃气工程》预算定额第二章阀门安装定额。

5. 消火栓安装

消火栓工程量以图示数量计取。套用《全国统一安装工程预算定额》第七册《消防及安全防范设备安装工程》第二章水灭火系统安装中消火栓安装定额。

（1）室内消火栓安装　室内消火栓安装以公称直径 DN65 为准，分单栓和双栓，以"套"为计量单位。所带有消防按钮的安装另行计算。

（2）室外消火栓安装　室外消火栓安装分地下式和地上式，以压力和浅型、深型分档，以"套"为计量单位。

6. 消防水泵接合器安装

消防水泵接合器安装按不同的安装形式（地下式、地上式、墙壁式），以公称直径分档，以"套"为计量单位。

6.2.2　自动喷水灭火系统工程量计算

1. 自动喷水管道安装

（1）界线划分　管道界线划分如下：

1）室内外管道界线划分：以建筑物外墙皮 1.5m 为界，入口处设阀门者以阀门为界。

2）设在高层建筑内的消防泵房管道与消防管道的界线，以泵房外墙皮为界。

（2）自动喷水管道工程量计算　按图示管道中心线长度计算，不扣除阀门、管件及各种组件所占长度。以公称直径分档，以"10m"为计量单位。

（3）自动喷水管道定额的使用　套用《全国统一安装工程预算定额》第七册《消防及安全防范设备安装工程》预算定额第二章水灭火系统安装定额。该章定额适用于工业和民用建（构）筑物设置的自动喷水灭火系统的管道、各种组件、消火栓、气压水罐的安装及管道支吊架的制作、安装。项目设置了镀锌钢管（螺纹连接、法兰连接）安装；喷头、湿式报警装置、温感式水幕装置、水流指示器等系统组件安装；减压孔板、末端试水装置、集热板等其他组件安装；室内、室外消火栓、消防水泵接合器安装；隔膜式气压水罐；管道支吊架制作、安装；自动喷水灭火系统管网水冲洗。

管道安装定额，包括工序内一次性水压试验。镀锌钢管法兰连接定额，管件是按成品、弯头两端是按接短管焊法兰考虑的，定额中包括了直管、管件、法兰等全部安装工序内容，但管件、法兰及螺栓的主材数量应按设计规定另行计算。

定额也适用于镀锌无缝钢管的安装。

1）管道材质以镀锌钢管为主，DN100 以下用螺纹连接，DN100 以上用法兰连接。DN100 以下的螺纹连接管道，其管件为主要材料，主材数量应按定额用量计算，管件含量见表 6-1。

表 6-1　镀锌钢管（螺纹连接）管件含量表　　　　　　　（单位：10m）

项　目	名　称	公称直径（mm 以内）						
		25	32	40	50	70	80	100
管件含量	四通	0.02	1.20	0.53	0.69	0.73	0.95	0.47
	三通	2.29	3.24	4.02	4.13	3.04	2.95	2.12
	弯头	4.92	0.98	1.69	1.78	1.87	1.47	1.16
	管箍		2.65	5.99	2.73	3.27	2.89	1.44
	小计	7.23	8.07	12.23	9.33	8.91	8.26	5.19

2）DN100 以上的法兰连接管道安装，其法兰、管件、弯头等均以成品为准，不考虑施工现场加工制作，所以法兰、螺栓、管件等为主要材料，其数量按设计图数量计算，按市场价计算价值。

3）镀锌无缝钢管安装。因镀锌钢管用公称直径表示，而无缝钢管用外径表示，为了使用镀锌钢管安装定额子目，可按表 6-2 对应换算。

表 6-2　对应关系表

公称直径 /mm	15	20	25	32	40	50	70	80	100	150	200
无缝钢管外径 /mm	20	25	32	38	45	57	76	89	108	159	219

4）管道支吊架制作、安装　套用《全国统一安装工程预算定额》第七册《消防及安全防范设备安装工程》预算定额子目，已综合支架、吊架及防晃支架的制作安装，均以"100kg"为计量单位。

2. 系统组件安装

（1）喷头安装　不分型号、规格和类型，以有吊顶与无吊顶分档，以"10 个"为计量单位。

（2）室内消火栓安装　区分单栓和双栓以"套"为计量单位，所带有消防按钮的安装另行计算。

（3）室内消火栓组合卷盘安装　执行室内消火栓安装定额乘以系数 1.2。

（4）消防水泵接合器安装　区分不同安装方式和规格以"套"为计量单位。如设计要求用短管时，其本身价值可另行计算，其余不变。

（5）湿式报警装置安装　以公称直径分档，以"组"为计量单位。

湿式报警装置为成套供应产品，组成部分中的湿式阀、蝶阀、装配管、供水压力表、装置压力表、试验阀、泄放试验管、试验管流量计、过滤器、延时器、水力警铃、报警截止阀、漏斗、压力开关等不需另外计算安装。

（6）水流指示器安装　按螺纹连接和法兰连接分，以公称直径分档，以"个"为计量单位。

（7）减压孔板安装　以公称直径分档，以"个"为计量单位。

（8）末端试水装置安装 在每个报警阀组控制的最不利配水喷头处，应设置末端试水装置。安装工程量以公称直径分档，以"组"为计量单位。

（9）集热板制作、安装 集热板是当高架仓库分层板上方有孔洞、缝隙时，在喷头上方设置。安装工程量以"个"为计量单位。

（10）温感式水幕装置安装 按不同型号和规格以"组"为计量单位。但给水三通至喷头、阀门间管道的主材数量按设计管道中心长度另加损耗计算，喷头数量按设计数量另加损耗计算。

（11）隔膜式气压水罐安装 区分不同规格以"台"为计量单位。出入口法兰和螺栓按设计规定另行计算。地脚螺栓是按设备带有考虑的，定额中包括指导二次灌浆用工，但二次灌浆费用应按相应定额另行计算。

3. 自动喷水灭火系统管网水冲洗

自动喷水灭火系统管网水冲洗，区分不同规格，按管径分档，以"100m"为计量单位。定额只适用于自动喷水灭火系统。

4. 使用《全国统一安装工程预算定额》第七册《消防及安全防范设备安装工程》第二章水灭火系统安装定额时应注意的问题

1）阀门、法兰安装、各种套管的制作安装、泵房内管道安装及管道系统强度试验、严密性试验执行《全国统一安装工程预算定额》第六册《工业管道工程》相应定额。

2）消火栓管道、室外给水管道安装及水箱制作安装，执行《全国统一安装工程预算定额》第八册《给排水、采暖、燃气工程》相应定额。

3）各种消防泵、稳压泵等的安装及二次灌浆，执行《全国统一安装工程预算定额》第一册《机械设备安装工程》安装相应定额。

4）各种仪表的安装、带电讯信号的阀门、水流指示器、压力开关的接线、校线，执行《全国统一安装工程预算定额》第十册《自动化控制仪表安装工程》相应定额。

5）各种设备支架的制作安装等，执行《全国统一安装工程预算定额》第五册《静置设备与工艺金属结构制作安装工程》相应定额。

6）管道、设备、支架、法兰焊口除锈刷油，执行《全国统一安装工程预算定额》第十一册《刷油、防腐蚀、绝热工程》相应定额。

7）系统调试执行第七册《消防及安全防范设备安装工程》第五章相应定额。

6.2.3 火灾自动报警系统工程量计算

第七册《消防及安全防范设备安装工程》的第一章是火灾自动报警系统，该章包括探测器、按钮、模块（接口）、报警控制器、联动控制器、报警联动一体机、重复显示器、警报装置、远程控制器、火灾事故广播、消防通信、报警备用电源安装等项目。

该章定额中均包括了校线、接线和本体调试，但不包括设备支架、底座、基础的制作与安装、构件加工、制作、电动机检查、接线及调试、事故照明及疏散指示控制装置安装等内容。

该章定额中箱、机是以成套装置编制的；柜式及琴台式安装均执行落地式安装相应项目。

1. 探测器安装

（1）点型探测器　分为多线制和总线制，不分规格、型号、安装方式与位置，区别感烟、感温、红外光束、火焰、可燃气体，以"只"为计量单位。探测器安装包括探头和底座的安装及本体调试。

（2）线型探测器　按环绕、正弦及直线综合考虑，不分线制及保护形式，以"10m"为计量单位。定额中未包括探测器连接的一只模块和终端，其工程量应按相应定额另行计算。

（3）红外线探测器　以"对"为计量单位。红外线探测器是成对使用的，在计算时一对为两只。定额中包括了探头支架安装和探测器的调试、对中。

（4）火焰探测器、可燃气体探测器　按线制的不同分为多线制与总线制两种，计算时不分规格、型号、安装方式与位置，以"只"为计量单位。探测器安装包括了探头和底座的安装及本体调试。

2. 按钮安装

按钮包括消火栓按钮、手动报警按钮、气体灭火启/停按钮，以"只"为计量单位。按照在轻质墙体和硬质墙体上安装两种方式综合考虑，执行时不得因安装方式不同而调整。

3. 模块（接口）安装

分为控制模块（接口）和报警模块（接口）。

（1）控制模块（接口）　控制模块（接口）是指仅能起控制作用的模块（接口），也称为中继器，依据其给出控制信号的数量，分为单输出和多输出两种形式。执行时不分安装方式，按照输出数量，以"只"为计量单位。

（2）报警模块（接口）　报警模块（接口）不起控制作用，只能起监视、报警作用，执行时不分安装方式，以"只"为计量单位。

4. 报警控制器安装

报警控制器按线制的不同分为总线制和多线制，根据不同的安装方式（壁挂式和落地式），以控制"点"数分档，以"台"为计量单位。

多线制"点"是指报警控制器所带报警器件（探测器、报警按钮等）的数量。

总线制"点"是指报警控制器所带的有地址编码的报警器件（探测器、报警按钮、模块等）的数量。如果一个模块带数个探测器，则只能计为一点。

5. 联动控制器安装

按线制的不同分为多线制与总线制两种，其中又按其安装方式不同分为壁挂式和落地式。在不同线制、不同安装方式中按照"点"数的不同划分定额项目，以"台"为计量单位。

多线制"点"是指联动控制器所带联动设备的状态控制和状态显示的数量。

总线制"点"是指联动控制器所带的有控制模块（接口）的数量。

6. 报警联动一体机安装

报警联动一体机按其安装方式不同分为壁挂式和落地式。在不同安装方式中按照"点"数的不同划分定额项目，以"台"为计量单位。

"点"是指报警联动一体机所带的有地址编码的报警器件与控制模块（接口）的数量。

总线制"点"是指报警联动一体机所带的有地址编码的报警器件与控制模块（接口）的

数量。

7. 重复显示器、警报装置、远程监控器安装

1）重复显示器以多线制和总线制分档，以"台"为计量单位。

2）警报装置以声光报警和警铃分档，以"台"为计量单位。

3）远程控制器以不同控制回路分档，以"台"为计量单位。

8. 火灾事故广播安装

分功率放大器、录音机、消防广播、吸顶式扬声器、壁挂式音响、广播分配器，以"台"为计量单位。

9. 消防通信、报警备用电源安装

1）电话交换机：以不同的门数分档，以"台"为计量单位。

2）电话分机以"部"为计量单位；电话插孔以"个"为计量单位。

3）消防报警备用电源以"台"为计量单位。

6.2.4　消防系统调试工程量计算

第七册《消防及安全防范设备安装工程》的第五章是消防系统调试，系统调试是指消防报警和灭火系统安装完毕且连通，并达到国家有关消防施工验收规范、标准所进行的全系统的检测、调整和试验。

该章包括自动报警系统装置调试，水灭火系统控制装置调试，火灾事故广播、消防通信、消防电梯系统装置调试，电动防火门、防火卷帘门、正压送风阀、排烟阀、防火阀控制系统装置调试，气体灭火系统装置调试等项目。

1. 自动报警系统装置调试

自动报警系统装置包括各种探测器、手动报警按钮和报警控制器。

工程量计算时，区别不同点数以"系统"为计量单位。其点数按多线制与总线制报警器的点数计算。

2. 水灭火系统控制装置调试

水灭火系统控制装置包括消火栓、自动喷水系统的控制装置。工程量计算时，按照不同点数以"系统"为计量单位，其点数按多线制与总线制联动控制器的点数计算。

3. 火灾事故广播、消防通信、消防电梯系统装置调试

1）广播喇叭及音响系统调试以"10只"为计量单位。

2）通信分机及插孔系统调试以"10只"为计量单位

3）消防电梯系统调试以"部"为计量单位。

4. 电动防火门、防火卷帘门、正压送风阀、排烟阀、防火阀控制系统装置调试

电动防火门、防火卷帘门、正压送风阀、排烟阀、防火阀控制系统装置调试，均以"10处"为计量单位。每樘为一处。

6.2.5　消防工程清单计价实例

某工程为某公司办公楼，层高为4m，地上四层。办公楼消防工程包括室内消火栓系统、简易自动喷水灭火系统、火灾自动报警系统，如图6-7~图6-17。

图例	名称	图例	名称
	感烟探测器		湿式报警阀
C	控制模块		水流指示器
	动力配电柜		遥控信号阀
	火灾报警控制器		手动报警装置
	组合声光报警装置	S	监视模块
	照明配电柜		应急照明配电柜

图 6-7　某工程火灾自动报警系统图（一）

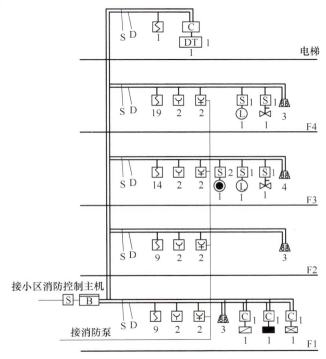

图 6-8　某工程火灾自动报警系统图（二）

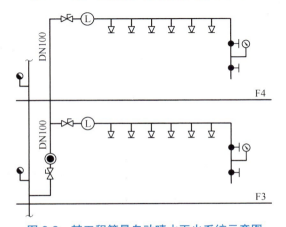

图 6-9　某工程简易自动喷水灭火系统示意图

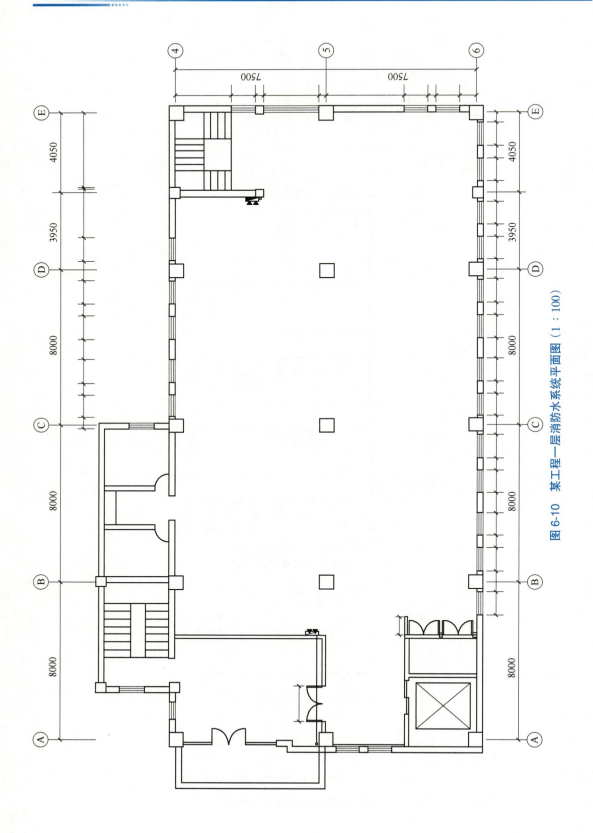

图 6-10　某工程一层消防水系统平面图（1：100）

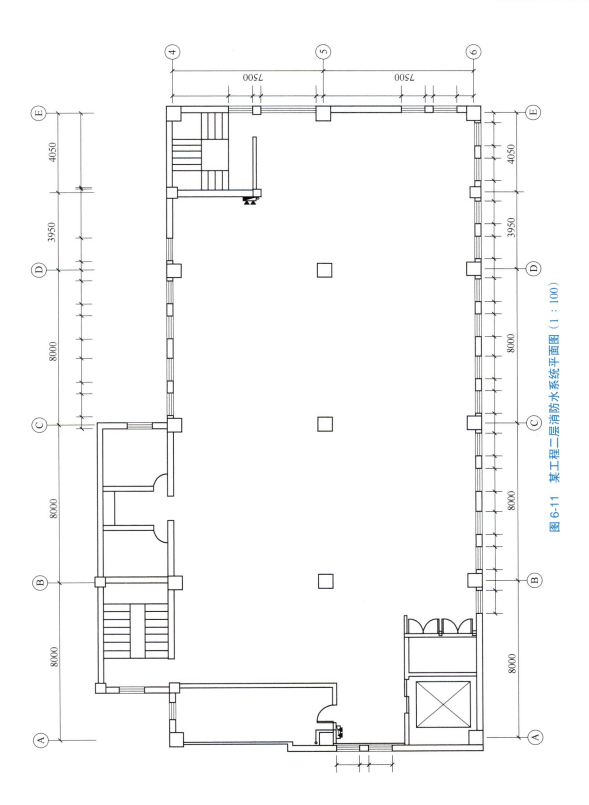

图6-11 某工程二层消防水系统平面图 (1 : 100)

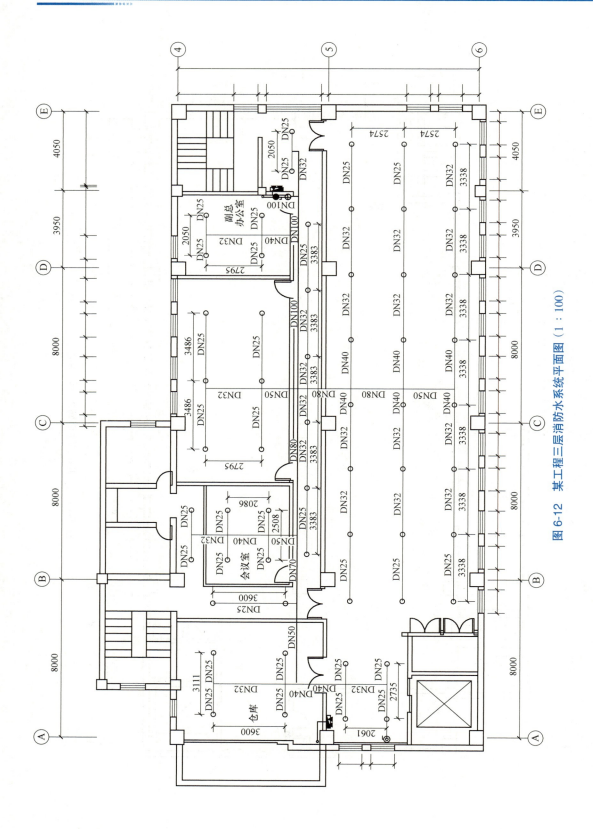

图 6-12 某工程三层消防水系统平面图（1：100）

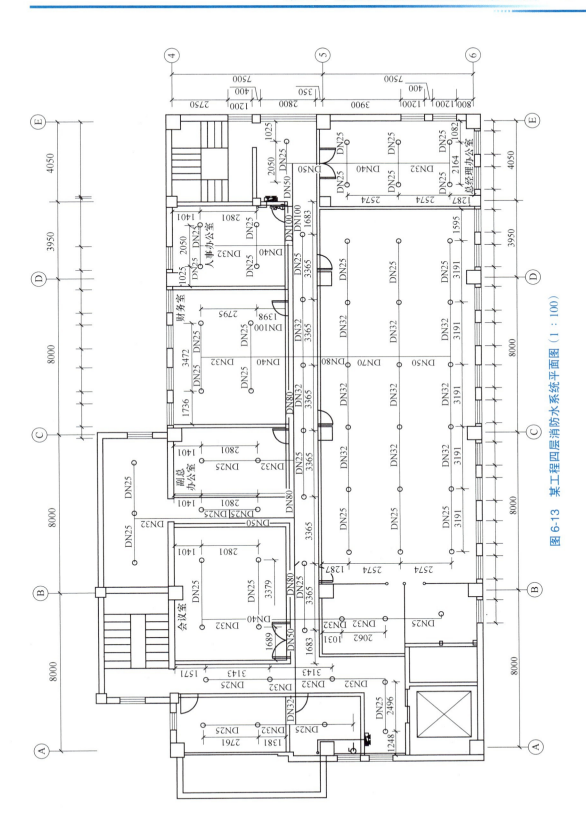

图6-13　某工程四层消防水系统平面图（1：100）

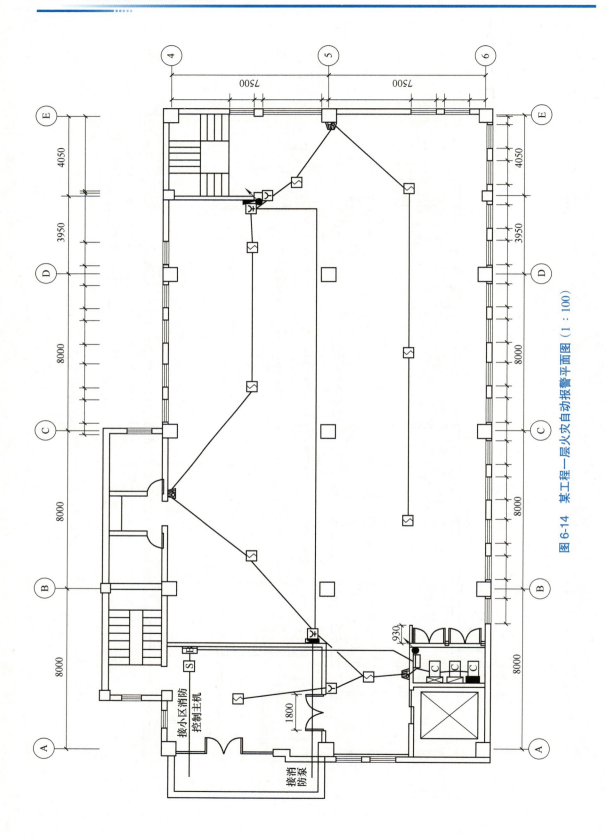

图 6-14　某工程一层火灾自动报警平面图（1∶100）

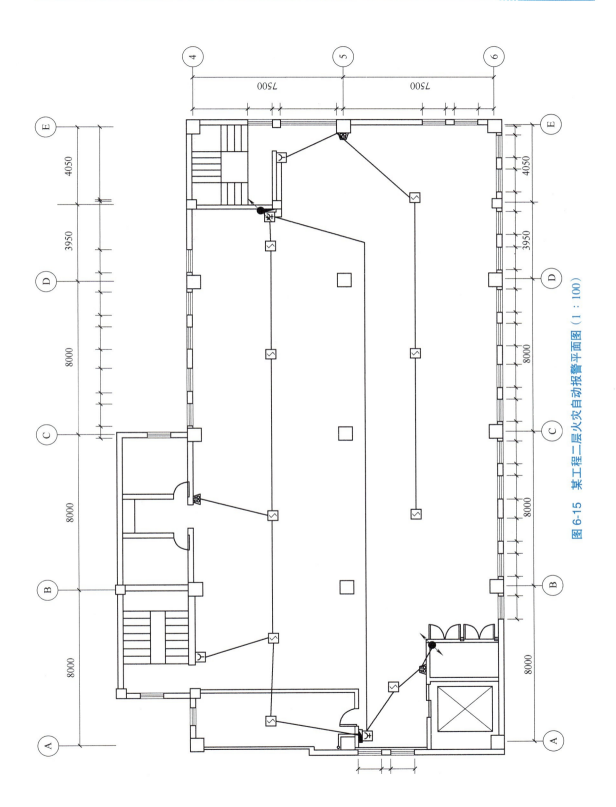

图 6-15　某工程二层火灾自动报警平面图（1：100）

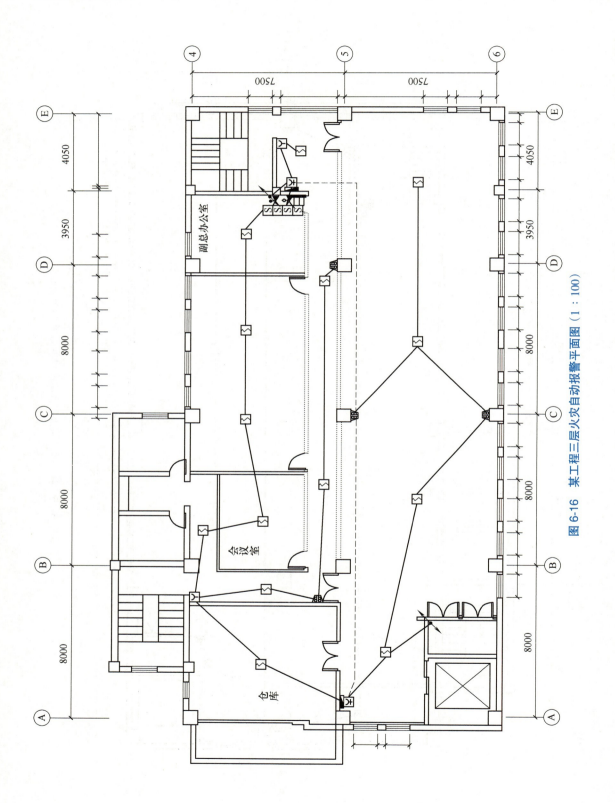

图 6-16 某工程三层火灾自动报警平面图（1：100）

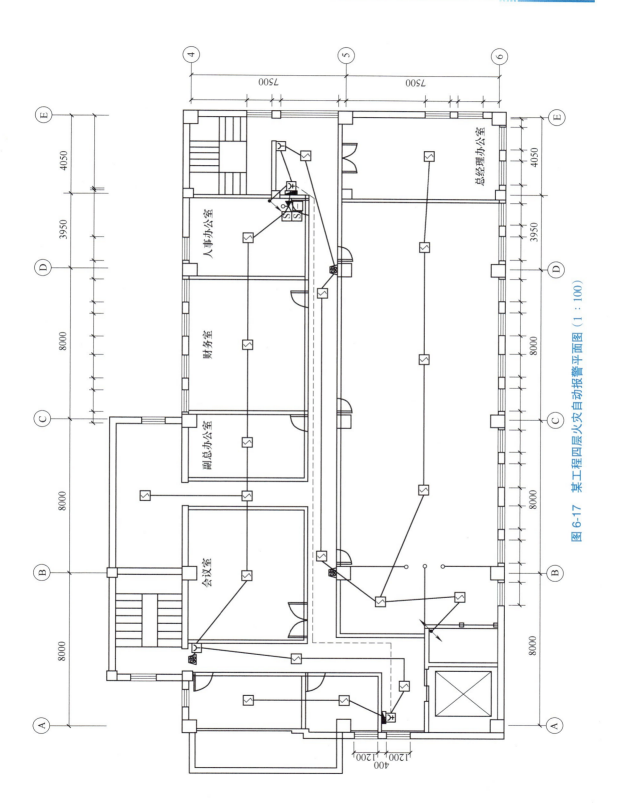

图 6-17　某工程四层火灾自动报警平面图（1∶100）

设计说明如下:

1）室内消火栓系统：每层设置两组消火栓，消火栓采用 SN 系列单出口单阀消火栓，每个消防箱下均配备 MFZ/ABC1 手提式干粉灭火器 2 具。

2）简易自动喷水灭火系统：系统由消防水源、湿式报警阀、ZSJZ 型水流指示器、ZSTX-15A 快速响应洒水喷头、末端试水装置、管道、水泵接合器等设施组成。

3）火灾自动报警系统：本楼的火灾报警系统主机设在一层，当发生火灾时楼内的主机向小区内消防主机发出信号。在房间、走道等公共场所设置感烟探测器，在公共场所设有手动报警按钮、编码声光报警器。当探测器、手动报警按钮报火警时，自动切断相应层的生活用电，启动编码声光报警器，提醒人员有序疏散。水喷淋系统的水流指示器、信号阀和湿式报警阀处设置监视模块将水流报警信号送到消防报警主机。

施工要求：

1）水系统管道材料用内外热镀锌钢管，DN80 以内管道采用螺纹连接，DN80 以外采用沟槽件连接。

2）管道冲洗合格后安装喷头，喷头在安装时距墙、柱、遮挡物的距离应严格按照施工验收规范要求进行。

3）消火栓安装，详见《建筑设备施工安装通用图集 消防给水工程》（91SB11-1）（2007）。

4）自动喷水湿式报警阀组安装、湿式系统末端试水装置安装，详见《建筑设备施工安装通用图集 自动灭火工程》（91SB12-1）（2007）。

5）管网安装完毕后，应进行强度试验和严密性试验。

6）设备安装完后根据系统报警回路和联动要求进行火灾报警和联动功能调试。

根据以上背景资料及《建设工程工程量清单计价规范》（GB 50500—2013）、《通用安装工程工程量计算规范》（GB 50856—2013），列出该消防工程分部分项工程量清单。

注意：消防报警系统配管、配线、接线盒按电气设备安装工程相关项目编码列项；支架及管道防腐按刷油、防腐蚀、绝热工程相关项目编码列项。工程量按延长米计算的为示意性数量。

该消防工程分部分项工程量清单见表 6-3~ 表 6-6。

表 6-3 清单工程量计算表（一）

工程名称：某工程（消防水工程） 第 页 共 页

序号	清单项目编码	清单项目名称	计算式	工程量合计	计量单位
		消火栓系统			
1	030901002001	消火栓镀锌钢管 螺纹连接 DN70	13	13	m
2	030901002002	消火栓镀锌钢管 沟槽连接 DN100	20	20	m
3	030901010001	室内消火栓 DN70	8	8	套
4	030901013001	手提式干粉灭火器	8×2	16	具
		喷淋系统			
1	030901001001	水喷淋镀锌钢管 螺纹连接 DN25	221.74	221.74	m
2	030901001002	水喷淋镀锌钢管 螺纹连接 DN32	133.78	133.78	m
3	030901001003	水喷淋镀锌钢管 螺纹连接 DN40	27.18	27.18	m

（续）

序号	清单项目编码	清单项目名称	计算式	工程量合计	计量单位
4	030901001004	水喷淋镀锌钢管 螺纹连接 DN50	23.53	23.53	m
5	030901001005	水喷淋镀锌钢管 螺纹连接 DN70	6.51	6.51	m
6	030901001006	水喷淋镀锌钢管 螺纹连接 DN80	27.8	27.8	m
7	030901001007	水喷淋镀锌钢管 沟槽连接 DN100	27.52	27.52	m
8	030901003001	水喷淋喷头 DN15	121	121	个
9	030901004001	湿式报警装置 DN100	1	1	组
10	030901006001	水流指示器 DN100	2	2	个
11	030901008001	末端试水装置 DN25	2	2	组

表 6-4　清单工程量计算表（二）

工程名称：某工程（消防报警工程）　　　　　　　　　　　　　　　　　　第　页　共　页

序号	清单项目编码	清单项目名称	计算式	工程量合计	计量单位
1	030904001001	感烟探测器	51	51	个
2	030904003001	手动报警装置	8	8	个
3	030904003002	消火栓启泵按钮	8	8	个
4	030904005001	组合声光报警装置	13	13	个
5	030904008001	监视模块（单输入）	6	6	个
6	030904008002	监视模块（多输入）	1	1	个
7	030904008003	控制模块	4	4	个
8	030904009001	火灾报警控制器	1	1	台
9	030905001001	自动报警系统调试	1	1	系统
10	030905002001	自动喷洒控制装置调试（水流指示器）	2	2	点
11	030905002002	消火栓控制装置调试（消火栓按钮）	8	8	点

表 6-5　分部分项工程和单价措施项目清单与计价表（一）

工程名称：某工程（消防水工程）　　　　　　　　　　　　　　　　　　第　页　共　页

序号	项目编码	项目名称	项目特征描述	计量单位	工程数量	综合单价	合价	人工费	暂估价
						金额（元）		其中	
		消火栓系统							
1	030901002001	消火栓钢管	1. 安装部位：室内 2. 材质、规格：镀锌钢管、DN70 3. 连接形式：螺纹连接 4. 压力试验、水冲洗：按规范要求	m	13				

（续）

序号	项目编码	项目名称	项目特征描述	计量单位	工程数量	综合单价	合价	人工费	暂估价
						金额（元）		其中	
2	030901002002	消火栓钢管	1. 安装部位：室内 2. 材质、规格：镀锌钢管、DN100 3. 连接形式：沟槽连接 4. 压力试验、水冲洗：按规范要求	m	20				
3	030901010001	室内消火栓	1. 安装方式：挂墙明装 2. 型号、规格：SN 系列单出口单阀，DN70 消火栓，主要器材详见 91SB11-1 P11	套	8				
4	030901013001	灭火器	1. 形式：手提式干粉灭火器 2. 型号、规格：MFZ/ABC1	具	16				
		喷淋系统							
1	030901001001	水喷淋钢管	1. 安装部位：室内 2. 材质、规格：镀锌钢管、DN25 3. 连接形式：螺纹连接 4. 压力试验、水冲洗：按规范要求	m	221.74				
2	030901001002	水喷淋钢管	1. 安装部位：室内 2. 材质、规格：镀锌钢管、DN32 3. 连接形式：螺纹连接 4. 压力试验、水冲洗：按规范要求	m	133.78				
3	030901001003	水喷淋钢管	1. 安装部位：室内 2. 材质、规格：镀锌钢管、DN40 3. 连接形式：螺纹连接 4. 压力试验、水冲洗：按规范要求	m	27.18				
4	030901001004	水喷淋钢管	1. 安装部位：室内 2. 材质、规格：镀锌钢管、DN50 3. 连接形式：螺纹连接 4. 压力试验、水冲洗：按规范要求	m	23.53				
5	030901001005	水喷淋钢管	1. 安装部位：室内 2. 材质、规格：镀锌钢管、DN70 3. 连接形式：螺纹连接 4. 压力试验、水冲洗：按规范要求	m	6.51				

（续）

序号	项目编码	项目名称	项目特征描述	计量单位	工程数量	金额（元）			
						综合单价	合价	其中	
								人工费	暂估价
6	030901001006	水喷淋钢管	1. 安装部位：室内 2. 材质、规格：镀锌钢管、DN80 3. 连接形式：螺纹连接 4. 压力试验、水冲洗：按规范要求	m	27.8				
7	030901001007	水喷淋钢管	1. 安装部位：室内 2. 材质、规格：镀锌钢管、DN100 3. 连接形式：沟槽连接 4. 压力试验、水冲洗：按规范要求	m	27.52				
8	030901003001	水喷淋喷头	1. 安装部位：室内顶板下 2. 材质、规格、型号：ZSTX-15A 下垂型快速响应玻璃球洒水喷头、DN15 3. 连接形式：有吊顶	个	121				
9	030901004001	报警装置	1. 名称：自动喷水湿式报警阀组 2. 规格、型号：ZSFZ 系列，详见 91SB11-1 P6-7	组	1				
10	030901006001	水流指示器	1. 规格、型号：ZSJZ 型水流指示器、DN100 2. 连接形式：沟槽法兰连接	个	2				
11	030901008001	末端试水装置	1. 规格、型号：湿式系统末端试水装置试水阀 DN25 2. 组装形式：见 91SB12-1 P116	组	2				

表 6-6　分部分项工程和单价措施项目清单与计价表（二）

工程名称：某工程（消防报警工程）　　　　　　　　　　　　　　　　　第　页　共　页

序号	项目编码	项目名称	项目特征描述	计量单位	工程数量	金额（元）			
						综合单价	合价	其中	
								人工费	暂估价
1	030904001001	点型探测器	1. 名称：感烟探测器 2. 线制：总线制 3. 类型：点型感烟探测器	个	51				
2	030904003001	按钮	名称：手动报警装置	个	8				
3	030904003002	按钮	名称：消火栓启泵按钮	个	8				

（续）

序号	项目编码	项目名称	项目特征描述	计量单位	工程数量	金额（元）			
						综合单价	合价	其中	
								人工费	暂估价
4	030904005001	声光报警装置	名称：组合声光报警装置	个	13				
5	030904008001	模块	1. 名称：模块 2. 类型：监视模块 3. 输出形式：单输入	个	6				
6	030904008002	模块	1. 名称：模块 2. 类型：监视模块 3. 输出形式：多输入	个	1				
7	030904008003	模块	1. 名称：模块 2. 类型：控制模块 3. 输出形式：单输出	个	4				
8	030904009001	火灾报警控制器	1. 线制：总线制 2. 安装方式：壁挂式 3. 控制点数量：128 点以内	台	1				
9	030905001001	自动报警系统调试	1. 点数：128 点以内 2. 线制：总线制	系统	1				
10	030905002001	水灭火控制装置调试	系统形式：自动喷洒系统（水流指示器）	点	2				
11	030905002002	水灭火控制装置调试	系统形式：消火栓系统（消火栓按钮）	点	8				

思 考 题

1. 消防设备安装工程定额与其他有关定额的分界是如何划分的？
2. 消防系统调试的含义是什么？
3. 消防系统调试工程量如何计算？
4. 控制器安装项目的"点数"如何确定？
5. 若采用成品集热板应如何计算？
6. 室内组合卷盘式消火栓，如何执行定额？
7. 系统水压试验与管道安装定额中的水压试验有什么区别？如何计算？
8. 管网水冲洗定额适用范围是什么？

7

第 7 章
通风空调工程施工图预算的编制

7.1 概述

7.1.1 通风空调工程的概念

通风就是把室外的新鲜空气适当地处理后（如净化加热等）送进室内，把室内的废气（经消毒、除害）排至室外，从而保持室内空气的新鲜和洁净度。也就是送风、排风、除尘、气力输送以及防、排烟系统工程的统称。

空气调节工程是更高一级的通风，它不仅要保证送进室内空气的温度和洁净度，同时还要保持一定的干湿度和速度。

7.1.2 通风工程的分类与组成

1. 通风工程的分类

（1）按其作用范围分类　通风工程可划分为全面通风、局部通风、混合通风。

1）全面通风：就是对整个房间或设施进行全面空气交换。当有害气体在大范围内产生并扩散到整个房间或设施时就需要全面通风，排除有害气体或送入大量的新鲜空气，将有害气体的含量冲淡到允许的范围之内。

2）局部通风：就是将污浊空气或有害气体从产生处抽出以防止扩散，或将新鲜空气送到某一个局部范围，改善局部范围内的空气状况。一般的车间应优先考虑采用局部通风。

3）混合通风：采用全面送风和局部排风或全面排风和局部送风相结合的通风形式称为混合通风。

（2）按其动力不同分类　通风工程可以划分为自然通风和机械通风。

1）自然通风：是借助于风压和热压使室内外的空气进行交换。它主要靠建筑物的门、窗、天窗、百叶窗、通风口或风帽来完成。一般当地下室面积小于 $50m^2$ 或设外窗且走道长度小于 60m 以及虽不设外窗但通道长度小于 20m 时可考虑采用自然通风。

自然通风示意图如图 7-1 所示。

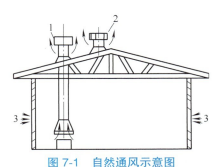

图 7-1　自然通风示意图
1—炉上风帽安装　2—屋顶上风帽安装
3—室外进气

自然通风又可分为无组织的自然通风和有组织的自然通风：

① 无组织的自然通风，是指建筑物不设置任何通风装置，只依靠门窗及其缝隙进行通风。一般的建筑物应优先考虑采用这种通风方式以降低成本。

② 有组织的自然通风，是指建筑物在墙上、屋顶设置可以自由启闭的侧窗、天窗或风帽以控制和调节排气的地点和数量进行有组织的通风。

2）机械通风：是利用通风机产生的抽力和压力，借助通风管网进行室内外空气交换的通风方式。机械通风按作用范围不同可分为局部通风（包括局部排风和送风）和全面机械通风（包括全面排风和送风）两种。

机械通风示意图如图 7-2 所示。

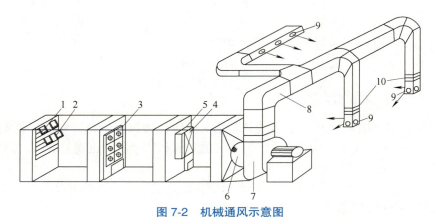

图 7-2 机械通风示意图

1—百叶窗 2—保温阀 3—过滤器 4—空气加热器 5—旁通阀
6—阀门 7—风机 8—风道 9—送风口 10—调节阀

（3）按通风系统的特征分类 通风工程可分为进气式通风和排气式通风。

2. 通风工程的组成

通风工程一般由送风系统和排风系统两部分组成。

（1）送风系统组成 送风系统组成如图 7-3 所示，包括新风口、空气处理室、通风机、送风管、回风管、送（出）风口、吸（回、排）风口、管道配件、管道部件等。

1）新风口：新鲜空气的入口。

2）空气处理室：进行空气过滤、加热、加湿等处理的设备。

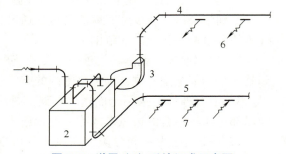

图 7-3 送风（J）系统组成示意图

1—新风口 2—空气处理室 3—通风机 4—送风管
5—回风管 6—送（出）风口 7—吸（回、排）风口

3）通风机：将处理后的空气送入风管内的机械。

4）送风管：将通风机送来的空气送到各个房间的管道。管道上安装有调节阀、送风口、防火阀、检查孔等部件。

5）回风管（排风管）：将浊气吸入管内，再送回空气处理室的管道，管道上装有回风口、防火阀等部件。

6）送（出）风口：将处理后的空气均匀送入房间的风口。

7）吸（回、排）风口：将房间内浊气吸入回风管道，送回空气处理室进行处理的风口。

8）管道配件（管件）：弯头、三通、四通、异径管、法兰盘、导流叶片、静压箱等。

静压箱是送风系统减少动压、增加静压、稳定气流和减少气流振动的一种必要的配件，它可使送风效果更加理想。静压箱可用来减少噪声，又可获得均匀的静压出风，减少动压损失，而且还有万能接头的作用。把静压箱很好地应用到通风系统中，可提高通风系统的综合性能。

9）管道部件：各种风口、阀门、排气罩、风帽、检查孔、测定孔及风管支架、吊托架等。

（2）排风系统组成　排风系统组成如图 7-4 所示，包括排风口、排风管、排风机、风帽、除尘器及其他管件和部件等。

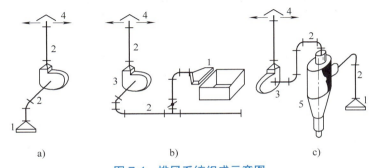

图 7-4　排风系统组成示意图
a）P 系统　b）侧吸罩 P 系统　c）除尘 P 系统
1—排风口（侧吸罩）　2—排风管　3—排风机　4—风帽　5—除尘器

1）排风口：将浊气吸入排风管内。有吸风口、排风口、侧吸罩、吸风罩等部件。

2）排风管：输送浊气的管道。

3）排风机：将浊气通过机械从排气管排出。

4）风帽：将浊气排入大气中，以防止空气倒灌并防止雨水灌入的部件。

5）除尘器：利用排风机的吸力将灰尘以及有害物质吸入除尘器中，再将尘粒集中排除。

7.1.3　空调系统的分类及组成

1. 空调系统的分类

空调是将送入房间的空气进行净化、加热（冷却）、干燥、加湿等处理，使其"四度"（温度、湿度、洁净度、气流速度）保持在一定范围内，从而确保空气质量满足工作与生活的需要。空调系统一般按工艺要求可分为集中空调系统、局部空调系统、混合式空调系统三种形式。

（1）集中空调系统　将空气集中处理后由风机把空气输送到需要空气调节处理的房间。

当系统的制冷量要求大时，因设备体积较大，可将所有空调设备集中安装在某个机房中，然后配以风管、风机、风口及各种配套阀门和控制设备。恒温恒湿集中式空调系统如图 7-5 所示。

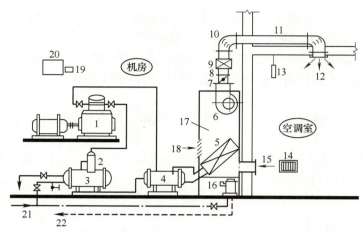

图 7-5　恒温恒湿集中式空调系统示意图

1—压缩机　2—油水分离器　3—冷凝器　4—热交换器　5—蒸发器　6—风机　7—送风调节阀
8—帆布接头　9—电加热器　10—导流叶片　11—送风管　12—送风口　13—电接点温度计
14—排风口　15—回风口　16—电加湿器　17—空气处理室　18—新风口
19—电子仪控制器　20—电控箱　21—给水管　22—回水管

　　（2）局部空调系统（分散式）　将空气设备直接或就近安装在需要空气调节的房间，就地调节空气。这类系统只要求局部实现空气调节，可直接采用空调机组，如柜式、壁挂式、窗式等，并在空调机上加新风口、电加热器、送风口及送风管等，如图 7-6 所示。

　　（3）混合式空调系统　既有集中处理，又有局部处理的空气调节，也称为半集中式空调系统。这类系统是通过集中式空调器对空气进行处理后，由风机和管道将处理过的空气（一次风）送至空调房间内的诱导器，空气经喷嘴以高速射

图 7-6　局部空调系统示意图

1—空调机组（柜式）　2—新风口　3—回风口
4—电加热器　5—送风管　6—送风口

出，在诱导器内形成负压，室内空气（二次风）被吸入诱导器，一、二次风相混合后由诱导器风口送出。

　　此外，空调系统还可按对空气参数的不同要求，分为恒温恒湿空调系统、降湿空调系统；按空气循环利用方式不同分为直流式空调系统、一次循环（回风）系统、二次循环（回风）系统。

2. 空调系统的组成

　　空调系统多为定型设备，一般组成部分有百叶窗、保温阀、空气过滤器、一次加热器、调节阀、淋水室（喷淋室）、二次加热器。

1）百叶窗：百叶窗是用来防止雨雪和其他杂物等落入进气设备的防护装置，分为木制与金属制两种，叶片角度为30°或45°两种。一般情况下用30°的百叶窗，在风沙较大的地区，为了防止风沙、雨雪侵入，常采用45°百叶窗。

2）保温阀：当空调系统停止工作时，可防止室外空气进入。

3）空气过滤器：清除新鲜空气中的灰尘。

4）一次加热器：是安装在淋水室或冷却器前的加热器，用于提高空气温度和增加吸湿能力，一般只在冬天使用，如用循环空气和新鲜空气混合时，有时可不用。

5）调节阀：调节一、二次循环风量，使室内空气循环使用以节约冷（热）量。

6）淋水室（喷淋室）：可根据使用需要喷淋不同温度的水，对空气进行加热、加湿、冷却、减湿等处理。淋水室设置挡水板，挡水板是组成淋水室的部件之一，它是由多个直立的折板（呈锯齿形）组成。折板以一般可用0.75~1.0mm的镀锌钢板加工制成，也有的用玻璃条组成。挡水板的主要用途是防止悬浮在淋水室气流中的水滴被带走，同时还有使空气气流均匀的作用。

7）二次加热器：安装在淋水室或表面冷却器之间的加热器，用于加热淋水室的空气，以保证送入室内的空气具有一定的温度和相对湿度。

3. 风管常用材料与连接方式

通风与空调工程的风管和部件、配件所用的材料主要有镀锌薄钢板、普通薄钢板（又称为黑铁皮）、玻璃钢板、复合钢板、不锈钢板、铝板、聚氯乙烯塑料板等，有时也用砖、混凝土、矿渣石膏板和木丝板。

通风与空调工程主要部件的连接方式有咬口、焊接和法兰连接三种。

风管应在适当的位置设置测温、测压、测风量等的仪表，在风管上还需安装检查孔，对水平或倾斜敷设的风管应设清扫口。输送含水蒸气或潮湿气体的排风管道，应有不小于0.5%坡度，并在风管最低点的通风机底部装水封及排水管。对输送有腐蚀性气体、蒸气和粉尘的风道，通风机及配件应做防腐处理。通风管应根据要求考虑是否采用保温、消声、减振等措施。

7.2　通风空调工程工程量计算及定额应用

7.2.1　通风空调工程定额及内容

1. 定额适用范围

《全国统一安装工程预算定额》第九册《通风空调工程》适用于工业与民用建筑的新建、扩建项目中的通风、空调工程。

2. 定额内容组成

《通风空调工程》定额共分十四章，有各类通风管道的制作与安装、通风管道部件的制作与安装、通风空调设备的安装、空调部件及设备支架的制作与安装、风帽的制作与安装、罩类的制作安装等六部分。

通风空调管道、设备刷油及绝热工程使用第十一册《刷油、防腐蚀、绝热工程》。

（1）通风、空调管道与部件的制作与安装　通风、空调管道与部件的制作与安装定额包括薄钢板通风管道制作安装、净化通风管道及部件制作安装、不锈钢板通风管道及部件制作安装、铝板通风管道及部件制作安装、塑料通风管道及部件制作安装、玻璃钢通风管道及部件安装等类。

1）薄钢板通风管道制作安装定额，根据薄钢板的材质、风管的断面形式、风管直径（或周长）、壁厚不同分别列出，包括镀锌薄钢板圆形风管、镀锌薄钢板矩形风管、薄钢板圆形风管、薄钢板矩形风管等。定额中各种钢板为未计价材料。

除此之外，定额还列出了柔性软风管、柔性软风管阀门安装、弯头导流叶片、软管接口、风管检查孔、温度测定孔、风量测定孔等定额子目。其中柔性软风管、柔性软风管阀门为未计价材料。

2）净化通风管道及部件制作安装定额分别列有镀锌薄钢板矩形净化风管（咬口）、静压箱、铝制孔板风口、过滤器框架等制作安装及高、中、低效过滤器，净化工作台，风淋室安装等定额子目。其中优质镀锌钢板，高、中、低效过滤器，净化工作台，风淋室为未计价材料，其材料费应另行计算。

3）不锈钢板通风管道及部件制作安装。不锈钢圆形风管根据壁厚和直径不同分别列项，其接口形式为电焊连接，不锈钢板为未计价材料。部件制作安装包括不锈钢风口、圆形法兰、圆形蝶阀、吊托支架制作安装等项目。不锈钢风口定额中不锈钢丝网为未计价材料。

4）铝板通风管道及部件制作安装定额包括铝板圆形风管、矩形风管，其中铝板为未计价材料，应另行计算。铝板通风管道部件制作安装包括圆伞形风帽、圆形法兰（气焊、手工氩弧焊）、矩形法兰（气焊、手工氩弧焊）、圆形蝶阀、矩形蝶阀（气焊）、风口等项目。

5）塑料通风管道及部件制作安装。塑料通风管道制作安装定额包括塑料圆形风管、矩形风管，根据风管直径或周长、壁厚不同分别列项，塑料板为未计价材料。塑料通风管道部件制作安装包括各种形式空气分布器、直片式散流器、插板式风口、各类阀门及各类风罩、风罩调节阀、风帽、柔性接口及伸缩节。

6）玻璃钢通风管道及部件安装。玻璃钢通风管道安装定额根据风管断面形式不同分为圆形风管、矩形风管两大类，又根据风管直径或周长、壁厚不同分别列项。其中玻璃钢风管为未计价材料，应另行计算。

玻璃钢通风管道部件安装定额包括各式阀门、电动机防雨罩、各式风口、散流器、风帽等子目。

（2）通风空调设备安装 通风空调设备安装定额包括空气加热器安装、冷却塔安装、离心式通风机安装、轴流式通风机安装、除尘设备安装、整体式空调机（冷风机）安装、窗式空调器安装、风机盘管安装、分段组装式空调器安装、玻璃冷却塔安装等内容。

通风空调设备安装定额除分段组装式空调器安装以"100kg"为单位外，其余均以"台"为单位。

（3）调节阀、消声器制作安装 包括调节阀制作安装与消声器制作安装两部分。

1）调节阀制作安装。调节阀制作安装定额有十二大类，即空气加热器上（旁）通阀，圆形瓣式启动阀，圆形保温阀，方形、矩形保温阀，圆形蝶阀，方形、矩形蝶阀，圆形风管止回阀，方形风管止回阀，密闭式斜插板阀，矩形风管三通调节阀，对开多叶调节阀，风管防火阀的制作安装等。每一类又根据阀门的形状、单件质量分别列项。

2）消声器制作安装。定额包括：片式消声器、矿棉管式消声器、聚酯泡沫管式消声器、卡普隆纤维管式消声器、弧形声流式消声器、阻抗复合式消声器制作安装六个子目。

调节阀、消声器制作安装定额均以"100kg"为单位。

（4）风口、风帽、罩类制作安装

1）风口分为制作和安装两部分。①风口制作：根据风口形式不同分21类。钢百叶窗（J718-1）根据单件面积列项；风管插板风口（T208-1、2）制作安装定额，根据风口周长不同分别以"个"列出。风口制作定额中，钢百叶窗、活动金属百叶风口以"m²"为单位，风管插板风口以"个"为单位，其余均以"100kg"为单位，计算工程量时应予以注意。②风口安装：定额除钢百叶窗是根据框内面积不同以"个"列出外，其余风口均根据其周长或直径不同以"个"列出。

2）风帽制作安装。定额根据风帽形状不同列出了圆伞形风帽、锥形风帽、筒形风帽三类，每一类又根据风帽单件质量不同分别列项。除此之外，定额还列出了筒形风帽滴水盘、风帽筝绳、风帽泛水。

风帽制作安装定额中，除了风帽泛水是以"m²"为单位外，其余均以"100kg"为单位。

3）罩类制作安装。定额根据罩类形式、功能不同列出13类，均以"100kg"为单位。

（5）空调部件及设备支架制作安装　空调部件及设备支架制作安装定额包括七部分，其中金属空调器壳体、滤水器、溢水盘、电加热器外壳、设备支架等均以"100kg"为单位；钢板挡水板分三折曲板、六折曲板，又根据片距不同分别列项，以"m²"为单位；钢板密闭门分带视孔、不带视孔两个子目，以"个"为单位。

（6）通风空调管道、设备刷油及绝热工程　通风空调管道、设备刷油及绝热工程分别套用第十一册《刷油、防腐蚀、绝热工程》管道刷油、设备与矩形管道刷油、金属结构刷油及绝热工程等有关子目。

3. 通风空调管道和部件的制作与安装定额划分

通风空调管道和部件的定额中制作与安装是不分的。如果只安装成品，应按定额分册中制作安装划分表，划分后再套用相应定额子目。制作与安装比例划分见表7-1。

表 7-1　通风空调管道和部件的制作与安装比例划分

章　号	项　目	制作比例（%）			安装比例（%）		
		人工费	材料费	机械费	人工费	材料费	机械费
第一章	薄钢板通风管道制作安装	60	95	95	40	5	5
第二章	调节阀制作安装	85	98	99	15	2	1
第三章	风口制作安装	85	98	99	15	2	1
第四章	风帽制作安装	75	80	99	25	20	1
第五章	罩类制作安装	78	98	95	22	2	5
第六章	消声器制作安装	91	98	99	9	2	1
第七章	空调部件及设备支架制作安装	86	98	95	14	2	5
第八章	通风空调设备制作安装	0	0	0	100	100	100
第九章	净化通风管道及部件制作安装	60	85	95	40	15	5

（续）

章 号	项 目	制作比例（%）			安装比例（%）		
		人工费	材料费	机械费	人工费	材料费	机械费
第十章	不锈钢通风管道及部件制作安装	72	95	95	28	5	5
第十一章	铝板通风管道及部件制作安装	68	95	95	32	5	5
第十二章	塑料板通风管道及部件制作安装	85	95	95	15	5	5
第十三章	玻璃钢通风管道及部件制作安装	0	0	0	100	100	100
第十四章	复合型风管制作安装	60	0	99	40	100	1

【例 7-1】 某通风管道采用的是 $D=660mm$ 薄钢板风管 100m。风管由甲方供应，乙方负责安装，按定额规定乙方应计取多少安装工程费？

解：

1）查定额知定额基价为 225.56 元，其中人工费 85.74 元，材料费 126.39 元，机械费 13.34 元。

2）查表 7-1 可知，风管安装费用划分比例为：人工费占 40%，材料费占 5%，机械费占 5%，则风管工程量为

$$3.14 \times 0.66 \times 100/10m^2 = 20.72（10m^2）$$

3）定额直接安装费为

$$[（85.74 \times 40\% + 126.39 \times 5\% + 13.43 \times 5\%）\times 20.72]元 = 855.47 元$$

7.2.2 薄钢板通风管道制作安装

通风管道种类很多，按风管截面形状分，有圆形风管和矩形风管；按材质不同分薄钢板风管、不锈钢板风管、铝板风管、塑料风管、玻璃钢风管和保温玻璃钢风管等。

通风管道的连接形式以通风管道制作方法分，有咬口连接和焊接两种形式，以通风管安装形式分为有法兰连接和无法兰连接。

在套用定额时应区分风管截面、材质及连接方式等分别套用相应定额子目。

1. 工程量计算

（1）管道工程量计算 风管制作安装按图示不同规格以展开面积计算。不扣除检查孔、测定孔、送风口、吸风口等所占面积。定额计量单位为"10m²"。

圆形风管

$$F = \pi DL$$

矩形风管

$$F =（边宽 + 边宽）\times 2L$$

式中 F——风管展开面积（m²）；

D——圆形风管直径（m）；

L——管道中心线长度（m）。

在工程量计算时，风管长度一律以施工图中心线为准（立管与支管以其中心线交点划分），

包括弯头、三通、四通、变径管、天圆地方等管件的长度，但不包括部件（如阀门）所占长度。直径和周长按图示尺寸为准展开，咬口重叠部分已包括在定额内，不得另行增加。

在计算风管长度时应扣除的部件长度（L）如下：

1）蝶阀：$L=150\text{mm}$。

2）对开式多叶调节阀：$L=210\text{mm}$。

3）圆形风管防火阀：$L=D+240\text{mm}$。D 为风管直径。

4）矩形风管防火阀：$L=B+240\text{mm}$。B 为风管高度。

5）止回阀：$L=300\text{mm}$。

6）密闭式斜插板阀：$L=D+200\text{mm}$。D 为风管直径。

通风管道主管与支管是从其中心线交点处划分以确定中心线长度的，分别如图 7-7～图 7-9 所示。

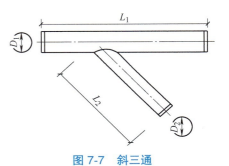

图 7-7　斜三通

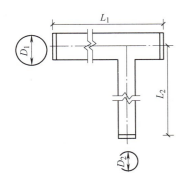

图 7-8　正三通

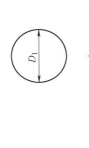

图 7-9　裤衩三通

在图 7-7 中，主管展开面积为

$$S_1=\pi D_1 L_1$$

支管展开面积为

$$S_2=\pi D_2 L_2$$

在图 7-8 中，主管展开面积为

$$S_1=\pi D_1 L_1$$

支管展开面积为

$$S_2=\pi D_2 L_2$$

在图 7-9 中，主管展开面积为

$$S_1=\pi D_1 L_1$$

支管 1 展开面积为

$$S_2=\pi D_2 L_2$$

支管 2 展开面积为

$$S_2=\pi D_3\left(L_{31}+L_{32}+2\pi r\theta\right)$$

式中 θ——弧度，$\theta = \alpha \times 0.01745$，$\alpha$ 为中心线夹角；

r——弯曲半径。

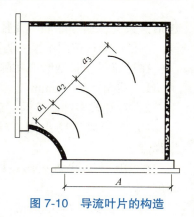

图 7-10 导流叶片的构造

（2）风管导流叶片工程量计算 均按图示叶片面积计算。

1）导流叶片的构造，如图 7-10 所示。

2）导流叶片的片数与风管的边长 A 有关。如设计无规定时，可执行《通风与空调工程施工验收规范》（GB 50243—2016）的规定，见表 7-2。

3）导流叶片面积的计算按下式进行：

导流叶片面积 = 导流叶片弧长 × 弯头边长 B × 片数

① 导流叶片弧长的计算如下式：

$$导流叶片弧长 = \frac{\pi}{180}\alpha r = 0.01745 \times 90° \times 0.2\text{m} = 0.314\text{m}$$

式中 α——中心角，90°；

r——半径，200mm。

表 7-2 导流叶片规格

型 号	1	2	3	4	5	6	7
边长 A/mm	500	630	800	1000	1250	1600	2000
导流叶片片数	4	4	6	7	8	10	12

② 弯头边长 B 按图示尺寸计算。

③ 导流叶片片数按表 7-2 选择，计算结果为

$$0.314 \times 1 \times 7\text{m}^2 = 2.198\text{m}^2$$

（3）柔性软风管安装工程量计算 按图示管道中心线长度以"m"为计量单位，柔性软风管阀门安装以"个"为计量单位。

（4）软管（帆布接口）制作安装工程量计算 按图示尺寸以"m^2"为计量单位。

（5）风管检查孔工程量计算 按《全国统一安装工程预算定额》第九册附录"国际通风部件标准质量表"计算。

（6）风管测定孔制作安装工程量计算 按其型号以"个"为计量单位。

2. 定额的套用

1）整个通风系统设计采用渐缩管均匀送风时，圆形风管按平均直径，矩形风管按平均周长，套用相应规格子目，其人工应乘以系数 2.5。

2）镀锌薄钢板风管子目中的板材是按镀锌薄钢板编制的，如不用镀锌薄钢板时，板材可以换算，其他不变。

3）软管接头使用人造革而不使用帆布时可以换算。

4）风管导流叶片不分单叶片、双叶片均使用同一子目。

5）制作空气幕风管时，按矩形风管平均周长套用相应风管规格子目，其人工乘以系数 3，其余不变。

6）镀锌薄钢板的制作安装中除包括上述管件中的制作安装，还包括法兰、加固框、吊

托支架的制作安装，但不包括跨风管落地支架，落地支架设备执行支架项目。

7）项目中法兰垫料如设计要求使用材料不同时可以换算，但人工不变。使用泡沫者，每 1kg 橡胶板换算为泡沫塑料 0.125kg；使用闭孔乳胶海绵时，每 1kg 橡胶板换算闭孔乳胶海绵 0.5kg。

8）柔性软风管适用于金属、涂塑化纤织物、聚酯乙烯、聚氯乙烯薄膜、铝箔等材料制成的软风管。柔性软风管与帆布接口的主要区别就是柔性软风管为成品安装，而帆布接口主要是现场制作安装。在套用定额时，柔性软风管每根长度小于 3m 时，可直接套用定额；每根长度大于 3m 时，可按 3m 一根折算，不足 3m 按 3m 计。

【**例 7-2**】　已知风管安装高度为 5.5m，材质为厚 0.5mm 的普通镀锌薄钢板圆形风管，采用咬口连接，风管尺寸如图 7-11 所示，弯头的弯曲半径 $R=300$mm，弯曲度数为 60°、90° 两种。试计算风管的定额直接费。

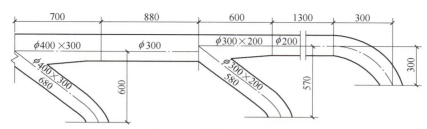

图 7-11　风管尺寸示意图

解：分析：根据镀锌薄钢板圆形风管（$\delta=1.2$mm 以内、咬口）的定额项目，可知本题需划分两项计算风管面积。直径 200mm 以内（含 200mm）的套用定额子目 9-1；直径 500mm 以下套用定额子目 9-2。工程量计算时，风管的长度应按管道中心线展开长度计算（弯头处的中心线长度应根据弯曲半径 r 和圆心角度数 θ 来计算，即 $L=\dfrac{\theta\pi r}{180°}$）。渐缩管应按平均直径计算。

（1）工程量计算

ϕ200mm：

$$F=\pi DL=3.14\times0.2\text{m}\times\left(1.3\text{m}+\frac{90°\times3.14\times0.3\text{m}}{180°}\right)$$

$$=3.14\times0.2\text{m}\times1.771\text{m}$$

$$=1.11\text{m}^2$$

ϕ300mm×200mm 渐缩管：

$$F=\pi DL=3.14\times0.25\text{m}\times\left(0.6\text{m}+0.58\text{m}+\frac{60°\times3.14\times0.3\text{m}}{180°}\right)$$

$$=3.14\times0.25\text{m}\times1.494\text{m}$$

$$=1.17\text{m}^2$$

ϕ300mm：

$$F=\pi DL=3.14\times0.3\text{m}\times0.88\text{m}=0.83\text{m}^2$$

$\phi 400mm \times 300mm$ 渐缩管:

$$F=\pi DL=3.14 \times \frac{0.4m+0.3m}{2} \times \left(0.7m+0.68m+\frac{60° \times 3.14 \times 0.3m}{180°}\right)$$
$$=3.14 \times 0.35m \times 1.69m$$
$$=1.86m^2$$

工程量合计:直径 200mm 以内项目工程量为 $1.11m^2$;直径 500mm 以内项目工程量 $3.86m^2$。

(2)定额直接费计算　见表 7-3。

表 7-3　定额直接费计算表

序号	定额编号	项目名称	单位	数量	基价(元)	合价(元)	其中人工费	
							单价(元)	合价(元)
1	9-1	镀锌薄钢板圆形风管(δ=1.2mm 以内、咬口)直径 200mm 以下	10m²	0.11	480.92	52.90	338.78	37.27
2	9-2	镀锌薄钢板圆形风管(δ=1.2mm 以内、咬口)直径 500mm 以下	10m²	0.39	378.10	147.46	208.75	81.42
		定额直接费小计				200.36		118.69

7.2.3　其他项目的定额应用

1. 调节阀、消声器制作安装

通风空调系统常用阀类有:空气加热器上旁通阀、圆形瓣式启动阀、圆形保温蝶阀、方形及矩形保温蝶阀、圆形蝶阀、方形及矩形蝶阀、圆形及方形风管止回阀、密闭式斜插板阀、矩形风管三通调节阀、对开多叶调节阀、风管防火阀等。

(1)调节阀制作　调节阀制作分标准设计和非标准设计,其工程量均按成品质量以"kg"为计量单位。如为标准设计,可根据设计型号、规格查阅标准图或查阅定额第九册附录二查出其成品质量;如为非标准设计,应按图示成品质量计算,套用调节阀的制作子目。

(2)调节阀安装　安装工程量按图示规格尺寸(周长或直径)以"个"为计量单位,套用其相应的安装子目。

(3)余压阀安装　套用止回阀定额子目(第八册)。

【例 7-3】　某通风工程,按图样标示计算,共有 $D=160mm$ 钢制蝶阀(T302-7)20 个,$D=400mm$ 钢制蝶阀(T302-7)10 个,请计算蝶阀制作、安装工程量。

解:首先查质量表知:$D=160mm$ 蝶阀 2.81kg/个,$D=400mm$ 蝶阀 8.86kg/个。

即 $\phi 160mm$ 钢制蝶阀 $=2.81kg/个 \times 20 个 =56.2kg$

　　$\phi 400mm$ 钢制蝶阀 $=8.86kg/个 \times 10 个 =88.6kg$

根据定额规定可知，$\phi 160mm$ 和 $\phi 400mm$ 均属于 10kg 以下子目，所以钢制蝶阀制作、安装工程量为

$$(56.2+88.6)kg=144.8kg=1.45（100kg）$$

（4）消声器制作安装　消声器通常有阻性和抗性、共振性、宽频带复合式消声器等。

消声器制作安装工程量按成品质量以"kg"为计量单位。如为标准设计，可根据设计型号、规格查阅标准图或查阅《全国统一安装工程预算定额》第九册附录二查出其成品质量；如为非标准设计，应按图示成品质量计算。消声器支架应另行列项计算，套用消声器的制作安装子目。

调节阀、消声器刷油、防腐执行《全国统一安装工程预算定额》第十一册《刷油、防腐蚀、绝热工程》定额子目。

2. 风口、风帽、罩类制作安装

（1）风口制作安装　分为风口制作与安装两项。

1）风口制作。钢百叶窗及活动金属百叶风口的制作，以"m^2"为计量单位。除此之外均按成品质量以"kg"为计量单位，如为标准设计，可根据设计型号、规格查阅标准图或查阅定额第九册附录二查出其成品质量；如为非标准设计，应按图示成品质量计算。套用风口制作的相应定额子目。

2）风口安装。风口安装均按规格尺寸以"个"为计量单位。套用风口安装相应子目。风口安装螺栓是以暗装考虑的，如螺栓为明装时，人工费乘以系数 0.8，其余不变。

（2）风帽制作安装　风帽的主要形状有伞形风帽、锥形风帽和筒形风帽等，风帽的制作安装区分不同形状以"kg"为计量单位，套用风帽制作安装相应子目。

风帽筝绳（牵引绳）制作安装按图示规格、长度以"kg"为计量单位，套用风帽筝绳子目。

风帽泛水制作安装按图示尺寸展开面积，以"m^2"为计量单位，套用风帽泛水子目。

当通风管道穿出屋面时，为了防止雨水渗入，必须安装风帽泛水，尽管有时施工图没有标出，也必须安装，因此在计算工程量时必须予以考虑。

风帽泛水制作安装分圆形和方形两种，其工程量计算应分不同规格，按展开面积计算，如图 7-12 所示。

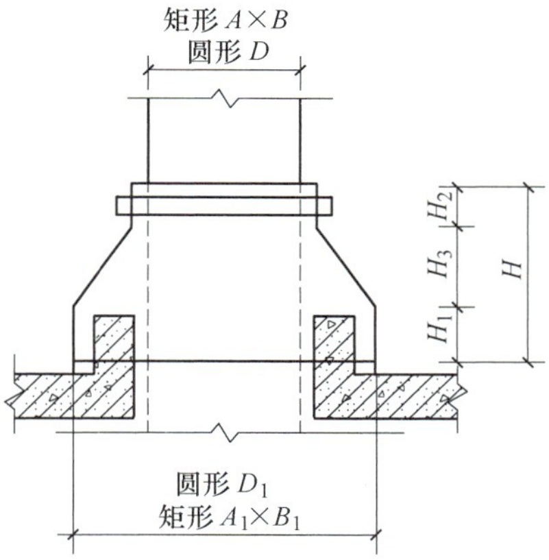

图 7-12　风帽泛水

圆形展开为

$$F=\left(\frac{D_1+D}{2}\right)\pi H_3+D\pi H_2+D_1\pi H_1$$

方、矩形展开为

$$F=[2(A+B)+2(A_1+B_1)]\div 2H_3+2(A+B)H_2+2(A_1+B_1)H_1$$

式中　$H=D$ 或风管大边长；$H_1\approx 100\sim150mm$；$H_2\approx 50\sim150mm$。

（3）罩类制作安装　罩类指通风空调系统中风机传动带防护罩、电动机防雨罩和倒吸罩、排气罩、吸式槽边罩、抽风罩、回转罩等，其制作安装根据规格、型号按质量以"kg"

为计量单位，套用罩类制作安装相应定额子目。

以上风帽及罩类制作安装工程量如为标准设计时，其质量可查阅《全国统一安装工程预算定额》第九册定额附录中成品质量。

3. 空调部件及设备支架制作安装

空调部件及设备支架制作安装主要包括空调器金属壳体、滤水器、溢水盘、挡水板、密闭门、设备支架及电加热器外壳等的制作安装。

1）空调器金属壳体、滤水器、溢水盘，其工程量均按成品质量以"kg"为计量单位。如为标准设计，可根据设计型号、规格查阅标准图或查阅定额第九册附录二查出其成品质量；如为非标准设计，应按图示成品质量计算，套用相应的制作子目。

2）挡水板制作安装按空调器断面以"m²"为计量单位，套用相应子目。如果是玻璃钢板挡水板，则执行钢挡水板相应项目，但其材料、机械均乘以系数0.45，人工不变。挡水板如图7-13所示。

$$挡水板面积 = 空调器断面面积 \times 挡水板张数$$

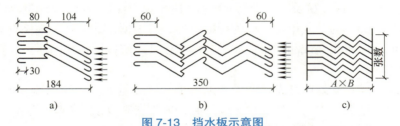

图7-13　挡水板示意图
a）前挡水板　b）后挡水板　c）工程量计算图

3）钢板密闭门制作安装区分带视孔和不带视孔，按其规格尺寸以"个"为计量单位，套用相应子目。如果是保温钢板密闭门，则执行钢板密闭门项目，其材料乘以系数0.5，机械乘以系数0.45，人工不变。

4）设备支架制作安装按图示尺寸以"kg"为计量单位，以不同质量档次套用相应定额子目。

5）电加热器外壳制作安装工程量按图示尺寸以"kg"为计量单位，套用相应子目。

4. 通风空调设备安装

通风空调设备包括通风除尘设备、空调设备、热冷空气幕、暖风机、制冷设备等。

（1）通风机　通风机按其作用和构造原理，可分为离心式通风机和轴流通风机两种。其安装工程量按不同型号，以"台"为计量单位，套用相应定额子目。

轴流通风机安装按悬吊式考虑，若采用落地式安装，其人工乘以系数0.85；箱体式通风机安装按相应定额子目乘以系数1.2；混流通风机、消防通风机的安装，套用轴流通风机安装相应子目，人工乘以系数1.1。

（2）除尘器　除尘器安装按不同质量以"台"为计量单位，套用相应子目。定额中不包括除尘器制作，其制作应另行计算；也不包括支架制作与安装。

（3）空调器　空调器一般分为风机盘管空调器、装配式空调器、整体式空调器、窗式空调器等。

1）风机盘管空调器安装，不区分风量、冷量、风机功率的大小，根据落地式和吊顶式分别以"台"为计量单位，套用相应定额子目。风机盘管配管安装执行《全国统一安装工程预算定额》第八册《给排水、采暖、燃气工程》相应定额子目。

2）装配式空调器安装，按质量以"kg"为计量单位，套用"分段组装式空调器安装"子目。

3）整体式空调器安装，按吊顶式、落地式、墙上式，根据不同质量分档以"台"为计量单位，套用"整体式空调器安装"子目。

4）窗式空调器安装以"台"为计量单位。套用"窗式"定额子目。支架制作、除锈、刷油、密封料及其木框和防晒装置等不包含在定额内，需另行计算。

（4）空气加热器（冷却器）　加热及冷却器安装，按不同型号，以"台"为计量单位。根据不同质量分档套用相应子目。

（5）设备安装项目中的基价　设备安装项目中的基价不含设备费和应配备的地脚螺栓价值，应另行计算。设备费按成品价计算。

（6）空气幕　空气幕是通过贯流风轮产生的强大气流，形成一面无形的门帘，因此，也称风帘机、风幕机、空气风幕机、风闸、空气门。用于制冷、空调、防尘、隔热的商场、剧院、厂房、宾馆、饭店等门口。空气幕根据其型号规格不同以"台"为计量单位。

（7）暖风机　主要由空气加热器和风机组成，空气加热器散热，然后风机送出，使室内空气温度得以调节。定额根据质量不同以"台"为计量单位。

5. 净化通风管道及部件制作安装

（1）管道　净化通风管道制作安装的工程量计算方法与普通薄钢板通风管道相同。定额套用时应注意以下几点：

1）净化风管制作安装项目中，包括弯头、三通、变径管、天圆地方等管件及法兰，加固框和支吊架的制作用工，不得另行计算。但不包括过跨风管落地支架，落地支架执行设备支架项目。

2）净化风管中的板材若设计厚度不同者可以换算，但人工、机械不变。

3）风管涂密封胶是按全部口缝外表面涂抹考虑的，若设计要求口缝不涂抹而只在法兰处涂抹时，每 10m² 风管应减去密封胶 1.5kg 和人工 0.37 工日。

4）本部分风管定额是按矩形截面考虑的，如遇圆形净化风管应套用矩形风管相应子目。

（2）过滤器、净化工作台、风淋室　过滤器、净化工作台、风淋室的安装工程量以"台"为计量单位。在套用子目时，风淋室安装子目是根据质量来划分的，应根据其质量的大小分别套用。过滤器框架另行按质量计算。

过滤器安装项目定额中包括试装，如设计不要求试装者，其人工、材料、机械也不调整。

（3）洁净室　洁净室安装按质量计算工程量，套用"分段组装式空调器"安装定额子目。

（4）风管部件　风管部件包括静压箱、风口。静压箱以"台"为计量单位，风口以质量计。定额项目中，型钢未包括镀锌费，如设计要求镀锌时，应另计镀锌费。

6. 不锈钢通风管道及部件制作安装

不锈钢通风管道及部件的制作安装工程量计算方法与普通薄钢板管道和部件部分相同。套用定额时应注意下列问题：

1）不锈钢风管制作安装项目中包括管件，但不包括法兰和吊托支架。法兰和吊托支架可按质量以"kg"为计量单位，套用相应子目。

2）本部分风管定额是按圆形截面考虑的，如遇矩形风管套用圆形风管相应子目。

3）风管定额中按电焊考虑的，如需使用手工氩弧焊，其定额人工乘以系数 1.238，材料乘以系数 1.163，机械乘以系数 1.673。

4）风管中的板材如设计要求厚度不同者可以换算，人工、材料不变。

7. 铝板通风管道及部件制作安装

铝板通风管道及部件制作安装工程量计算方法与普通薄钢板风管及部件制作安装相同。套用定额时应注意：

1）风管制作安装中包括管件，但不含法兰和吊托支架。法兰和吊托支架应单独列项，以"kg"为单位计量，套用相应子目。

2）风管以电焊考虑的项目，如需使用手工氩弧焊，其人工乘以系数 1.154，材料乘以系数 0.852，机械乘以系数 9.242。

3）风管中的板材如设计厚度要求不同时可以换算，但人工、机械不变。

8. 塑料通风管道及部件制作安装

塑料通风管及部件制作安装工作内容与工程量计算与薄钢板风管及部件相同，定额套用时应注意：

1）风管制作安装中包括管件、法兰、加固框，但不包括吊托支架。吊托支架以"kg"为单位计量另行计算。

2）塑料风管项目中，规格所表示的圆形风管直径为内径，矩形风管周长为内周长。

3）风管制作安装中的板材（指每 10m² 定额用量为 11.6m² 者），如设计要求厚度不同者可以换算，但人工、机械不变。

4）项目中的法兰垫料如设计要求使用品种不同时可以换算，但人工不变。

5）塑料通风管道部件制作的胎具摊销材料费，未包括在定额内，按以下规定另行计算：①风管工程量在 30m² 以上的，每 10m² 风管的胎具摊销木材为 0.06m³，按地区预算价格计算胎具材料摊销费；②风管工程量在 30m² 以下的，每 10m² 风管的胎具摊销木材为 0.09m³，按地区预算价格计算胎具材料摊销费。

9. 玻璃钢管通风管道及部件安装

玻璃钢管通风管道及部件安装工程量计算规则与普通薄钢板风管及部件的安装相同，套用定额时应注意：

1）玻璃钢管通风管道安装项目中包括弯头、三通、四通、变径管、天圆地方等管件的安装及法兰加固框和吊托架的制作安装，不包括跨风管落地支架，落地支架执行设备支架项目。

2）本定额按计算工程量加损耗外加工定做，其价格按实际价格，风管修补应由加工单位负责，其费用按实际发生价计算在主材内。

3）本定额未考虑预留铁件的制作与埋设，如果设计要求用膨胀螺栓安装吊托支架者，膨胀螺栓可按实际调整，其余不变。

10. 复合型风管制作安装

复合型风管是由复合型板材制作的风管，其制作安装工程量计算与普通薄钢板风管相同，定额套用时应注意：

1）风管项目中，规格所表示的直径为内径，周长为内周长。

2）风管制作安装项目中，已包括管件、法兰、加固框、吊托支架的制作安装。

11. 通风空调管道、设备简体刷油及绝热工程

通风空调管道、设备简体刷油及绝热工程应执行《全国统一安装工程预算定额》第十一册相应子目。

（1）管道、设备简体的除锈、刷油　按以下规则进行工程量计算：

1）管道、设备简体的除锈、刷油工程量按表面积"m²"为计量单位。

2）通风空调部件和吊托支架的除锈、刷油工程量，按质量"kg"为计量单位。

3）各种管件、阀件及设备上人孔、管口凹凸部分的除锈、刷油已综合考虑在定额内，不另行计算。

（2）管道、设备简体的防腐　按以下规则进行工程量计算：

1）管道、设备简体的防腐工程量按表面积以"m²"为计量单位。

2）阀门、弯头、法兰的防腐工程量按表面积以"m²"为计量单位。

① 阀门表面积计算公式：

$$S=\pi D \times 2.5DKN$$

式中　D——直径；

K——1.05；

N——阀门个数。

② 弯头表面积计算公式：

$$S=\pi D \times 1.5D \times 2\pi N/B$$

式中　D——直径；

N——弯头个数；

B——90°弯头，$B=4$；45°弯头，$B=8$。

③ 法兰表面积计算公式：

$$S=\pi D \times 1.5DKN$$

式中　D——直径；

K——1.05；

N——法兰个数。

④ 设备和管道法兰翻边工程量计算公式：

$$S=\pi(D+A)A$$

式中　D——直径；

A——法兰翻边宽。

（3）设备简体、管道及部件的绝热

1）设备简体、管道及部件的绝热工程量，区分不同材质，按绝热层体积以"m³"为计量单位；防潮层、保护层工程量按展开表面积以"m²"为计量单位。

2）工程量的计算公式。

① 矩形风管保温层如图 7-14 所示。其体积公式：

$$V=S\delta+4\delta L$$

式中　S——风管展开面积。

② 矩形风管外保护壳面积计算公式：

$$S=[(A+B)\times 2+8\delta]L$$

③ 圆形风管及设备筒体保温层体积计算公式：

$$V=\pi(D+1.033\delta)\times 1.033\delta L$$

④ 圆形风管及设备筒体防潮层和保护层面积计算公式：

$$S=\pi(D+\delta+0.0082)L$$

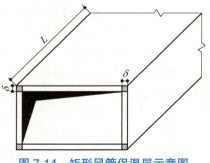

图 7-14　矩形风管保温层示意图

式中　A、B——矩形风管截面尺寸（m）；

　　　　D——圆形风管直径（m）；

　　　　δ——保温材料厚度（m）；

　　　　L——风管或设备筒体长度（m）；

　　　1.033——调整系数；

　0.0082——捆扎线直径或钢带厚。

（4）使用定额应注意事项　主要包括以下几点：

1）金属面刷油不包括除锈费用，除锈费用套用人工除锈定额另计。

2）刷油定额是按安装地点就地刷（喷）油考虑的，如安装前集中刷油，人工乘以系数 0.7。

3）矩形风管绝热量需要加防雨坡度时，其人工材料另计。

4）设备、管道绝热定额中均按现场先安装后绝热施工，若先绝热后安装时，其人工乘以系数 0.9。

5）管道绝热工程除法兰、阀门外其他管件均已考虑在内；设备绝热工程除法兰、人孔外，其余封头已考虑在内。

6）镀锌薄钢板保护层的规格是按 1000mm×2000mm 和 900mm×1800mm、厚度 0.8mm 以下综合考虑的。若采用其他规格时，可按实际调整，厚度大于 0.8mm 时，其人工乘以系数 1.2；卧式设备保护安装其人工乘以系数 0.5；铝皮保护层主材可以换算。

7）采用不锈钢薄板作保护层安装时，执行金属保护层相应定额项目，其人工乘以系数 1.25，钻头消耗量乘以系数 2.0，机械乘以系数 1.15。

8）薄钢板风管刷油，按其工程量套用《全国统一安装工程预算定额》第十一册《刷油、防腐蚀、绝热工程》有关子目。仅外（或内）面刷油时，基价乘以系数 1.2，内外均刷油时，人工乘以系数 1.1（其法兰加固框、吊托支架已包括在此系数内）。

9）绝热材料不需黏结时，套用有关子目，需减去其中的黏结材料，人工乘以系数 0.5。

10）薄钢板部件刷油按其工程量套用金属结构刷油子目，基价乘系数 1.15。

11）薄钢板风管、部件及单独列项的支架，其除锈不分锈蚀程度一律按其第一遍刷油的工程量执行定额。

7.2.4　《通风空调工程》分册与其他分册的关系

1. 按系数计取的费用

通风空调工程按系数计取的费用有高层建筑增加费、超高增加费、脚手架搭拆费、系统调整费、安装与生产同时进行增加费、在有害身体健康环境中人工降效增加费等，这些费用应根据工程的具体情况，按照定额册说明中的有关规定计取。

2. 与《全国统一安装工程预算定额》其他分册的关系

1）通风空调工程的电气控制箱、电动机检查接线、配管配线等，应按第二册《电气设备安装工程》定额规定计量和套用定额。

2）通风空调机房给水和冷冻水管，冷却塔循环水管应按第六册《工业管道工程》定额规定计量和套用定额。

3）通风管道的除锈、刷油、保温防腐工程，应按第十一册《刷油、防腐蚀、绝热工程》定额规定计量和套用定额。

4）通风空调工程所用仪表、温度计安装，应按第十册《自动化控制仪表安装工程》定额规定计量和套用定额。

5）制冷机组及附属设备安装，应按第一册《机械设备安装工程》定额规定计量和套用定额。

6）设备基础砌筑浇筑、风道砌筑及风道防腐应按土建相应定额执行。

7.3　通风空调管道工程工程量清单计价的计算规则

通风空调工程的工程量清单包括 G.1 通风及空调设备及部件制作安装（030701）、G.2 通风管道制作安装（030702）、G.3 通风管道部件制作安装（030703）、G.4 通风工程检测、调试（030704）四个部分，共 52 个清单项目。

7.3.1　通风空调管道工程常见项目的工程量清单计算规则

1. 通风及空调设备及部件制作安装

1）空气加热器（冷却器）除尘设备安装依据不同的规格、质量，按设计图示数量计算，以"台"为计量单位。

2）通风机安装依据不同的形式、规格，按设计图示数量计算，以"台"为计量单位。

3）空调器安装依据不同形式、质量、安装位置，按设计图示数量计算，以"台"为计量单位。

4）风机盘管安装依据不同形式、安装位置，按设计图示数量计算，以"台"或"组"为计量单位。

5）密闭门制作安装依据不同型号、特征（带视孔或不带视孔），按设计图示数量计算，以"个"为计量单位。

6）挡水板制作安装依据不同材质，按设计图示数量计算，以"个"为计量单位。

7）金属空调器壳体、滤水器、溢水盘制作安装依据不同特征、用途，按设计图示数量计算，以"个"为计量单位。

8）过滤器安装依据不同型号、过滤功效，按设计图示数量计算，以"台"为计量单位。

9）净化工作台安装依据不同类型，按设计图示数量计算，以"台"为计量单位。

10）风淋室、洁净室安装依据不同质量，按设计图示数量计算，以"台"为计量单位。

11）设备支架依据图示尺寸按质量计算，以"kg"为计量单位。

2. 通风管道制作安装

1）各种通风管道制作安装依据材质、形状、周长或直径、板材厚度、接口形式，按设计图示以展开面积计算，不扣除检查孔、测定孔、送风口、吸风口等所占面积；风管长度一律以设计图示中心线长度为准（主管与支管以其中心线交点划分）。包括弯头、三通、变径管、天圆地方等管件的长度。风管展开面积不包括风管、管口重叠部分面积。直径和周长按图注尺寸为准展开。整个通风系统设计采用渐缩管均匀送风者，圆形风管按平均直径、矩形风管按平均周长计算，以"m²"为计量单位。

　　2）柔性软风管安装依据材质、规格和有无保温套管按设计图示中心线长度计算。包括弯头、三通、变径管、天圆地方等管件的长度。但不包括部件的长度，以"m"为计量单位。

　　3）风管导流叶片制作安装按图示叶片的面积计算，以"m²"为计量单位。

　　4）风管检查孔制作安装按设计图示尺寸计算质量，以"kg"为计量单位。

　　5）温度、风量测定孔制作安装依据其型号，按设计图示数量计算，以"个"为计量单位。

　　通风管道制作安装（030702）部分的清单设置见表7-4。

表7-4　G.2 通风管道制作安装（030702）

项目编码	项目名称	项目特征	计量单位	工程量计算规则	工作内容
030702001	碳钢通风管道	1. 名称 2. 材质 3. 形状 4. 规格 5. 板材厚度 6. 管件、法兰等附件及支架设计要求 7. 接口形式	m²	按设计图示内径尺寸以展开面积计算	1. 风管、管件、法兰、零件、支吊架制作、安装 2. 过跨风管落地支架制作、安装
030702002	净化通风管				
030702003	不锈钢板通风管道	1. 名称 2. 形状 3. 规格 4. 板材厚度 5. 管件、法兰等附件及支架设计要求 6. 接口形式			
030702004	铝板通风管道				
030702005	塑料通风管道				
030702006	玻璃钢通风管道	1. 名称 2. 形状 3. 规格 4. 板材厚度 5. 支架形式、材质 6. 接口形式		按设计图示外径尺寸以展开面积计算	1. 风管、管件安装 2. 支吊架制作、安装 3. 过跨风管落地支架制作、安装
030702007	复合型风管	1. 名称 2. 材质 3. 形状 4. 规格 5. 板材厚度 6. 接口形式 7. 支架形式、材质			

（续）

项目编码	项目名称	项目特征	计量单位	工程量计算规则	工作内容
030702008	柔性软风管	1. 名称 2. 材质 3. 规格 4. 风管接头、支架形式、材质	1. m 2. 节	1. 以米计量，按设计图示中心线以长度计算 2. 以节计量，按设计图示数量计算	1. 风管安装 2. 风管接头安装 3. 支吊架制作、安装
030702009	弯头导流叶片	1. 名称 2. 材质 3. 规格 4. 形式	1. m² 2. 组	1. 以平方米计量，按设计图示以展开面积计算 2. 以组计量，按设计图示数量计算	1. 制作 2. 组装
030702010	风管检查孔	1. 名称 2. 材质 3. 规格	1. kg 2. 个	1. 以千克计量，按风管检查孔质量计算 2. 以个计量按设计图示数量计算	1. 制作 2. 安装
030702011	温度、风量测定孔	1. 名称 2. 材质 3. 规格 4. 设计要求	个	按设计图示数量计算	1. 制作 2. 安装

注：穿墙套管按展开面积计算，计入通风管道工程量中。

3. 通风管道部件制作安装

1）各种调节阀制作安装应依据材质、类型、规格、周长、质量，按设计图示数量计算，以"个"为计量单位。

2）各种风口、散流器制作安装应依据材质、类型、规格、形式、质量，按设计图示数量计算，以"个"为计量单位。

3）各种风帽制作安装应依据材质、类型、规格、形式、质量，按设计图示数量计算，以"个"为计量单位。

4）各种通风罩类制作安装应依据材质、类型，按设计图示数量计算，以"个"为计量单位。

5）柔性接口及伸缩节制作安装应依据材质、规格、有无法兰，按设计图示数量计算，以"m²"为计量单位。

6）消声器制作安装应依据类型，按设计图示数量计算，以"个"为计量单位。

7）静压箱制作安装应依据材质、规格、形式，按展开面积计算，以"m²"为计量单位。

4. 通风工程检测、调试

通风工程检测、调试应依据其系统大小，按由通风设备、管道及部件等组成的通风系统计算，以"系统"为计量单位。

5. 其他相关项目

1）设备支架依据图示尺寸按质量计算，以"kg"为计量单位。

2）软管（帆布接口）制作安装按图示尺寸以"m²"为计量单位。

3）过滤器框架制作按图示尺寸计算质量，以"kg"为计量单位。

4）不锈钢板风管圆形法兰制作按设计图示尺寸计算质量，以"kg"为计量单位。

5）不锈钢板风管吊托支架制作按设计图示尺寸计算质量，以"kg"为计量单位。

6）铝板风管圆形、矩形法兰制作按设计图示尺寸计算质量，以"kg"为计量单位。

7.3.2 根据清单报价时需重新计算工程量的计算规则

1）分段组装式空调器安装按设计图示质量计算，以"kg"为计量单位。

2）各种调节阀的制作，凡以质量为计量单位的基价子目，其工程量应按其成品质量以"kg"为计量单位。若调节阀为成品时，制作不再计算。

3）各种风口、散流器的制作，按其成品质量以"kg"为计量单位。若风口、分布器、散流器、百叶窗为成品时，制作不再计算。风管插板风口制作已包括安装内容。钢百叶窗及活动金属百叶风口的制作以"m²"为计量单位。

4）各种风帽的制作安装中，风帽制作以"kg"为计量单位。若风帽为成品时，制作不再计算。风帽筝绳制作安装按图示规格长度以"kg"为计量单位。风帽泛水制作安装按图示展开面积以"m²"为计量单位。

7.4 通风工程施工图预算编制示例

7.4.1 定额计价示例

图 7-15～图 7-19 所示是某学院实验楼排风工程施工图，实验楼共有 P1~P4 个排风柜排风系统。4 个排风系统完全相同，故本施工图只绘制 P1 系统。

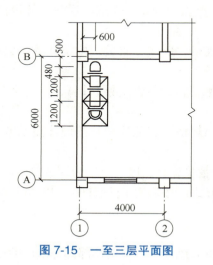

图 7-15　一至三层平面图

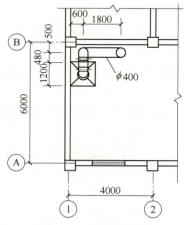

图 7-16　四层平面图

1. 设计说明

1）排风管采用厚度为 4mm 硬聚氯乙烯塑料板制成，在每个排风柜与风管连接处，安装 φ250mm 塑料蝶阀一个，在通风机进口处安装 φ600mm 塑料瓣式启动阀一个。

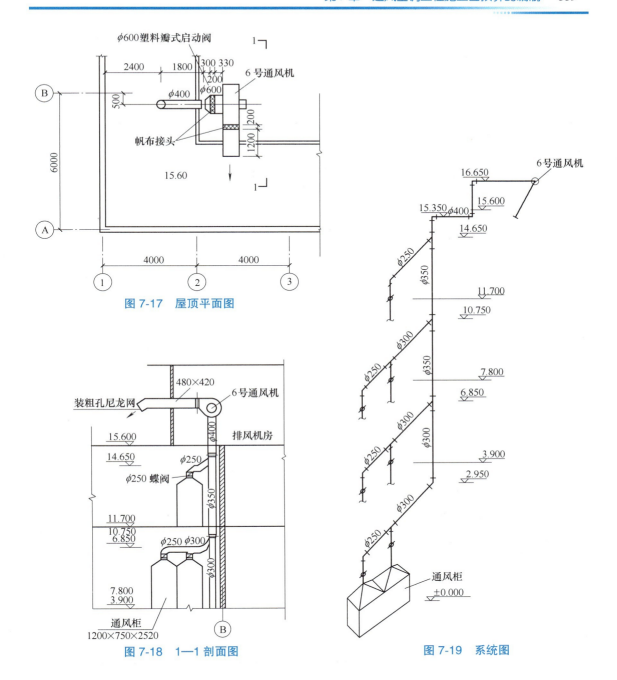

图 7-17　屋顶平面图

图 7-18　1—1 剖面图

图 7-19　系统图

2）通风机采用 4-72 型离心式塑料通风机。

3）安装排风管支干管，要求平正垂直，不漏风。风管安装需与土建密切配合，做好楼板及墙上预留洞口。

4）管道吊支架设置：竖向管道，每层设置一个支架，支架的材料采用扁钢和角钢，固定在砖墙上；水平管道采用吊架，吊架采用圆钢和扁钢，1~3 层各设置 2 个，4 层设置 4 个，机房处设置 2 个，吊架固定在楼板。支架的大小和做法要根据施工现场管道的具体情况和质量确定。吊支架安装后刷防锈漆一道，银粉漆二道。

2. 工程量计算

工程量计算见表 7-5 所示。

表 7-5 工程量计算表

工程名称：某学院实验楼通风工程

序 号	项 目 名 称	单 位	数 量	计 算 公 式
1	排风柜安装 （1200×750×2520）	台	28	1~3 层各两台，4 层 1 台 共 7×4（4 个系统）=28
2	塑料圆形风管制作安装 φ250×4	m²	21.29	［（1.2×3）1~3 层 +（0.6+0.48）（4 层）+（0.3×7）剖面图］×0.25×3.14×4（4 个系统）=21.29
3	塑料圆形风管制作安装 φ300×4	m²	26.90	［（0.6+0.48）×3（1~3 层）+（6.85−2.95）（系统图）］×0.30×3.14×4（4 个系统）=26.90
4	塑料圆形风管制作安装 φ350×4	m²	34.29	［（14.65−6.85）（系统图）］×0.35×3.14×4（4 个系统）=34.29
5	塑料圆形风管制作安装 φ400×4	m²	28.13	［（15.35−14.65）+（16.65−15.35）（系统图）+1.8（4 层）+1.8（屋顶）］×0.40×3.14×4（4 个系统）=28.13
6	塑料圆形风管制作安装 φ400~φ600×4	m²	1.88	［0.3（屋顶）］×0.50×3.14×4（4 个系统）=1.88
7	塑料矩形风管制作安装 480×420×4	m²	8.64	［1.2（屋顶）］×（0.48+0.42）×2×4（4 个系统）=8.64
8	帆布连接管	m²	2.95	［（0.2×0.6×3.14）圆形 +0.2×（0.48+0.42）×2（矩形）］×4（4 个系统）=2.95
9	塑料圆形瓣式启动阀 φ600	个	4	1×4（4 个系统）=4
10	塑料圆形蝶阀 φ250	kg	65.80	［（2×3+1）（1~4 层）］×4（4 个系统）×2.35=65.80
11	离心式塑料通风机安装 6 号	台	4	1×4（4 个系统）=4
12	粗尼龙网安装	m²	0.80	0.48×0.42×4（4 个系统）=0.80
13	吊托支架制作安装	kg	160.00	［2×3+4+2+4］×4（4 个系统）=64 64×2.5=160.00
14	吊托支架人工除轻锈	kg	160.00	同上
15	吊托支架刷防锈漆一遍	kg	160.00	同上
16	吊托支架刷银粉漆两遍	kg	160.00	同上

3. 工程施工图预算书编制

该工程的施工图预算书包括以下部分：

1）预算书封面，见表 7-6。

2）预算书编制说明，见表 7-7。

3）工程取费表，见表 7-8。

4）主材价格表，见表 7-9。

5）工程预算表，见表 7-10。

表 7-6　预算书封面

安装工程预算书

工程名称：**某学院实验楼**
专业名称：**通风工程**
结构类型：**框架结构**
建筑面积：
工程造价：287242.37 元
单方造价：

施工单位：　　　　　　　　　　建设单位：
编制人：　　　　　　　　　　　审核人：
资格证号：　　　　　　　　　　资格证号：

年　　月　　日

表 7-7　预算书编制说明

编 制 说 明

一、编制依据
1. ×× 设计院设计的 ×× 学院实验楼通风工程施工图以及有关设计说明。
2. 该工程地点在 ×× 市 ×× 区。
3. 《江西省通用安装工程消耗量定额及统一基价表》（2017 年）第七册及第十一册。
4. 《江西省建筑与装饰、通用安装、市政工程费用定额》（2017 年）及相关规定。
5. 主要材料价格以工程所在地预算编制时市场价格综合取定。
二、主要材料来源
主要材料均由施工企业自行采购。
三、其他
施工时发生设计变更或其他问题涉及造价调整，双方根据施工协议书的约定进行调整。

表 7-8　工程取费表

安装工程费用汇总表

工程名称：某学院实验楼通风工程　　工程类别：三类

序　号	费 用 名 称	取 费 基 数	费率（%）	金额（元）
1	综合基价合计	∑（分项工程量 × 分项子目综合基价）		73232.49
2	计价中人工费合计	∑（分项工程量 × 分项子目综合基价中人工费）		53350.30
3	未计价材料费用	主材费合计		126037.85
4	施工措施费	[5]+[6]		
5	施工技术措施费	其费用包含在 1 中		
6	施工组织措施费	该工程不计算		
7	安全文明施工增加费	（人工费合计）×7.00%	7.00	3734.52
8	差价	[9~11]		
9	人工费差价	不调整		
10	材料差价	不调整		
11	机械差价	不调整		
12	专项费用	[13]+[14]		18139.10
13	社会保险费	（[2]）×33.00%	33.00	17605.60
14	工程定额测定费	（[2]）×1.00%	1.00	533.50
15	工程成本	[1]+[3]+[4]+[8]+[12]		217409.44
16	利润	（[2]）×38.00%	38.00	20273.11
17	其他项目费	其他项目费		
18	税金	（[15]+[16]+[17]）×3.413%	3.413	8104.98
19	工程造价	[15~18]		245787.53
	含税工程造价	贰拾肆万伍仟柒佰捌拾柒元伍角叁分		245787.53

表 7-9　主材价格表

单位工程主材表

工程名称：某学院实验楼通风工程

序　号	名称及规格	单　位	数　量	预算价（元）	合计（元）
1	硬聚氯乙烯板 δ4	m²	184.83	43.12	7969.87
2	硬聚氯乙烯板 δ4	m²	55.90	15.43	862.54
3	离心式通风机	台	4	2654.87	10619.48
4	排风柜 1200×750×2520	台	28	3604.07	100913.96
5	酚醛防锈漆	kg	1.47	28.32	41.63
6	酚醛清漆	kg	0.77	12.79	9.85
7	圆形瓣式启动阀	个	4	1393.81	5575.24
8	粗尼龙网	10m²	0.80	56.60	45.28
	合计				126037.85

表 7-10　工程预算表

序号	定额编号	子目名称或费用名称	工程量		定额直接费（元）		其中：人工费（元）		未计价材料				
			单位	工程量	基价	合价	基价	合价	材料名称	单位	材料用量	单价（元）	合价（元）
1	7-2-128	帆布软管接口	m²	2.95	239.35	706.08	135.75	400.46					
2	7-3-3	圆形瓣式启动阀直径（φ600mm）	个	4	123.73	494.92	85	340.00	圆形瓣式启动阀	个	4	1393.81	5575.24
3	7-1-58	离心式通风机安装 6 号	台	4	250.03	1000.12	223.21	892.84	离心式通风机	台	4	2654.87	10619.48
4	7-1-11	排风柜安装落地式重量（1.0t 以内）	台	28	1029.68	28831.04	1001.05	28029.40	排风柜 1200×750×2520	台	28	3604.07	100913.96
5	7-1-87	吊托支架	100kg	1.6	555.08	888.13	269.79	431.66					
6	7-2-91	塑料圆形风管直径×壁厚（mm） φ250×4	10m²	2.129	2408.29	5127.25	1632.09	3474.72	硬聚氯乙烯板 δ4	m²	24.70	43.12	1065.06
7	7-2-91	塑料圆形风管直径×壁厚（mm） φ300×4	10m²	2.69	2408.29	6478.30	1632.09	4390.32	硬聚氯乙烯板 δ4	m²	31.20	43.12	1345.34
8	7-2-91	塑料圆形风管直径×壁厚（mm） φ350×4	10m²	3.429	2408.29	8258.03	1632.09	5596.44	硬聚氯乙烯板 δ4	m²	39.78	43.12	1715.31
9	7-2-91	塑料圆形风管周长×壁厚（mm） φ400×4	10m²	2.813	2408.29	6774.52	1632.09	4591.07	硬聚氯乙烯板 δ4	m²	32.63	43.12	1407.01
10	7-2-92	塑料圆形风管直径×壁厚（mm） φ600×4	10m²	0.188	2436.45	458.05	1591.03	299.11	硬聚氯乙烯板 δ4	m²	2.18	43.12	94.00

（续）

序号	定额编号	子目名称或费用名称	工程量		定额直接费（元）		其中：人工费（元）		未计价材料				
			单位	工程量	基价	合价	基价	合价	材料名称	单位	材料用量	单价（元）	合价（元）
11	7-2-96	塑料矩形风管周长×壁厚（mm）480×420×4	10m²	0.864	2660.31	2298.51	1873.49	1618.70	硬聚氯乙烯板 δ4	m²	100.22	43.12	4321.49
									粗尼龙网	10m²	0.80	56.60	45.28
12	7-3-7	蝶阀 T354-1 圆形	个	28	38.26	1071.28	17.51	490.28					
13	12-1-5	手工除锈 吊托支架 轻锈	100kg	1.6	36.39	58.22	25.76	41.22					
14	12-2-51	吊托支架 防锈漆第一遍	100kg	1.6	22.03	35.25	17.43	27.89	酚醛防锈漆	kg	1.47	28.32	41.63
15	12-2-54	吊托支架 银粉漆第一遍	100kg	1.6	17.16	27.46	16.15	25.84	银粉漆	kg	0.53	12.79	6.78
16	12-2-55	吊托支架 银粉漆第二遍	100kg	1.6	17.06	27.30	16.15	25.84	银粉漆	kg	0.46	12.79	5.88
17		系统调整费（第九册）	元	1	8692.16	8692.16	2173.04	2173.04					
18		脚手架搭拆费（第九册）	元	1	2005.88	2005.88	501.47	501.47					
		合计				73232.49		53350.30					127156.50

7.4.2　通风空调工程工程量清单计价示例

××办公楼空调用风管路施工图预算

1. 采用定额

本案例为江西省某市市区××办公楼（部分房间）空调用风管路预算。采用江西省安装工程价目表和《江西省通用安装工程消耗量定额及统一基价表》第七册《通风空调工程》（2017 年）中的有关内容。

2. 工程概况

1）本工程风管采用镀锌薄钢板，咬口连接，其中：矩形风管规格 200mm×120mm，镀锌薄钢板厚度 δ=0.50mm。矩形风管规格 320mm×250mm，镀锌薄钢板厚度 δ=0.75mm。矩形风管规格 630mm×250mm、1000mm×200mm、1000mm×250mm，镀锌薄钢板厚度 δ=1.00mm。

2）图 7-20 中密闭对开多叶调节阀、风量调节阀、铝合金百叶送风口、铝合金百叶回风口、阻抗复合消声器均按成品考虑。

3）风机盘管采用卧式暗装（吊顶式），主风管（1000mm×250mm）上均设温度测定孔和风量测定孔各一个。

4）本案例暂不计主材费（只计主材消耗量）、管道刷油、保温、高层建筑增加费等内容。

5）未尽事宜均参照有关标准或规范执行。

6）图 7-20 中标高以 m 计，其余以 mm 计。

3. 题解

1）本工程用清单计价。

2）图 7-20 所示为本案例平面图，依据工程量清单计价规范可得以下结果：

① 分部分项工程量清单见表 7-11。

② 分部分项工程量清单计价表见表 7-12。

③ 工程量清单综合单价分析见表 7-13。

编制依据：《通用安装工程工程量计算规范》（GB 50856—2013）、《江西省通用安装工程消耗量定额及统一基价表》（2017 年）及相关文件。

由于篇幅所限，本例综合单价分析表只分析部分清单编码下的分部分项工程量清单综合单价计价内容。

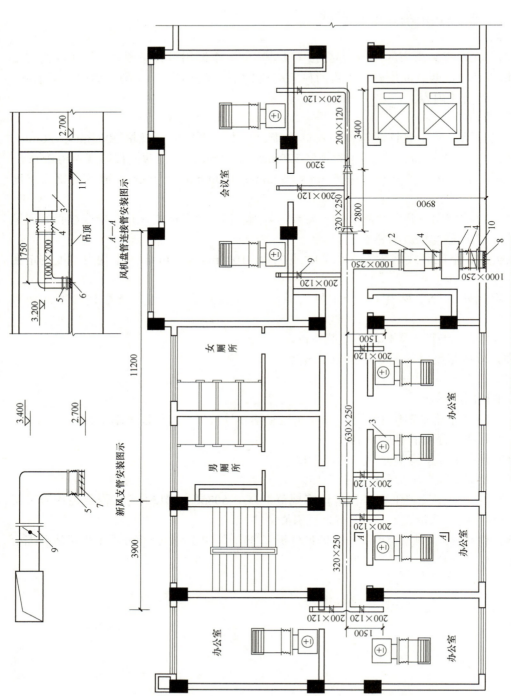

图 7-20 某办公楼部分房间空调通风管道平面图

1—新风机组 DBK 型 1000mm×700mm（H） 2—消声器 1760mm×800mm（H） 3—风机盘管 4—帆布软管长 300mm 5—帆布软管长 200mm
6—铝合金百叶送风口 1000mm×200mm 7—铝合金百叶送风口 200mm×120mm 8—防雨百叶回风口（带过滤网）1000mm×250mm
9—风量调节阀长 200mm 10—密闭对开多叶调节阀长 200mm 11—铝合金百叶回风口 400mm×250mm

表 7-11　分部分项工程量清单

工程名称：某办公楼通风空调工程

序号	项目编码	项 目 名 称	单位	工程量	计 算 公 式
1	030702003001	镀锌薄钢板风管制作安装（咬口），200mm×120mm，δ=0.50mm	m²	14.66	L=3.40+[3.20-0.20+(3.40-2.7-0.20)]×3+[1.5-0.20+(3.40-2.7-0.20)]×5=22.90 S=(0.20+0.12)×2×22.90=14.66
2	030702003002	镀锌薄钢板风管制作安装（咬口），320mm×250mm，δ=0.75mm	m²	7.64	L=2.80+3.90=6.70 S=(0.32+0.25)×2×6.70=7.64
3	030702003003	镀锌薄钢板风管制作安装（咬口），630mm×250mm，δ=1.00mm	m²	33.06	L=11.20 S=(0.25+0.63)×2×11.20=19.71
		镀锌薄钢板风管制作安装（咬口），1000mm×250mm，δ=1.00mm			L=8.90-0.20-0.30-1.00-0.30-1.76=5.34 S=(0.25+1.00)×2×5.34=13.35
4	030702003004	镀锌薄钢板风管制作安装（咬口），1000mm×200mm，δ=1.00mm	m²	29.40	L=[1.75-0.30+(3.20-2.7-0.20)]×7=12.25 S=(0.20+1.00)×2×12.25=29.40
5	030701002001	DBK型新风机组（5000m³/h）/0.4t	台	1	
6	030703020001	阻抗复合式消声器安装，T-701-6型3号	台	1	
7	030701004001	风机盘管暗装（吊顶）	台	7	
8	030703001001	密闭对开多叶调节阀安装（周长2500mm）	个	1	
9	030703004001	风量调节阀安装（周长640mm）	个	8	
10	030703011001	铝合金百叶送风口安装（周长640mm）	个	8	
11	030703011002	铝合金百叶送风口安装（周长2400mm）	个	7	
12	030703011003	铝合金百叶回风口安装（周长1300mm）	个	7	
13	030703011004	防雨百叶回风口（带过滤网）安装（周长2500mm）	个	1	
14	030702008001	帆布软管制作安装	m²	10.92	1000×250×300： S=[(1.00+0.25)×2×0.3]×2=1.50 1000×200×300： S=[(1.00+0.20)×2×0.3]×7=5.04 1000×200×200： S=[(1.00+0.20)×2×0.2]×7=3.36 200×120×200： S=[(0.20+0.12)×2×0.2]×8=1.02
15	030702011001	温度测定孔、风量测定孔	个	2	
16	030704001001	通风工程检测、调试	系统	1	

表 7-12　分部分项工程量清单计价表

工程名称：某办公楼通风空调工程

序号	项目编码	项目名称	计量单位	工程量	金额（元）	
					综合单价	合价
1	030702003001	镀锌薄钢板风管制作安装（咬口），200mm×120mm，δ=0.50mm	m²	14.66	164.91	2417.58
2	030702003002	镀锌薄钢板风管制作安装（咬口），320mm×250mm，δ=0.75mm	m²	7.64	196.66	1502.48
3	030702003003	镀锌薄钢板风管制作安装（咬口），630mm×250mm，δ=1.00mm 镀锌薄钢板风管制作安装（咬口），1000mm×250mm，δ=1.00mm	m²	33.06	126.84	4193.33
4	030702003004	镀锌薄钢板风管制作安装（咬口），1000mm×200mm，δ=1.00mm	m²	29.40	127.73	3755.26
5	030701002001	DBK 型新风机组（5000m³/h）/0.4t	台	1	4967.02	4967.02
6	030703020001	阻抗复合式消声器安装，T-701-6 型 3 号	台	1	867.14	867.14
7	030701004001	风机盘管暗装（吊顶）	台	7	216.72	1517.04
8	030703001001	密闭对开多叶调节阀安装（周长 2500mm）	个	1	89.92	89.92
9	030703004001	风量调节阀安装（周长 640mm）	个	8	42.51	340.08
10	030703011001	铝合金百叶送风口安装（周长 640mm）	个	8	16.51	132.08
11	030703011002	铝合金百叶送风口安装（周长 2400mm）	个	7	46.12	322.84
12	030703011003	铝合金百叶回风口安装（周长 1300mm）	个	7	38.07	266.49
13	030703011004	防雨百叶回风口（带过滤网）安装（周长 2500mm）	个	1	316.09	316.09
14	030702008001	帆布软管制作安装	m²	10.92	272.27	2973.19
15	030702011001	温度测定孔、风量测定孔	个	2	83.43	166.86
16	030704001001	通风工程检测、调试	系统	1	1665.79	1665.79
		分部小计（通风空调工程）				25493.19

注：系统调整费是按照系统工程人工费 7% 计取，本次操作暂按分部合计（25493.19）计取，其为 25493.19 元 × 7%=1784.52 元

表 7-13　工程量清单综合单价分析

工程名称：某办公楼通风空调工程

序号	项目编号	项目名称	单位	工程量	定额号	工程内容	单位	工程量	人工费	材料费	机械使用费	主材设备单价	管理费(13.12%)	利润(11.13%)	定额合价	综合单价(元)	合价(元)
												定额费用（元）				
1	030702003001	镀锌薄钢板风管制作安装（咬口），200mm×120mm，δ=0.50mm	m²	14.66	7-2-91	镀锌薄钢板风管制作安装（咬口），200mm×120mm，δ=0.50mm	10m²	1.466	683.74	312.43	47.50		89.71	76.10	1209.48	164.91	2417.64
						镀锌薄钢板（咬口）δ=0.50mm	m²	18.99				21.5			408.29		
					7-1-87	吊托支架	100kg	0.30	269.79	268.73	16.56		35.40	30.03	620.50		
					12-1-5	手工除锈 一般钢结构轻锈	100kg	0.30	25.76	2.51	8.12		3.38	2.87	42.64		
					12-2-51	一般钢结构刷油防锈漆第一遍	100kg	0.30	17.43	0.54	4.06	25.06	2.29	1.94	51.32		
					12-2-54	一般钢结构刷油银粉漆第一遍	100kg	0.30	16.15	1.01	0.00	15.49	2.12	1.80	36.57		
					12-2-55	一般钢结构刷油银粉漆第二遍	100kg	0.30	16.15	0.91	0.00	15.49	2.12	1.80	36.47		

（续）

序号	项目编号	项目名称	单位	工程量	定额号	工程内容	单位	工程量	定额费用（元）							综合单价（元）	合价（元）
									人工费	材料费	机械使用费	主材设备单价	管理费（13.12%）	利润（11.13%）	定额合价		
2	03070100 2001	通风机	台	1	7-1-58	DBK型新风机组（5000m³/h）/0.4t	台	1	223.21	26.82		2654.87	29.29	24.84	2959.03	4967.02	4967.02
					7-2-128	软管接口	m²	7.38	135.75	101.67	1.93		17.81	15.11	272.27		
3	03070302 0001	阻抗复合式消声器安装，T-701-6型3号	台	1	7-3-182	阻抗复合式消声器安装（5120mm）	台	1	511.19	231.98			67.07	56.90	867.14	867.14	867.14
4	03070100 4001	风机盘管安装（吊顶）	台	7	7-1-31	风机盘管安装（吊顶）	台	7	141.95	16.29			18.62	15.80	216.72	216.72	1517.04
5	03070301001	密闭对开多叶调节阀安装（周长2500mm）	个	1	7-3-19	密闭对开多叶调节阀安装（周长2500mm）	个	1	37.40	38.96	4.49		4.91	4.16	89.92	89.92	89.92
6	03070300 4001	风量调节阀安装（周长640mm）	个	8	7-3-7	风量调节阀安装（周长640mm）	个	8	17.51	20.61	0.14		2.30	1.95	42.51	42.51	340.08
7	03070301 1001	铝合金百叶送风口安装（周长640mm）	个	8	7-3-107	铝合金百叶送风口安装（周长640mm）	个	8	10.88	2.99			1.43	1.21	16.51	16.51	132.08

序号	项目编码	项目名称	计量单位	工程量	定额编号	定额名称	单位	数量	人工费	材料费	机械费	管理费	利润	小计	综合单价	合价
8	030703011002	铝合金百叶送风口安装（周长2400mm）	个	7	7-3-110	铝合金百叶送风口安装（周长2400mm）	个	7	31.11	7.47		4.08	3.46	46.12	46.12	322.84
9	030703011003	铝合金百叶回风口安装（周长1300mm）	个	7	7-3-109	铝合金百叶回风口安装（周长1300mm）	个	7	27.03	4.48		3.55	3.01	38.07	38.07	266.49
10	030703011004	防雨百叶回风口安装（周长2500mm）	个	1	7-3-110	防雨百叶回风口（带过滤网）安装（周长2500mm）	个	1	31.11	7.47		4.08	3.46	46.12	316.09	316.09
					7-1-50	过滤器安装	台	1	6.63	42.47		0.87	0.74	50.71		
					7-1-51	过滤器框架	100kg	0.3	515.78	60.93	29.09	67.67	57.41	730.88		
11	030702008001	帆布软管制作安装	m²	10.92		帆布软管制作安装	m²	10.92	135.75	101.67	1.93	17.81	15.11	272.27	272.27	2973.19
12	030702011001	温度测定孔、风量测定孔	个	2		温度测定孔、风量测定孔	个	2	50.83	12.21	8.06	6.67	5.66	83.43	83.43	166.86

思 考 题

1. 通风系统如何分类?
2. 空调系统如何分类?
3. 简要说明空调系统的组成。
4. 机械通风系统由哪几个部分组成?
5. 装配式空调机安装工程量如何计算?
6. 圆形风管和矩形风管工程量计算公式是什么?
7. 渐缩管工程量如何计算?
8. 风管检查孔制作安装工程量如何计算?
9. 风管部件指哪些? 其制作工程量如何计算?
10. 通风空调预算定额适用于哪些范围?
11. 风管的刷油和绝热执行什么定额?
12. 通风空调预算定额如何划分制作与安装?
13. 简述薄钢板通风管道工程量的计算规则。

8

第8章
弱电系统工程施工图预算的编制

8.1 室内电话系统工程量计算及定额应用

8.1.1 室内电话系统工程定额应用

1. 室内电话系统基础知识

建筑物电话系统随电话门数及分配方案的不同，一般由交换间（交接箱）、电缆管路、壁龛、分线箱（盒）、用户线管路、过路箱（盒）和电话出线盒等组成。

由于工程性质和行业管理的要求，对于建筑物电话系统工程，建筑安装单位一般只做室内电话线路的配管配线、电话机插座以及接线盒的安装。对于室外交接机、通信电缆的安装、敷设以及调试工作，一般由电信部门的专业安装队伍来施工。图8-1所示为住宅内电话系统示意图。

2. 室内电话系统工程量计算规则

1）交换机安装已包括附属设备的安装，按门数以"套"为计量单位。

2）电话分线箱也称为接头箱、端子箱或过路箱，分明装和暗装两种安装方式，暗装时又称为壁龛。如图8-2所示，按半周长以"个"为计量单位。未包括接线等工作内容。

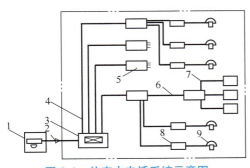

图8-1 住宅内电话系统示意图

1—电话局 2—地下通信管道 3—电话交接间
4—竖向电缆管路 5—分线箱 6—横向电缆管路
7—用户线管路 8—出盒线 9—电话机

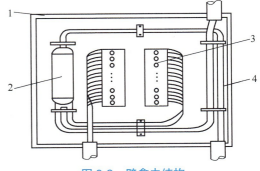

图8-2 壁龛内结构

1—箱体 2—电缆接头 3—端子板 4—电缆

3）电话机、消防电话插孔、电话插座、出线口不分安装方式，分别以"部""个"为计量单位。

4）设备及接线端子板接线是指电话电缆与设备连接或在电话分线箱内与端子板连接，按电缆对数，以实接电缆端头数量"个"为计量单位。

5）电话线路配管、配线的工程量计算规则与第 3 章配管、配线工程中叙述的内容相同。

8.1.2 室内电话系统工程量清单计算规则

《通用安装工程工程量计算规范》（GB 50856—2013）中的附录 E 是建筑智能化工程，适用于建筑室内外的建筑智能化安装工程，包括：E.1 计算机应用、网络系统工程（030501），E.2 综合布线系统工程（030502），E.3 建筑设备自动化系统工程（030503），E.4 建筑信息综合管理系统工程（030504），E.5 有线电视、卫星接收系统工程（030505），E.6 音频、视频系统工程（030506），E.7 安全防范系统工程（030507）七个部分，共 96 个清单项目。

1. 建筑与建筑群综合布线安装

建筑与建筑群综合布线安装工程量清单项目设置及工程量计算规则见表 8-1。

表 8-1　E.2 综合布线系统工程（编码：030502）

项目编码	项目名称	项目特征	计量单位	工程量计算规则	工作内容
030502001	机柜、机架	1. 名称 2. 材质 3. 规格 4. 安装方式	台	按设计图示数量计算	1. 本体安装 2. 相关固定件的连接
030502002	抗震底座		个		1. 本体安装 2. 底盒安装
030502003	分线接线箱（盒）				
030502004	电视、电话插座	1. 名称 2. 安装方式 3. 底盒材质、规格			
030502005	双绞线缆	1. 名称 2. 规格 3. 线缆对数 4. 敷设方式	m	按设计图示尺寸长度计算	1. 敷设 2. 标记 3. 卡接
030502006	大对数电缆				
030502007	光缆				
030502008	光纤束、光缆外护套	1. 名称 2. 规格 3. 安装方式			1. 气流吹放 2. 标记
030502009	跳线	1. 名称 2. 类别 3. 规格	条	按设计图示数量计算	1. 插接跳线 2. 整理跳线
030502010	配线架	1. 名称 2. 规格 3. 容量			安装、打接
030502011	跳线架				
030502012	信息插座	1. 名称 2. 类别 3. 规格 4. 安装方式 5. 底盒材质、规格	个（块）		1. 端接模块 2. 安装面板

（续）

项目编码	项目名称	项目特征	计量单位	工程量计算规则	工作内容
030502013	光纤盒	1. 名称 2. 类别 3. 规格 4. 安装方式	个（块）	按设计图示数量计算	1. 端接模块 2. 安装面板
030502014	光纤连接	1. 方法 2. 模式	芯（端口）		1. 接续 2. 测试
030502015	光缆终端盒	光缆芯数	个		
030502016	布放尾纤	1. 名称 2. 规格 3. 安装方式	根		本体安装
030502017	线管理器		个		
030502018	跳块				安装、卡接
030502019	双绞线缆测试	1. 测试类别 2. 测试内容	链路 （点、芯）		测试
030502020	光纤测试				

注：配管工程、线槽、桥架、电气设备、电气器件、接线箱、盒、电线、接地系统、凿（压）槽、打孔等工程，按电气设备安装工程相关项目编码列项。

2. 建筑信息综合管理系统工程

建筑信息综合管理系统工程的工程量清单项目设置及工程量计算规则见表8-2。

表8-2　E.4 建筑信息综合管理系统工程（编码：030504）

项目编码	项目名称	项目特征	计量单位	工程量计算规则	工作内容
030504001	服务器	1. 名称 2. 类别 3. 规格 4. 安装方式	台	按设计图示数量计算	安装、调试
030504002	服务器显示设备				
030504003	通信接口输入输出设备		个		本体安装、调试
030504004	系统软件	1. 测试类别 2. 测试内容	套	按系统所需集成点数及图示数量计算	安装、调试
030504005	基础应用软件				
030504006	应用软件接口				
030504007	应用软件二次开发		项（点）		按系统点数进行二次软件开发和定制、进行调试
030504008	各系统联动试运行		系统		调试、试运行

3. 通信线路工程

通信线路工程工程量清单项目设置及工程量计算规则见表8-3。

表8-3　通信线路工程（编码：031103）

项目编码	项目名称	项目特征	计量单位	工程量计算规则	工作内容
031103001	水泥管道	1. 规格 2. 型号 3. 孔数 4. 填充水泥砂浆配合比 5. 混凝土强度标准	m	按设计图示尺寸以中心线长度计算	1. 铺设 2. 填充水泥砂浆 3. 混凝土包封

（续）

项目编码	项目名称	项目特征	计量单位	工程量计算规则	工作内容
031103002	长途专用塑料管道	1. 规格、型号 2. 地区 3. 孔数 4. 试通方式	m	按设计图示尺寸以中心线长度计算	1. 敷设小口径塑料管 2. 大口径内人工穿放小口径塑料管 3. 试通
031103003	通信电（光）缆通道	1. 类型 2. 规格 3. 混凝土强度标准	1. m 2. 处	1. 以米计量，按设计图示尺寸以中心线长度计算 2. 以处计量，按设计图示数量计算	砌筑
031103004	微机控制地下定向钻孔敷管	1. 规格 2. 型号 3. 孔数 4. 长度	处	按设计图示数量计算	1. 钻孔 2. 敷管
031103005	装电杆附属装置	1. 名称 2. 规格、型号	处（条）		安装
031103006	人工敷设塑料子管	1. 规格 2. 子管数		按设计图示尺寸以中心线长度计算	敷设
031103007	架空吊线	1. 规格 2. 型号 3. 材质 4. 地区	m		架设
031103008	光缆	1. 规格、型号 2. 敷设部位 3. 敷设方式			1. 测量 2. 敷设
031103009	电缆				
031103010	光缆接续	1. 名称 2. 规格 3. 类别	头		接续、测试
031103011	光缆成端接头		芯		
031103012	光缆中继段测试	1. 名称 2. 规格 3. 测试类别 4. 测试内容	中继段		测试
031103013	电缆芯线接续、改接	1. 名称 2. 规格 3. 方式	百对	按设计图示数量计算	接续、测试
031103014	堵塞成端套管				
031103015	充油膏套管接续				
031103016	封焊热可缩套管	1. 规格 2. 类别	个		安装
031103017	包式塑料电缆套管				
031103018	气闭头				
031103019	电缆全程测试	1. 测试类别 2. 测试内容	百对		测试

（续）

项目编码	项目名称	项目特征	计量单位	工程量计算规则	工作内容
031103020	进线室承托铁架	1. 规格 2. 型号	条	按设计图示数量计算	安装
031103021	托架		根		
031103022	进线室钢板防水窗口	规格	处		1. 制作 2. 安装
031103023	交接箱	1. 种类 2. 规格 3. 容量	个		1. 站台、砌筑基座安装 2. 箱体安装 3. 接线模块（保安排、端子板、试验排、接头排）安装 4. 列架安装 5. 成端电缆安装 6. 地线安装 7. 连接、改接跳线
031103024	交接间配线架		座		
031103025	分线箱（盒）	1. 规格 2. 种类 3. 容量	个		1. 制作 2. 安装 3. 测试
031103026	充气设备	1. 规格 2. 型号 3. 容量	套		1. 安装 2. 测试 3. 试运转
031103027	告警器、传感器		个		1. 安装 2. 调试
031103028	电缆全程充气	1. 名称 2. 规格	m	按设计图示尺寸以中心线长度计算	充气试验
031103029	水线地锚或永久标桩		个	按设计图示数量计算	安装
031103030	水底光缆标志牌	规格	块		
031103031	排流线	1. 规格 2. 材质	m	按设计图示尺寸以中心线长度计算	敷设
031103032	对地绝缘监测装置	1. 规格 2. 型号	处	按设计图示数量计算	安装
031103033	埋式光缆对地绝缘检查及处理	按设计要求	m	按设计图示尺寸以中心线长度计算	查修

8.2　室内有线电视系统工程量计算及定额应用

8.2.1　室内有线电视系统工程定额应用

1. 室内有线电视系统工程基础知识

有线电视系统是指为完成传输高质量的电视信号，由具有多频道、多功能、大规模、双向传输和高可靠、长寿命等特性的各种相互联系的部件设备组成的整体。通常，有线电视系统由前端设备、干线传输网络和用户分配网络三部分组成，如图 8-3 所示。

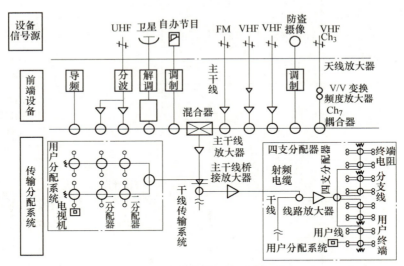

图 8-3 有线电视系统组成框图

（1）前端设备 前端设备是指用以处理由卫星地面站以及由天线接收的各种无线广播信号和自办节目信号的设备，是整个系统的心脏。包括天线放大器、频道放大器、频道交换器、频率处理器、混合器以及需要分配的各种信号发生器等。来自各种不同信号源的电视信号经再处理为高品质、无干扰杂波的电视节目。它们分别占用一个频道进入系统的前端设备，并分别进行处理。最后在混合器中被合成一路含有多套电视节目的宽带复合信号，再经同轴电缆或光发射机传送出去。

（2）干线传输网络 有线电视的干线传输网络是把前端设备经接收处理、混合后的高频电视信号不失真地、稳定地送给用户分配系统，同时也可以从用户或分配点将信息传到前端设备和其他用户，以实现有线电视多功能服务的双向传输。

（3）用户分配网络 用户分配网络是有线电视系统的最后部分，其作用是把干线传输的分配部分分给子系统，并将提供的电平信号合理地分配给各个用户，使各用户收视信号达到标准要求。分配网络中使用的器件有放大器、二分配器、串联二分支器等，如图 8-4 所示。

2. 室内有线电视系统工程量计算规则

1）天线是按成套装置考虑的，其架设包括天线底座、支承杆的避雷装置

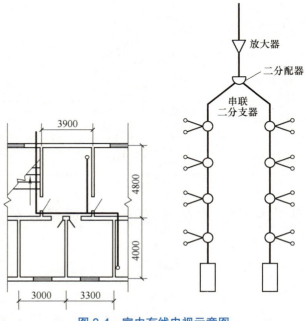

图 8-4 室内有线电视示意图

安装，以"套"为计量单位。

2）前端箱分明装和暗装两种方式，按半周长以"个"为计量单位。

3）放大器、分支器、分配器、混合器分明装和暗装两种方式，以"个"为计量单位。

4）均衡器、衰减器部分安装方式以"个"为计量单位。

5）用户终端盒分明装和暗装两种方式，以"个"为计量单位。

6）同轴电缆分沿桥架、支架和穿管两种敷设方式，以"m"为计量单位。

7）同轴电缆头制作，适用于各种接头和端头，以"个"为计量单位。

8）电视墙安装、前端射频设备安装、调试，以"套"为计量单位。

9）卫星地面站接收设备、光端设备、有线电视系统管理设备安装、调试，以"台"为计量单位。

10）干线设备、分配网络安装、调试，以"个"为计量单位。

8.2.2　室内有线电视系统工程量清单计算规则

室内有线电视系统工程量清单项目设置及工程量计算规则，应按表 8-4 的规定执行。

表 8-4　E.5 有线电视、卫星接收系统工程（编码：030505）

项目编码	项目名称	项目特征	计量单位	工程量计算规则	工作内容
030505001	共用天线	1. 名称 2. 规格 3. 电视设备箱型号规格 4. 天线杆、基础种类	副	按设计图示数量计算	1. 电视设备箱安装 2. 天线杆基础安装 3. 天线杆安装 4. 天线安装
030505002	卫星电视天线、馈线系统	1. 名称 2. 规格 3. 地点 4. 楼高 5. 长度			安装、调测
030505003	前端机柜	1. 名称 2. 规格	个		1. 本体安装 2. 连接电源 3. 接地
030505004	电视墙	1. 名称 2. 监视器数量	套		1. 机架、监视器安装 2. 信号分配系统安装 3. 连接电源 4. 接地
030505005	射频同轴电缆	1. 名称 2. 规格 3. 敷设方式	m	按设计图示尺寸以长度计算	线缆敷设
030505006	同轴电缆接头	1. 规格 2. 方式	个	按设计图示数量计算	电缆接头
030505007	前端射频设备	1. 名称 2. 类别 3. 频道数量	套		1. 本体安装 2. 单体调试

（续）

项目编码	项目名称	项目特征	计量单位	工程量计算规则	工作内容
030505008	卫星地面站接收设备	1. 名称 2. 类别	台	按设计图示数量计算	1. 本体安装 2. 单体调试 3. 全站系统调试
030505009	光端设备安装、调试	1. 名称 2. 类别 3. 容量			1. 本体安装 2. 单体调试
030505010	有线电视系统管理设备	1. 名称 2. 类别			
030505011	播控设备安装、调试	1. 名称 2. 功能 3. 规格			1. 本体安装 2. 系统调试
030505012	干线设备	1. 名称 2. 功能 3. 安装位置			
030505013	分配网络	1. 名称 2. 功能 3. 规格 4. 安装方式	个		1. 本体安装 2. 电缆接头制作、布线 3. 单体调试
030505014	终端调试	1. 名称 2. 功能			调试

8.3 室内火灾报警系统工程量计算及定额应用

8.3.1 室内火灾报警系统工程基础知识

1. 火灾报警系统设置

火灾报警系统由一整套连续性工作的消防监测装置组成，其主要性能在于报警。它包括火警自动监测（即火灾报警）和自动灭火控制两个联动的子系统。当火灾发生时，在楼层或在区域内通过探测器监视现场的烟雾浓度、温度等，反馈给报警控制器，当确认发生火灾时在控制器上发出声光报警，消防人员根据报警情况，采取消防措施。而自动灭火系统则能在火灾报警控制器的作用下，自动联动有关灭火设备，在发生火灾时自动喷洒，进行消防灭火。

火灾报警系统由探测器、报警器和管线等组成。火灾报警及联动控制系统如图8-5所示。

2. 探测器的选择

在火灾报警系统中，探测器的选择非常重要，它首先把探测到的不同质量的（烟、温度、光）参数，转变为电信号，并通过导线予以传递。常用探测器分为感烟型、感温型、感光型和综合型等几大类，一般感烟型最为常用。一般情况下，应根据火灾的特点、空间高度、气流状况等选择合适的探测器或几种探测器的组合。点型感烟探测器和点型感温探测器如图 8-6 所示。

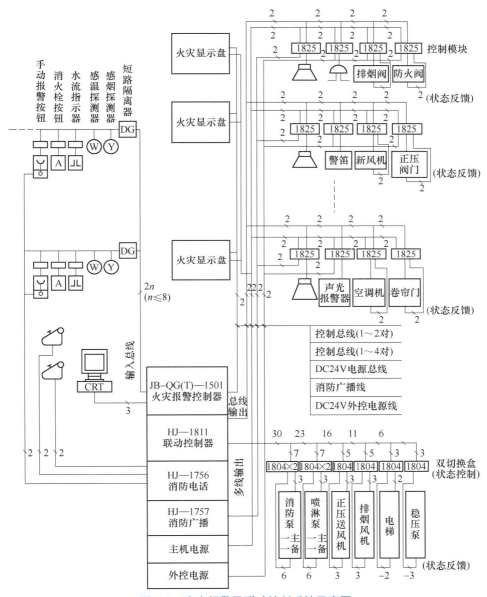

图 8-5　火灾报警及联动控制系统示意图

3. 导线的选择

系统的传输线路应采用铜芯绝缘导线或铜芯电缆，其电压等级不应低于交流 250V。

线芯截面选择除应满足自动报警装置技术条件的要求外，还应满足机械强度的要求。此外，还应考虑火灾过程中由于温度升高引起导体电阻增加的因素，以防止在紧要关头影响消防控制设备功能的正常发挥。

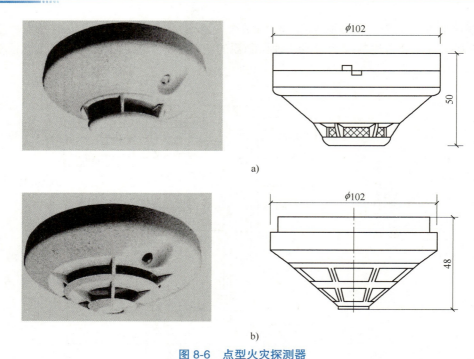

a)

b)

图 8-6　点型火灾探测器

a）点型感烟探测器及外形尺寸　b）点型感温探测器及外形尺寸

4. 火灾报警系统的分类

火灾报警系统根据监控范围的不同，可以分为以下三种基本形式：

1）区域报警系统。它由火灾探测器、手动火灾报警按钮、区域火灾报警控制器、火灾报警装置和电源组成。区域报警系统的保护对象仅为建筑物中某一局部范围或某一措施。区域火灾报警控制器往往是第一级的监控报警装置，应设置在有人值班的房间或场所，如保卫室、值班室等。区域报警系统示意图如图 8-7 所示。

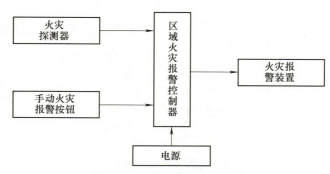

图 8-7　区域报警系统示意图

2）集中报警系统。集中报警系统主要由火灾探测器、区域火灾报警控制器、集中火灾报警控制器等组成。

集中报警系统一般适用于保护对象规模较大的场合，如高层住宅、商住楼和办公楼等。集中火灾报警控制器是区域火灾报警控制器的上位控制器，它是建筑消防系统的总监控设备，其功能比区域火灾报警控制器更加齐全。集中报警系统示意图如图 8-8 所示。

3）控制中心报警系统。控制中心报警系统由火灾探测器、手动火灾报警按钮、区域火灾报警控制器、集中火灾报警控制器、消防联动控制设备、电源及火灾报警装置、火警电话、火灾应急照明、火灾应急广播和联动装置等组成。

控制中心报警系统一般适用于规模大的一级以上的保护对象，因该类型建筑物建筑规模大，建筑防火等级高，消防联动控制功能多。控制中心报警系统示意图如图 8-9 所示。

5. 火灾自动报警系统施工图的组成

火灾自动报警系统施工图一般应由设计说明、主要设备材料表、施工平面图和系统图等组成。

1）设计说明。火灾自动报警系统设计说明一般应包含下列内容：火灾自动报警系统形式；消防联动控制说明；设计依据；安装施工要求；施工图中无法表明的问题；验收依据及要求。

2）主要设备材料表。主要设备材料一般以表格形式出现，表格项目栏一般有序号、图例、名称、规格、单位、数量和备注。

3）施工平面图。火灾自动报警系统施工平面图应显示所有需安装设备的性质及平面具体位置，所有配管配线平面走向、垂直走向及具体位置。

4）系统图。系统图能直观地反映火灾自动报警系统与联动控制的方式，显示垂直配线情况、系统控制情况及控制室设备情况。

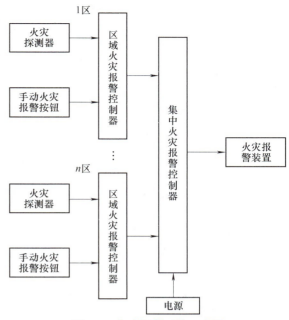

图 8-8　集中报警系统示意图

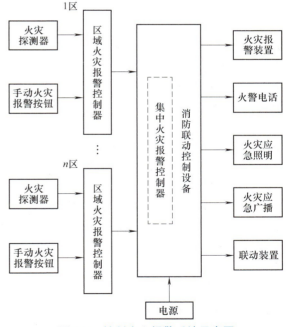

图 8-9　控制中心报警系统示意图

8.3.2　室内火灾报警系统工程量计算规则

定额计价方式下，室内火灾报警系统工程的工程量计算规则主要包括以下内容：

1）点型探测器按线制的不同分为多线制与总线制，不分规格、型号、安装方式与位置，以"只"为计量单位。探测器安装包括了探头和底座的安装及本体调试。

2）红外线探测器以"对"为计量单位。红外线探测器是成对使用的，在计算时一对为两只。定额中包括了探头支架安装和探测器的调试、对中。

3）火焰探测器、可燃气体探测器按线制的不同分为多线制与总线制两种，计算时不分规格、型号、安装方式与位置，以"只"为计量单位。探测器安装包括了探头和底座的安装及本体调试。

4）线形探测器的安装方式按环绕、正弦及直线综合考虑，不分线制及保护形式，以"10m"为计量单位。定额中未包括探测器连接的一只模块和终端，其工程量应按相应定额另行计算。

5）按钮包括消火栓按钮、手动报警按钮、气体灭火启/停按钮，以"只"为计量单位。按照在轻质墙体和硬质墙体上安装两种方式综合考虑，执行时不得因安装方式不同而调整。

6）控制模块（接口）是指仅能起控制作用的模块（接口），也称为中继器，依据其给出控制信号的数量，分为单输出和多输出两种形式。执行时不分安装方式，按照输出数量以"只"为计量单位。

7）报警模块（接口）不起控制作用，只能起监视、报警作用，执行时不分安装方式，以"只"为计量单位。

8）报警控制器按线制的不同分为多线制与总线制两种，其中又按其安装方式不同分为壁挂式和落地式。在不同线制、不同安装方式中按照"点"数的不同划分定额项目，以"台"为计量单位。多线制"点"是指报警控制器所带报警器件（探测器、报警按钮等）的数量。总线制"点"是指报警控制器所带的有地址编码的报警器件（探测器、报警按钮、模块等）的数量。如果一个模块带数个探测器，则只能计为一"点"。

9）联动控制器按线制的不同分为多线制与总线制两种，其中又按其安装方式不同分为壁挂式和落地式。在不同线制、不同安装方式中按照"点"数的不同划分定额项目，以"台"为计量单位。多线制"点"是指联动控制器所带联动设备的状态控制和状态显示的数量。总线制"点"是指联动控制器所带的有控制模块（接口）的数量。

10）报警联动一体机按其安装方式不同分为壁挂式和落地式。在不同安装方式中按照"点"数的不同划分定额项目，以"台"为计量单位。这里的"点"是指报警联动一体机所带的有地址编码的报警器件与控制模块（接口）的数量。总线制"点"是指报警联动一体机所带的有地址编码的报警器件与控制模块（接口）的数量。

11）重复显示器（楼层显示器）不分规格、型号、安装方式，按多线制与总线制划分，以"台"为计量单位。

12）警报装置分为声光报警和警铃报警两种形式，均以"只"为计量单位。

13）远程控制器按其控制回路数，以"台"为计量单位。

14）火灾事故广播中的功放机、录音机的安装按柜内及台上两种方式综合考虑，分别以"台"为计量单位。

15）消防广播控制柜是指安装成套消防广播设备的成品机柜，不分规格、型号，以"台"为计量单位。

16）火灾事故广播中的扬声器不分规格、型号，按照吸顶式与壁挂式以"只"为计量单位。

17）广播分配器是指单独安装的消防广播用分配器（操作盘），以"台"为计量单位。

18）消防通信系统中的电话交换机按"门"数不同以"台"为计量单位；通信分机、插孔是指消防专用电话分机与电话插孔，不分安装方式，分别以"部""个"为计量单位。

19）报警备用电源综合考虑了规格、型号，以"台"为计量单位。

20）自动报警系统包括各种探测器、报警按钮、报警控制器组成的报警系统，分不同点数以"系统"为计量单位。其点数按多线制与总线制报警器的点数计算。

21）火灾事故广播、消防通信系统中的消防广播喇叭、音箱和消防通信的电话分机、电话插孔，按其数量以"10 只"为计量单位。

22）消防用电梯与控制中心间的控制调试，以"部"为计量单位。

8.4　工程预算示例

8.4.1　定额计价示例

1. 电气设计说明

（1）设计依据

1）建筑概况：综合楼，地上三层，建筑高度 14.4m；总建筑面积 1954.83m²，建筑为框架结构。

2）相关专业提供的工程设计资料。

3）建设单位提供的设计任务书及设计要求。

4）中华人民共和国现行主要标准及法规：《民用建筑电气设计规范》（JGJ 16）；《低压配电设计规范》（GB 50054）；《建筑物防雷设计规范》（GB 50057）；《有线电视系统工程技术规范》（GB/T 50200）；《综合布线系统工程设计规范》（GB 50311）；其他有关的现行规程、规范及标准。

（2）设计范围　本工程设计主要包括：有线电视系统、电话系统、网络布线系统。

（3）有线电视系统

1）电视信号由室外有线电视网的市政接口引来，进楼处穿 SC40 钢管。

2）系统采用 750MHz 邻频传输，要求用户电平满足（64+4）dB；图像清晰度不低于 4 级。

3）放大器箱及分支分配器箱均挂墙明装，底边距地 1.6m。

4）进线电缆选用 SYV-75-9 穿 SC40 管由室外有线电视网的市政接口引来。支线电缆选用 SYV-75-5 穿耐燃 PC 管沿墙及楼板暗敷。

（4）电话系统

1）市政电话电缆先由室外引入至一层的总接线箱，再由总接线箱通过弱电竖井引至各层接线箱或接线盒。

2）电话电缆及电话线分别选用 HYV 型和 RVS 型。电话线路在竖井内沿弱电线槽敷设。电话支线在各层沿墙及楼板穿耐燃 PC 管暗敷。

3）电话接线箱挂墙明装，底边距地 1.0m。语音插座底边距地 0.3m 暗装。

（5）网络布线系统

1）由室外引来数据网线至一层的网络配线箱，再由配线箱配线给各信息插座。

2）由室外引入楼内的数据网线选用多模光纤，穿金属管埋地暗敷；支线采用超五类4对对绞线。网络线路在竖井内沿弱电线槽敷设。支线在各层沿墙及楼板穿耐燃PC管暗敷。

3）网络配线箱挂墙明装，底边距地1.6m。信息插座选用RJ45超五类型，底边距地0.3m暗装。

2. 施工图

某工程电话平面图、一层弱电平面图、二层弱电平面图如图8-10~图8-12所示。

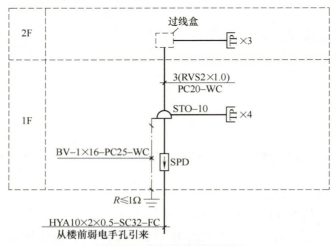

图 8-10　某工程电话平面图

3. 计算过程

工程量计算表见表8-5。

表 8-5　工程量计算表

序号	分部分项工程名称	单位	数量	计　算　式	图名或部位
（一）	超五类4对对绞线 PC101004	m	18.2	0.5+10.9+（3.6-1.6）+（3.6-0.3）+1.5	一层弱电平面图
	RVS-2×0.5	m	18.2	0.5+10.9+（3.6-1.6）+（3.6-0.3）+1.5	一层弱电平面图
	PC25	m	16.7	0.5+10.9+（3.6-1.6）+（3.6-0.3）	一层弱电平面图
（二）	SYV-75-5	m	10.2	（3.6-1.6）+3.4+（3.6-0.3）+1.5	一层弱电平面图
	PC20	m	8.7	（3.6-1.6）+3.4+（3.6-0.3）	一层弱电平面图
（三）	弱电线槽 MR（200×100）	m	11.7	（3.6-1.6）+5.2+0.9+3.6	一层弱电平面图
（五）	电视前端箱 VH	个	1		一层弱电平面图
（六）	电视插座 TV	个	3		一层弱电平面图
（七）	语音、信息双口信息插座	个	6		一层弱电平面图

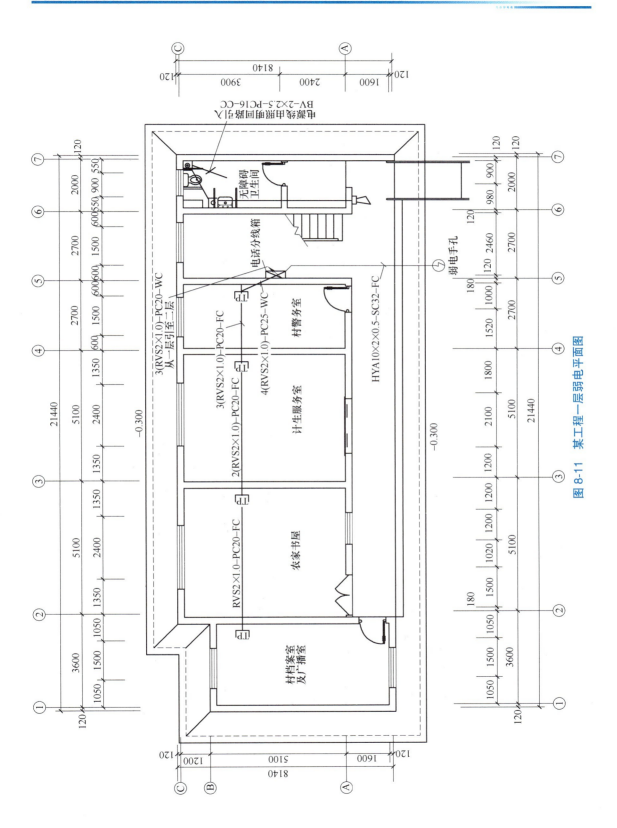

图 8-11　某工程一层弱电平面图

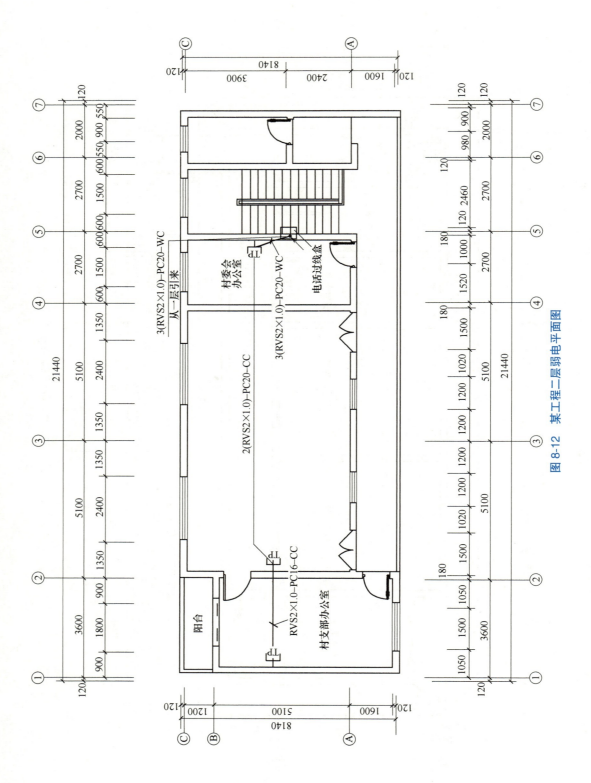

图 8-12 某工程二层弱电平面图

4.编制依据

1)《江西省通用安装工程消耗量定额及统一基价表》(2017 年)。《江西省建筑与装饰、通用安装、市政工程费用定额》(2017 年)、江西省建设厅赣建价〔2009〕19 号文、赣建价发〔2009〕32 号文。

2)施工图以及现行的有关法律、法规、规章制度等。

5.施工图预算编制

工程造价取费表见表 8-6,工程预(结)算表见表 8-7,价差汇总表见表 8-8。

表 8-6　工程造价取费表

序号	费用名称	计算式	费率(%)	金额(元)
	安装工程			
一	直接工程费	$\sum$(工程量 × 消耗量定额基价)		30852.27
1.1	其中:定额人工费	$\sum$(工日消耗量 × 定额人工单价)		15881.61
1.2	其中:定额机械费	$\sum$(机械消耗量 × 定额机械台班单价)		3523.90
二	单价措施费	$\sum$(工程量 × 消耗量定额基价)		
2.1	其中:定额人工费	$\sum$(工日消耗量 × 定额人工单价)		
2.2	其中:定额机械费	$\sum$(机械消耗量 × 定额机械台班单价)		
三	未计价材料			87611.21
四	其他项目费	$\sum$其他项目费		
五	总价措施费	(5.1)+(5.2)		2434.64
5.1	安全文明施工措施费	(5.1.1)+(5.1.2)		1955.02
5.1.1	安全文明环保费	[(1.1)+(2.1)]×费率	8.62	1368.99
5.1.2	临时设施费	[(1.1)+(2.1)]×费率	3.69	586.03
5.2	其他总价措施费	[(1.1)+(2.1)]×费率	3.02	479.62
六	管理费	(6.1)+(6.2)		2377.48
6.1	企业管理费	[(1.1)+(2.1)]×费率	13.12	2083.67
6.2	附加税	[(1.1)+(2.1)]×费率	1.85	293.81
七	利润	[(1.1)+(2.1)]×费率	11.13	1767.62
八	人材机价差	$\sum$(数量 × 价差)		2439.69
九	规费	(9.1)+(9.2)+(9.3)		3069.95
9.1	社会保险费	[(1.1)+(1.2)+(2.1)+(2.2)]×费率	12.5	2425.69
9.2	住房公积金	[(1.1)+(1.2)+(2.1)+(2.2)]×费率	3.16	613.21
9.3	工程排污费	[(1.1)+(1.2)+(2.1)+(2.2)]×费率	0.16	31.05
十	税金	[(一)+(二)+(三)+(四)+(五)+(六)+(七)+(八)+(九)]×费率	9.00	11749.76
十一	工程总造价	(一)+(二)+(三)+(四)+(五)+(六)+(七)+(八)+(九)+(十)		142302.62
	工程总造价	壹拾肆万贰仟叁佰零贰元陆角贰分		142302.62

表 8-7　工程预（结）算表

序号	编码	名 称	单位	数量	单价（元）		合价（元）	
					单价	工资	总 价	工 资
1	4-12-38	镀锌钢管敷设 砖、混凝土结构暗配 公称直径（DN）≤ 40	10m	1.06	121.31	78.03	128.59	82.71
2	4-12-41	镀锌钢管敷设 砖、混凝土结构暗配 公称直径（DN）≤ 80	10m	2.12	322	188.19	682.64	398.96
3	4-12-133	塑料管敷设 刚性阻燃管敷 设砖、混凝土结构暗配 外径（mm）20	10m	6.18	47.71	45.9	294.85	283.66
4	4-12-134	塑料管敷设 刚性阻燃管敷设 砖、混凝土结构暗配 外径（mm）25	10m	37.58	50.24	48.2	1888.02	1811.36
5	5-2-220	管内穿放视频同轴电缆 ϕ 5mm	m	210.5	1.06	1.02	223.13	214.71
6	5-2-220	管内穿放视频同轴电缆 ϕ 9mm	m	16.6	1.06	1.02	17.6	16.93
7	5-2-152	宽带线 管内穿放 ≤ 4 对	m	1851.2	1.18	1.11	2184.42	2054.83
8	5-2-140	管 / 暗槽内穿放电话线 10 对以内（RVS-2×0.5）	m	1851.2	1.46	1.36	2702.75	2517.63
9	4-9-65	钢制槽式桥架（宽＋高 mm）≤ 400（200×100）	10m	1.89	177.17	153	334.85	289.17
10	4-7-4	电缆桥架支撑架安装	t	0.015	2605.51	2078	39.08	31.17
11	4-9-65	钢制槽式桥架（宽＋高 mm）≤ 400（100×100）	10m	0.854	177.17	153	151.3	130.66
12	4-7-4	电缆桥架支撑架安装	t	0.67	2605.51	2078	1745.69	1392.26
13	4-2-76	弱电箱	台	2	109.94	86.96	219.88	173.92
14	6-9-23	电视机分支器箱	台	2	227.3	155.55	454.6	311.10
15	5-2-195	语音、信息双口信息插座	个	55	7.85	7.65	431.75	420.75
16	5-2-138	电视插座 明装	个	10	7.07	6.8	70.7	68
17	6-9-23	电视前端箱 VH	台	1	227.3	155.55	227.3	155.55
18	4-13-179	暗装接线盒	个	86	6.92	2.64	595.12	227.04
19	2-10-32	脚手架搭拆费	元	1	18460	5301.2	18460	5301.20
合计							30852.27	15881.62

表 8-8　价差汇总表

序号	定额编号	名 称	单 位	数 量	定额价（元）	市场价（元）	价格差（元）	合价（元）
一		人工						1120.36
1	00010104	综合工日	工日	186.726	85.00	91.00	6.00	1120.36
二		机械						84.13
1	RG	机械人工	工日	14.022	85.00	91.00	6.00	84.13
合计								1204.49

8.4.2　工程量清单计价示例

1. 编制依据

1）《建设工程工程量清单计价规范》（GB 50500—2013）。

2）《江西省通用安装工程消耗量定额及统一基价表》（2017 年）、《江西省建筑与装饰、通用安装、市政工程费用定额》（2017 年）、江西省建设厅赣建价〔2009〕19 号文、赣建价发〔2009〕32 号文。

3）施工图以及现行的有关法律、法规、规章制度等。

2. 示例

工程量清单计价表及单价分析表见表 8-9~ 表 8-15。

表 8-9　分部分项工程量清单与计价表

序号	项目编码	项目名称	项目特征描述	计量单位	工程量	金额（元）	
						综合单价	综合合价
		整个项目					108174.51
1	030404017001	配电箱	名称：弱电箱	台	2	157.74	315.48
2	030404017002	配电箱	名称：电视机分支器箱	台	2	157.74	315.48
3	030404017003	配电箱	名称：电视前端箱 VH	台	1	157.74	157.74
4	030411001001	配管	1. 名称：弱电线管 2. 材质：SC 钢管 3. 规格：DN70 4. 配置形式及部位：砖、混凝土结构明配	m	21.2	69.44	1472.13
5	030411001002	配管	1. 名称：弱电线管 2. 材质：SC 钢管 3. 规格：DN40 4. 配置形式及部位：砖、混凝土结构暗配	m	10.6	49.64	526.18
6	030411001003	配管	1. 名称：电线管 2. 材质：SC 钢管 3. 规格：DN100 4. 配置形式及部位：砖、混凝土结构暗配	m	13.8	75.79	1045.90
7	030411001004	配管	1. 名称：弱电线管 2. 材质：PVC 管 3. 规格：PC20 4. 配置形式及部位：砖、混凝土结构暗配	m	61.8	12.01	742.22
8	030411001005	配管	1. 名称：电线管 2. 材质：PVC 管 3. 规格：PC25 4. 配置形式及部位：砖、混凝土结构暗配	m	375.8	12.55	4716.29

（续）

序号	项目编码	项目名称	项目特征描述	计量单位	工程量	金额（元）	
						综合单价	综合合价
9	030408001001	电力电缆	1. 规格：有线电视线 SYKV-75-5 2. 配置形式及部位：桥架、管	m	210.5	7.76	1633.48
10	030408001002	电力电缆	1. 规格：有线电视线 SYKV-75-9 2. 配置形式及部位：桥架、管	m	16.6	7.76	128.82
11	030411004001	配线	1. 规格：宽带线 PC101004 2. 配置形式及部位：管	m	1851.2	41.52	76861.82
12	030411004002	配线	1. 规格：电话线 RVS-2×0.5 2. 配置形式及部位：管	m	1851.2	6.92	12810.30
13	030411003001	桥架	1. 型号、规格：矩形 2. 类型：200×100	m	18.9	38.22	722.36
14	030411003002	桥架	1. 型号、规格：矩形 2. 类型：100×100	m	85.4	61.57	5258.08
15	030404031001	小电器	1. 名称：语音、信息双口信息插座 2. 规格：语音、信息双口信息插座 3. 配置形式及部位：暗装、户内	个	55	10.73	590.15
16	030404031002	小电器	1. 名称：电视插座 2. 规格：电视插座 3. 配置形式及部位：暗装、户内	个	10	6.28	62.80
17	030411006001	接线盒	接线盒	个	86	9.48	815.28
合计							108174.51

表 8-10 措施项目清单与计价表（一）

序　号	项目编码	项　目　名　称	计　算　基　础	费率（%）	金额（元）
1	一	安装工程总价措施项目			2621.55
2	1	安全文明施工措施费			2105.11
3	1.1	安全文明环保费	人工费	8.62	1474.09
4	1.2	临时设施费	人工费	3.69	631.02
5	2	其他总价措施费	人工费	3.02	516.44

表 8-11 措施项目清单与计价表（二）

序　号	项目编码	项　目　名　称	项目特征	计量单位	工程量	金额（元）	
						综合单价	合　价
1	2-10-32	脚手架搭拆费 ［安装］		项	1	20301.60	20301.60
合计							20301.60

表 8-12　规费、税金项目清单与计价表

序 号	项 目 名 称	计 算 基 础	计算基数	计算费率（%）	金额（元）
1	规费	专业规费合计	3272.94		3272.94
1.1	安装工程规费	社会保险费＋住房公积金＋工程排污费	3272.94		3272.94
1.1.1	社会保险费	人工费＋机械费	20688.61	12.5	2586.08
1.1.2	住房公积金	人工费＋机械费	20688.61	3.16	653.76
1.1.3	工程排污费	人工费＋机械费	20688.61	0.16	33.10
2	税金	分部分项＋措施项目＋其他项目＋规费	134370.6	9	12093.35

表 8-13　主要材料及价差汇总表

序号	定额编号	名　称	单位	数量	定额价（元）	市场价（元）	价格差（元）	合价（元）
一		人工						1120.36
1	00010104	综合工日	工日	186.726	85.00	91.00	6	1120.36
二		机械						84.13
1	RG	机械人工	工日	14.022	85.00	91.00	6	84.13
		合　计						1204.49

表 8-14　单位工程招标控制价汇总表

序　号	汇 总 内 容	金额（元）
一	分部分项工程量清单计价合计	108174.51
1.1	其中：定额人工费	11799.58
1.2	其中：定额机械费	505.99
二	单价措施项目清单计价合计	20301.60
2.1	其中：定额人工费	5301.20
2.2	其中：定额机械费	3081.84
三	总价措施项目清单计价合计	2621.55
3.1	安全文明施工措施费	2105.11
3.1.1	安全文明环保费	1474.09
3.1.2	临时设施费	631.02
3.2	其他总价措施费	516.44
3.3	扬尘治理措施费	
四	其他项目清单计价合计	
五	规费	3272.94
5.1	安装工程规费	3272.94
5.1.1	社会保险费	2586.08
5.1.2	住房公积金	653.76

（续）

序　号	汇总内容	金额（元）
5.1.3	工程排污费	33.10
六	税金	12093.35
七	工程费用	146463.95
单位清单工程造价		146463.95
单项清单工程造价合计		146463.95

表 8-15　分部分项工程量清单综合单价分析表

序号	项目编码	项目名称	项目特征描述	综合单价组成（元）					综合单价（元）
				人工费	材料费	机械费	管理费	利润	
1	030404017001	配电箱	名称：弱电箱	93.09	41.95		13.02	9.68	157.74
2	030404017002	配电箱	名称：电视机分支器箱	93.09	41.95		13.02	9.68	157.74
3	030404017003	配电箱	名称：电视前端箱 VH	93.09	41.95		13.02	9.68	157.74
4	030411001001	配管	1. 名称：弱电线管 2. 材质：SC 钢管 3. 规格：DN70 4. 配置形式及部位：砖、混凝土结构明配	20.15	44.16	0.22	2.82	2.09	69.44
5	030411001002	配管	1. 名称：弱电线管 2. 材质：SC 钢管 3. 规格：DN40 4. 配置形式及部位：砖、混凝土结构暗配	8.35	39.25		1.17	0.87	49.64
6	030411001003	配管	1. 名称：电线管 2. 材质：SC 钢管 3. 规格：DN100 4. 配置形式及部位：砖、混凝土结构暗配	21.29	49.09	0.22	2.98	2.21	75.79
7	030411001004	配管	1. 名称：弱电线管 2. 材质：PVC 管 3. 规格：PC20 4. 配置形式及部位：砖、混凝土结构暗配	4.91	5.90		0.69	0.51	12.01
8	030411001005	配管	1. 名称：电线管 2. 材质：PVC 管 3. 规格：PC25 4. 配置形式及部位：砖、混凝土结构暗配	5.16	6.13		0.72	0.54	12.55
9	030408001001	电力电缆	1. 规格：有线电视线 SYKV-75-5 2. 配置形式及部位：桥架、管	1.09	6.40	0.01	0.15	0.11	7.76

（续）

序号	项目编码	项目名称	项目特征描述	综合单价组成（元）					综合单价（元）
				人工费	材料费	机械费	管理费	利润	
10	030408001002	电力电缆	1. 规格：有线电视线 SYKV-75-9 2. 配置形式及部位：桥架、管	1.09	6.40	0.01	0.15	0.11	7.76
11	030411004001	配线	1. 规格：宽带线 PC101004 2. 配置形式及部位：管	1.18	40.02	0.03	0.17	0.12	41.52
12	030411004002	配线	1. 规格：电话线 RVS-2 × 0.5 2. 配置形式及部位：管	1.46	5.06	0.04	0.21	0.15	6.92
13	030411003001	桥架	1. 型号、规格：矩形 2. 类型：200 × 100	18.15	14.35	1.29	2.54	1.89	38.22
14	030411003002	桥架	1. 型号、规格：矩形 2. 类型：100 × 100	33.83	15.47	4.02	4.73	3.52	61.57
15	030404031001	小电器	1. 名称：语音、信息双口信息插座 2. 规格：语音、信息双口信息插座 3. 配置形式及部位：暗装、户内	8.19	0.55		1.14	0.85	10.73
16	030404031002	小电器	1. 名称：电视插座 2. 规格：电视插座 3. 配置形式及部位：暗装、户内	4.55	0.62		0.64	0.47	6.28
17	030411006001	接线盒	接线盒	2.82	5.97		0.4	0.29	9.48

思　考　题

1. 简述程控交换机的主要组成及各部分的功能。
2. 简述数据通信系统的构成及各部分的功能。
3. 以工程图案例为例，室内有线电视系统列项有哪些？
4. 室内电话系统设备及接线端子板接线与强电系统的端子板接线有何异同？
5. 室内电话系统设备及接线端子板接线如何计算？
6. 室内有线电视系统的主要组成及系统列项是什么？
7. 室内有线电视系统天线如何计算？

附表 -1　常用灯具类型符号

名　　称	符　号	名　　称	符　号
普通吊灯	P	工厂一般灯具	G
壁灯	B	荧光灯灯具	Y
花灯	H	隔爆灯	G
吸顶灯	D	水晶底罩灯	J
柱灯	Z	防水防尘灯	F
卤钨探照灯	L	搪瓷伞罩灯	S
投光灯	T		

附表 -2　常用导线敷设方式

敷 设 方 式	符　号	敷 设 方 式	符　号
线吊式	CP	钢线槽敷设	SR
链吊式	CH	穿聚氯乙烯半硬质管敷设	FPC
管吊式	P	穿聚氯乙烯塑料波纹电线管敷设	KPC
穿焊接钢管敷设	SC	穿聚氯乙烯硬质管敷设	PC
壁装式	W	电缆桥架敷设	CT
吸顶式	S	瓷夹敷设	PL
墙壁嵌入式	WR	塑料夹敷设	PCL
塑料线槽敷设	PR	沿墙面敷设	WE
沿天棚面或顶板面敷设	CE	暗敷设在墙内	WC
暗敷设在地面内	FC	暗敷设在顶板内	CC
穿电线管敷设	TC		

附表 -3　变配电系统图符号

符 号 名 称	图 形 符 号	
	新国标（GB/T 4728）	旧国标（GB 312）
变电所（示出改变电压）	◯v/v 规划（设计）的 ◯v/v 运行的	
杆上变电所（站）	规划（设计）的 运行的	▲
电阻器		
可变电阻器		
压敏电阻器	U	
滑线式绕组器		
电容器	优先型 其他型	
极性电容器	优先型 其他型	
可变电容器	优先型 其他型	
电感器		
带铁芯（磁芯）电感器		
电流互感器		
双绕组变压器或电压互感器		
三绕组变压器或电压互感器		

（续）

符 号 名 称	图 形 符 号	
	新国标（GB/T 4728）	旧国标（GB 312）
动合（常开）触点		开关和转换开关的动合（常开）触点
		继电器的动合（常开）触点
		自动开关的动合（常开）触点
		继电器、启动器、动力控制器的动合（常开）触点
动断（常闭）触点		开关和转换开关的动断（常闭）触点
		继电器的动断（常闭）触点
		继电器、启动器、动力控制器的动断（常闭）触点
手动开关的一般符号		
按钮开关（不闭锁）（动合、动断触点）	E-￢ E-￢	
按钮开关（闭锁）（动合、动断触点）	E-￢ E-￢	
接触器（在非动作位置触点断开、闭合）		
断路器		
隔离开关		

附录 电气工程常用图例及符号 ·399·

（续）

符 号 名 称	图 形 符 号	
	新国标（GB/T 4728）	旧国标（GB 312）
负荷开关		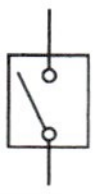
熔断器的一般符号		
熔断器式开关	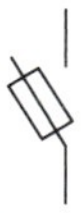	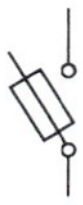
熔断器式隔离开关	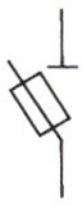	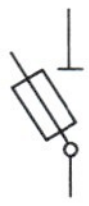
熔断器式负荷开关	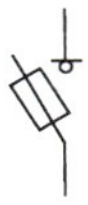	
避雷器		 避雷器的一般符号  排气式避雷器（管型避雷器）  阀式避雷器  击穿保线器

附表 -4　动力照明设备图形符号

符 号 名 称	图 形 符 号	
	新国标（GB/T 4728）	旧国标（GB 312）
动力或动力—照明配电箱 注：需要时符号内可表示电流种类		
照明配电箱（屏）		
事故照明配电箱（屏）		

（续）

符 号 名 称	图 形 符 号	
	新国标（GB/T 4728）	旧国标（GB 312）
电机的一般符号	＊ 星号用字母代替； M—电动机 MS—同步电动机 MS—伺服电机 G—发电机 GS—同步发电机 GT—测速发电机	＊
热水器（示出引线）		
风扇一般符号 注：若不会引起混淆，方框可省略不画	∞	吊式风扇 壁装风扇 轴流风扇
单相插座；明、暗、密闭（防水）、防爆		
带接地插孔的单相插座		
带接地插孔的三相插座		
插座箱（板）		
多个插座（示出三个）	3	
带熔断器的插座		
开关一般符号		
单极开关：明、暗、密闭（防水）、防爆		密闭
双极开关：明、暗、密闭（防水）、防爆		密闭
三极开关：明、暗、密闭（防水）、防爆		密闭
单极拉线开关		一般 暗装

（续）

符 号 名 称	图 形 符 号	
	新国标（GB/T 4728）	旧国标（GB 312）
单极双控拉线开关		
双控开关（单极三线）		一般 暗装
灯的一般符号、信号灯的一般符号	灯的颜色：RD 红　YE 黄　GN 绿　BU 蓝　WH 白灯的类型：Ne 氖　Na 钠　Hg 汞　IN 白炽　FL 荧光　IR 红外线　UV 紫外线	照明灯的一般符号 信号灯的一般符号
投光灯一般符号		
聚光灯		
泛光灯		
示出配线的照明引出线位置		
在墙上引出照明线（示出配线向左边）		
荧光灯一般符号		
三、五管荧光灯	5	3　　5
防爆荧光灯		
自带电源的事故照明灯（应急灯）		
深照型灯		珐琅质 镜面
广照型灯（配照型灯）		
防水防尘灯		

（续）

符 号 名 称	图 形 符 号	
	新国标（GB/T 4728）	旧国标（GB 312）
球型灯		
局部照明灯		
矿山灯		
安全灯		
隔爆灯		
天棚灯		
花灯		
弯灯		
壁灯		
闪光型信号灯		
电喇叭		
电铃		
电警笛　报警器		
电动汽笛	优先型　　　其他型	
蜂鸣器		

附表 -5　导线和线路敷设符号

符 号 名 称	图 形 符 号	
	新国标（GB/T 4728）	旧国标（GB 312）
导线，电线，电缆母线的一般符号		
多根导线	——／／／—— 3 根 ——／n—— n 根	——／／／—— 3 根 ——／n—— n 根
软导线　软电缆		
地下线路		
水下（海底）线路		
架空线路		
管道线路	○ 一般 ○6 6 孔管道	
中性线		
保护线		
保护和中性共用线		
具有保护线和中性线的三相配线		
向上配线		导线引上
向下配线		
垂直通过配线		导线引上并引下 导线由上引来 导线由下引来 导线由上引来并引下 导线由下引来并引上
导线的电气连接	●	●
端子	○	○
导线的连接		

附表 -6　电缆及敷设图形符号

符 号 名 称	图 形 符 号	
	新国标（GB/T 4728）	旧国标（GB 312）
电缆终端		
电缆铺砖保护		
电缆穿管保护		
电缆预留		
电缆中间接线盒		
电缆分支接线盒		

附表 -7　仪表图形符号

符 号 名 称	图 形 符 号	
	新国标（GB/T 4728）	旧国标（GB 312）
电流表	A	A
电压表	V	V
电能表（瓦特小时计）	Wh	Wh

附表 -8　电杆及接地

符 号 名 称	图 形 符 号	
	新国标（GB/T 4728）	旧国标（GB 312）
电杆的一般符号（单杆，中间杆）	A—杆材或所属部门 B—杆长 C—杆号	a—编号 b—杆型 c—杆高
带照明灯的电杆（a—编号；b—杆型；c—杆高；d—容量；A—连接顺序）	$a\frac{b}{c}Ad$ 一般画法	$a\frac{b}{c}Ad$ 一般画法
	$a\frac{b}{c}Ad$ 需要示出灯具的投射方向时	$a\frac{b}{c}Ad$ 需要示出灯具的投射方向时
	$a\frac{b}{c}Ad$ 需要时允许加画灯具本身图形	$a\frac{b}{c}Ad$ 需要时允许加画灯具本身图形

（续）

符　号　名　称	图　形　符　号	
	新国标（GB/T 4728）	旧国标（GB 312）
接地的一般符号	$\perp$	$\perp$
保护接地	⊕	

附表 -9　电气设备的标注方法

符　号　名　称	图　形　符　号	
	新国标（GB/T 4728）	旧国标（GB 312）
用电设备 a—设备编号；b—额定功率，kW；c—线路首端熔断体或低压断路器脱扣器的电流，A；d—标高，m	$\dfrac{a}{b}$ 或 $\dfrac{a}{b}\bigg\|\dfrac{c}{d}$	$\dfrac{a}{b}$ 或 $\dfrac{a}{b}\bigg\|\dfrac{c}{d}$
电力和照明设备 a—设备编号；b—设备型号；c—设备功率，kW；d—导线型号；e—导线根数；f—导线截面，mm^2；g—导线敷设方式及部位	（1）一般标注方法 $a\dfrac{b}{c}$ 或 $a\text{-}b\text{-}c$ （2）当需要标注引入线的规格时 $a\dfrac{b\text{-}c}{d(e\times f)\text{-}g}$	（1）一般标注方法 $a\dfrac{b}{c}$ 或 $a\text{-}b\text{-}c$ （2）当需要标注引入线的规格时 $a\dfrac{b\text{-}c}{d(e\times f)\text{-}g}$
电力和照明设备 a—设备编号；b—设备型号；c—额定电流，A；i—整定电流，A；d—导线型号；e—导线根数；f—导线截面，mm^2；g—导线敷设方式及部位	（1）一般标注方法 $a\dfrac{b}{c/i}$ 或 $a\text{-}b\text{-}c/i$ （2）当需要标注引入线的规格时 $a\dfrac{b\text{-}c/i}{d(e\times f)\text{-}g}$	（1）一般标注方法 $a\dfrac{b}{c/i}$ 或 $a\text{-}b\text{-}c/i$ （2）当需要标注引入线的规格时 $a\dfrac{b\text{-}c/i}{d(e\times f)\text{-}g}$
照明变压器 a——一次电压，V；b—二次电压，V；c—额定容量，V·A	$a/b\text{-}c$	$a/b\text{-}c$
照明灯具 a—灯数；b—型号或编号；c—每盏照明灯具的灯泡数；d—灯泡容量，W；e—灯泡安装高度，m；f—安装方式；L—光源种类	（1）一般标注方法 $a\text{-}b\dfrac{c\times d\times L}{e}f$ （2）灯具吸顶安装 $a\text{-}b\dfrac{c\times d\times L}{-}$	（1）一般标注方法 $a\text{-}b\dfrac{c\times d\times L}{e}f$ （2）灯具吸顶安装 $a\text{-}b\dfrac{c\times d\times L}{-}$
电缆与其他设施交叉点 a—保护管根数；b—保护管直径，mm；c—管长，m；d—地面标高，m；e—保护管埋设深度，m；f—交叉点坐标	$\dfrac{a\text{-}b\text{-}c\text{-}d}{e\text{-}f}$	$\dfrac{a\text{-}b\text{-}c\text{-}d}{e\text{-}f}$

（续）

符 号 名 称	图 形 符 号	
	新国标（GB/T 4728）	旧国标（GB 312）
安装或敷设标高（m）	（1）用于室内平面剖面图上 ± 0.000 （2）用于总平面图上的室外地面 ± 0.000	（1）用于室内平面剖面图上 ± 0.000 （2）用于总平面图上的室外地面 ± 0.000
导线根数	——///—— 表示 3 根 ——／3—— 表示 3 根 ——／n—— 表示 n 根	——///—— 表示 3 根 ——／3—— 表示 3 根 ——／n—— 表示 n 根
导线型号规格或敷设方式的改变	（1）3mm × 16mm 改为 3mm × 10mm $3 \times 16 \times 3 \times 10$ （2）无穿管敷设改为导线穿管（$\phi 2''$）敷设 —× $\phi 2''$	
交流电 m—保护管根数；f—保护管直径，mm；v—管长，m 例：示出交流，三相带中性线 50Hz 380V	$m{\sim}fv$ 3N~50Hz 380V	

附表 -10 常用电量单位符号及电气设备文字符号

符 号	名 称	符 号	名 称	符 号	名 称	符 号	名 称
I	电流	Wh	瓦时	QF	断路器	KA	电流继电器
A	安	kWh	千瓦时	QL	负荷开关	KV	电压继电器
U	电压	varh	乏时	QS	隔离开关	KM	中间继电器
V	伏	kvarh	千乏时	Q	自动开关	KS	信号继电器
R	电阻	T	周期	SA	控制开关	KT	时间继电器
Ω	欧	t	时间	Q	辅助开关	KAZ	接地继电器
L	电感	f	频率	XB	切换片	KG	气体继电器
C	电容	Hz	赫兹	FU	熔断器	KR	热继电器
X	电抗	λ $\cos\varphi$	功率因数	SB	按钮	KRC	重合闸继电器
Z	阻抗	max	最大值	QA	启动按钮	HW	白色信号灯
P	有功功率	min	最小值	HA	合闸按钮	HG	绿色信号灯

（续）

符　号	名　　称	符　号	名　　称	符　号	名　　称	符　号	名　　称
W	瓦	G	发电机	TA	停止按钮	HR	红色信号灯
kW	千瓦	M	电动机	WB	母线	HY	黄色信号灯
S	视在功率	T	变压器	MC	控制母线	HL	闪光信号灯
VA	伏安	TV	电压互感器	MR	信号母线	HL	信号灯
kVA	千伏安	TA	电流互感器	ME	事故母线	U	整流器
MVA	兆伏安	KM	接触器	MV	电压母线	F	避雷器
Q	无功功率	Q	启动器	L	线圈	PA	电流表
var	乏	SA	控制开关	YT	跳闸线圈	PV	电压表
kvar	千乏	S	开关	YC	合闸线圈	PJ	电能表

附表 -11　根据线路敷设方式选配的导线、电缆型号表

线路类别	线路敷设方式	导线型号	额定电压 /kV	产品名称	最小截面 /mm²	备注
500V 以下交、直流配电线路	吊灯用软线	RVS RFS	0.25	铜芯聚氯乙烯绝缘绞型软线　铜芯丁腈聚氯乙烯复合物绝缘软线	0.5	
	瓷夹板	BLV	0.5	铜芯聚氯乙烯绝缘电线	2.5	导线颜色均为白色
	管内配线、瓷柱、瓷瓶	BLXF BLV BBLX	0.5	铝芯氯丁橡皮绝缘电线　铝芯聚氯乙烯绝缘导线　铝芯玻璃丝编织橡皮线	2.5	
	架空进户线	BLXF	0.5	铝芯氯丁橡皮绝缘电线	10	距离应不超过25m
	架空线路	LJ		裸铝绞线	25	
	电缆在室内明敷或在沟道内架设	VLV ZLQ20	1.0	铝芯聚氯乙烯绝缘、聚氯乙烯护套电力电缆　铝芯油浸纸绝缘、铝包裸钢带铠装电力电缆	4	
	电缆敷设在地下或部分穿保护管	VLV29 ZLQ2	1.0	铝芯聚氯乙烯绝缘、聚氯乙烯护套内钢带铠装电力电缆　铝芯油浸纸绝缘、铝包钢带铠装电力电缆	4	

（续）

线路类别		线路敷设方式	导线型号	额定电压 /kV	产品名称	最小截面 /mm²	备　注
500V 以上交、直流配电线路		架空进户线	BBLX	0.5	铝芯玻璃丝编织橡皮线	35	距离不超过 30m
		架空线路	LJ		裸铝绞线	25	居民区应不小于 35mm²
		电缆敷设在沟道中	ZLQ20 ZLQD20	10	铝芯油浸纸绝缘、铅包钢带铠装电力电缆 铝芯油浸纸绝缘、铅包钢带铠装不滴流电力电缆	16	
		电缆敷设在地下或穿保护管	ZLQ2 ZLQD2 YJLV29	10	铝芯油浸纸绝缘、铅包钢带铠装电力电缆 铝芯油浸纸绝缘、铅包钢带铠装不滴流电力电缆 铝芯交联聚乙烯绝缘、聚氯乙烯护套线内钢带铠装电力电缆	16	
电话与广播线路	电话	室内明敷或管内配线	RVS RVB	0.25	铜芯聚氯乙烯绝缘绞型软线 铜芯聚氯乙烯绝缘平型软线	2×0.2	每对 2×0.5（直径）
		敷设在室内沟道中或管子内	HYV20	—	聚氯乙烯绝缘、聚氯乙烯护套钢带铠装市内电话电缆	—	
		敷设在干燥的沟管中	HYV	—	铜芯聚氯乙烯绝缘、聚氯乙烯护套市内电话电缆	—	
		敷设在土壤内	HYV	—	铜芯聚氯乙烯绝缘、聚氯乙烯护套钢带铠装市内电话电缆	—	
	广播	室内明敷或管内配线	RVS RVB	0.25	铜芯聚氯乙烯绝缘绞型软线 铜芯聚氯乙烯绝缘平型软线	2×0.8	

附表-12　低压电器类组代号汉语拼音字母方案表

代号	名称	A	B	C	D	G	H	J	K	L	M	P	Q	R	S	T	U	W	X	Y	Z
H	刀开关和转换开关				刀开关		封闭式负荷开关		开启式负荷开关						熔断器刀式开关	刀形转换开关					其他	组合开关
R	熔断器			插入式			汇流排式			螺旋式	密闭管式					快速	有填料管式			限流	其他	
D	自动开关									照明	灭磁					快速			框架式	限流	其他	塑料外壳式
K	控制器	按钮式				鼓形						平面					凸轮				其他	
C	接触器					高压		交流				中频						油浸			其他	直流
Q	启动器			磁力				减压								手动				星三角	其他	综合
J	控制继电器									电流				热		时间	通用		温度		其他	中间
L	主令电器	按钮						接近开关	主令控制器							主令开关	足踏开关	旋转	万能转换开关	行程开关	其他	
Z	电阻器	板型元件	冲片元件		管形元件											烧结元件	铸铁元件			电阻器	其他	
B	变阻器			旋臂式						助磁		频敏	启动				启动调整	油浸启动	液体启动	滑线式	其他	
T	调整器				电压																	
M	电磁铁												牵引						起重			制动
A	其他			插销				接线盒														

附表-13 常用电缆型号各部分的代号及含义

类别用途	绝缘体	内护层	特征	外护层	派生
N—农用电缆	V—聚氯乙烯	H—橡皮	CY—充油	0—相应的裸外护层	1—第一种
V—塑料电缆	X—橡皮	HF—非燃橡套	D—不滴流	1—一级防腐	2—第二种
X—橡皮绝缘电缆	XD—丁基橡皮	L—铝包	F—分相互套	1—麻被护套	110—110kV
YJ—交联聚氯乙烯塑料电缆	Y—聚乙烯塑料	Q—铅包	P—贫油,干绝缘	2—二级防腐	120—120kV
Z—纸绝缘电缆		Y—塑料护套	P—屏蔽	2—钢带铠装麻被	150—150kV
G—高压电缆			Z—直流	3—单层细钢丝铠装麻被	03—拉断力 0.3t
K—控制电缆			C—滤尘器用	4—双层细钢丝铠装麻被	1—拉断力 1t
P—信号电缆			C—重型	5—单层粗钢丝铠装麻被	TH—湿热带
V—矿用电缆			D—电子显微镜用	6—双层粗钢丝铠装麻被	
VC—采掘机用电缆			G—高压	9—内铠装	
VZ—电钻电缆			H—电焊机用	29—内钢带铠装	
VN—泥炭工业用电缆			J—交流	20—裸钢带铠装	
W—地球物理工作用电缆			Z—直流	30—细钢丝铠装	
WB—油泵电缆			CQ—充气	22—铠装加固电缆	
WC—海上探测电缆			YQ—压气	25—粗钢丝铠装	
WE—野外探测电缆			YY—压油	11—一级防腐	
X-D—单焦点 X 光电缆				12—钢带铠装一级防腐	
X-E—双焦点 X 光电缆				120—钢带铠装一级防腐	
H—电子枪击护用电缆				13—细钢丝铠装一级防腐	
J—静电喷漆用电缆				15—细钢丝铠装一级防腐	
Y—移动电缆				130—裸细钢丝铠装一级防腐	
SY—摄影等用电缆				23—细钢丝铠装二级防腐	
				59—内粗钢丝铠装	

参 考 文 献

［1］中华人民共和国住房和城乡建设部.建设工程工程量清单计价规范：GB 50500—2013［S］.北京：中国计划出版社，2013.

［2］建设工程工程量清单计价规范编写小组.建设工程工程量清单计价规范（GB 50500—2008）宣传辅导材料［M］.北京：中国计划出版社，2008.

［3］全国造价工程师执业资格考试培训教材编审委员会.建设工程技术与计量：安装部分［M］.北京：中国计划出版社，2006.

［4］郎禄平，郎娟.电气安装工程造价［M］.北京：机械工业出版社，2007.

［5］中华人民共和国建设部.全国统一安装工程预算定额［M］.2版.北京：中国计划出版社，2001.

［6］江西省建设工程造价管理站.江西省通用安装工程消耗量定额及统一基价表［M］.长沙：湖南科学技术出版社，2017.

［7］江西省建设工程造价管理站.江西省建筑与装饰、通用安装、市政工程费用定额：试行［M］.长沙：湖南科学技术出版社，2017.

［8］朱永恒，李俊，陈艳，等.安装工程工程量清单计价［M］.南京：东南大学出版社，2004.

［9］管锡珺，夏宪成.安装工程计量与计价［M］.北京：中国电力出版社，2009.

［10］建设部标准定额研究所.全国统一安装工程预算定额解释汇编［M］.北京：中国计划出版社，2008.

［11］梁玉成.建筑识图［M］.北京：中国环境科学出版社，2003.

［12］高霞，杨波.建筑电气施工图识读技法［M］.合肥：安徽科学技术出版社，2007.

［13］丁云飞.安装工程预算与工程量清单计价［M］.北京：化学工业出版社，2005.

［14］李作富，李德兴.电气设备安装工程预算知识问答［M］.北京：机械工业出版社，2004.

［15］张建新.新编安装工程预算：定额计价与工程量清单计价［M］.北京：中国建材工业出版社，2009.

［16］景星蓉.建筑设备安装工程预算［M］.2版.北京：中国建筑工业出版社，2008.

［17］吴心伦，吴远.安装工程造价［M］.重庆：重庆大学出版社，2008.

［18］董维岫，吴信平.安装工程计量与计价［M］.北京：机械工业出版社，2005.

［19］管锡珺，张秀德.安装工程预算与应用［M］.北京：中国电力出版社，2005.